The Development and Partial Adjustments to the Master Plan of Zhengdong New District

郑东新区规划调整与发展篇

○主编：李克
○编著：郑州市郑东新区管理委员会、郑州市城市规划局
○Editors in Chief: Ke Li
○Compiler: Zhengzhou Zhengdong New District Administration Committee, Zhengzhou Urban Planning Bureau

05

郑州市郑东新区
城市规划与建筑设计(2001~2009)
Urban Planning and Architectural Designs
for Zhengdong New District of Zhengzhou(2001-2009)

中国建筑工业出版社

图书在版编目（CIP）数据

郑州市郑东新区城市规划与建筑设计（2001～2009）5，郑东新区规划调整与发展篇/李克主编；郑州市郑东新区管理委员会，郑州市城市规划局编著．—北京：中国建筑工业出版社，2009
ISBN 978-7-112-11058-2

Ⅰ.郑… Ⅱ.①李…②郑…③郑…Ⅲ.城市规划-建筑设计-郑州市-2001～2009 Ⅳ.TU984.261.1

中国版本图书馆CIP数据核字（2009）第099179号

责任编辑：滕云飞　徐　纺
版式设计：朱　涛
封面设计：简健能

郑州市郑东新区城市规划与建筑设计（2001～2009）5．
郑东新区规划调整与发展篇
李克 主编
郑州市郑东新区管理委员会，郑州市城市规划局 编著
*
中国建筑工业出版社出版、发行（北京西郊百万庄）
各地新华书店、建筑书店经销
恒美印务（广州）有限公司 制版 印刷
*
开本：850×1168毫米　1/12
印张：19 1/2 字数：580千字
2010年6月第一版　2010年6月第一次印刷
定价：198.00元
ISBN 978-7-112-11058-2
(18304)

前言
Forword

一

郑州，一座有着3600多年历史文化积淀的古都，“商汤都亳”曾是商初时期的天下名都，是中国“八大古都”中年代最久远的城市。

郑东新区，一个现代城区建设的杰作。自2003年开始启动建设至今，这里发生的巨变令人惊叹。走近郑东新区，感受到的是一座充满活力的新城，一股蓬勃向上的气势，一种优美舒适的生态体验。柔美的环形城市布局，蔚为壮观的高楼大厦，亲水宜人的秀美景观，充分展现着这座新城积极向上的发展活力与深厚的历史人文魅力。

郑东新区正在日新月异的发展和成长之中，在这背后，高起点、高标准、高品位的城市规划与建筑设计为郑东新区织就了美好的蓝图，而对规划设计成果的严格执行，是郑东新区从蓝图走向现实的关键所在。规划设计是开发建设的龙头，郑东新区的开发建设是充分尊重规划设计、严格执行规划设计的经典案例。

二

众所周知，郑东新区规划面积大，建设成效显著，为河南这个人口大省加快城市化进程，促进经济社会发展、提升城市形象等发挥了重要作用。毫不夸张地说，郑东新区的规划建设，使郑州实现了从城市向大都市的质变。同时，由于郑东新区发展背景具有中国特色，规划设计理念新颖，这些也引起了规划学界的高度关注，引发了众多针对郑东新区规划设计的分析和研究。但是，我们也注意到了其中存在的一个不足，即大部分研究将精力集中于一个具体的规划或设计，而鲜有系统、完整地介绍整个郑东新区规划设计的论著。我们认为，这项工作对于更全面、更客观地认识郑东新区规划设计是十分重要的。

基于以上认识，本书选择郑东新区规划设计作为研究对象，做一项专门的城市规划设计案例研究。为了使读者可以清晰地看到郑东新区规划设计的完整程序，看到郑东新区从蓝图变成一座现代化新城的脚印，本书从郑东新区的发展背景出发，沿着城市规划不同层次的轨迹，从总体概念性规划、专项规划、商务中心区规划、城市设计与建筑设计、总体规划局部调整等多层面、多维度对郑东新区规划设计进行剖析。这其中又包含了两条主线，一是对已经实现的规划设计进行分析、研究，以验证规划设计理念是否先进，规划设计是否合理，并对这些成功经验进行总结；二是也希望通过对规划设计的分析、研究，发现其中存在的问题和不足，提出完善的对策或建议。

由于河南省正处于处于城镇化快速推进阶段，郑东新区的建设更是日新月异，方方面面的城市问题不断涌现，各种探索仍需不断深化。有些在今天看来先进的规划理念，随着技术的进步，也许会逐渐滞后；有些今天看来优秀的规划设计，也许会随着时间的推移而产生新的问题。同时，由于能力有限、时间紧迫，本书仍难免有疏漏或不足之处，希望读者谅解，并恳请读者提出宝贵意见和建议。

尽管如此，这样一部系统全面的介绍、分析郑东新区规划设计成果的著作，无疑是一项具有重要意义的工作。它具有一定的学术性、权威性，具有较强的学习和参考价值。

三

为了编好这本巨著，主编单位调动了一切可以动用的资源，组成了阵容强大的编委会。编委会对全书的总体结构、编写体例等进行了反复的讨论和研究。如今，这套《郑州市郑东新区城市规划与建筑设计》系列丛书终于呈现在广大读者面前。

整套系列以丛书分为5个分册，分别是：郑东新区总体规划篇、郑东新区专项规划篇、郑东新区商务中心区城市规划与建筑设计篇、郑东新区城市设计与建筑设计篇、郑东新区规划调整与发展篇。

本书可以作为郑东新区规划管理者的重要参考资料；可以作为规划设计人员的学习、参考资料；同时，也是所有关心支持郑东新区规划和发展的广大市民了解郑东新区未来的窗口。

在本书问世之际，谨向所有关心、支持本书编写与出版工作的单位和个人表示诚挚的谢意！特别要衷心感谢对本书提出了宝贵意见的领导和专家！没有大家的共同努力，是不可能有这样一部详尽的介绍郑东新区规划设计的著作问世的。

编　著

郑东新区管理委员会　郑州市城市规划局

建筑摄影

中国摄影家协会　河南省摄影家协会会员　摄影家
武郑身　崔　鹏　（协助摄影　刘天星）

英文翻译

郑州大学外语系　郑明教授

目录 contents

第二部分 国家郑州经济技术开发区规划设计
Part Ⅱ Planning and Design for Zhengzhou National Economic and Technological Development Zone

第三部分 Part Ⅲ 郑汴一体化产业带规划设计
Planning and Design for the Integration of Zhengzhou-Kaifeng Industrial Belt

第四部分 Part Ⅳ 郑州航空港总体规划
Master Plan for Zhengzhou Airport

后记
Postscript

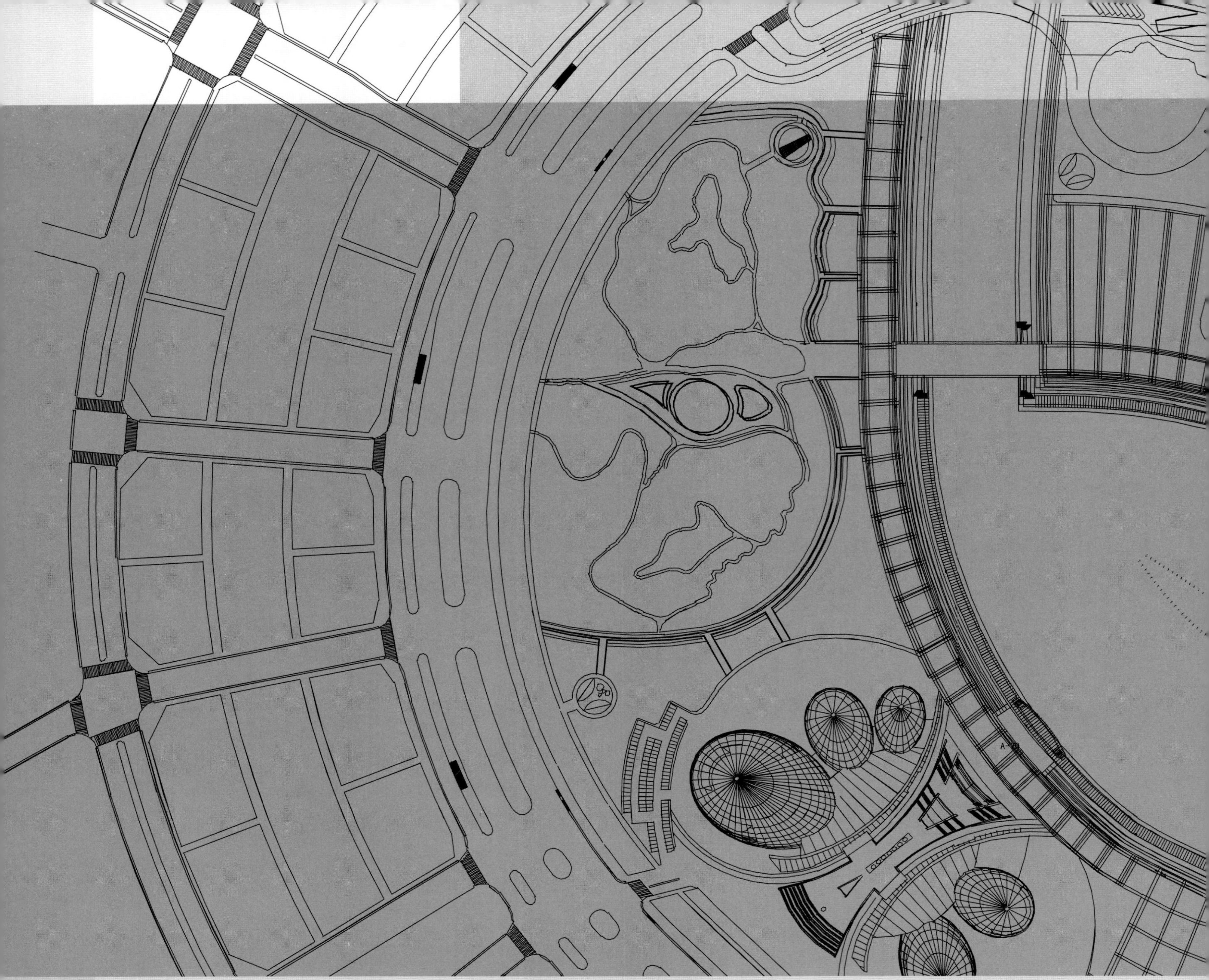

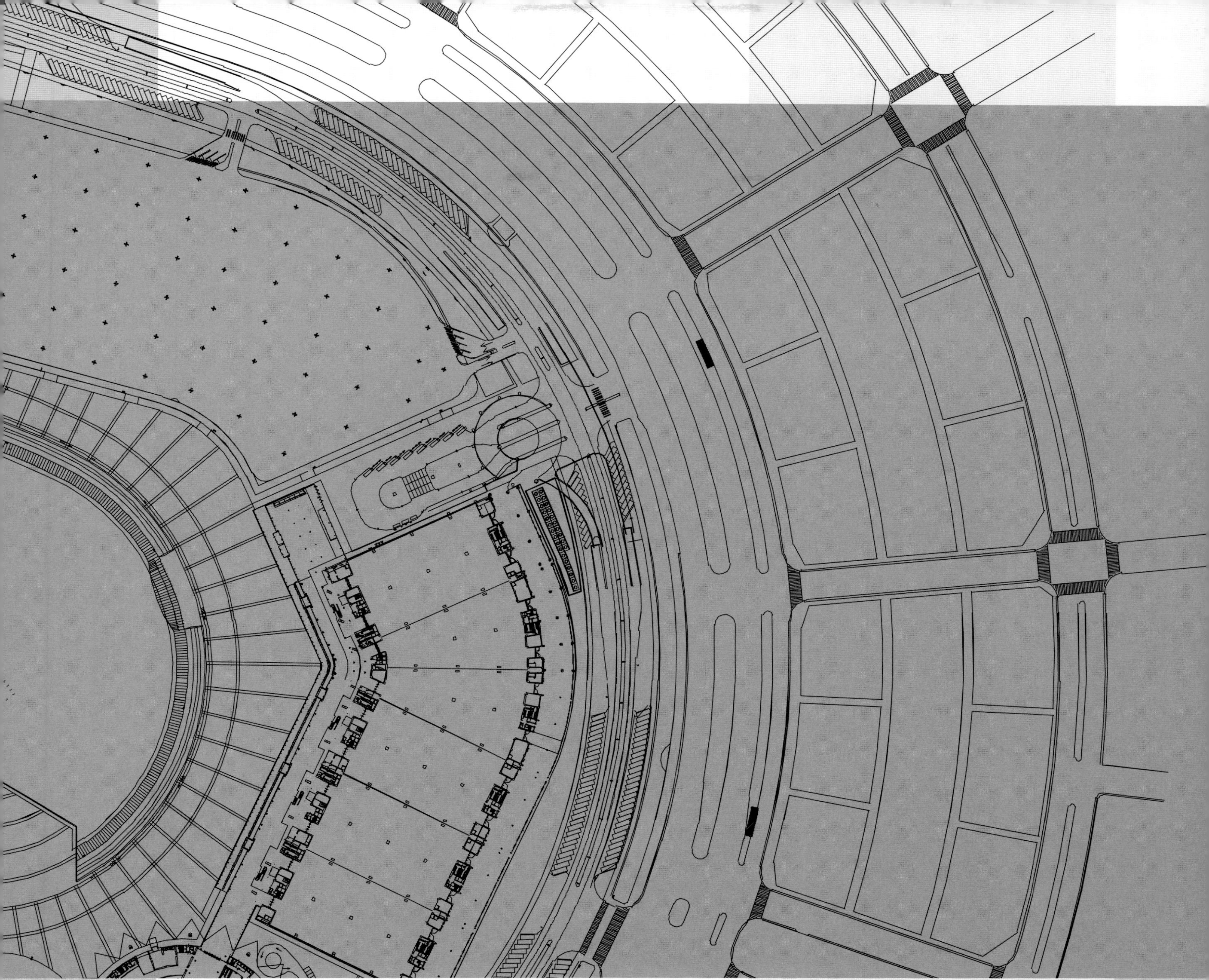

郑州综合交通枢纽地区规划设计

Planning and Design for Zhengzhou Integrated Transportation Hub Region

第一部分
Part I

第一部分
Part I

郑州综合交通枢纽地区规化设计
Planning and Design for zhengzhou Integrated Transportation Hub Region

郑州综合交通枢纽地区规划设计简介

郑州地处中原腹地，是中原城市群核心城市，是全国的交通枢纽，具有承东启西，连南贯北的重要作用。交通部、河南省政府决定，国家铁路客运专线郑州站、郑州国家干线物流港、郑州铁路集装箱中心站选址于郑东新区内，与京珠高速公路、陇海铁路等交通设施共同组成郑州综合交通枢纽。建设综合交通枢纽是促进中部崛起及实现中原城市群发展战略的重要举措之一。

为进一步提升郑州在全国的交通枢纽地位，明确该区域的功能定位和发展规模及景观总体控制，先后组织了郑州综合交通枢纽地区用地调整规划、郑州综合交通枢纽核心区详细规划、郑州综合交通枢纽核心区综合交通规划、郑州综合交通枢纽核心区城市设计、新郑州站建筑设计、郑州综合交通枢纽地区控制性详细规划、石武铁路客运专线郑州段规划；国家干线公路物流港规划设计等八项规划。以上规划从宏观到微观，既有总体控制，也有关于节点如新郑州站或综合交通规划的专题研究。从不同视角和层面展开规划研究，层层推进，为下一步的开发控制提供了坚实依据。

郑州综合交通枢纽地区用地调整规划的规划范围是金水东路、京珠高速公路、航海东路、107辅道、陇海铁路、中州大道围合的区域，规划面积36.9km²。规划的编制工作由中国城市规划设计研究院和东南大学交通学院承担。两家方案重点研究地区产业布局、空间发展模式及综合交通系统，确定该地区功能定位、空间发展的总体思路。

郑州综合交通枢纽核心区详细规划是郑州综合交通枢纽设计联络组办公室根据省政府指示进行的方案征集，规划范围为东风东路以东、博学路以西、金水东路以南，商都路以北，面积约436.9km²。清华大学城市规划院、河南省城乡规划设计院与铁道部第四勘测设计院联合体、华东建筑设计研究院与法国APER设计公司联合体、 中国城市规划设计研究院4家设计单位参与征集并做出了设计成果。4家方案各具特色，对核心区的空间形态进行了细致的推敲。

郑州综合交通枢纽核心区综合交通规划由东南大学承担，规划从项目分析开始，在对规模预测的基础上，结合郑州综合交通枢纽特点规划了集散系统，对其他设施进行了布局。

郑州综合交通枢纽核心区城市设计是在对综合交通枢纽科学分区的基础上，为明确空间布局，把综合交通枢纽核心区规划建设成为环境优美、功能完善的新兴城市组团。围绕上述目标，华南理工大学建筑学院和法国夏邦杰建筑设计（上海）有限责任公司，从道路系统，建筑高度、绿化水系等方面提出规划控制和城市设计引导。

新郑州站建筑设计由上海民用建筑设计研究院、铁道部第三勘测设计院、中国建筑东北设计研究院、铁道部第四勘测设计院、中国建筑中南设计研究院5家单位参与投标，中国建筑中南设计院中标。站房采用了传统与现代相结合的设计理念，提炼地方传统文化的神韵，抽象地融入立面造型之中，整个车站厚重朴实，简练而干净，体现了交通建筑的特征。

郑州综合交通枢纽地区控制性详细规划是为落实综合交通枢纽地区调整规划和核心区城市设计的规划思想，促进和引导城市综合交通枢纽地区的有序建设，规划通过现状分析和周边环境分析，提出了“一心、四轴、八区”的规划布局结构，细化了开发强度控制和城市设计引导。

石武、郑西铁路客运专线郑州段规划从联系郑州老火车站和新枢纽出发，规划从东站引出的东疏解和从南站引出的南疏解方案。

国家干线公路物流港规划设计是按照《中国郑州现代物流中心发展规划纲要（2006~2010）》要求，2006年5月由河南省交通厅组织，东南大学建筑设计研究院、河海大学设计院、河南省建筑设计研究院、华东建筑设计研究院有限公司、上喜（香港）国际设计有限公司参与投标。规划范围为博学路以东、东四环以西，莲湖路以南、陇海铁路以北，占地面积314.5 hm²。经过专家评审，由东南大学建筑设计研究院在其中标方案基础上充分吸纳其他方案的优点深化完善。

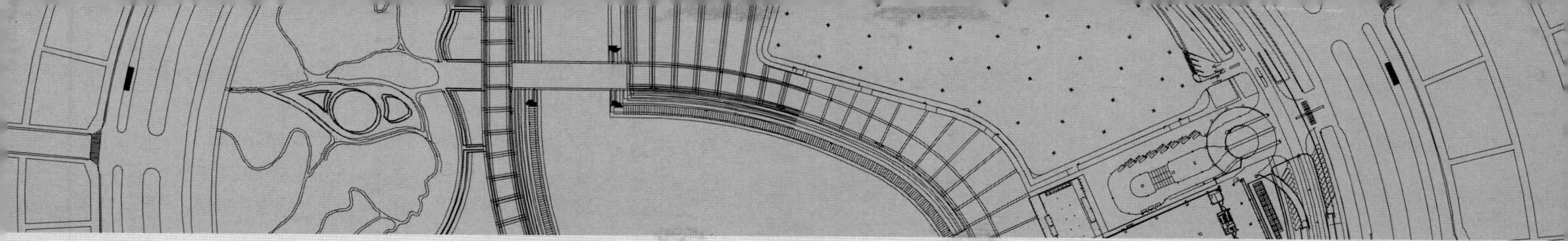

郑州综合交通枢纽地区用地规划调整

Land Use Plan Adjustment for Zhengzhou Integrated Transportation Hub

1

方案Ⅰ 中国城市规划设计研究院方案
Plan I Schemes from China Academy of Urban Planning and Design

方案Ⅱ 东南大学交通学院方案
Plan II Schemes from Traffic Institute of Southeast University

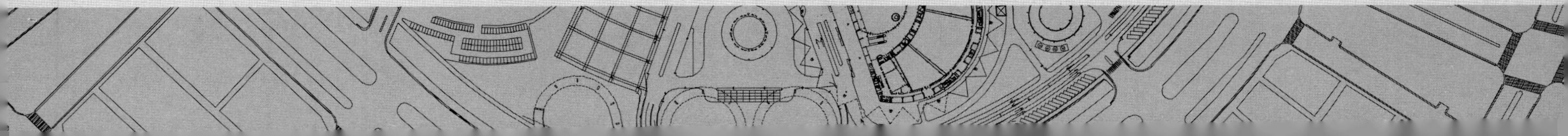

总体鸟瞰图

规划背景

根据铁道部、交通部、河南省决定，郑州综合交通枢纽、公路物流港、铁路集装箱中心站选址于郑东新区金水路以南地区，3个重要项目的建设将对这一区域带来深远影响。

当前国家开工建设铁路客运专线,为加快中原城市群城际间通道建设，进一步强化郑州交通枢纽地位，提供了新的机遇。建设郑州综合交通枢纽是省委省政府的重要决策，是中部崛起及中原城市群战略的重要抓手之一，是提升郑州交通中心枢纽地位的重要手段。经与国家有关部门协商,郑州围绕综合交通枢纽站还将建设高速公路客运枢纽、公路物流港和铁路集装箱中心站等。为此，郑州市委、市政府决定组织此次郑州综合交通枢纽地区规划调整方案征集，邀请了国内知名设计单位——中国城市规划设计研究院、东南大学对该地区在城市总体框架中所承担的功能进行深入研究。通过科学规划，使该地区的功能结构与社会经济发展吻合，从而优化城市总体布局，完善综合功能。

方案 | 中国城市规划设计研究院方案
Plan | Schemes from China Academy of Urban Planning and Design

1.1 地区空间发展总体思路

在空间发展的思路上，根据国家经济发展的宏观背景、不同产业的政策敏感性和重大交通设施建设的时序，在北部采取先西后东，先发展107国道以西枢纽配套服务业，择机发展107国道以东的以现代期货交易为先导的金融业及其集聚吸引的高端服务业的空间发展策略；在南部采取先北后南，重点以公路干线物流港为依托，发展商都路两侧的物流业，适时南下跨越铁路，与铁路集装箱中心站和郑州航空港协作互补，形成多式联运的区域综合物流枢纽。

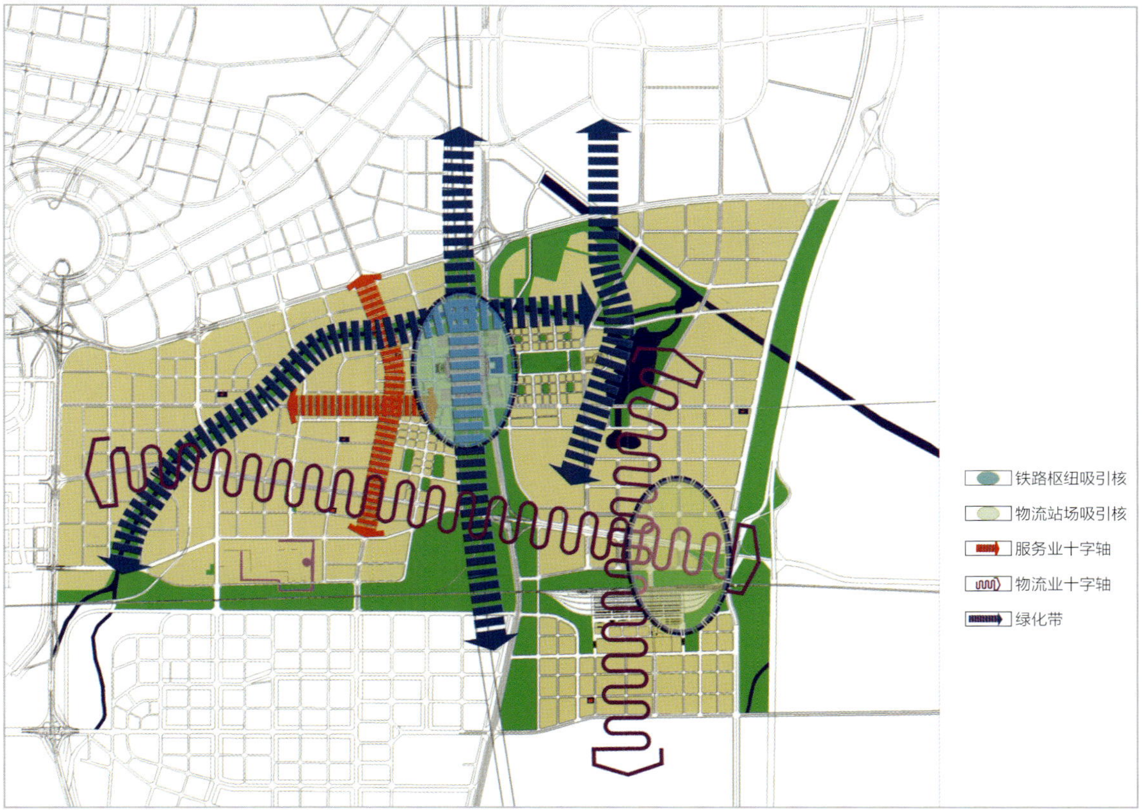

空间结构分析图

1.2 地区空间结构

本地区的空间结构为“双核、双十字轴、三带”。

“双核”分别指国家大型综合客运交通枢纽所构成的一空间吸引核与公路干线物流港、铁路集装箱中心站构成的另一空间吸引核；

“双十字轴”是指东西向商鼎路和南北向东风北路构成的服务业发展十字轴和东西向商都路、南北向明理路构成的物流业发展十字轴；

“三带”是指铁路客运线两侧绿化带构成的南北绿带、从龙子湖延伸到莲湖的南北绿带和东西向的七里河绿化带。

1.3 地区产业及用地布局

在国家大型综合客运交通枢纽的西侧，东西向商鼎路和南北向东风北路的两侧进入综合客运交通枢纽合理服务半径内（1km）的用地，布局枢纽配套服务业。

在明理路的东侧、商都路的南侧，布局以公路干线物流港和铁路集装箱中心站为核心的物流业；明理路南向高架跨过铁路集装箱中心站后，两侧用地也布局一定规模的物流业用地。

在国家大型综合客运交通枢纽的东侧，商鼎路以北、七里河南路以南布局从客运枢纽发展兴起为依托高端服务业。

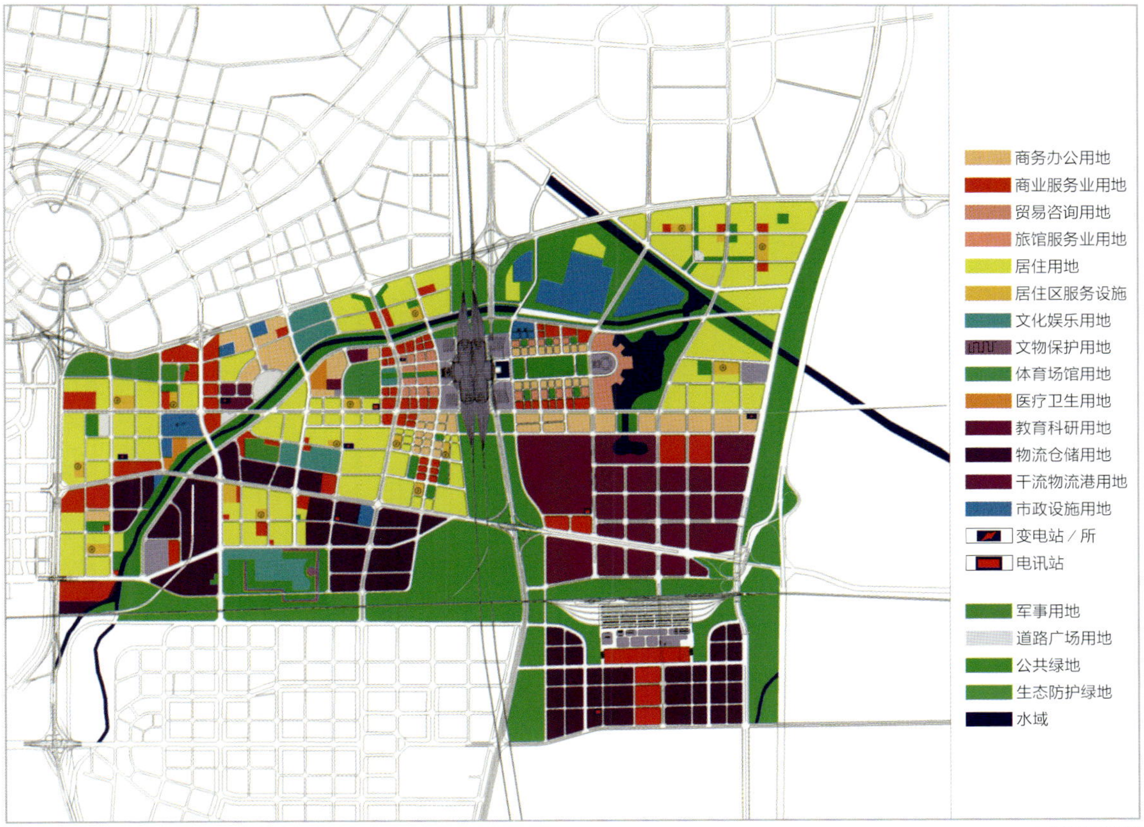

土地利用规划图

1.4 综合交通枢纽站区空间结构布局

站区总体功能布局结构："一核二轴六区"。

"一核"：铁路客运站、长途客运站以及与两者配套的其他公共交通设施，形成客运站枢纽地区的交通功能核心。

"二轴"：主轴指东西向横贯站场枢纽与东部商贸中心的轴线，它既是地区空间发展轴又是地区风貌景观绿轴。车站枢纽建筑以这条轴线为中心，建筑形态形成对称布局。在 107 国道以东地区，这条轴线表现为实体景观绿地，该地区建筑以这条景观绿地为轴线在空间上对称分布。次轴指铁路通道形成的南北向结构绿轴。在空间上具有明确的方向性，结合沿线防护绿带形成明确的景观次轴。

"六区"：枢纽地区空间布局划分为 6 个功能区域。枢纽中心区：以高速铁路站、长途客运站为核心，综合城市轨道交通、城市公交、小汽车、出租车、长途客运汽车等交通出行方式为一体的大型对外交通枢纽区；旅馆服务区：以服务交通枢纽为主的旅馆、饭店、购物等商业旅馆业综合服务区；商务办公居住区：作为郑东新区龙湖 CBD 的有效补充，适合发展与交通枢纽关系密切的商务、管理、研发等商务办公区，并在此基础上发展针对外来商务人士的高档居住区；文化娱乐及信息产业区：利用靠近大学城的人才区位优势，在规划区东部滨湖地带，结合电视塔发展相关文化、新闻、演出、俱乐部、休闲娱乐等文化会展功能及信息服务业功能；中心商贸区：作为郑州东部副中心区的高档购物、餐饮、文化娱乐商贸区；配套居住区：郑州东部副中心区配套的中高档居住区。

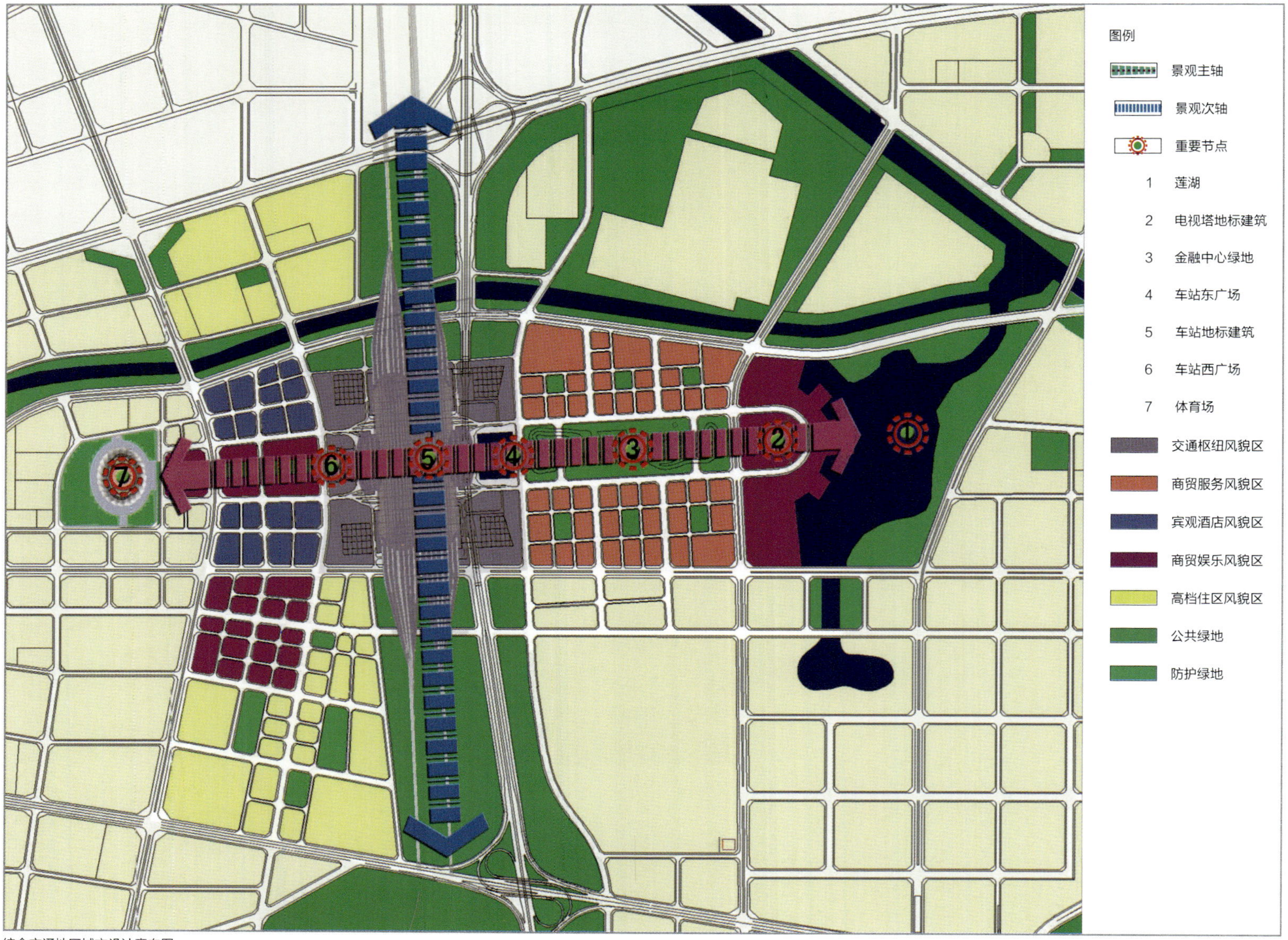

综合交通地区城市设计意向图

1.5 道路网布局

规划区道路网为开放式方格网布局，形成“八纵三横一半环”路网骨架结构，其中“八纵”为3条快速路、5条主干道，包括中州大道、黄河东路、农业东路、东风东路、107国道、博学路、明理路和东四环路；“三横”为3条主干道，包括金水东路、商鼎路、商都路；“一半环”为七里河南路和安平路。干道网总长度为124.67km，干道网密度为3.37km/km^2。

1.6 综合交通枢纽站区道路系统规划

七里河南路、商鼎路为综合交通枢纽站区东西向主要控制性道路，圃田西路、中兴路为综合交通枢纽站区南北向主要控制性道路，4条路围合的地区为综合交通枢纽站区核心区。以七里河南路－圃田西路－商鼎路－中兴路组成的环路为核心，1条快速路（107国道）、4条主干道（东风北路、博学路、七里河南路、商鼎路）及4条次干道（中兴路、心怡路、圃田西路、清源路）组成的“环＋放射”状城市主骨架网络，保证综合交通枢纽地区每个方向有至少2条主要道路与外部沟通。“环加放射线”的路网结构突出了综合交通枢纽的中心地位，其安全性与应变能力，有利于综合交通枢纽客流集散。其中107国道作为枢纽周边最重要的城市道路，主路下穿，采用地面辅路或定向匝道与枢纽衔接，既可满足综合交通枢纽与周边区域的快速沟通，又保证过境交通不会干扰综合交通枢纽地区的交通。

道路系统规划图

1.7 景观风貌与建筑造型规划

站区绿地景观风貌系统主要由车站延伸出的两条垂直轴线构建，东西向轴线由东向西依次贯通莲湖、电视塔、商务区中央绿地、车站东广场、客运车站、车站西广场，指向规划区西面七里河畔的体育场馆。南北向轴线依托火车高架的铁轨线及两边的防护绿地，形成一条明确的景观虚轴。

车站造型的理念为“鼎盛中原”。

城市景观分析图

1.8 综合交通规划

规划将形成以常规公交为主体、轨道交通为骨干的多元化、安全、方便、快捷的综合交通体系。

对外交通规划：规划区与郑州市其他地区的衔接以快速路和主干道为主要通道，“八纵三横一半环”的骨干路网均为规划区的主要对外通道；与城市外围地区通过城市干线道路与公路（包括高速公路）、铁路（包括客运专线）、机场等实现快速有效衔接，实现综合交通枢纽地区对外交通的便捷联系。

轨道线网规划：调整轨道交通 1 号线和 4 号线的走向。轨道交通 1 号线：规划将原有线位向北移动，使之垂直于铁路站台的走向。并将原商鼎路－中兴路站点调整为综合枢纽站，原商鼎路－博学路站点调整为综合交通枢纽东侧公园站。轨道交通 4 号线：规划将原有线位向东移动，使之平行于铁路站台的走向。并将原商鼎路－中兴路站点调整为综合枢纽站。预留郑汴城际轨道交通系统的用地空间。

停车场规划：规划大型公共停车场 2 处，控制用地 8000m^2。公共停车场主要服务于文化娱乐等公共设施用地。

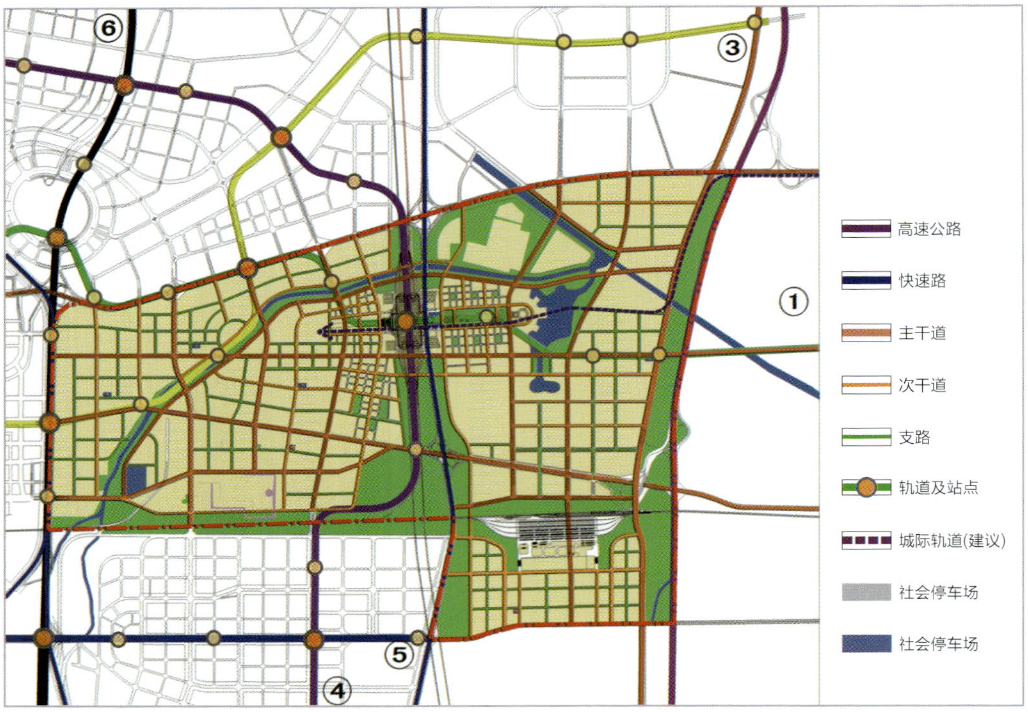

综合交通系统规划图

1.9 绿地系统规划

规化确定以“绿色商文化、水景现代城”为城市形象塑造的目标，其具体内容概括为 16 个字：“千年商城，绿色宝石，生态水脉，现代都市。”

绿地系统规划指标：

2010 年，绿化覆盖率实现 36%；2020 年，绿化覆盖率实现 42%；远景绿化覆盖率实现 50%。

地区空间形象特色塑造的策略：以枢纽车站等地标建筑统领地区空间形象，以地区功能划分空间形象风貌分区；利用龙湖置换水体设计流动水体景观；利用现有水脉水面，进一步扩展公共空间；控制高层建筑的发展方向和模式。

绿化系统规划图

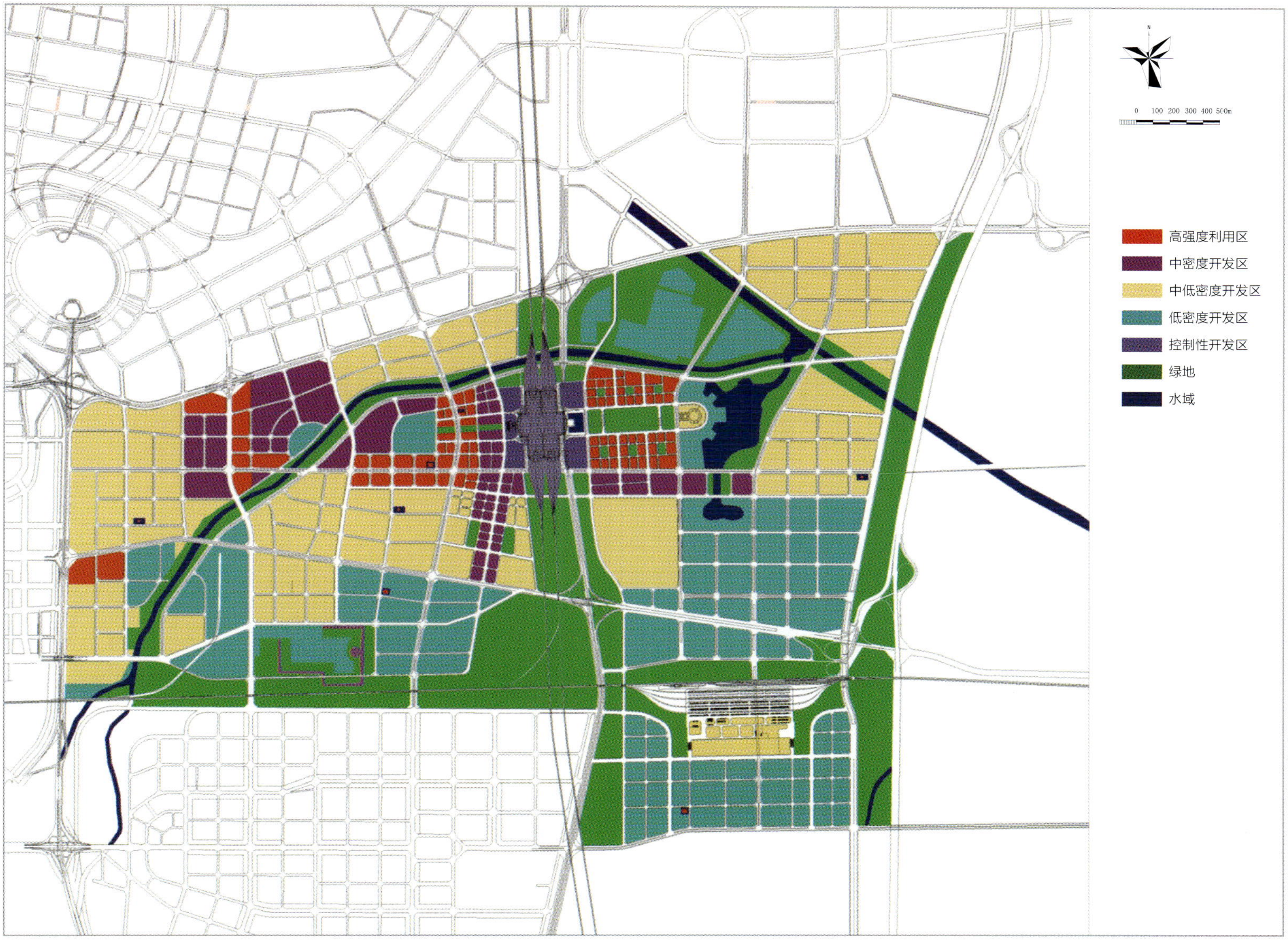

土地开发强度分区图

1.10 土地开发强度规划

规划考虑铁路分割、交通安全、交通环境、城市副中心景观风貌等多种因素，将地区土地利用强度划分为严格控制区、低密度开发区、中低密度开发区、中密度开发区和高强度利用区。

严格控制区：规划将严格控制由铁路客运站、长途客运站、邮政设施及其他交通设施组成的核心枢纽区周边土地使用强度，特别是107国道以西、七里河以南的核心枢纽区地段，除了铁路车站、长途车站，以及公交站场、社会停车场和宾馆、商业娱乐、商务办公等配套功能为主的建筑商业物业外，其他土地均为道路和大面积的绿地，保证这一最核心的地区具有良好的交通环境和景观效果。

低密度开发区：主要是商都路两侧的仓储物流园区，七里河南岸东风东路和农业东路之间体育场及周边地区，以及107国道以东七里河北岸的污水处理厂及周边地区。容积率控制在1以内，建筑高度控制在18m以内。

中低密度开发区：主要是居住用地，共6片。分别是中州大道以东、黄河东路以西的居住用地及部分商业金融用地；商鼎路以南、农业东路两侧的居住用地；七里河北岸、东风东路两侧的居住用地和文化娱乐用地；东风东路以东、商都路以北的居住用地；商鼎路以南、博学路以西的居住用地和科研用地；东风渠以北、博学路和明理路之间的居住用地及会展用地。容积率控制在1~2之间，建筑高度控制在35m以内。

中密度开发区：主要是商业金融用地，共6片。分别是七里河北岸农业东路和黄河东路之间以及黄河路西侧的居住用地行政办公等用地；农业东路以东、商鼎路两侧的商业金融用地；七里河南岸东风东路两侧的商业金融用地；商都路以北、博学路以西仓储物流的配套商业服务用地；商鼎路以北、四环路以东仓储物流的配套商业服务用地。容积率控制在2~4之间，建筑高度控制在45m以内。

高强度利用区：主要是商业金融用地，共3片。107国道以东城市副中心商业金融、高档服务、企业总部基地地区；中州大道以东、商鼎路两侧商业金融用地和商住用地；金水东路南侧、黄河东路两侧的商业金融用地。容积率控制在4~5之间，建筑高度控制在80m以内。

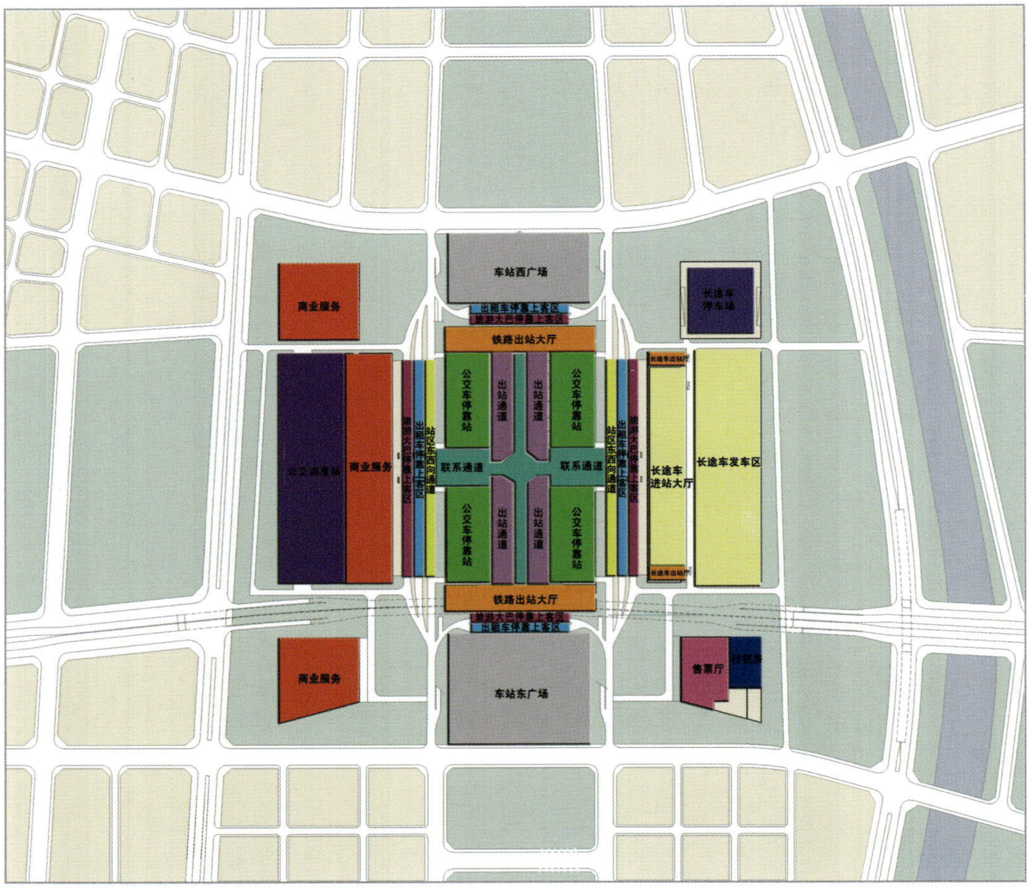

布局意向规划图

1.11 枢纽核心区交通规划

以外围路网规划为基础，在综合交通枢纽核心区，规划了“环形加放射线”的枢纽内部道路系统。其中环路又分为枢纽内环路和枢纽外环路。道路系统采用地面道路与定向匝道相结合的方式，主要采用单向交通组织枢纽内部的车流，可以组织不同方向道路的车流进出车站东西广场；也可分流周围快速路和主干道的过境交通，特别是 107 国道的过境交通；还可控制该地区的土地利用方式。

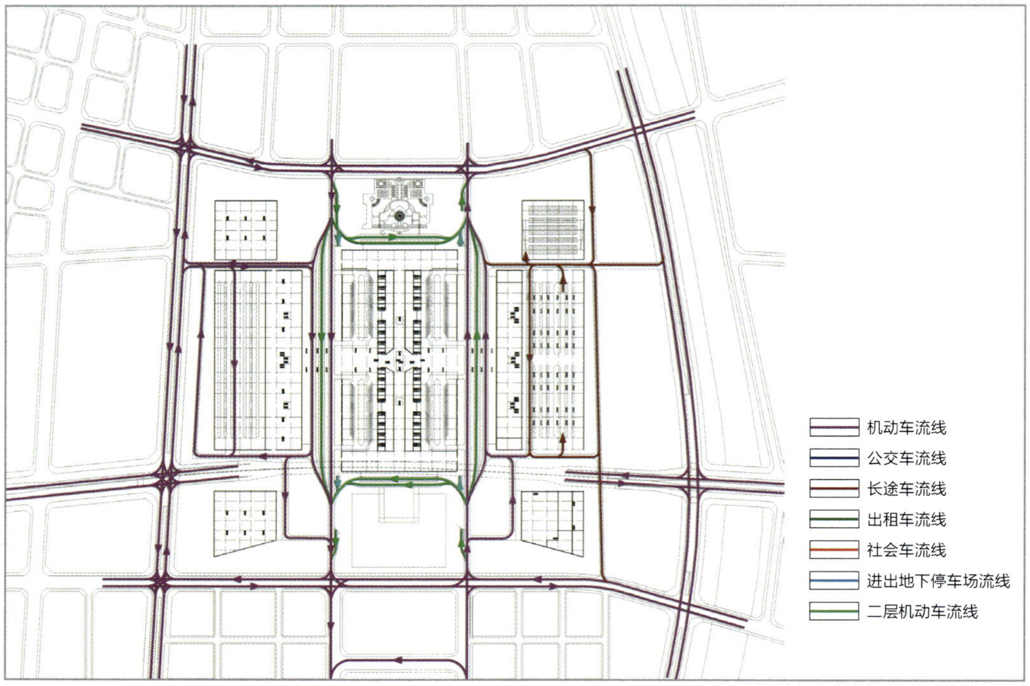

枢纽核心区机动车交通组织图

1.12 车站造型理念

综合交通枢纽总体竖向布局共分7层，其中地下3层，地上3层，在地面和地上2层之间设一夹层。

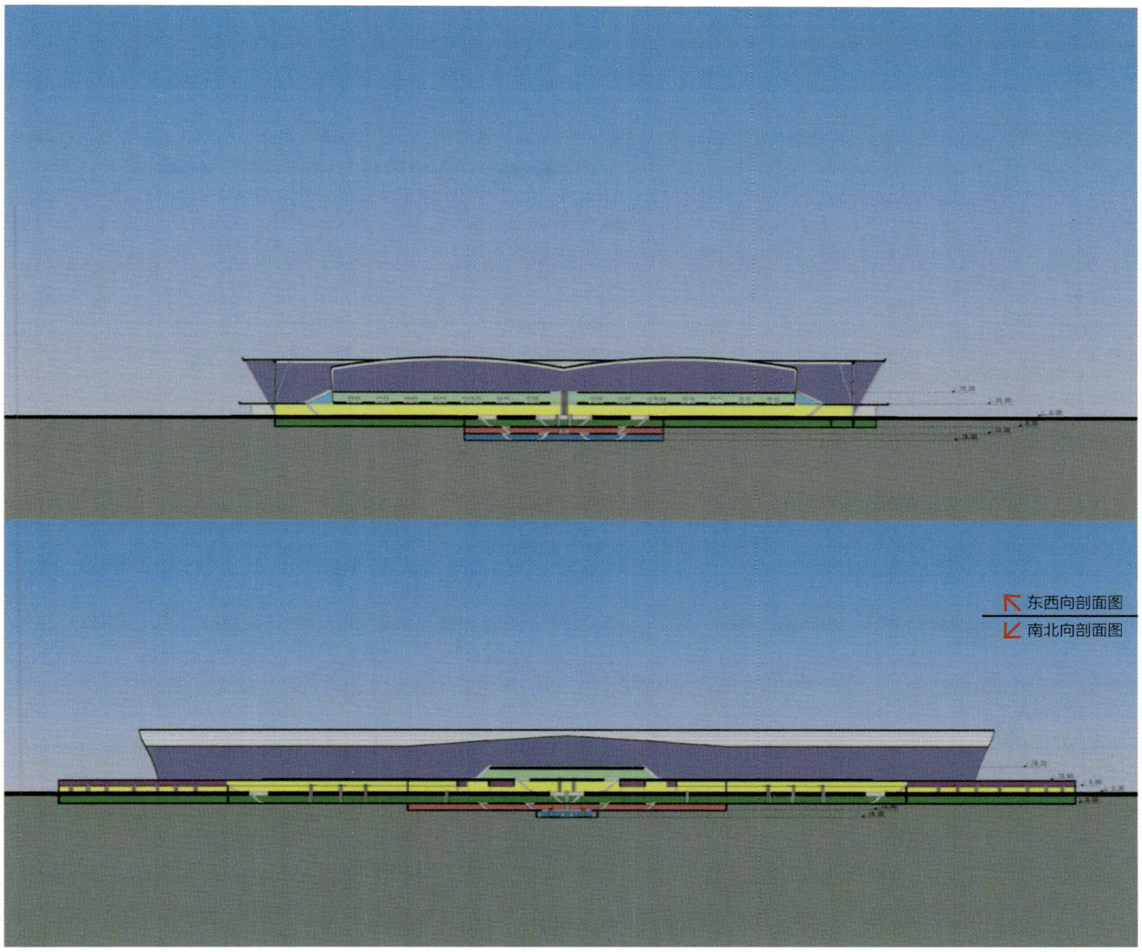

枢纽剖面图

枢纽形象示意图

方案Ⅱ 东南大学交通学院方案
Plan II Schemes from Traffic Institute of Southeast University

综合交通枢纽区总体鸟瞰图

2.1 规划区城市功能定位

确立郑州市作为国家重要综合交通枢纽的地位；确立该地区作为区域重要物流中心的地位；确立该地区作为郑州市新的城市中心地位。

规划调整目标：

（1）郑东新区的规划在本区域规划布置两大组团：商住物流园区、科技产业园区。郑州综合交通枢纽项目的确立，使原有规划的依据和基础发生改变，对整个城市结构产生巨大的影响。因此，需要对该地区原有规划做出适当调整，完成郑州地区综合交通枢纽地区用地发展规划。

（2）对该地区的城市功能定位、空间布局、交通组织及城市景观等进行规划调整，明确该地区在城市中的功能地位，完善相关基础设施配套建设，将该地区建设为功能完善、交通发达、景观优美、整体和谐的新的城市中心区。

东北方向鸟瞰图

西北方向鸟瞰图

西南方向鸟瞰图

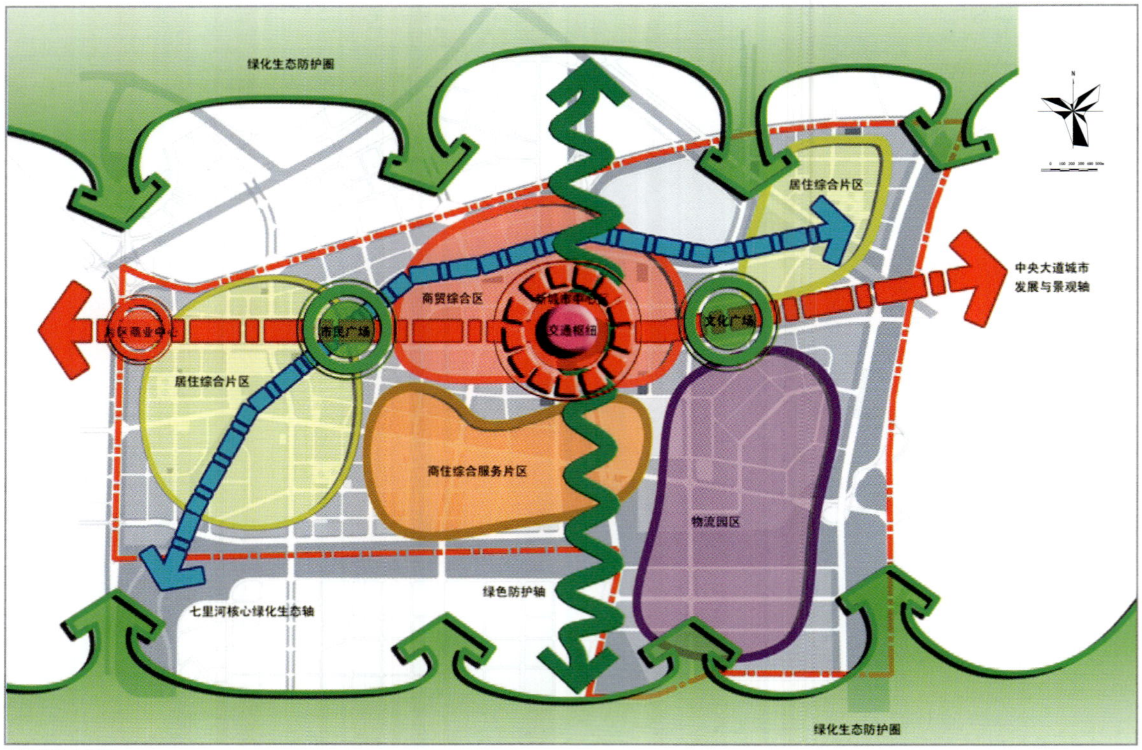

空间结构分析图

2.2 空间结构形态

规划区结构形态为：简洁、明晰、具有适度弹性的整体“轴核”结构。

规划区城市空间发展沿中央大道展开，形成线性的空间形态，成为城市发展的“轴”；核心区的综合交通枢纽部分，是城市交通功能的集合点，也是城市景观、商业、办公的集合点，是城市精神的中心，形成城市发展的“核”在轴核结构总体空间特征的基础上构筑“一圈一河、二轴一核、五区三节点”的结构发展形态。

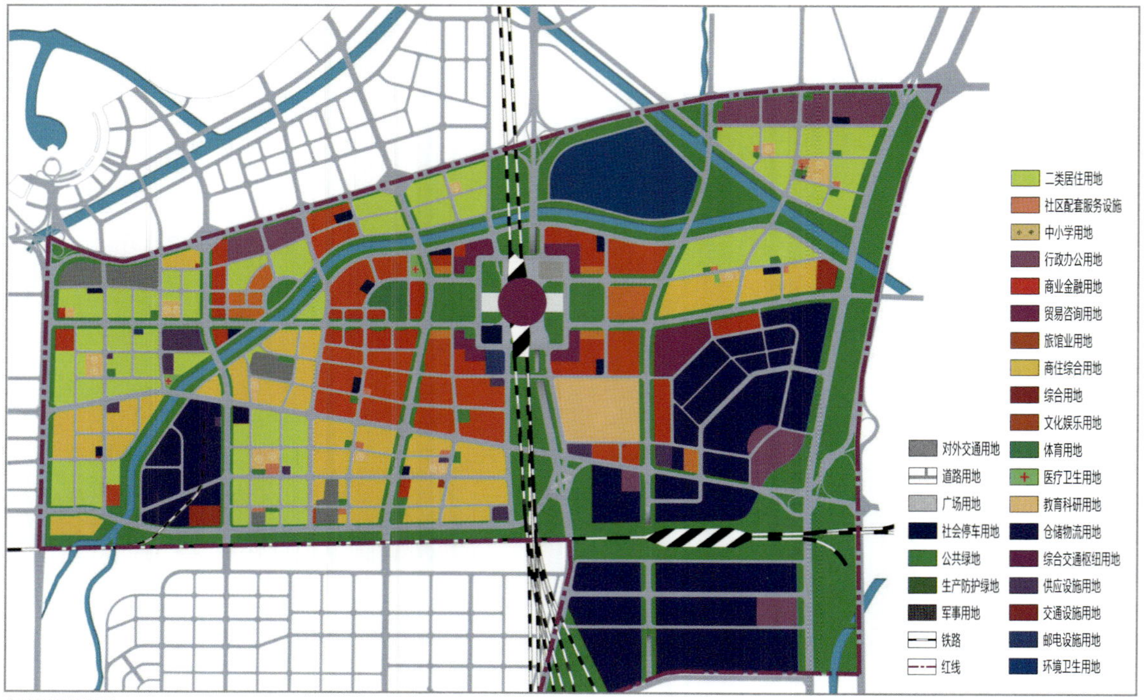

土地利用规划图

2.3 土地利用规划

规划区按功能划分为西部居住综合片区、中北部商贸综合区、南部商住综合服务区、东北部综合居住片区和东南部物流园区5大片区进行用地规划。

2.4 开发强度控制

开发强度控制方案以容积率为探讨对象将强度分为4个等级。分别是：一级强度，容积率0~1.0；二级强度，容积率1.0~1.5；三级强度，容积率1.5~2.5；四级强度，容积率2.5~4.0；五级强度，容积率4.0以上。

开发强度最高的区域为综合交通枢纽周边范围内的商业金融用地，主要地块的开发强度都达到4至5级（容积率大于2.5），南部的商贸综合区开发强度也较高，基本处于三级水平（容积率1.5~2.5）。西部居住综合片区综合容积率控制在1.5左右；东北居住综合片区容积率控制在1.5左右；东南部物流园区和居住综合区的建设用地的开发强度为一级（容积率0~1.0）。

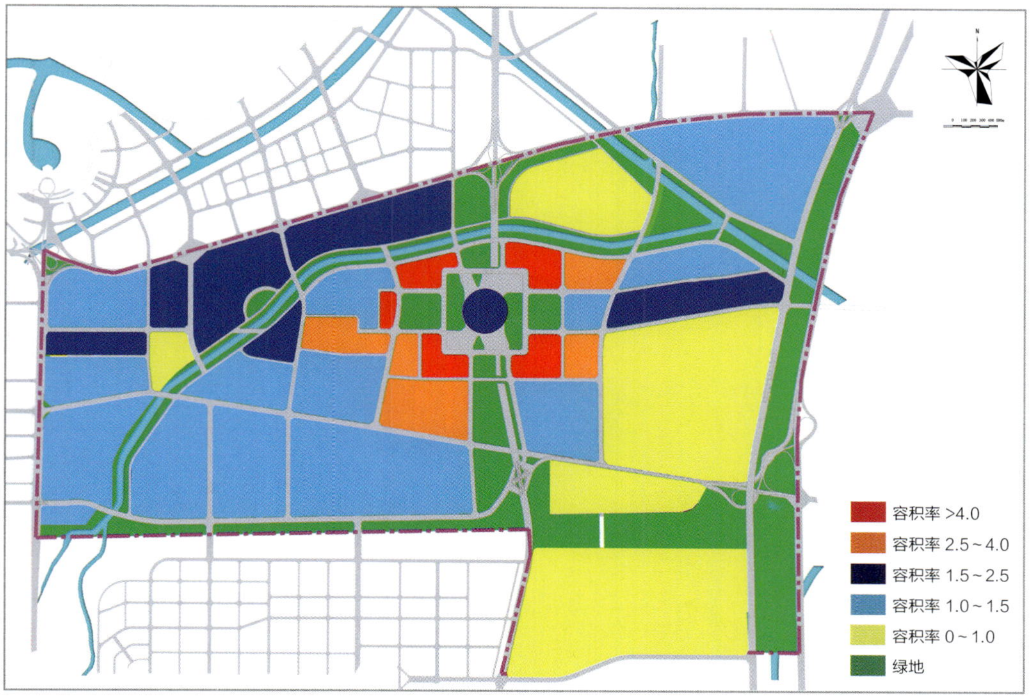

土地开发强度分区图

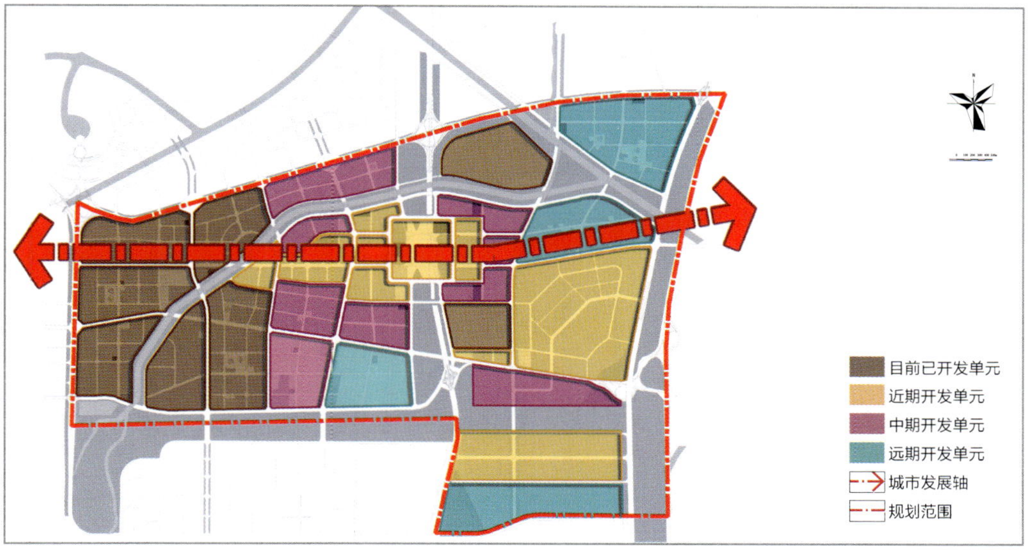

建设时序示意图

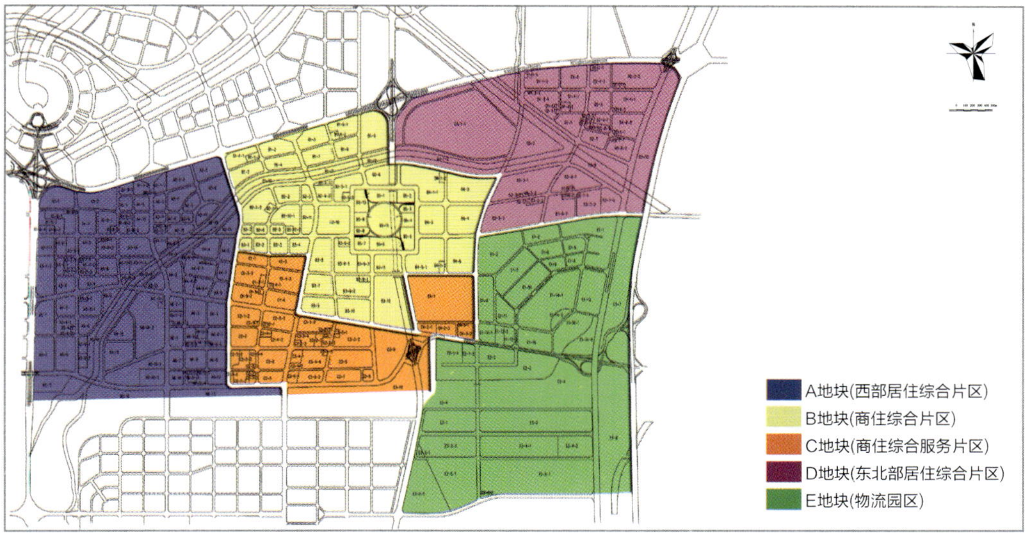

地块编码图

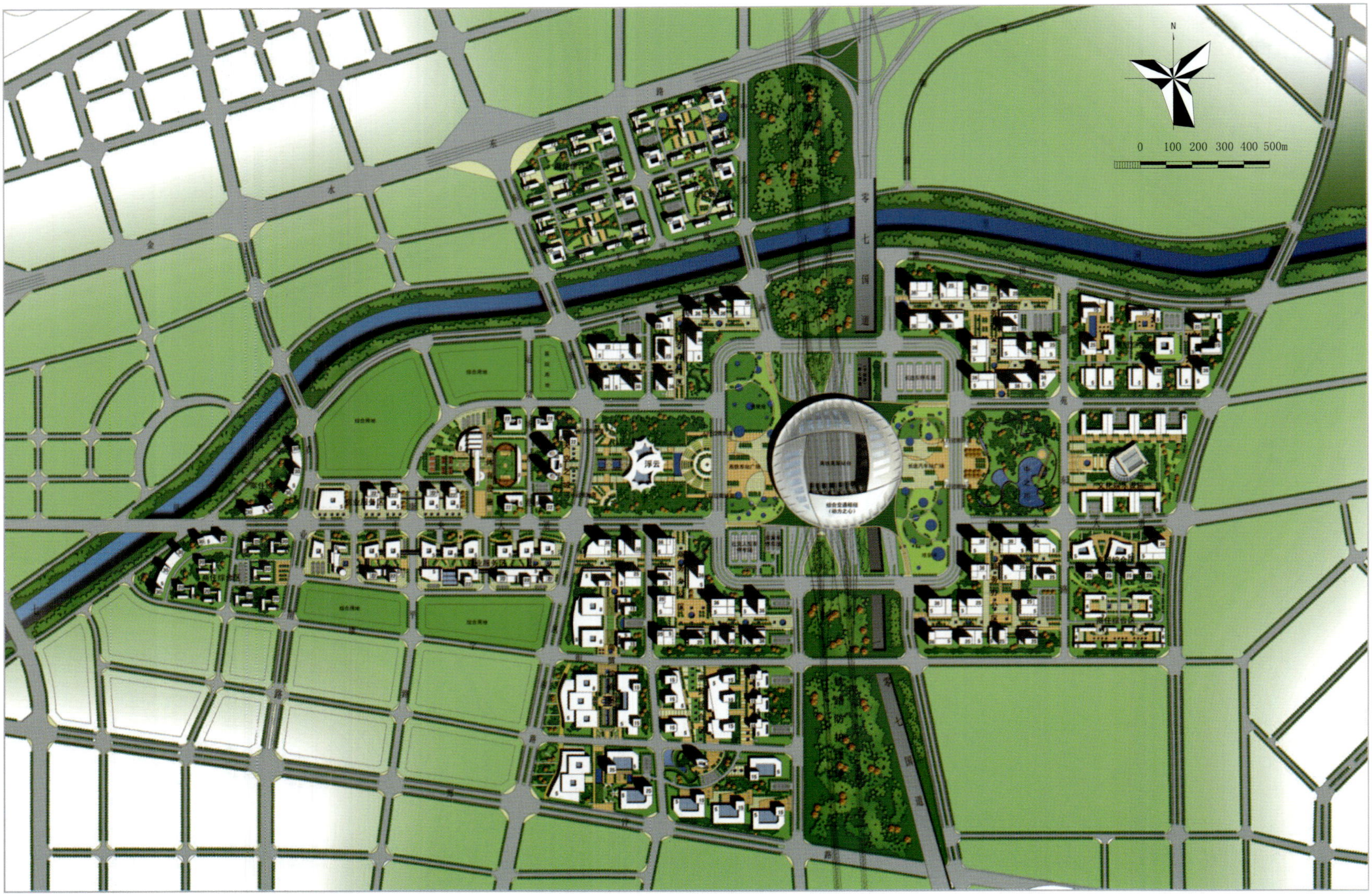

核心地区城市设计总平面图

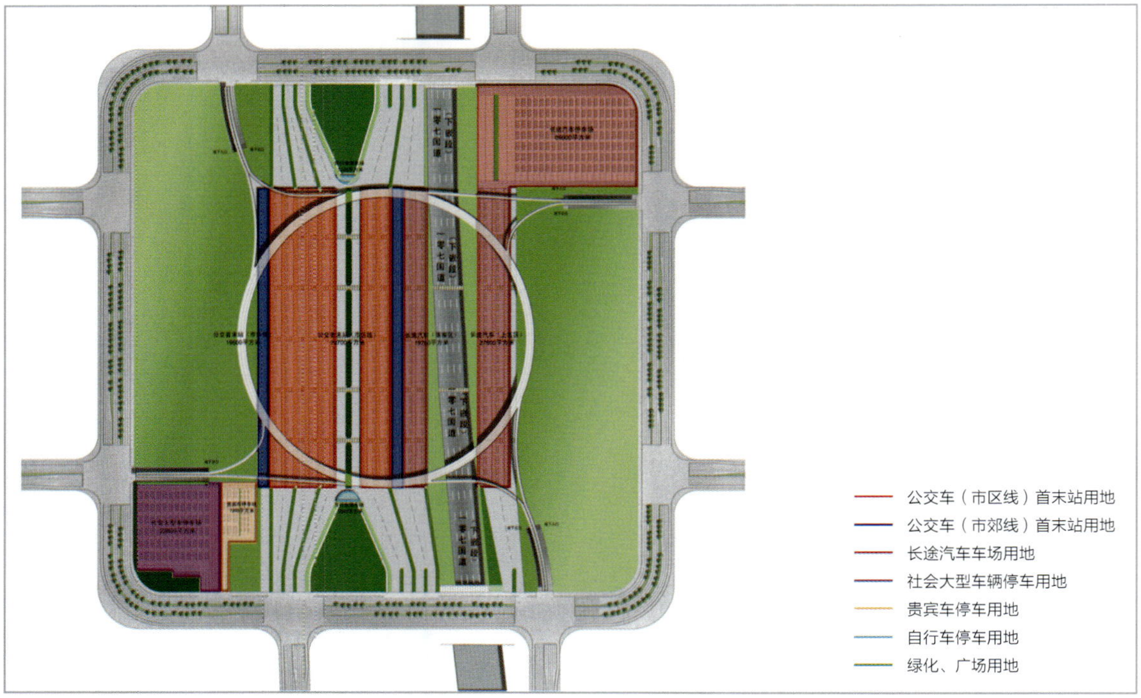

用地布局图（地面层）

2.5 综合交通枢纽用地布局

综合交通枢纽集京广、陇海铁路客运专线站、公路高速客运站、市郊客运站、轨道交通站点、常规公交站、出租车及社会车辆停靠站等多种方式与“中州明珠”为一体，提出的概念设计方案充分体现了“以人为本”、“节约资源”、“无缝换乘”、“有序集散”的设计理念。

2.6 道路网布局

规划区道路网布局形态为开放式方格网状，快速路的布局形态为“三纵两横”，主干路的布局形态为“一环八纵三横”，道路总长为153.4km，干路网密度为3.16 km/km^2。

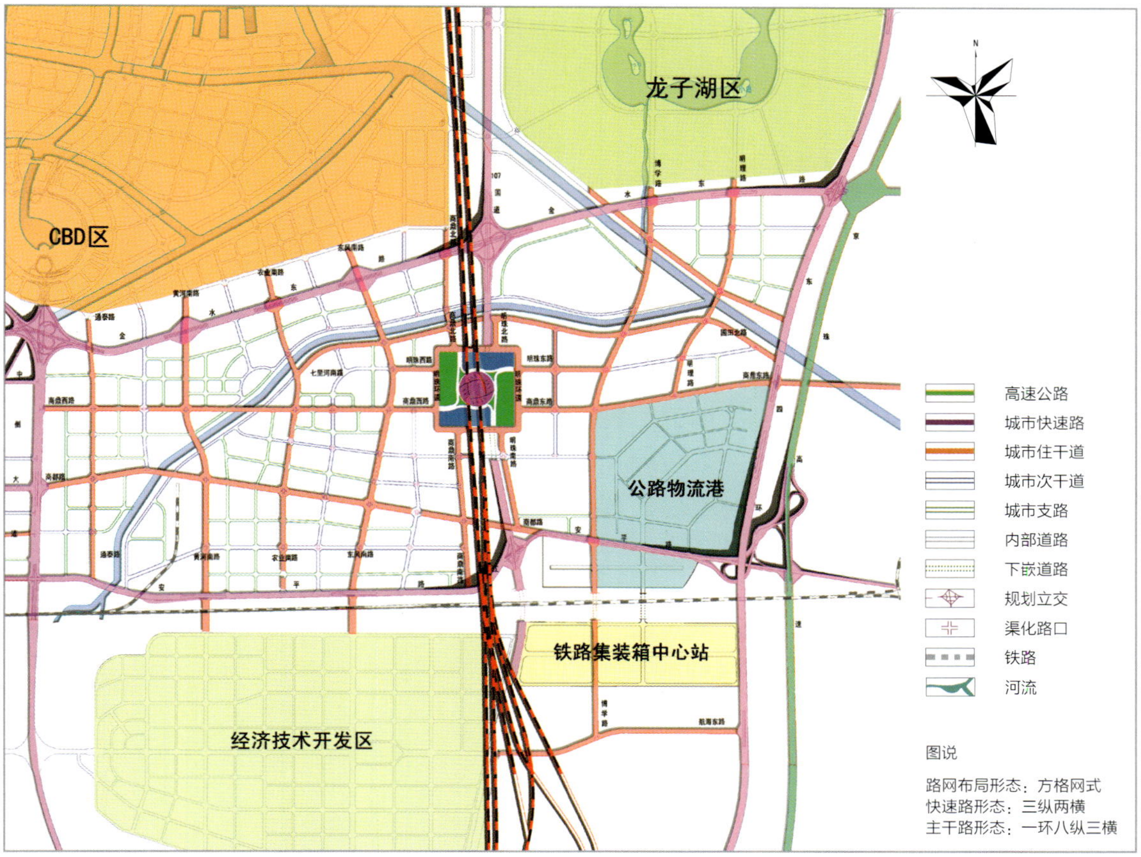

综合交通枢纽地区道路网规划图

2.7 枢纽地区交通设施规划

规划区将形成以常规公交为主体、轨道交通为骨干的多元化、安全、方便、快捷的综合客运交通体系。

规划区（不包括综合交通枢纽内部）规划常规公交首末站 7 个，控制用地 1.35 万 m^2；规划综合停车保养场 2 处，控制用地 12 万 m^2。

根据停车需求预测，2020 年规划区（不包括综合交通枢纽内部）公共停车需求 6050 个，规划公共停车场 16 处，控制用地 18.15 万 m^2。

公共停车场主要服务于商业、办公和金融用地。配建停车场应严格按照配建停车指标建设。

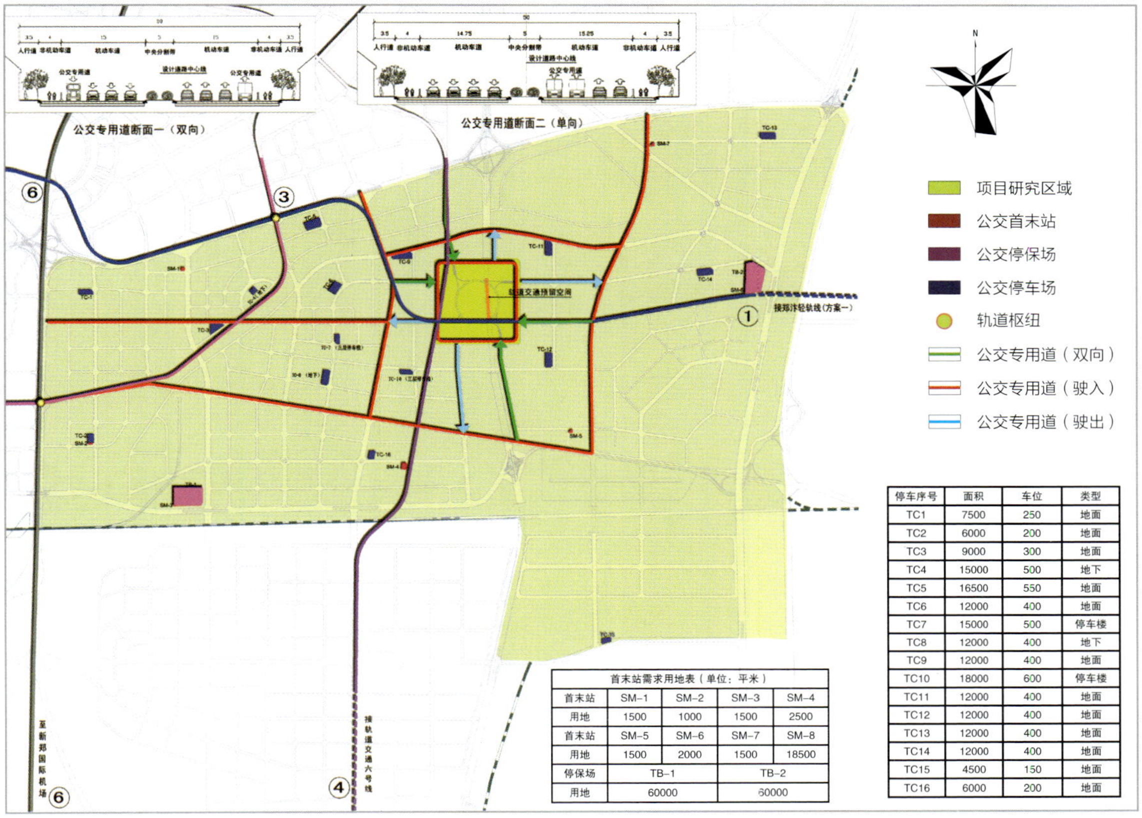

停车序号	面积	车位	类型
TC1	7500	250	地面
TC2	6000	200	地面
TC3	9000	300	地面
TC4	15000	500	地下
TC5	16500	550	地面
TC6	12000	400	地面
TC7	15000	500	停车楼
TC8	12000	400	地下
TC9	12000	400	地面
TC10	18000	600	停车楼
TC11	12000	400	地面
TC12	12000	400	地面
TC13	12000	400	地面
TC14	12000	400	地面
TC15	4500	150	地面
TC16	6000	200	地面

首末站需求用地表（单位：平米）				
首末站	SM–1	SM–2	SM–3	SM–4
用地	1500	1000	1500	2500
首末站	SM–5	SM–6	SM–7	SM–8
用地	1500	2000	1500	18500
停保场	TB–1		TB–2	
用地	60000		60000	

综合交通枢纽地区交通设施规划图

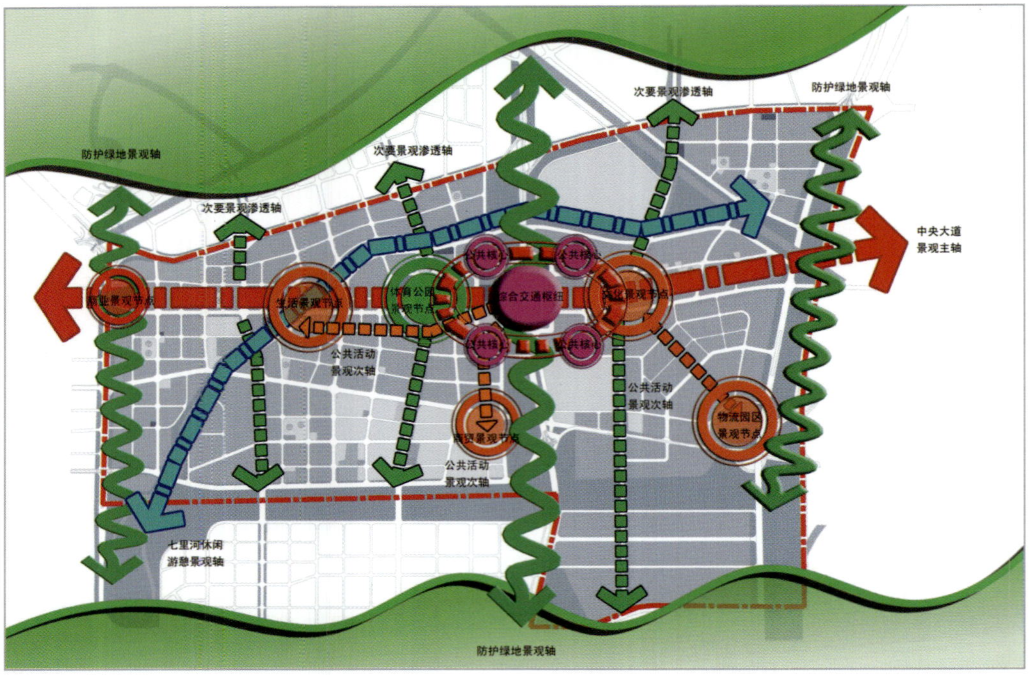

城市景观系统规划图

2.8 景观系统规划

规划区景观系统由景观轴线、景观节点和景观标志组成。景观核为“中州明珠”，中央大道为景观主轴，沿中央大道景观主轴由西向东形成商业景观节点、生活景观节点、体育公园景观节点、文化景观节点、物流园区景观节点等 5 个景观节点。同时有多条景观次轴和渗透轴发挥景观辐射作用，渗入于整个区域。

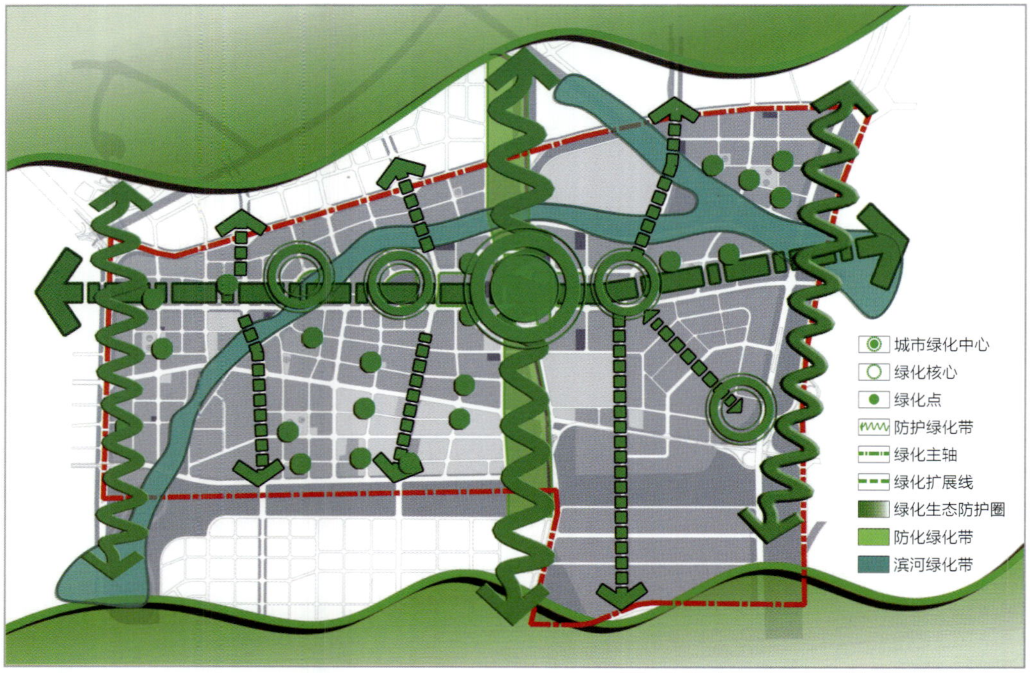

绿地系统规划图

2.9 绿地系统规划

规划区绿地系统由绿核、绿轴、绿带与绿院构成。形成以南北向铁路客运专线及 107 国道沿线防护绿带、东西向中央大道绿化景观轴为主的绿化“十”字形布局，又以多条绿化扩展线为纽带，连接散落邻里中心的绿地和单元院落绿化，形成结构性绿地和便民性的绿地相结合的生态绿地景观系统。

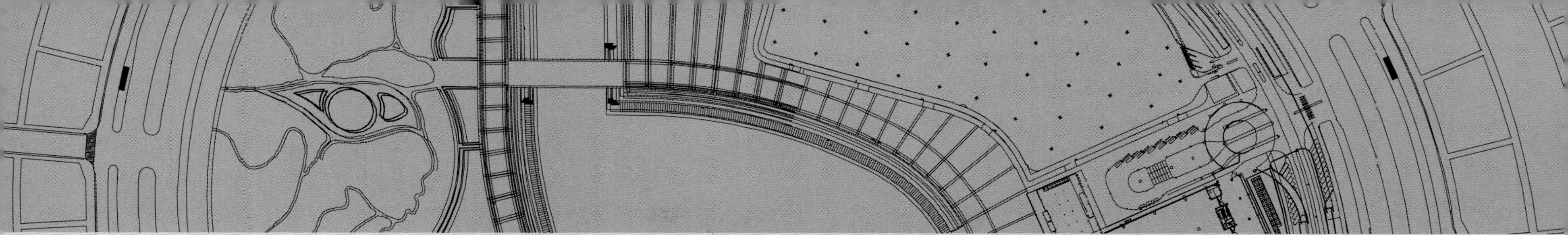

郑州综合交通枢纽核心区详细规划

Regulatory Detailed Planning for the Core Area of Zhengzhou Integrated Transportation Hub

2

方案Ⅰ清华大学城市规划院方案
Plan I Schemes from Urban Planning Institute of Tsinghua University

方案Ⅱ河南省城乡规划设计院与铁道部第四勘测设计院联合体方案
Plan II Schemes from the Joint Venture of Henan Urban and Ruual Planning and Design Institute and The Fourth Survey and Design Institute of the Ministry of Railways

方案Ⅲ华东建筑设计研究院与法国APER设计公司联合体方案
Plan III Schemes from the Joint Venture of East China Architectural Design Institute and APER Design Corporation, France

方案Ⅳ中国城市规划设计研究院方案
Plan IV Schemes from China Academy of Urban Planning and Design

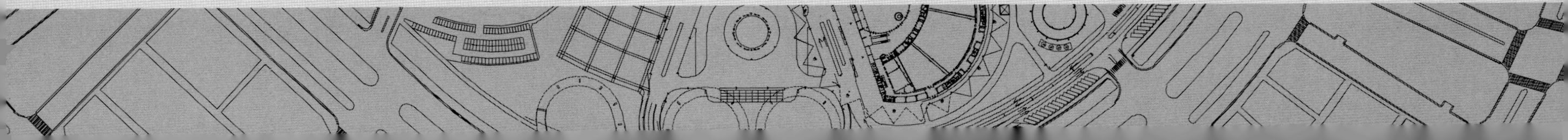

方案丨清华大学城市规划院方案
Plan I Schemes from Urban Planning Institute of Tsinghua University

郑州综合交通枢纽项目的确立将对周边区域乃至郑东新区产生巨大的影响。对城市综合交通枢纽区进行研究，目的正是以交通规模化带动相应其他优势产业的发展及升级，同时依托城市 CBD，促使城市功能布局与分区进一步完善，加强特大城市的经济能量的积聚，进一步推动城市由第二产业向第三产业的转变。

综合交通枢纽区将成为以综合交通枢纽为主要功能，承担现代居住、商贸、物流、休闲娱乐等城市职能的现代化城市中心，是郑东新区重要的城市功能中心，也是郑州老城区功能的延伸和提升。

总体鸟瞰图

1.1 规划结构

规划区域共分为综合交通枢纽、商务办公区、商务酒店区、城市商业区、休闲娱乐区和文化居住区6大功能片区，形成以综合交通枢纽为核心，具有完善配套服务设施和多种功能的新城市中心。

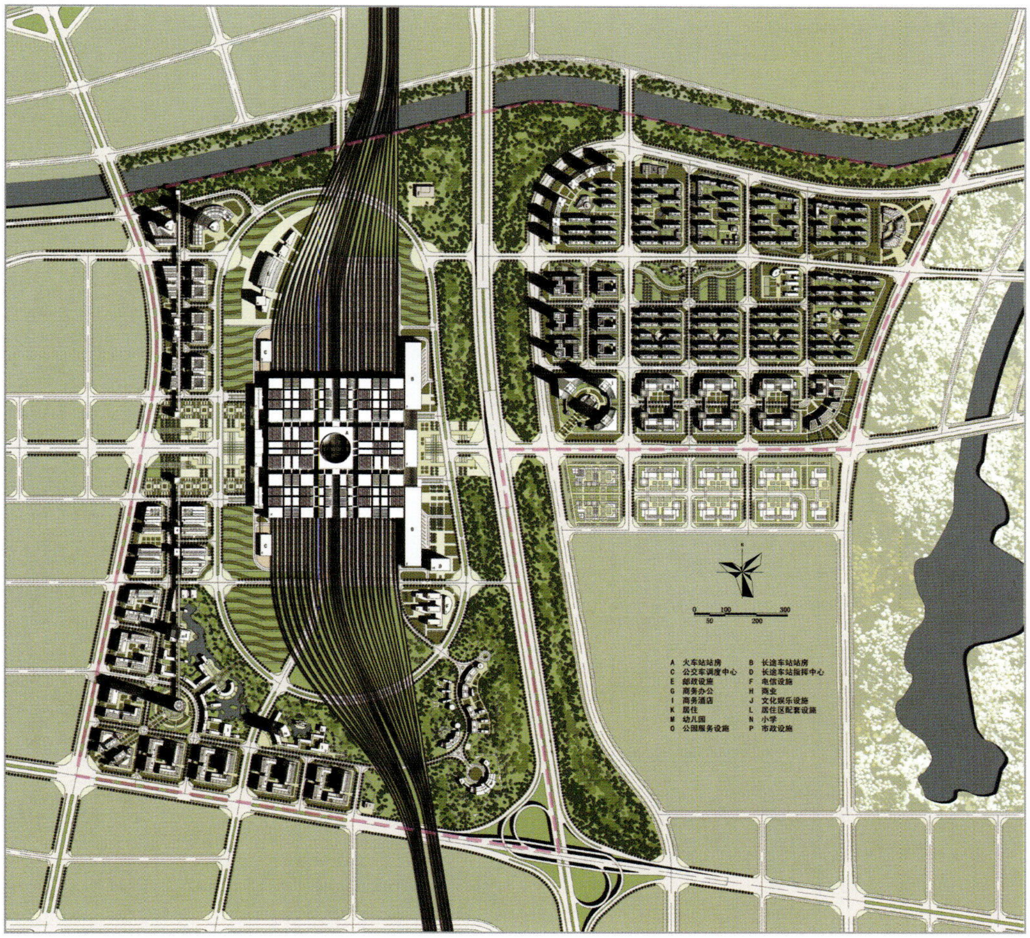

总平面图

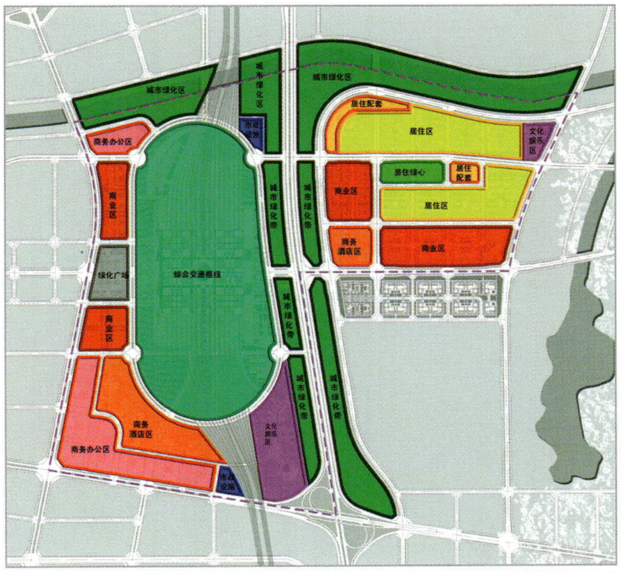

功能结构分析图

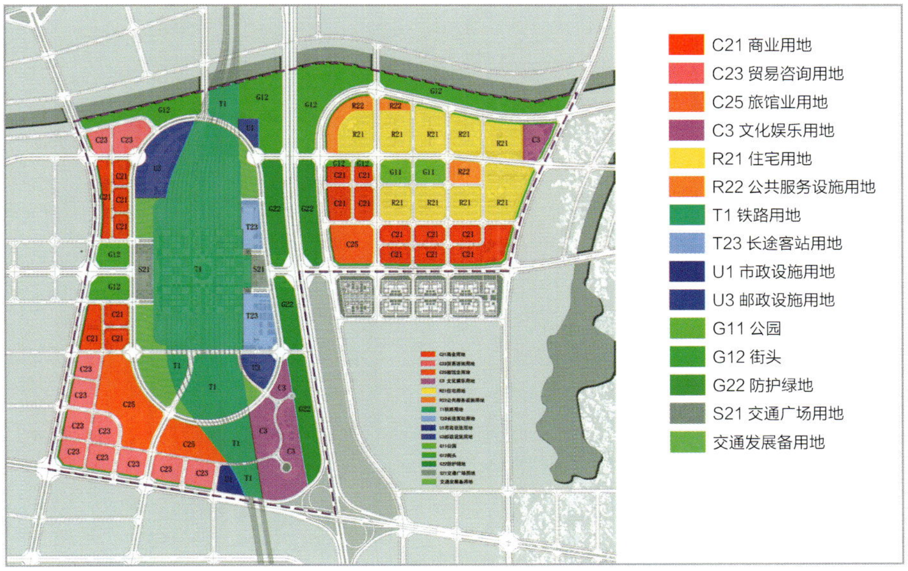

土地利用分析图

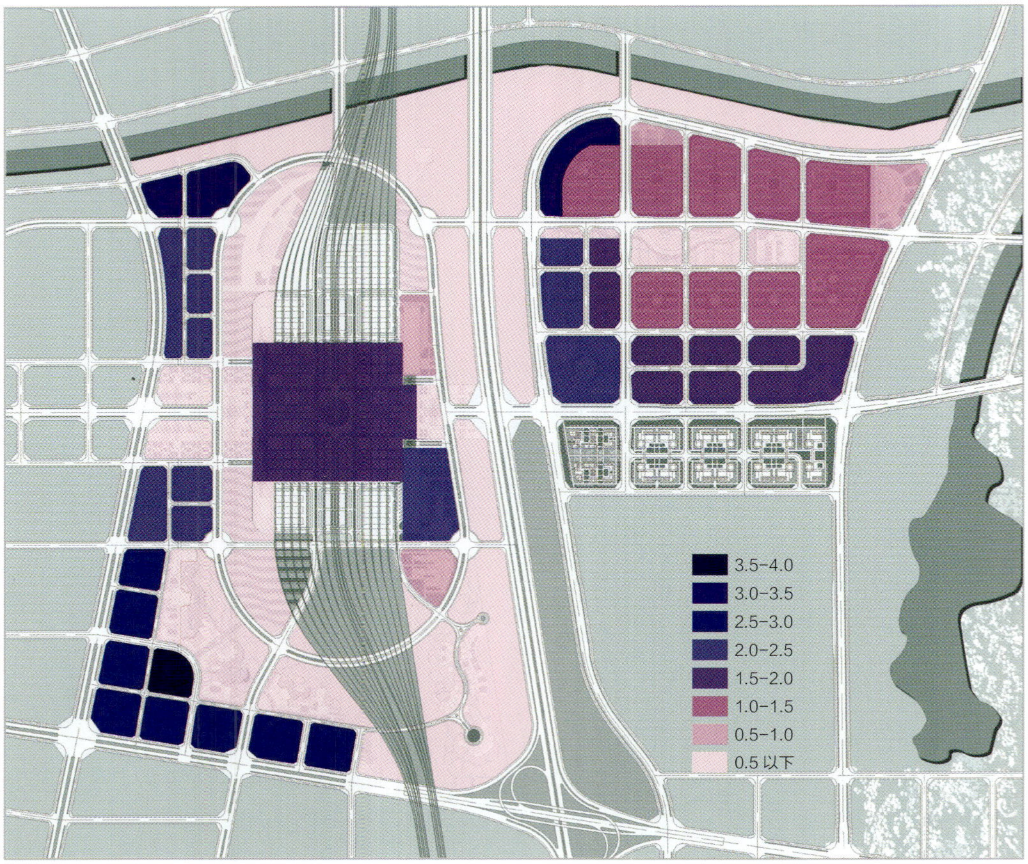

开发强度分析图

1.2 各类用地的开发强度

综合交通枢纽站房部分容积率控制在 1.5~2.0 左右。商务办公区作为城市的高密度开发区域，为体现城市面貌，充分利用土地价值，容积率应保持在较高的水平，一般在 2.0~2.5 之间，部分地块可以达到 3.0 以上。商务酒店区容积率为 2.0 左右，部分地块达到 3.0 以上。商业区分为两个部分：107 辅道东侧的城市商业中心容积率应在 1.5~2.0 左右，西侧的大型购物中心容积率为 2.0~2.5。休闲娱乐区的容积率应在 0.5 左右。 一般居住用地开发强度平均容积率为 1.0 左右。

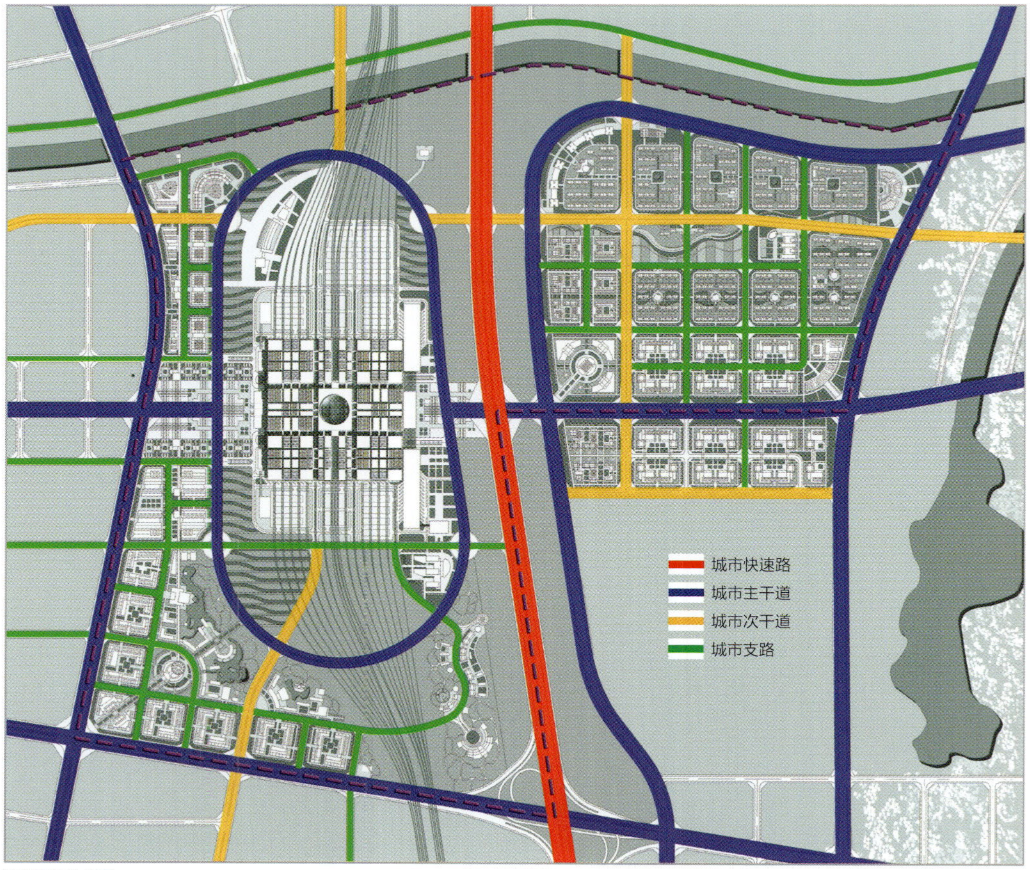

道路系统分析图

1.3 道路网体系

规划区内道路系统为城市快速路、主干道、次干道、支路 4 个级别。

快速路 107 辅道，道路红线 80m。

规划城市主干道红线宽度为 50~60m。交通枢纽外围通过交通输配环与城市衔接，保证了枢纽内部道路系统的相对独立和两侧城市道路系统的完整性。

规划城市次干道系统采用和主干道间隔布置的方式，干道间距一般为 500~600m，红线宽度为 30~40m。

规划支路红线宽度一般为 20~25m。商务办公区的支路路网加密到间距为 130~150m，用高密度、窄断面的方式解决高密度开发带来的大量机动车交通问题。

1.4 轨道交通规划

郑州城市轨道交通网络由 6 条线路组成，目前均处于规划阶段。其中，1 号线东西向、4 号线南北向通过综合交通枢纽。规划地铁 1 号线在交通枢纽内设置 1 个站点与 4 号线换乘。另外，在用地东侧设置 1 个站点，服务周边的商业设施和居住区。

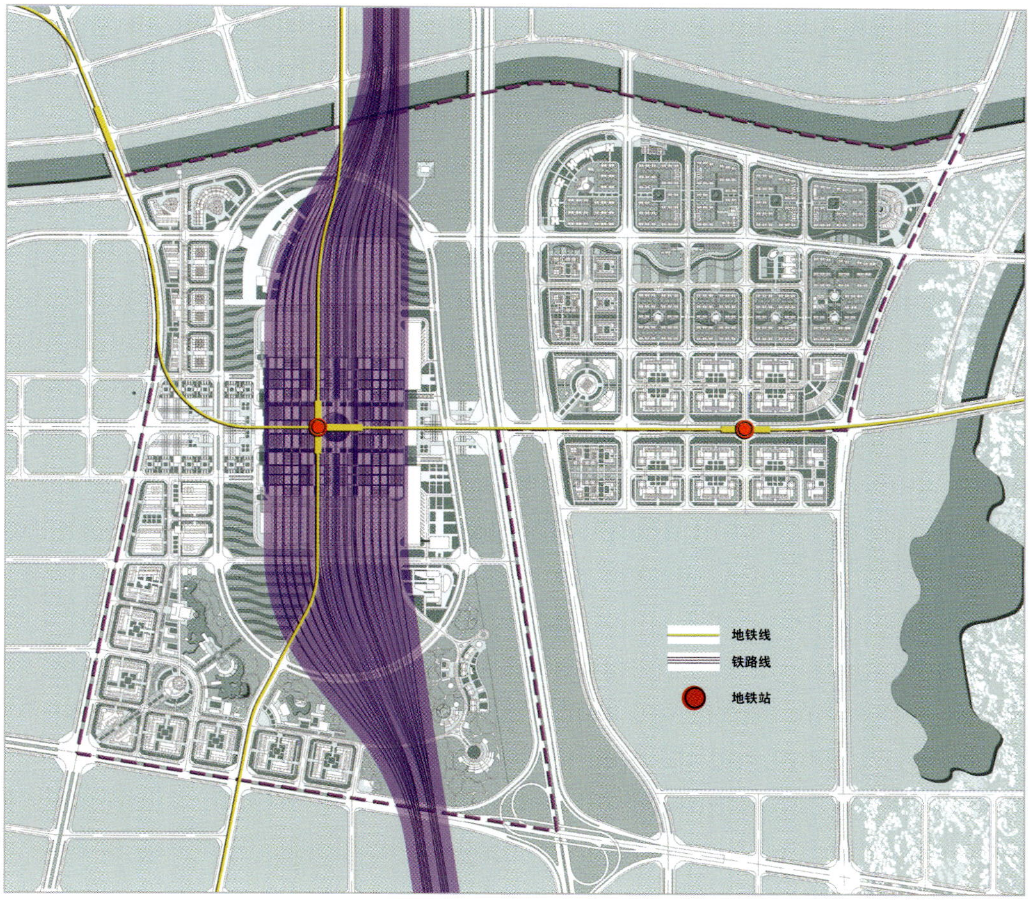

城市轨道交通规划图

1.5 绿地景观系统规划

规划立足创造富有活力、特色鲜明的城市空间，通过对绿化景观、建筑群体和城市广场的组织，形成富有向心力和凝聚力，场所感和标志性突出的城市绿化景观系统。

绿化景观

用地内最主要的绿化景观节点包括交通枢纽绿化广场、商务酒店花园、文化居住区公园等。规划以使用者的需求为基本出发点，结合不同区域的设计主题，将多种景观元素有机融合，塑造出主题鲜明、风格多样、贴近生活的绿化景观。

交通枢纽绿化广场以规则的网格绿化种植为主，人工化处理的广场空间和交通枢纽人流集散功能相结合。

商务酒店花园采取自然结合人工的手法，通过自然多变的岸线形成浅水区，创造自然形式的亲水空间。

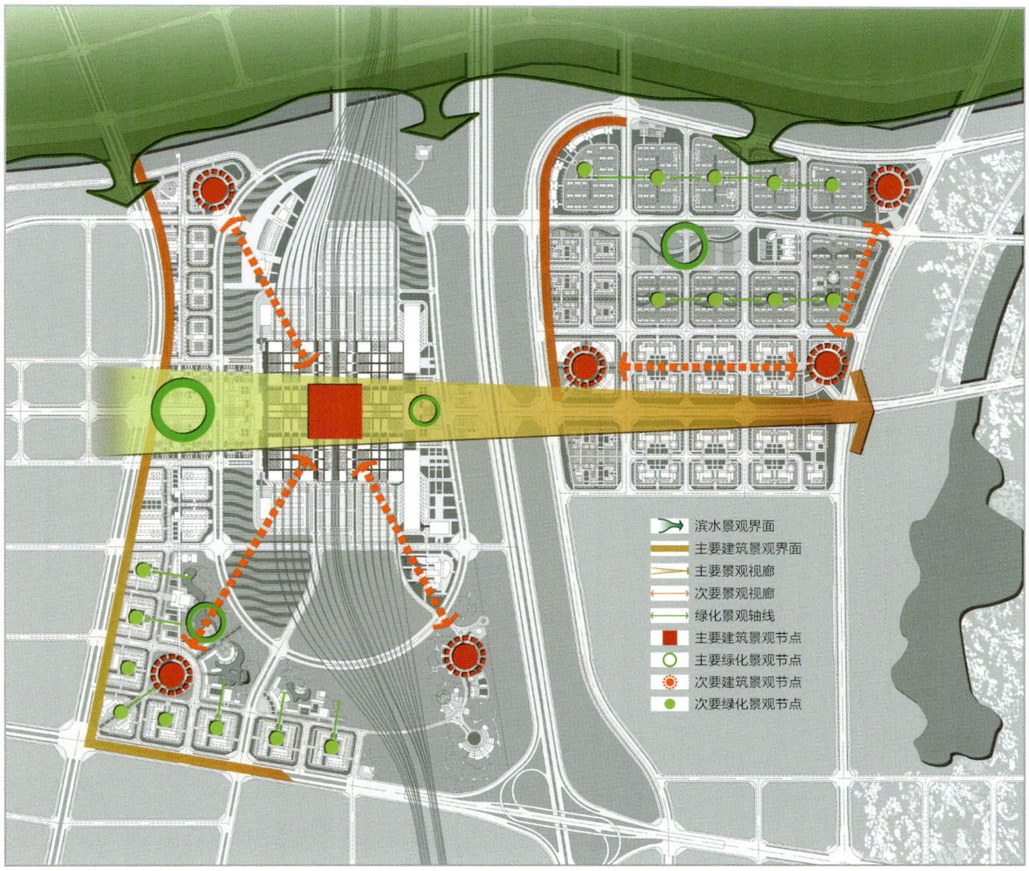

绿地景观分析图

方案Ⅱ 河南省城乡规划设计院与铁道部第四勘测设计院联合体方案
Plan Ⅱ Schemes from the Joint Venture of Henan Urban and Ruual Planning and Design Institute and The Fourth Survey and Design Institute of the Ministry of Railways

2.1 规划构思

郑州综合交通枢纽位于郑东新区商住物流园区与科技园区两大功能区内，新 107 国道两侧，用地外围为城市主干道，城市交通便利，便于交通的集聚与疏散。

综合交通枢纽的核心——铁路客运站向来都是城市的“节点”，是联系城际交通与市内交通的枢纽。郑州新客运站由过去单一的列车出发到达的场所转变为综合交通枢纽，采用多种快速联系交通方式，包括市内轨道交通、公交、出租以及城际、区域公路客运交通等，以满足多种通勤行为；另外，由于新郑州铁路客运站位于郑州市郑东新区，因此客运站建设需要同郑东新区的发展规划相结合，利用交通枢纽的集聚效应进行开发。

沿商鼎路街景效果图

总体鸟瞰图

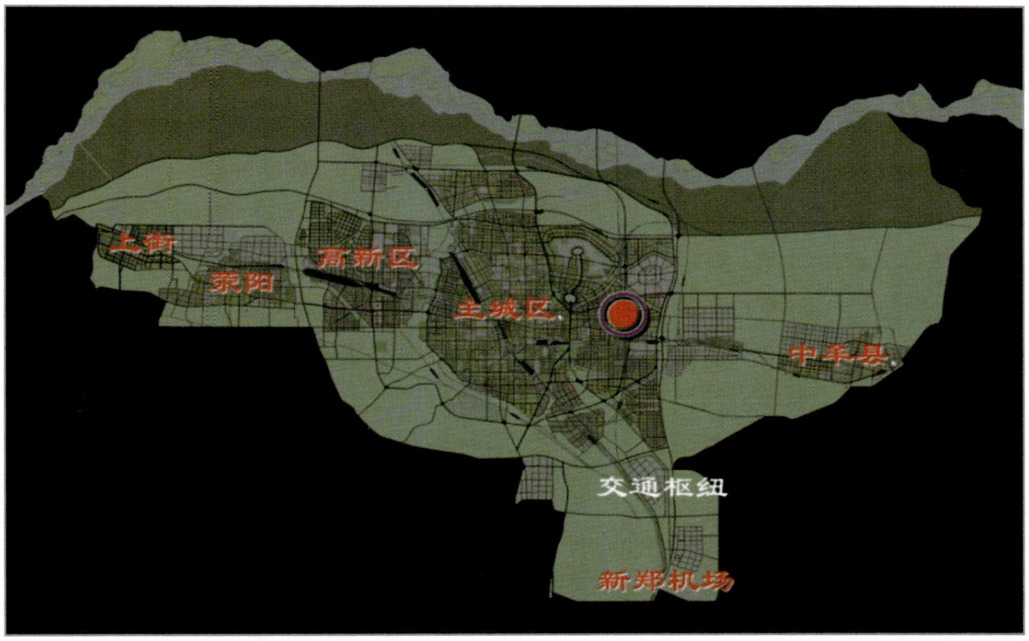

区位分析图

2.2 区位分析

郑州市位于中国大陆内陆腹地，黄河中下游的分界处，西依中岳嵩山，东、南连黄淮平原，为豫东黄淮平原向豫西丘陵过渡地带。郑州地处河南省中部，东连开封市，西临洛阳市，北隔黄河与新乡市、焦作市相望，南与许昌市、平顶山市相接。

郑州市是河南省省会，京广、陇海两条国家干线铁路，京港澳、连霍两条高速公路，310、107 两条国道主干线在此呈“十”字形交会。

郑州城市发展在区域战略中的地位和作用表现为：强化郑州市作为区域性中心城市的影响力、凝聚力、带动力和辐射力；打造了“郑一洛一汴新干线”；郑一洛产业带；郑一汴一体化。

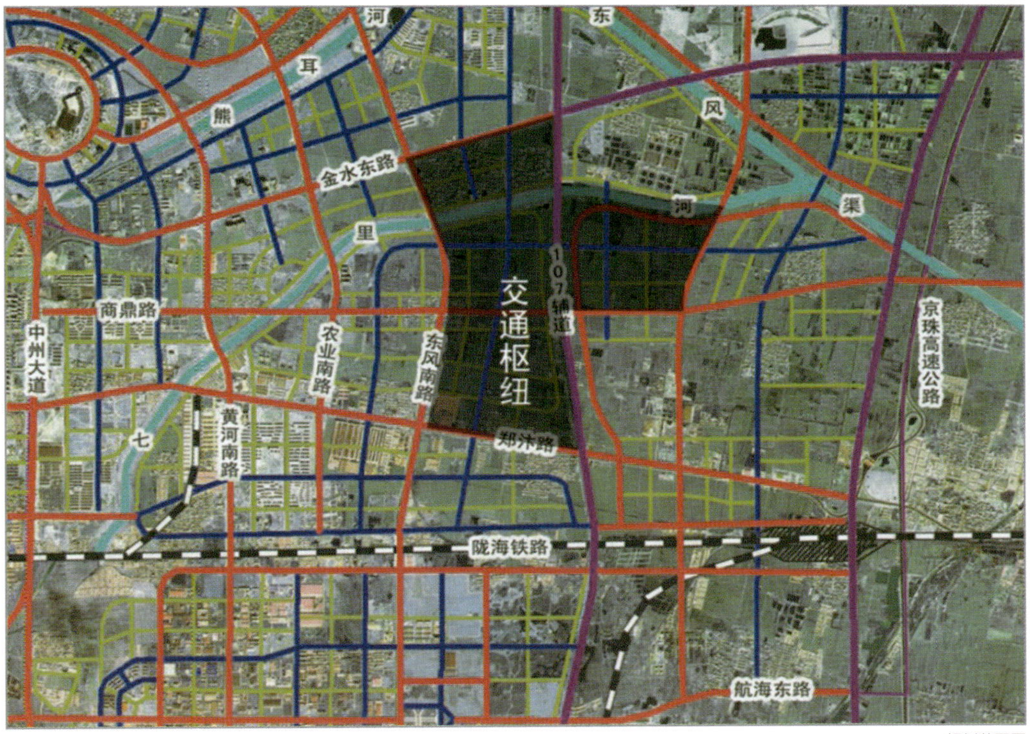

规划范围图

2.3 规划范围

郑东新区范围 150km^2 内（西起中州大道，东至京珠高速公路，北起连霍高速公路，南至机场快速路）共分 6 个功能区：①中央商务区，也是郑东新区的核心区；②商住物流区，是 CBD 的功能支撑区；③龙湖区，CBD 副中心；④龙子湖高校园区；⑤科技园区；⑥国家郑州经济技术开发区，郑东新区的工业支撑区。郑州综合交通枢纽即位于郑东新区商住物流园区与科技园区两大功能区内，新 107 国道两侧，用地外围为城市主干道，城市交通便利，便于交通的集聚与疏散，整个规划区域用地面积为 4.96km^2。

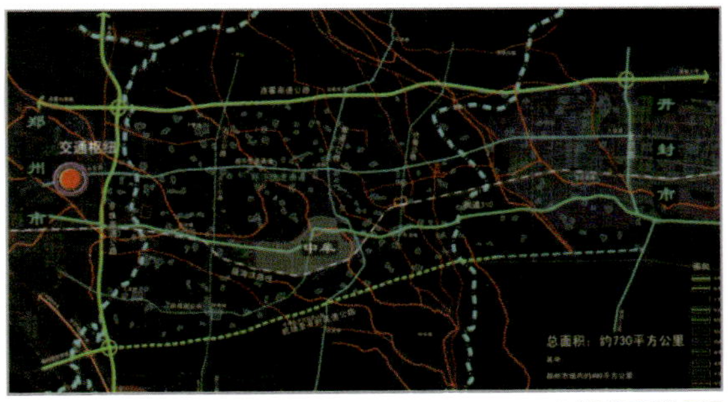

与郑汴区域关系图

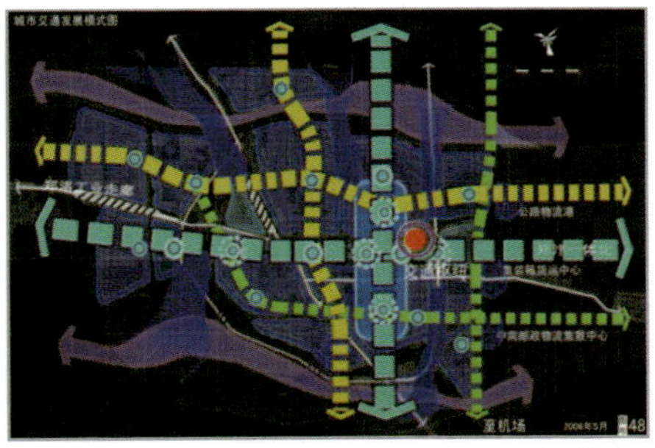

郑州市城市交通发展模式图

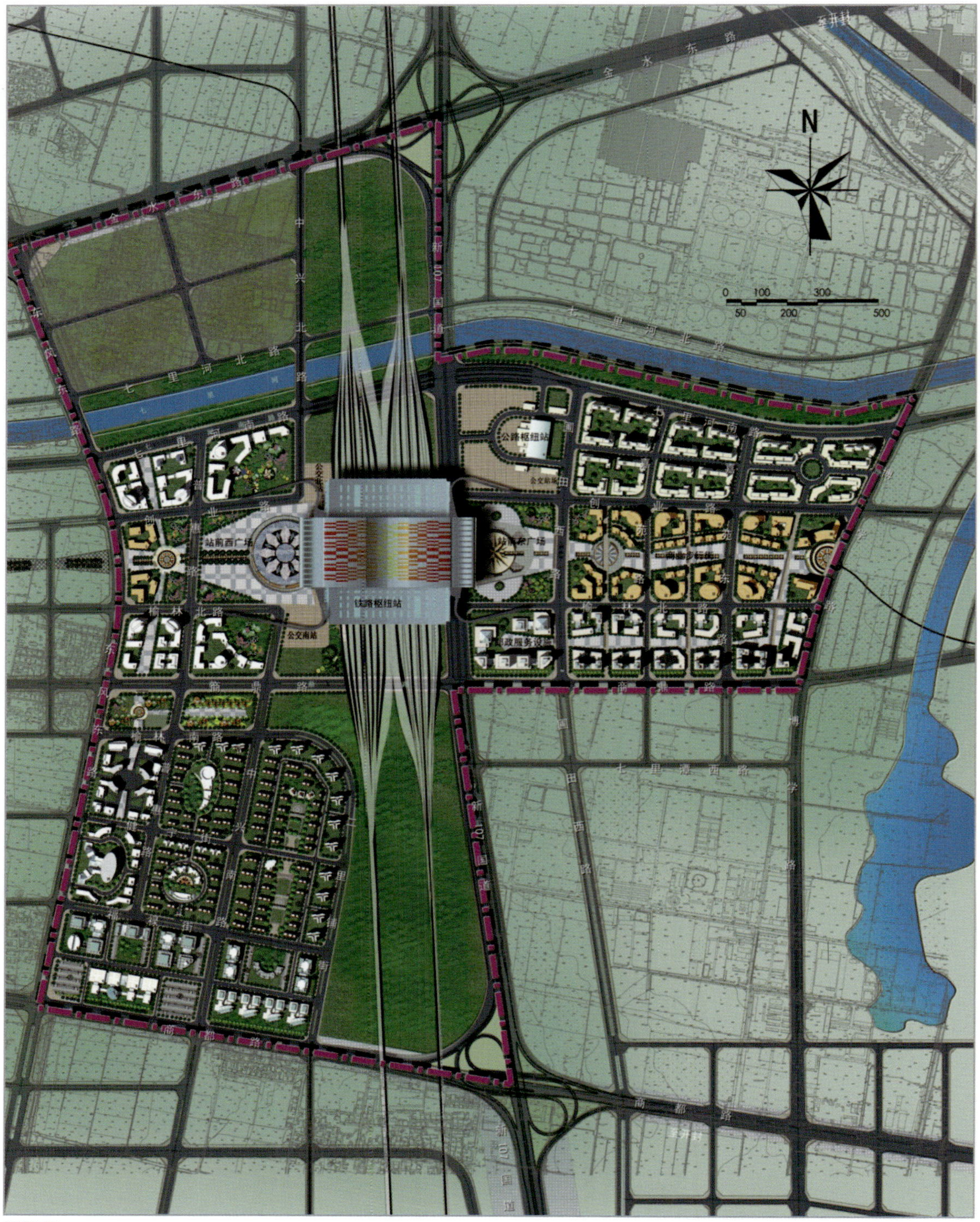

总平面图

功能结构分析图

2.4 建筑高度控制原则

规划通过充分考虑综合枢纽所在的地域位置，城市功能布局特点和土地开发强度来确定枢纽地区的空间形态、建筑形式和城市景观。规划重点控制沿东风东路和商鼎路两侧建筑物的高度并以西站前广场两侧临东风东路的商务建筑为制高点，控制高度为100m，以突出城市景观控制点并以此为对景来组织综合枢纽步行景观轴，步行景观轴两侧商业建筑、文化娱乐设施等建筑控制在35m以内，沿商鼎路的综合商业区建筑高度控制在60m以内，七里河南面商住区建筑高度控制在50m以内，形成枢纽区内沿步行带两侧建筑高度内低外高的城市空间效果；居住区为多层住宅，高度控制在20m以下 。

2.5 建筑形体与色彩控制

建筑形体与色彩是城市各种建筑功能的外在表现方式，应通过总体的设计加以适度的引导和规定，使城市整体建筑空间健康有序，并通过特定的建筑空间给市民提供丰富多彩的活动场所，表述城市文化内涵。规划对片区内建筑的形体与色彩原则作了如下规定：

商务办公建筑群建筑体量相对较大，建议建筑采用较一致的体量和高度，在天际线上应强调整齐划一。建筑造型以垂直线条为主，开窗简洁，细部处理精致，以突出商务办公大楼为主要目标。建筑色彩上应强调统一协调，以淡雅系列为主，细微的差异不应影响总体的一致性。

商业建筑以多层的大空间建筑为主，采用统一的体量和建筑风格，建议以水平线条构图为主，建筑色彩可采用相对明快的色系，不必强调统一，但在色调上应有一定的协调或对比关系。步行带两侧的商业建筑群在体量、高度等关系上应符合空间构图的基本原理，建筑的裙楼在近人尺度上应有一定的呼应。建筑风格可灵活多样，色彩上也应丰富，营造出充满活力的商业氛围。建议在建设前对整个建筑群深入地做详细的空间环境设计，以保证空间环境品质。

绿地周边的建筑在造型上要求形象突出、个性鲜明，空间处理也可灵活多样，体量的大小完全根据需要确定。在色彩的使用上也可见仁见智，以突出个性和场所标志性为主要目的。

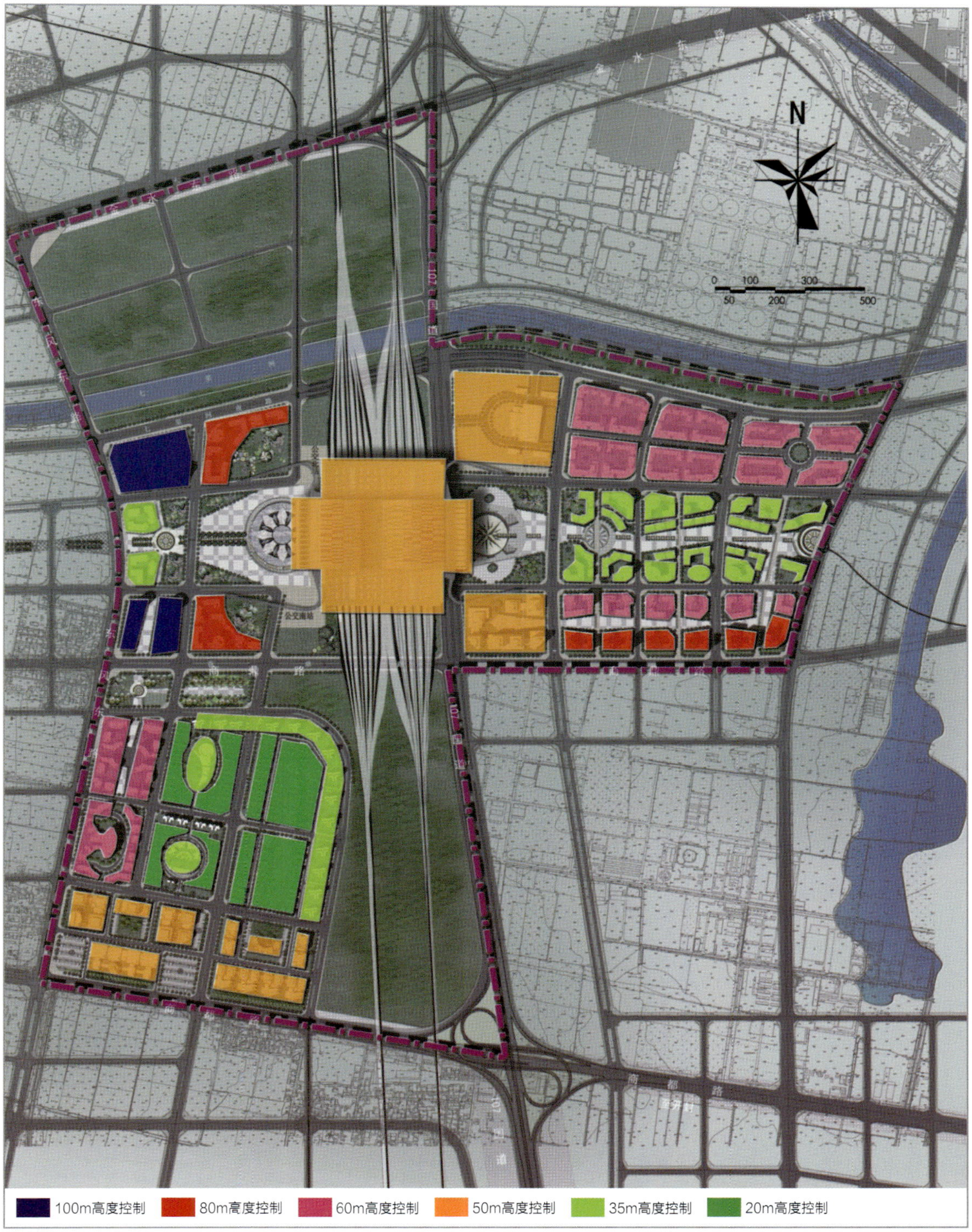

建筑高度控制图

景观分析图

2.6 景观设计

规划综合交通枢纽内部以贯穿用地东西的商鼎路为城市主要景观轴线来组织沿道路两侧的建筑景观，沿道路两侧各留出一定宽度的绿化带，突出体现城市绿化景观效果，并以穿越铁路客运站中轴线的步行带为枢纽内部主要景观轴线，景观要素以沿步行带的林荫步行道、停车场铺地、游园绿地、景观建筑为主，主要突出商业服务功能和文化娱乐的休闲氛围。

广场绿地空间：综合交通枢纽内结合各功能区的布局，安排东西站前广场两处和若干处街头绿地，均位于景观轴线及空间序列的端点或交点上，是综合交通枢纽内重要的景观节点。各街头绿地均有自己的个性和内涵，不但与周边地段的建筑性质以及自身所在的功能区相符，同时也构成了该地区的核心空间，起到标志性场所的作用。

综合交通枢纽外围城市干道绿化景观将突出的功能空间、特色场所、景观序列等内容有机连接起来。南北城市干道绿化景观为东风东路和博学路两条，形成以沿路绿地为主的景观轴线，并与主城区的绿化景观道路相衔接；北面沿七里河为沿河绿化景观带。

2.7 绿地系统

绿地系统以综合枢纽内部沿铁路线的生态防护绿地为主要内容，结合综合枢纽内部主要道路绿化、广场绿地、步行带绿地、沿河绿化带以及居住区绿化形成点、线、面相结合的绿地系统格局。

广场、步行带绿地：是城市中向公众开放，以游憩为主要功能，有一定的休闲活动和服务设施，同时兼有健全生态、美化环境、防灾减灾等综合作用的绿化用地。规划充分考虑了公众对广场、步行带绿地的使用要求，丰富广场、步行带绿地的空间类型及活动内容。

沿道路绿化带：沿城市道路绿化带是城市主要的绿化空间，以富有生活气息的绿化植栽为主要构景元素，种植草坪、灌木、树木花卉，营造连贯、丰富而自然的绿化空间。

生活区绿地：结合建筑布局灵活安排，以展示不同住宅建筑组团空间围合特征，结合组团院落形态，重点布置草坪、花卉，点缀树木和装饰小品，以营造亲切、安宁、和谐的生活氛围。

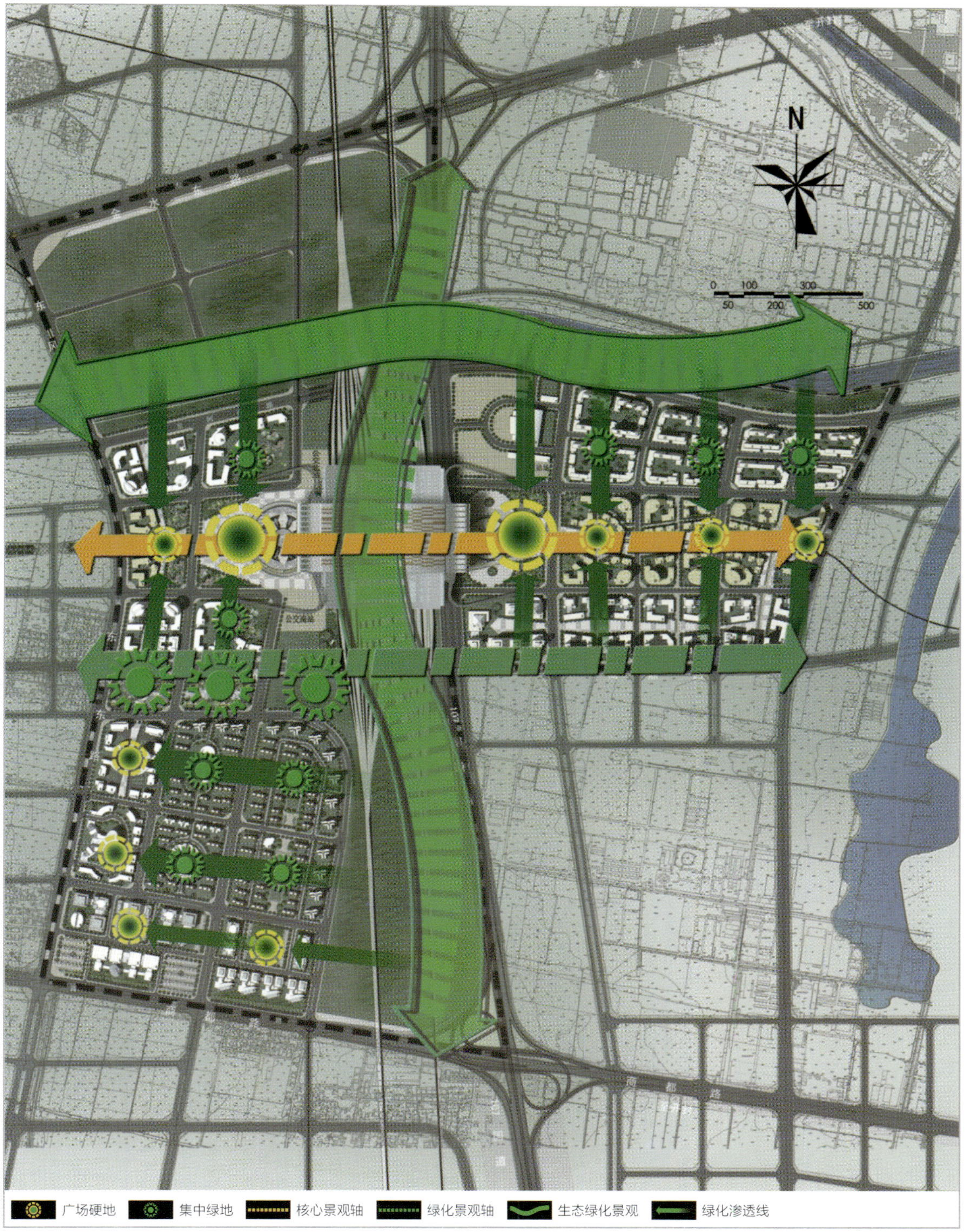

绿地系统分析图

2.8 路网调整

根据郑州综合交通枢纽地区用地功能布局规划，道路网络在原规划路网的基础上进行局部调整，保持金水东路、东风东路、商都路（郑汴路）、商鼎路、博学路道路线形和断面不变；调整107国道（金水路—商都路）段向东偏移约40m，机动车快车道下穿铁路客运站、广场东西通道、商鼎路通过，以分离过境交通对城市交通的影响，取消107国道广场段的辅道，其余辅道为地面层，同时加宽辅道路面宽度，以组织城市地面交通；调整圃田西路向东偏移，以满足布局客运站东广场、汽车长途客运站等用地的需求，道路宽度和端面保持不变；以下穿107国道的形式连通七里河南路和圃田北路后统一改称七里河南路，道路红线宽度调整为50m；其余根据用地功能布局规划城市次干路和城市支路。

交通系统分析图

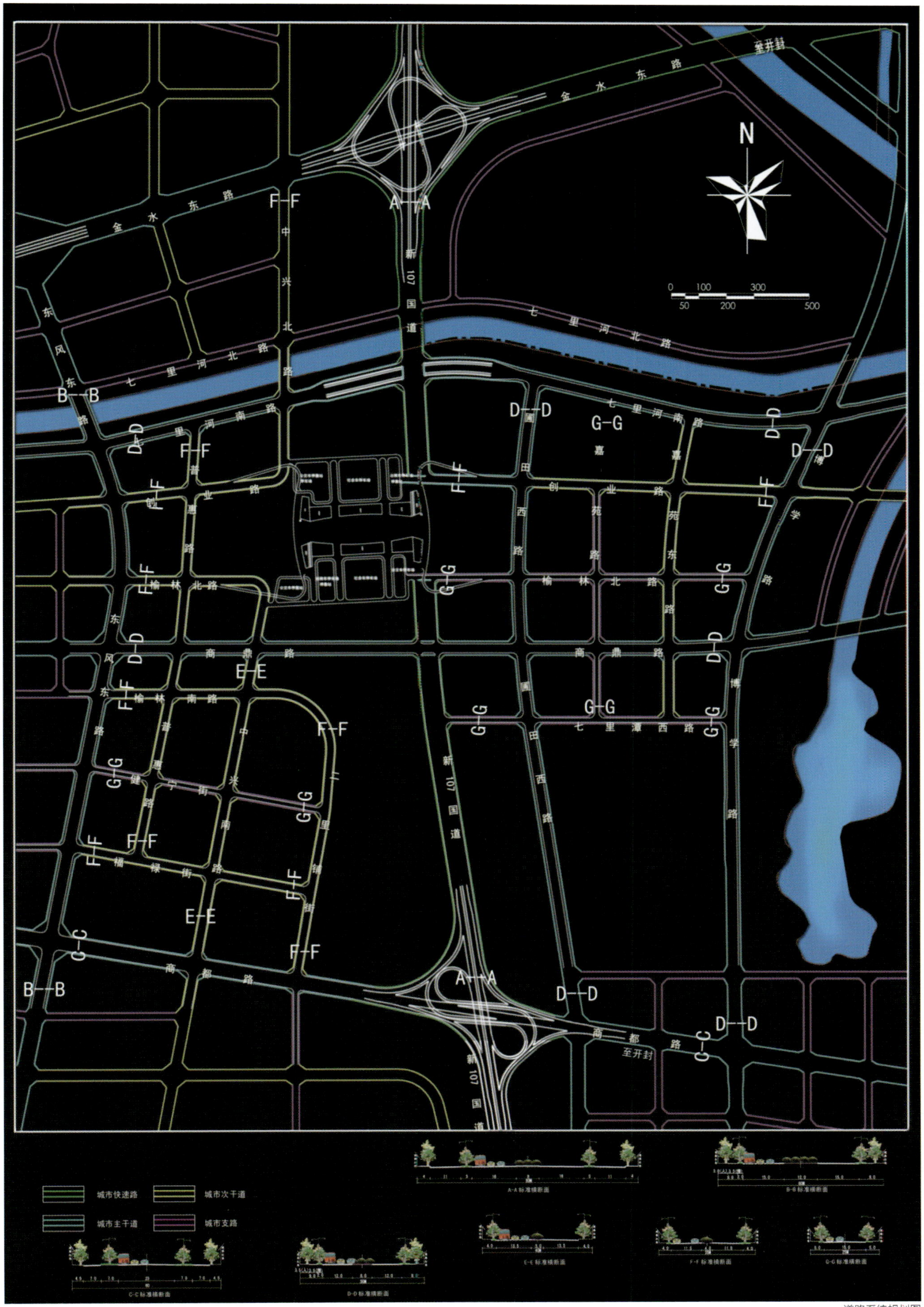
城市快速路
城市次干道
城市主干道
城市支路
金水东路
七里河北路
七里河南路
新107国道
中兴北路
商鼎路
商都路
至开封
A-A标准横断面
B-B标准横断面
C-C标准横断面
D-D标准横断面
E-E标准横断面
F-F标准横断面
G-G标准横断面

道路系统规划图

站房外部效果图

站房室内效果图

站房鸟瞰图

站房西立面图

站房北立面图

站房纵剖面图

方案Ⅲ 华东建筑设计院与法国APER设计公司联合体方案
Plan Ⅲ Schemes from the Joint Venture of East China Architectural Design Institute and APER Design Corporation, France

3.1 背景介绍

地理位置优越

郑东新区位于郑州市东南方向，为郑州东部城市副中心之一，毗邻郑州市城镇发展东西主轴，陇海干线横跨中央大道。

交通便利

东西走向的地铁 1 号线和未来的西北至东南的地铁 4 号线在这里交会，借此使郑东新区与市中心及郑州西部衔接。同时伴随发达的公交高速公路，铁路网络使该区域交通优势显著。

3.2 战略发展方向

客运站综合交通枢纽的建设将提高郑东新区这一副中心的交通可达性，并促进其快速形成一个成熟的投资环境，吸引大量聚居人群。这一区域的变革性发展也将与郑州西部新城区形成协调发展的新态势。

3.3 建设目标

在郑东新区规划建设大型综合交通枢纽，对铁路客运站、公路客运站、城市轨道交通(预留站)、城市公交站以及相关配套设施进行统一规划、统一设计、集中开发，力争将其建成多种交通方式有机衔接、方便旅客换乘的，具有国际先进水平的大型现代化综合交通枢纽。世界上每个地区随着高速列车的落户以及交通枢纽的建立，该区域将对建立商业区具有战略性的作用。这在世界上有许多成功实例，如巴黎Montparnasse的高速列车站与商业区；巴塞罗那的新TGV高速列车站与商业行政管理中心；日本京都高速列车站；柏林新中心火车站等。

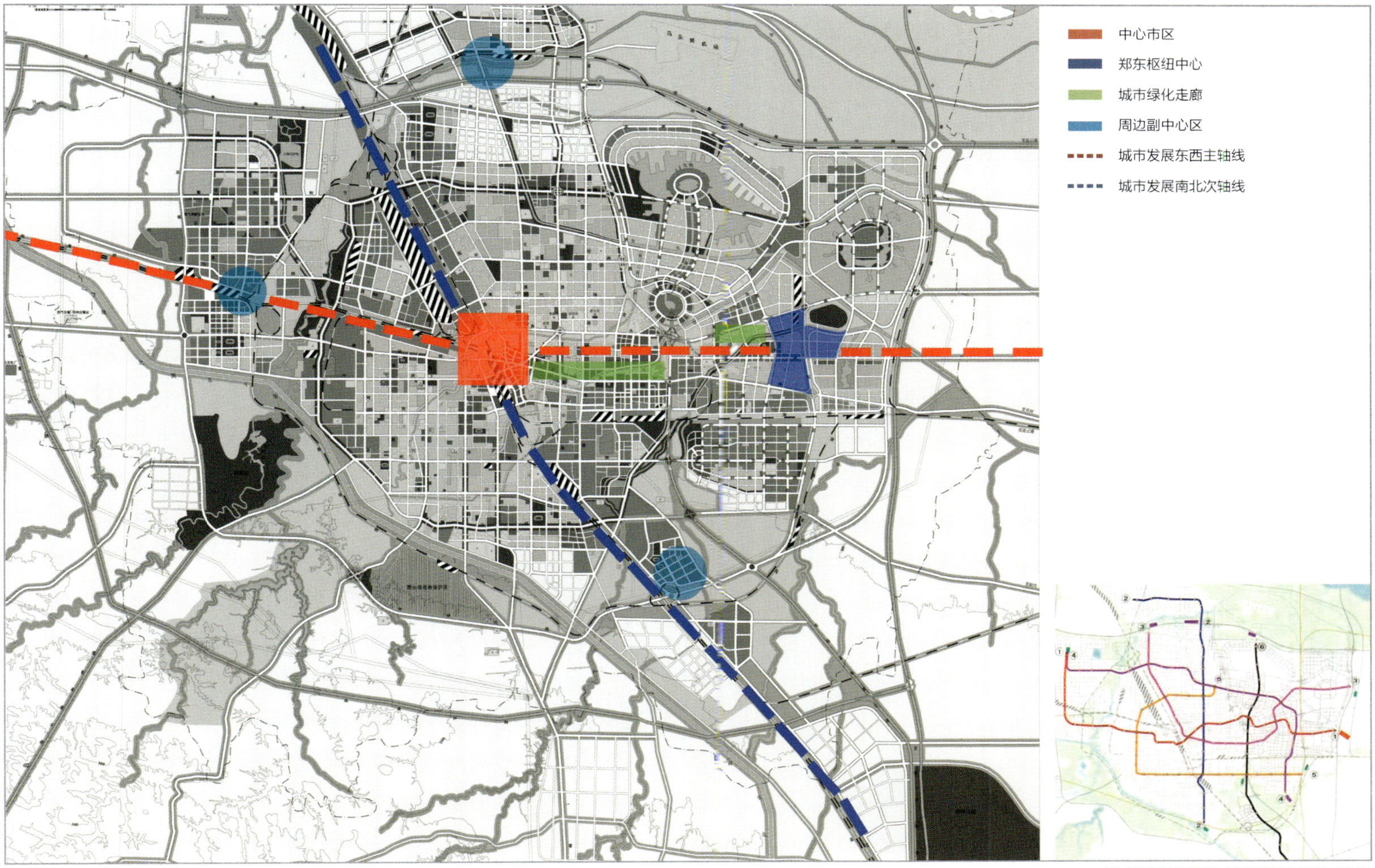

区域关系示意图及城市轨道交通路线示意图

3.4 基地状况和设计依据

3.4.1 基地状况

枢纽选址位于：郑东新区，金水东路以南、东风东路以东、商都路以北、博学路以西范围内，南北长约3km，东西宽约1.5km，规划用地面积约4km^2。

规划范围图

总体鸟瞰图

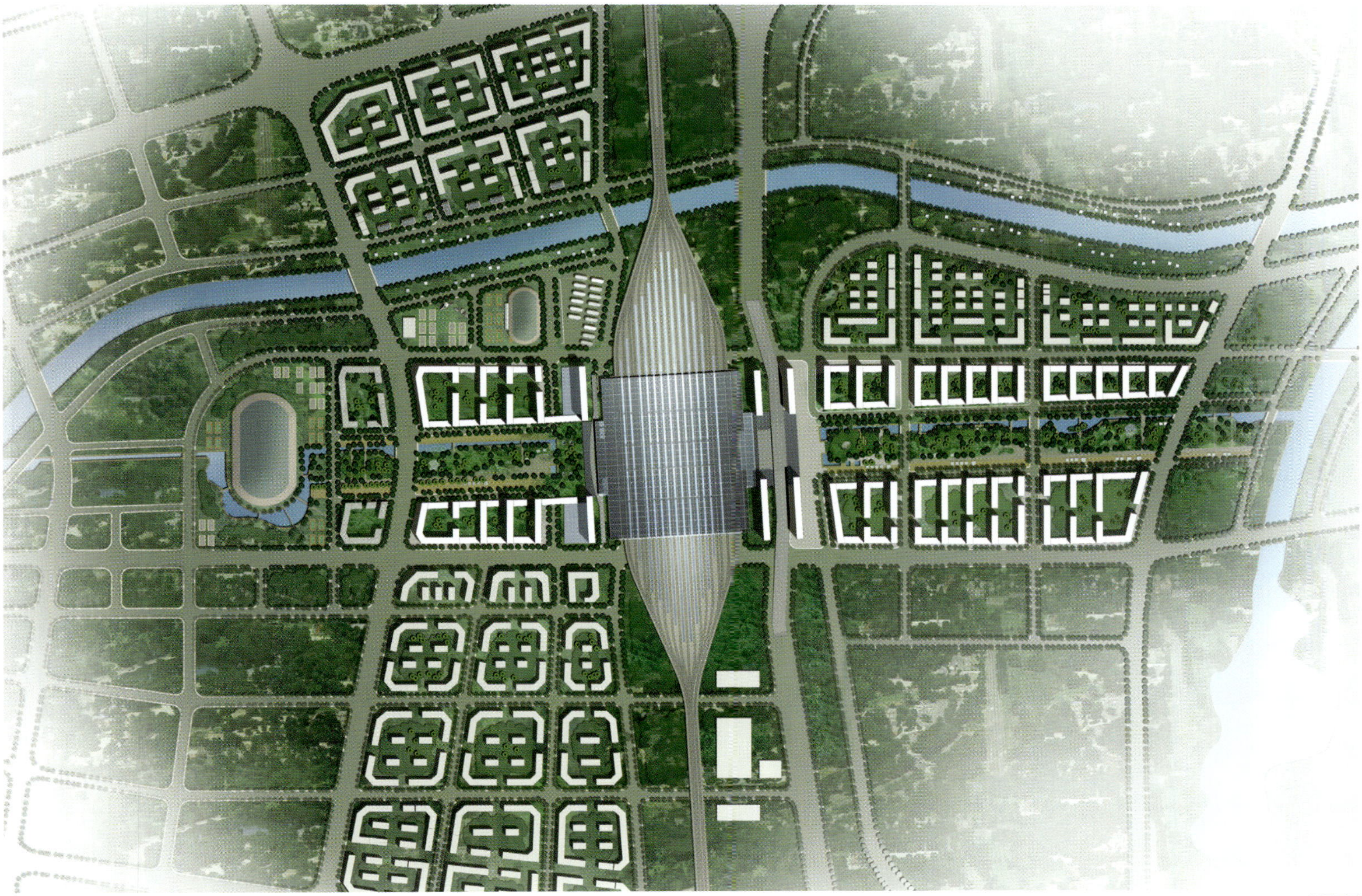

总平面图

3.5 总体规划设计说明

总体规划构思：郑州综合交通枢纽控制性详细规划将是城市总体规划的延续、深化和提升。我们将在这里实现综合交通枢纽的建立和新区城市开发的互动，高效的交通网络与城市生态环境的平衡。这里将是郑州市与外部连接的交通核心，同时又是充满活力的文化和商业新区。即将建成的综合交通枢纽将形成本区域的南北骨干，并以此为平台，形成城际轨道交通，城市轨道交通，车行交通及步行交通的立体交通网络。地面层贯穿东西的绿化景观带将形成连接两侧水系的城市走廊，并以此为轴线形成绿化—商业—办公—居住的层次化城市空间体系。

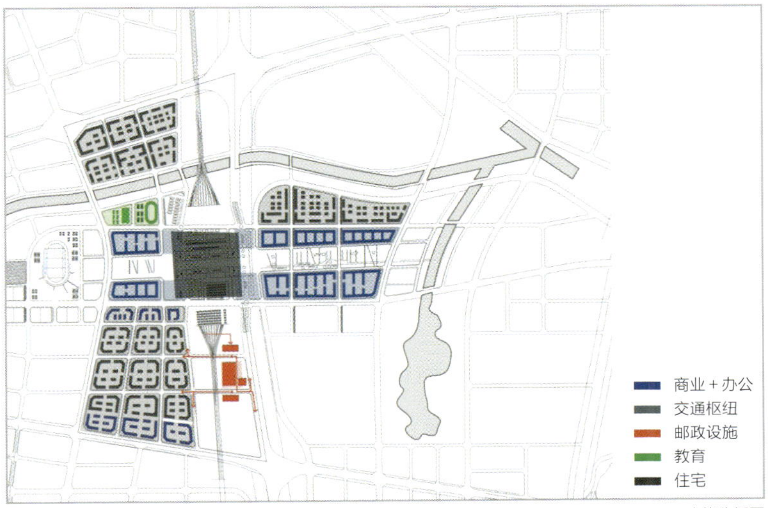

功能分析图

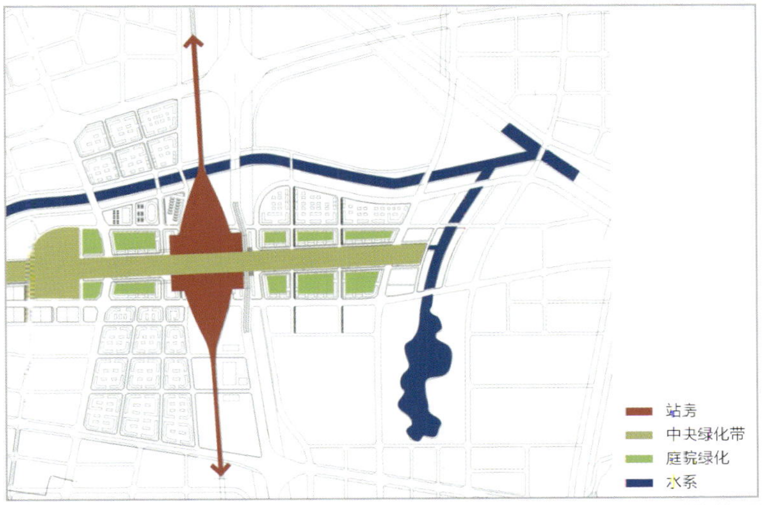

结构分析图

3.6 交通枢纽规划设计

作为整个区域的中心、功能核心、流线出发点和最先开发的地块，交通枢纽占据着极端重要的地位。因此在这次规划中深入研究了交通枢纽的布局及由此为整体规划带来的可能性。规划设想铁路客运站房将分为 3 层，分别占据 0m，7m 及 15m 的标高。在这 31 个层面上将分布着人流到达，人流出发和候车站房等功能，并通过垂直交通核互相连接。

与此对应，人流到达层 (0m) 对应着地铁 1、4 号线出入口，公交车站房和停车场出租车等候区和停车场。这里的核心将是一个集步行交通与景观于一体的城市广场。

人流出发层 (7m) 对应着出租车下客点，这里将通过匝道连接 107 国道主路。这里的核心将是设有绿色通道系统的候车大厅。

站台层 (15m) 与 107 国道处于同一标高，这条主干道在进入地段后标高逐渐被提升，以解放底层空间和容纳更多的匝道并与铁路桥共同形成立交。

看到因此由交通枢纽出发，将形成一个分层明确的立体交通体系，体系体现了步行者优先，人车分流，高效连接各种交通系统的原则。地面空间设计成为绿化和景观空间，这样，交通枢纽不再是割裂城市公共空间的阻隔，而真正成为交通、交互、交流的场所。作为城市活动的出发点，城市活力的核心，和带动周边城市开发的生长点。

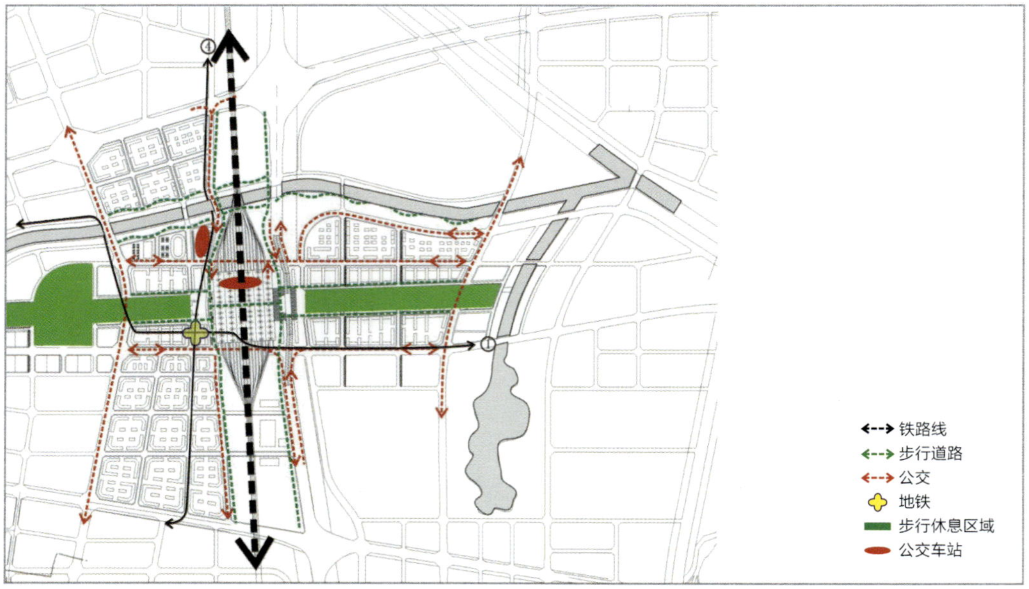

交通组织分析图

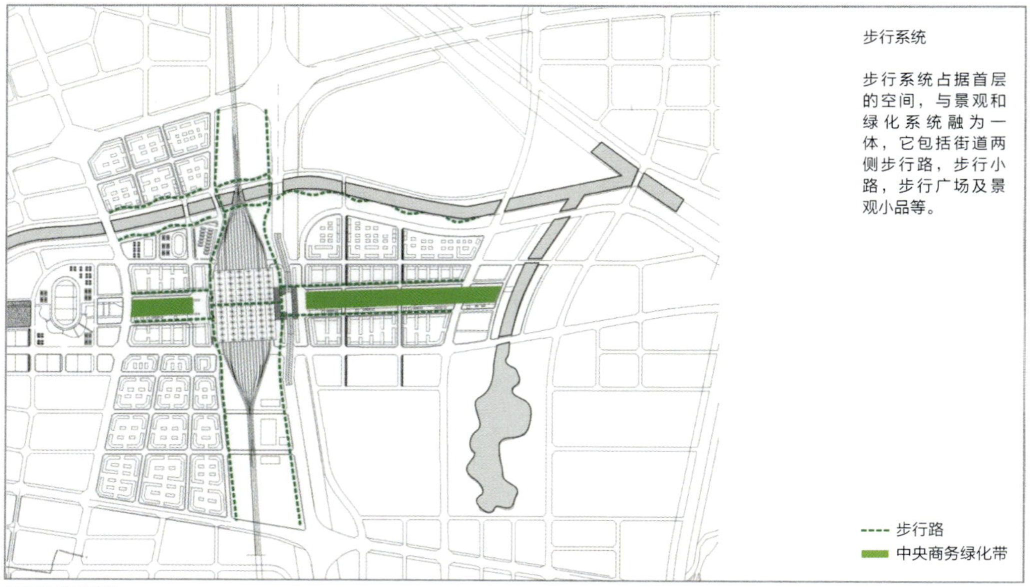

步行系统网络图

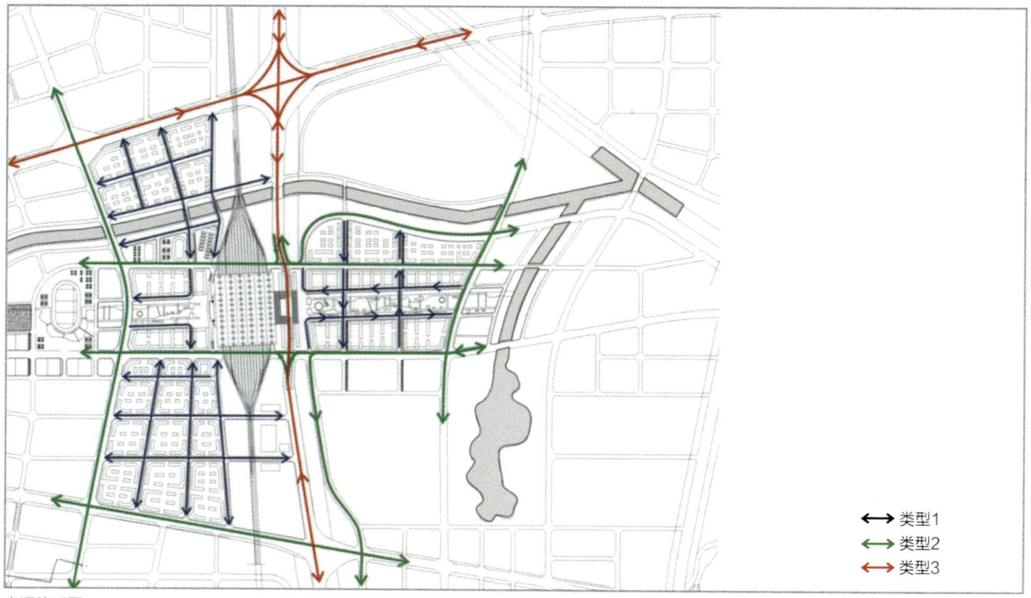

交通体系图

3.7 规划方案的可扩展性和分期实施

3.7.1 可扩展性

由于规划构思以交通枢纽为中心，沿东西向绿带向南北辐射，所以整体的开发呈现东西向的单元延伸扩展性和南北向的功能复合扩展性分期实施。

依据现有的交通形式和用地情况，综合规划构思，我们提出中心先行，两侧平衡的开发原则。优先开发临近城市中心的地块，带动相邻地块的土地价值提升，商业办公与居住并进以取得人口的有组织迁入，最终达到整体提升土地价值的目的。因此。我们建议综合交通枢纽区域开发建设分6个部分进行。

3.7.2 一期

一期开发部分为南北延伸的铁路线及主要交通枢纽部分，及其附属的绿化带及相关设施，本区域南北延伸至用地界线两端，本期开发后区域的核心设施形成。交通枢纽带来人流量的大幅增加，使附属商业设施的建设有的放矢。

3.7.3 二期

二期将集中开发交通枢纽西部的地块，本地块面向已形成的西部城区，迎接主要的人流来向，并包含办公、商业及绿化带等区域规划的特征要素，使本区域的规划特色初步显现。并形成向南北开发居住空间的依托，即向东带状延伸的样板。

3.7.4 三期

三期将开发交通枢纽东部的地块，本期在总体规划中与二期对称，使交通枢纽为城市空间所环抱，形成完整的局部城市核心，办公—商业—绿带体系进一步清晰，交通枢纽带来的商业潜力得到进一步发挥。

3.7.5 四期

四期将开发二期南部及三期北部的地块，此时二期及三期开发产生的居住需求将转化为土地的价值，四期建成后，整个区域的功能结构将趋向完整。

3.7.6 五期

四期将开发三期东部及二期北部的地块，这将是一个新的办公商业—绿带体系及一个新的住宅组团，本期的开发将进一步体现出平衡开发的原则。

3.7.7 六期

六期同样是一个新的办公商业区及一个新的住宅组团，位于整个规划区域的西南端和东北端，本期建成后整个综合交通枢纽区的规划建设完成，形成完整的功能区间和丰富的功能层次。

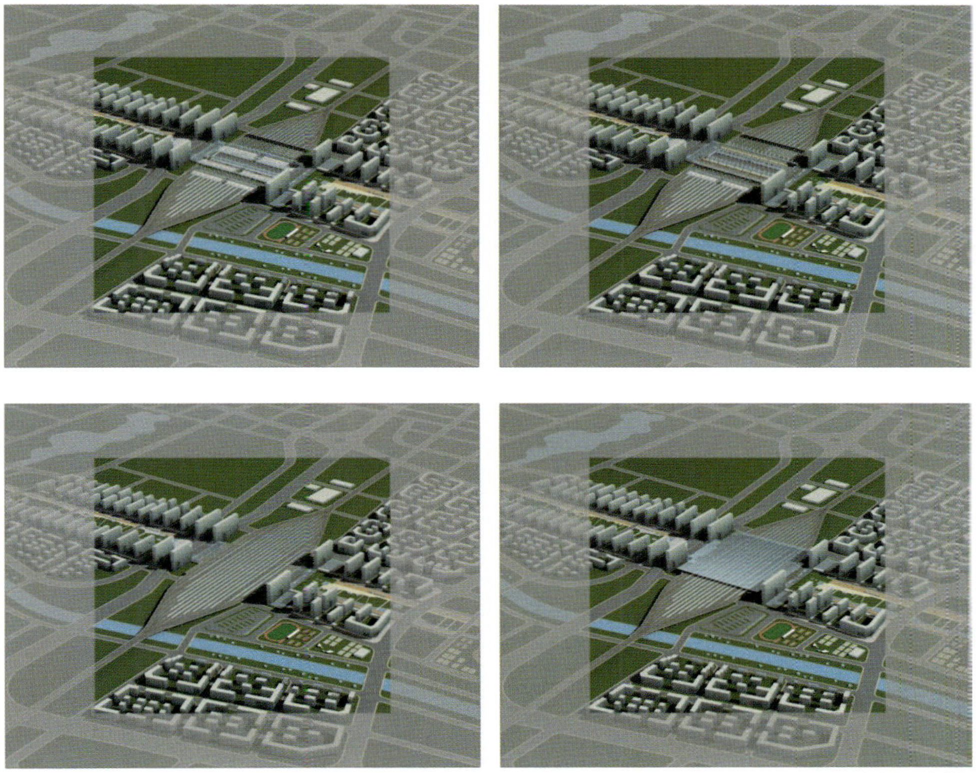

车站各层鸟巢图

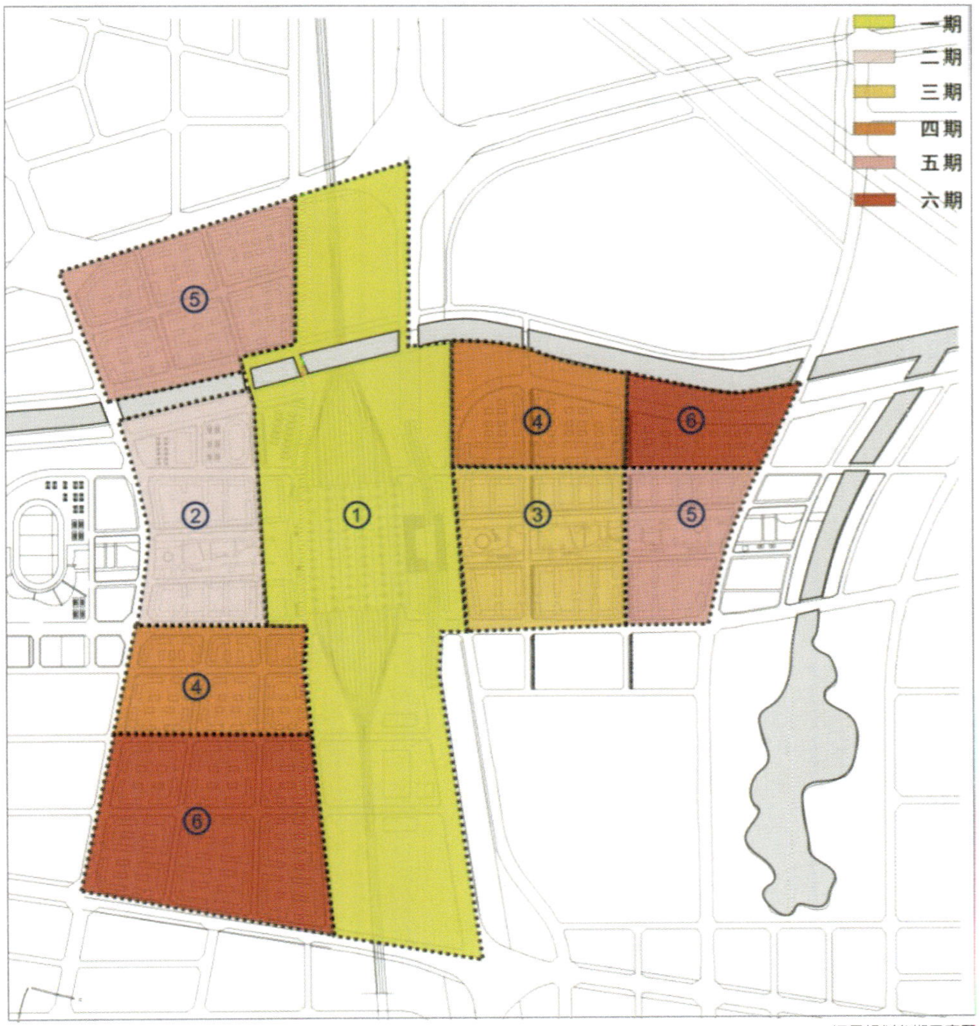

远景规划分期示意图

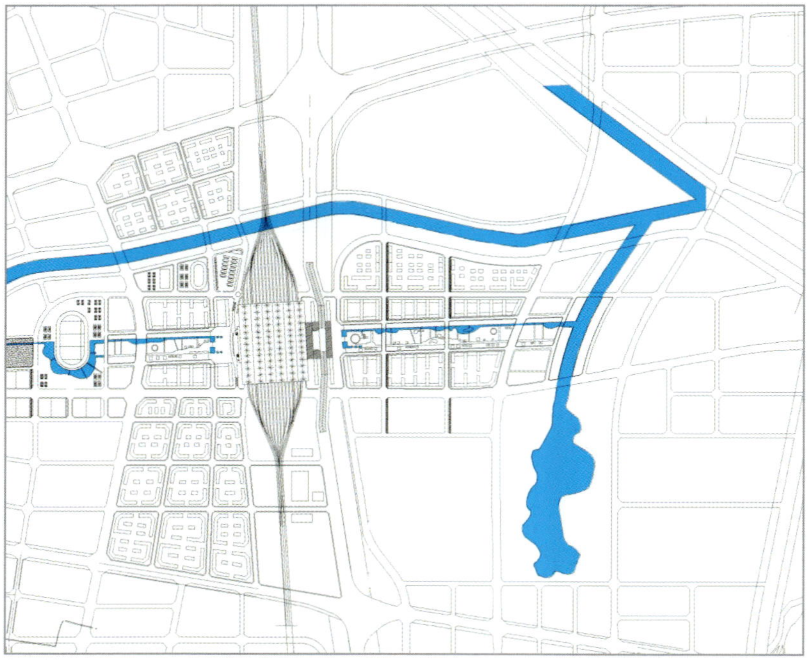

水系分析图

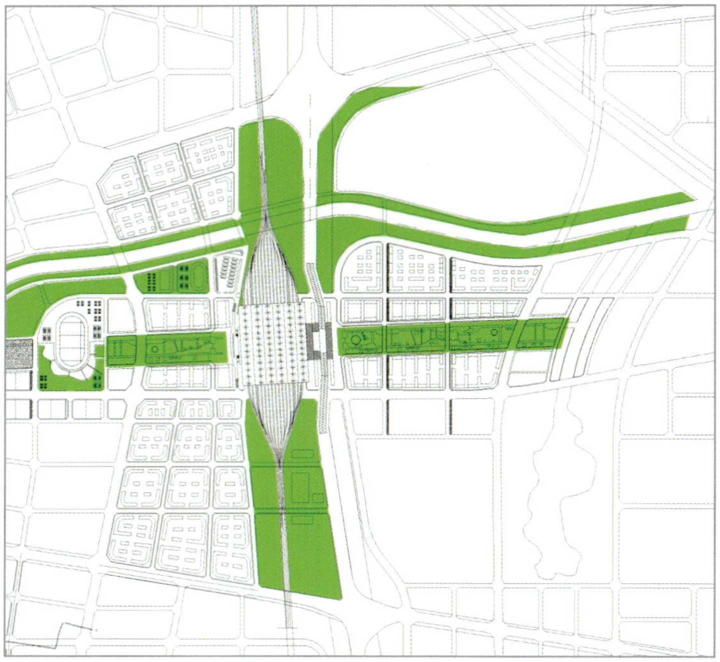

绿化分析图

3.8 绿化及景观系统

绿化景观系统以中央绿化景观带为核心向两侧渗透，尺度逐渐减小，并由公共向私密过渡。中央绿化景观带宽度为170m。在它的内部北侧以水体划分出界线，并向内部延伸为自然的形态，这条水体同时连接起两侧的七里河水系和莲湖水系；南侧布置更多的步行空间包括步行路、小广场、花园、小品、平台。中央绿化景观带两侧为商业步行廊，底层局部通透，在这里绿化植被渗透进办公楼之间的花园地带，形成次级城市公共空间，设计不同主题的园林并与商业结合，向空中庭院和室内庭院延伸。再向南北延伸，绿化带将成为私密的组团化居住空间绿化，并保持合理的尺度层次，形成小区—组团—宅间绿化直至高层住宅空中花园的过渡。中央花园东西通透，全天候充满阳光；中央商务区南北通透，实现贯通，并通过步行路连为一体。

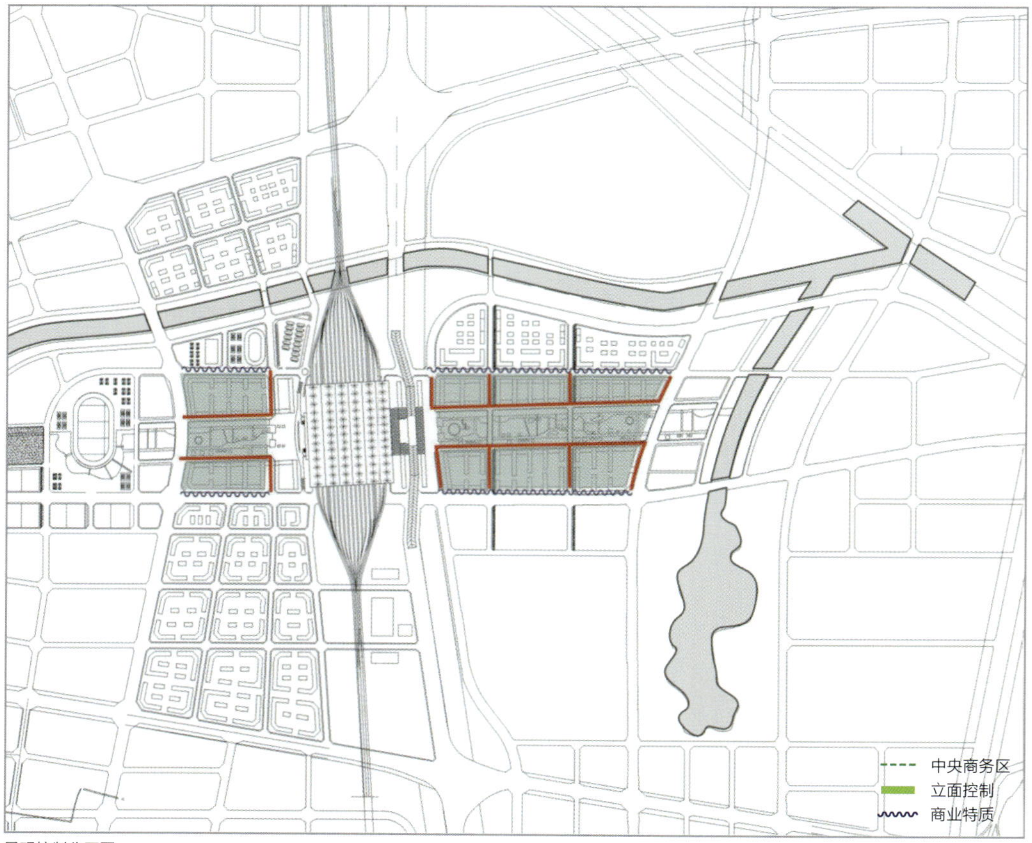

景观控制分区图

3.9 景观环境及公共空间控制

街道空间与其他公共空间的景观控制：由于本项目规划面积大，建设周期长，参与的开发机构众多，因此很容易形成各不同地段，各不同建设阶段上的设计风格差异，从而对于整个片区总体产生不利影响。因此我们提出对重点区域，重点街道立面，重点绿地景观进行控制，以达到整体规划风格的统一。

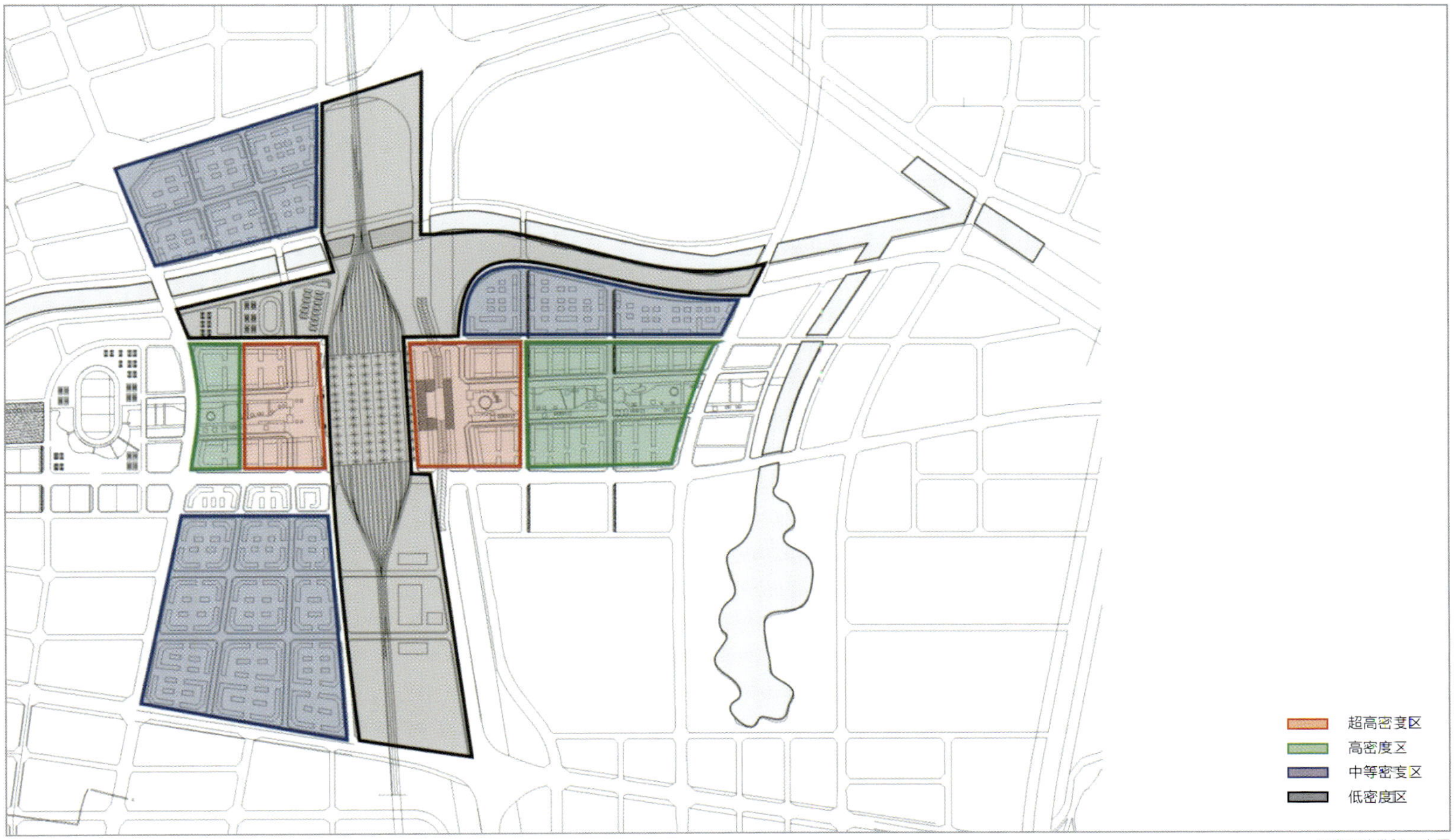

开发强度分析示意图

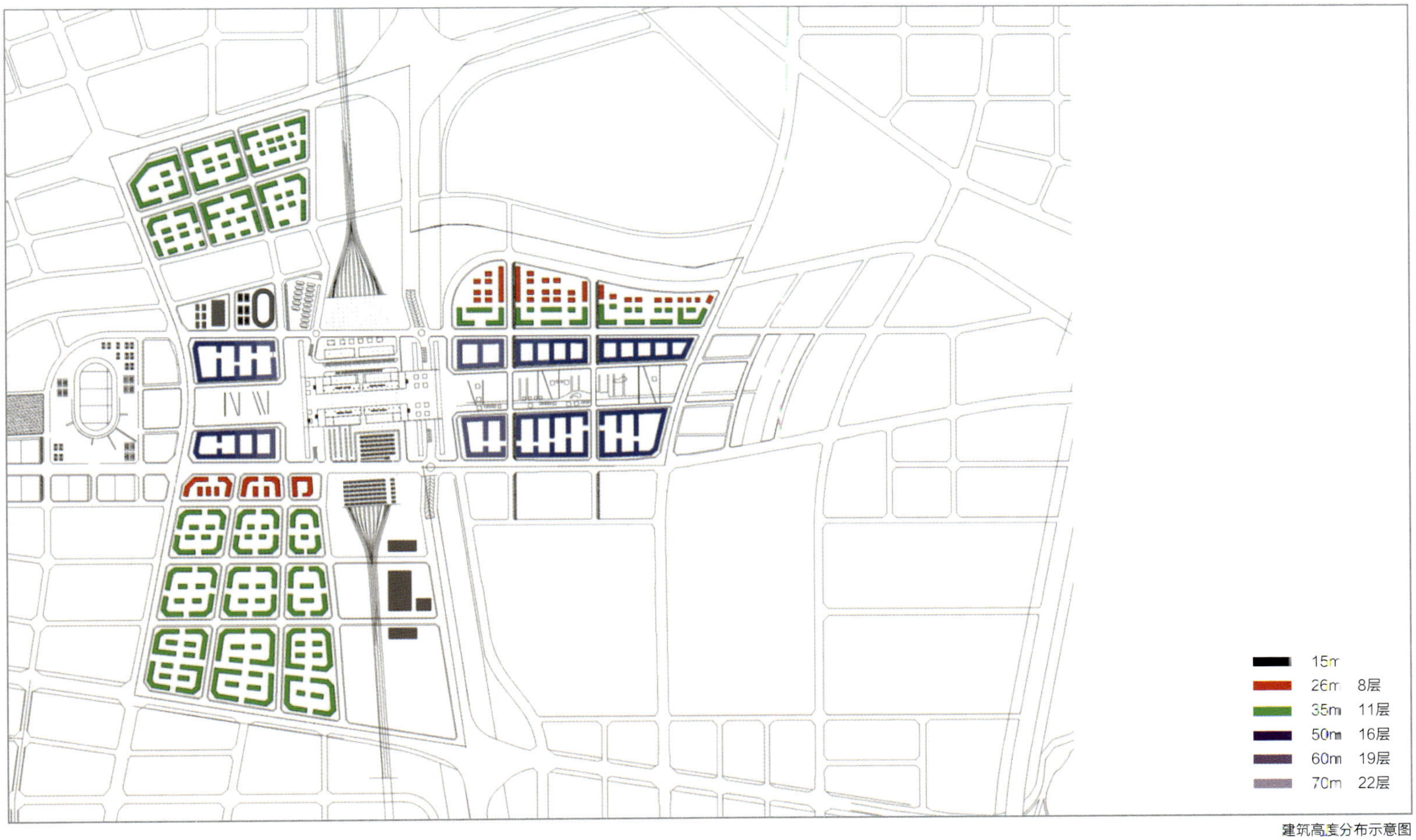

建筑高度分布示意图

方案Ⅳ 中国城市规划设计研究院方案
Plan IV Schemes from China Academy of Urban Planning and Design

郑州市是河南省省会、中原城市群核心城市，京广、陇海两条国家铁路干线和京珠、连霍两条高速公路国道主干线在此交会，是全国重要的交通枢纽，具有承东启西，连南贯北的重要地位。规划建设的北京－广州和徐州－兰州两条铁路客运专线也将在此交会，郑州将成为全国唯一的铁路客运专线“十”字枢纽。目前，徐州－兰州客运专线郑州－西安段已开工建设；北京－广州客运专线石家庄－武汉段已批准立项，即将开工建设。为配合铁路客运专线建设，河南省政府决定以铁路客运专线车站为主体，在郑东新区规划建设大型综合交通枢纽，对铁路客运站、公路客运站、城市轨道交通（预留站）、城市公交站以及相关配套设施进行统一规划、统一设计、集中开发，力争将其建成多种交通方式有机衔接、方便旅客换乘的，具有国际先进水平的大型现代化综合交通枢纽。

4.1 地区总体功能布局结构：为“一核二轴六区”

“一核”：铁路客运站、长途客运站以及与两者配套的其他公共交通设施，形成客运站枢纽地区的交通功能核心。

“二轴”：主轴：指东西向横贯站场枢纽与东部商贸中心的轴线，它既是地区空间发展轴，又是地区风貌景观绿轴。次轴：铁路通道形成的南北向结构绿轴，在空间上具有明确的方向性，结合沿线防护绿带形成明确的景观次轴。

“六区”：枢纽地区空间布局划分为六个功能区域。(1) 枢纽中心区：以高速铁路站、长途客运站为核心功能，综合城市轨道交通、城市公交、小汽车、出租车、长途客运汽车等交通出行方式为一体建设大型对外交通枢纽区；(2) 旅馆服务区：服务交通枢纽为主的旅馆、饭店、购物等商业旅馆业综合服务区；(3) 商务办公居住区：适合发展与交通枢纽关系密切的商务、金融、总部、研发等商务办公区，并在此基础上发展针对外来商务人士的高档居住区；(4) 文化娱乐及信息产业区：利用靠近大学城的人才区位优势，在规划区东部滨湖地带，结合电视塔发展相关文化、新闻、演出、俱乐部、休闲娱乐等文化会展功能及信息服务业功能；(5) 中心商贸区：作为郑州东部副中心区的高档购物、餐饮、文化娱乐商贸区；(6) 配套居住区：郑州东部副中心区配套的中高档居住区。

总体鸟瞰图

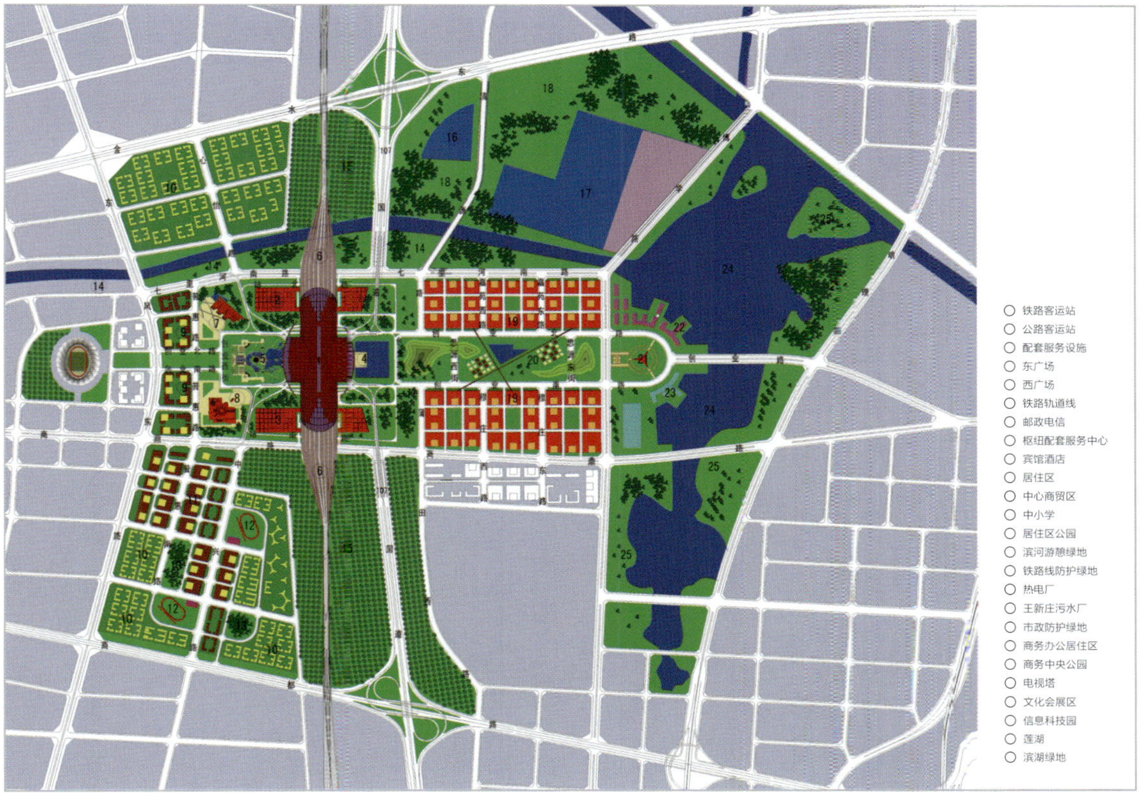

枢纽地区总平面图

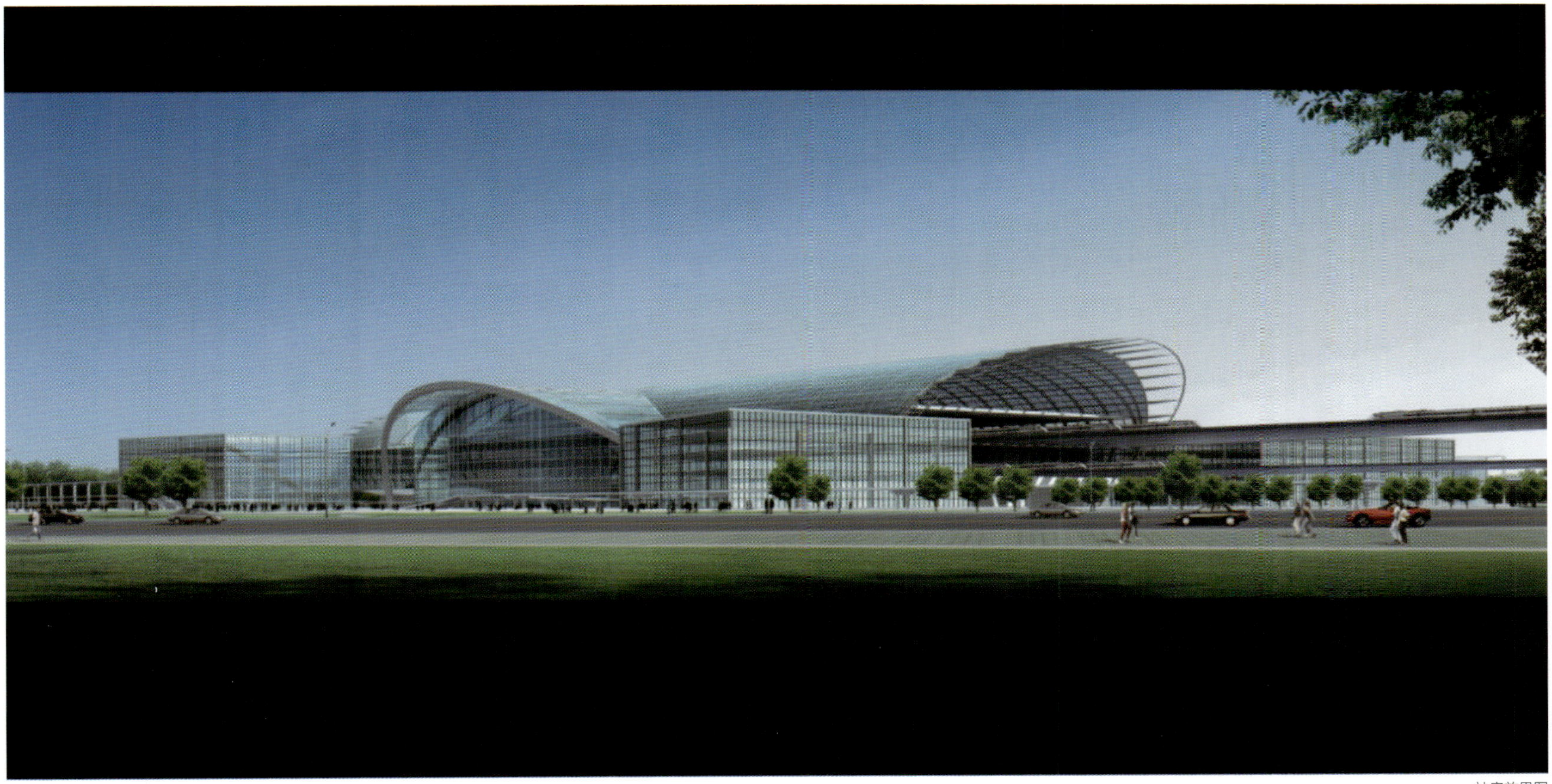

站房效果图

4.2 土地开发强度

规划考虑铁路分割、交通安全、交通环境、城市副中心景观风貌等多种因素，将地区土地利用强度划分为严格控制区、低密度开发区、适度发展区和高强度利用区。

4.2.1 严格控制区：规划将严格控制由客运铁路客运站、长途客运站、邮政设施及其他交通设施组成的核心枢纽区周边土地使用强度，特别是 107 国道以西、七里河以南的核心枢纽区地段，除了铁路车站、长途车站，以及公交站场、社会停车场和宾馆、商业娱乐、商务办公等配套功能为主的建筑商业物业外，其他土地均为道路和大面积的绿地，保证这一最核心的地区具有良好的交通环境和景观效果。

4.2.2 低密度开发区：主要是电视塔南面滨湖地区的文化娱乐及信息产业区。容积率控制在 0.6 以内。

4.2.3 适度发展区：主要是 3 个区块。首先是枢纽西南的宾馆服务、商业娱乐、文化商贸等建设区，其次是七里河北部的大片商住区，以及枢纽地区南面的高档商住区。容积率控制在 1.5~3 之间。

4.2.4 高强度利用区：主要是 107 国道以东的城市副中心商业金融、高档服务、企业总部基地地区。容积率控制在 3~5 之间。

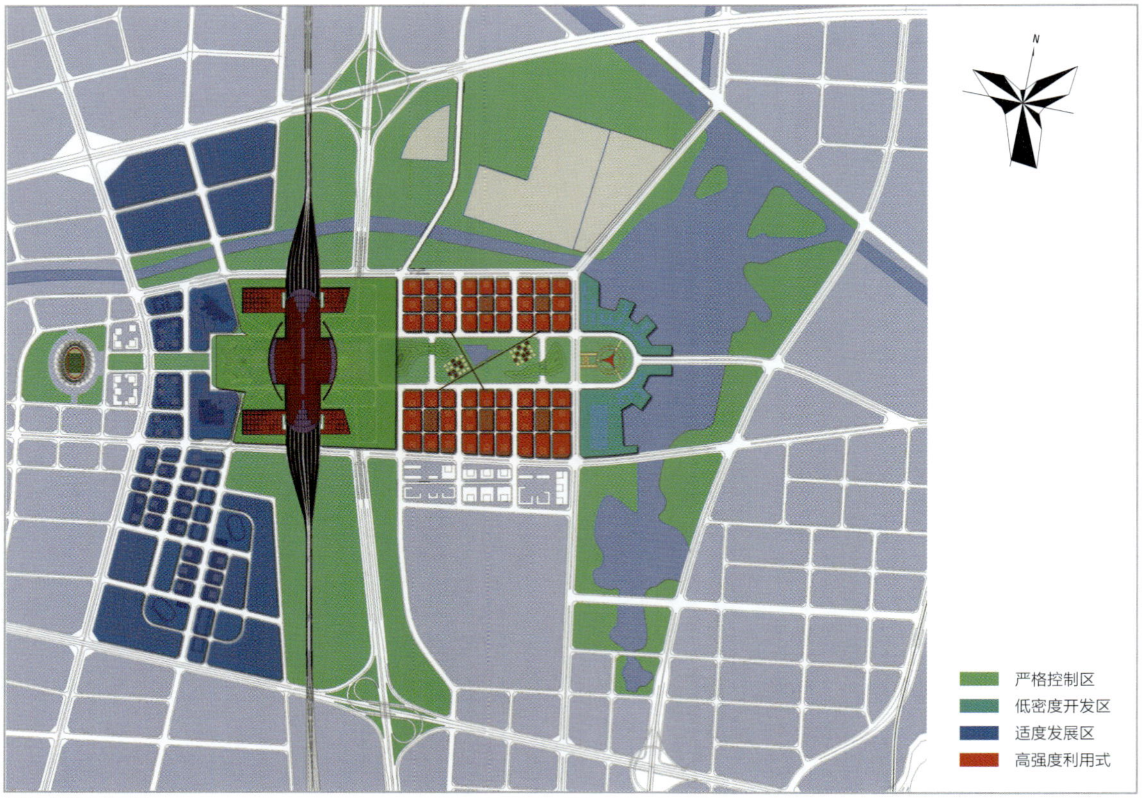

土地开发强度分区图

4.3 核心区道路系统规划

以外围路网规划为基础，在综合交通枢纽核心区，规划了“环加放射线”的枢纽内部道路系统。其中环路又分为枢纽内环路和枢纽外环路。道路系统采用地面道路与定向匝道相结合的方式，主要采用单向交通组织枢纽内部的车流，可以组织不同方向道路的车流进出车站东西广场；也可分流周围快速路和主干道的过境交通，特别是107国道的过境交通；还可控制该地区的土地利用方式。

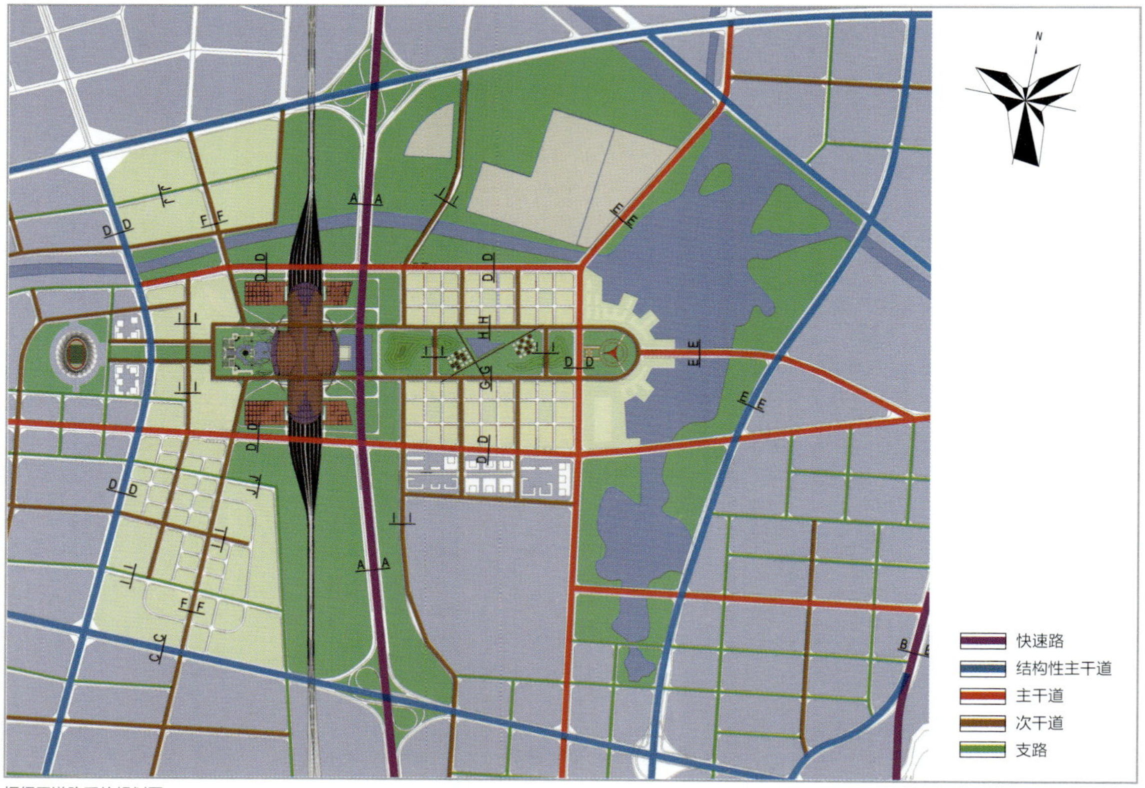

枢纽区道路系统规划图

4.4 核心区交通组织规划

小汽车在二层平台下客后可以经连接 107 国道或七里河南路的离站匝道直接离开综合交通枢纽，也可以通过内部环路上至合适的方向离开，还可以经过连接地面的匝道进入铁路下面的地面停车场和地下车库，离站时经出站匝道或地面道路离开。

出租车的交通组织与小汽车相似，下客后或者直接离开或者进入出租车上客区排队等候上客。上客后通过出站匝道 107 国道或者七里河南路或者商鼎路离开，或者通过枢纽内部环路经其他道路离开交通枢纽。

公交车的交通组织分为两部分：进出公交调度站和停车场的车辆主要依靠商鼎路实现进出；进出地面层公交停靠站的车辆主要经创业南路和创业北路进出综合交通枢纽。

长途车的交通组织，经七里河南路进入地面层下客后进入长途车停车场或发车廊等候上客。上客经七里河南路离开综合交通枢纽，或经创业东街进入连接 107 国道的出站匝道离开综合交通枢纽。

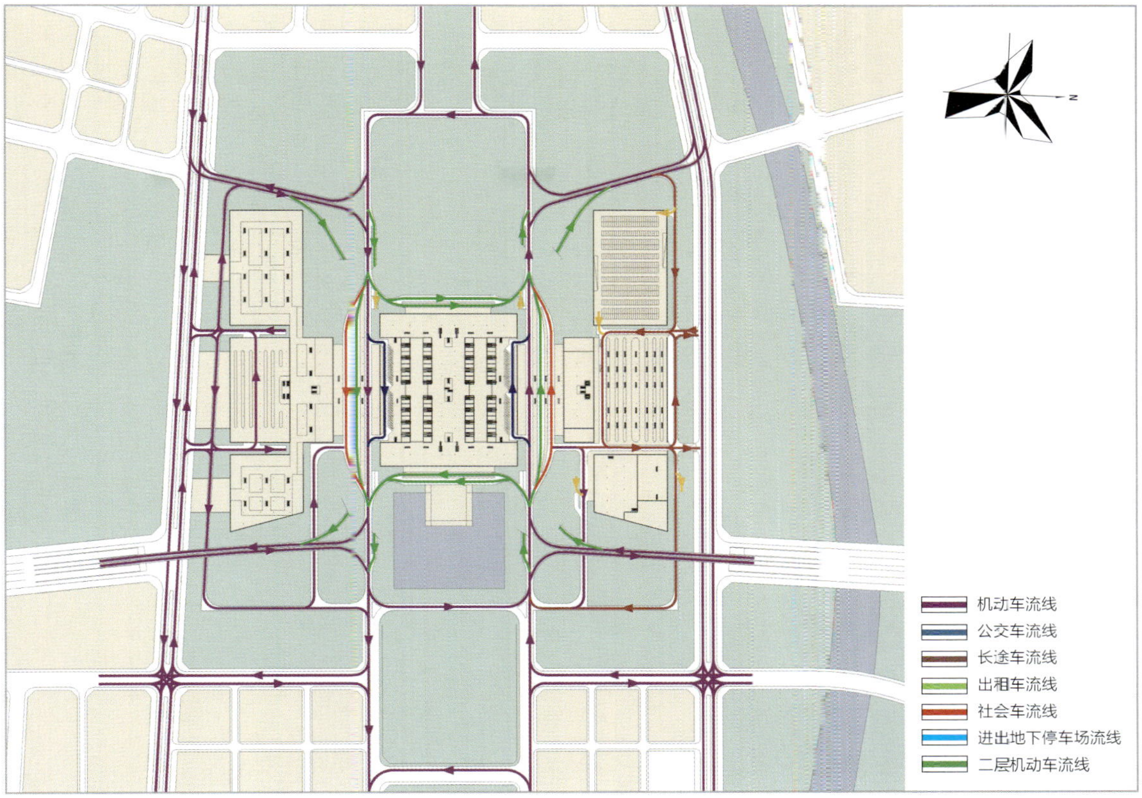

核心区机动车交通组织图

4.5 外围道路网规划

考虑到综合交通枢纽地区将成为郑汴一体化城市带的城市重要副中心和交通枢纽，本次规划对枢纽所在地区的外围道路系统进行相应的调整。在原规划高速公路、快速路和结构性主干道的基础上，调整主干道的数量与布局，使每一个主要客流吸引源到达综合交通枢纽地区都有两条以上的主干道，从而提高路网系统的应变能力与抗风险能力，确保综合交通枢纽与其服务地区的交通联系。同时引导地区高水平的开发。

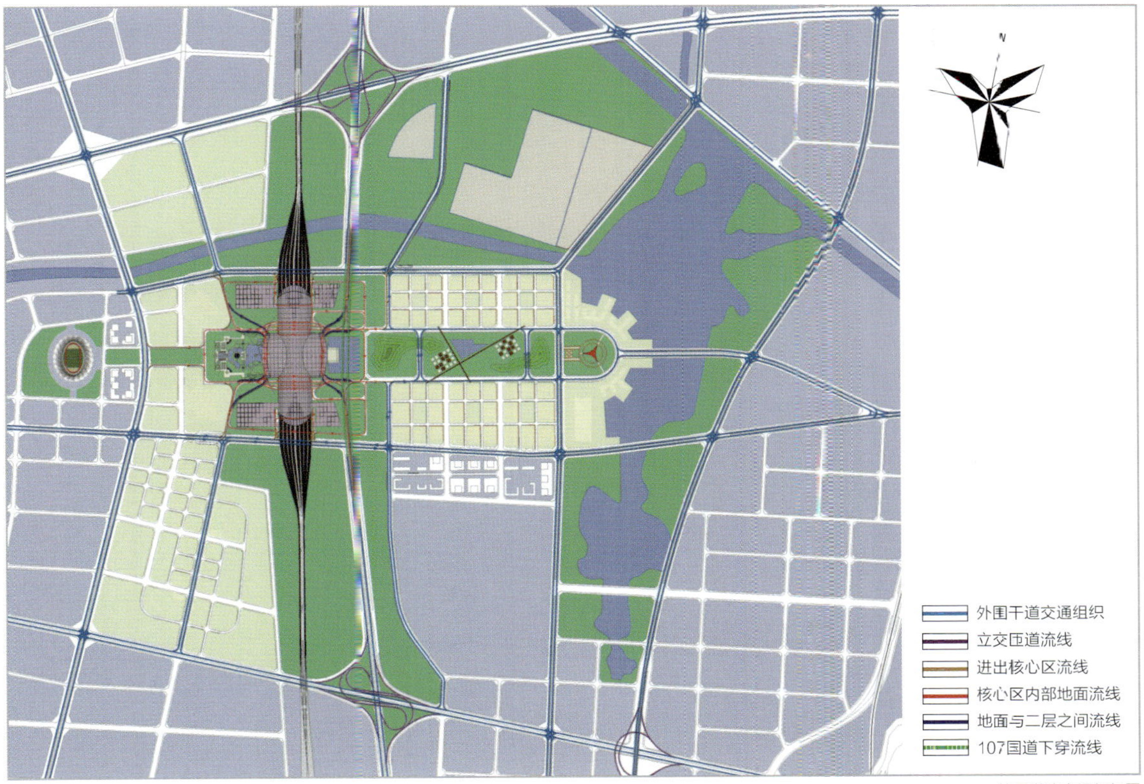

外围道路交通组织图

4.6 绿地景观系统

地区景观风貌系统主要由车站延伸出的两条垂直轴线构建，东西向轴线由东向西依次贯通莲湖、电视塔、商务区中央绿地、车站东广场、客运车站、车站西广场，指向规划区西面七里河畔的体育场馆。南北向轴线依托火车高架的铁轨线及两边的防护绿地，形成一条明确的景观虚轴。

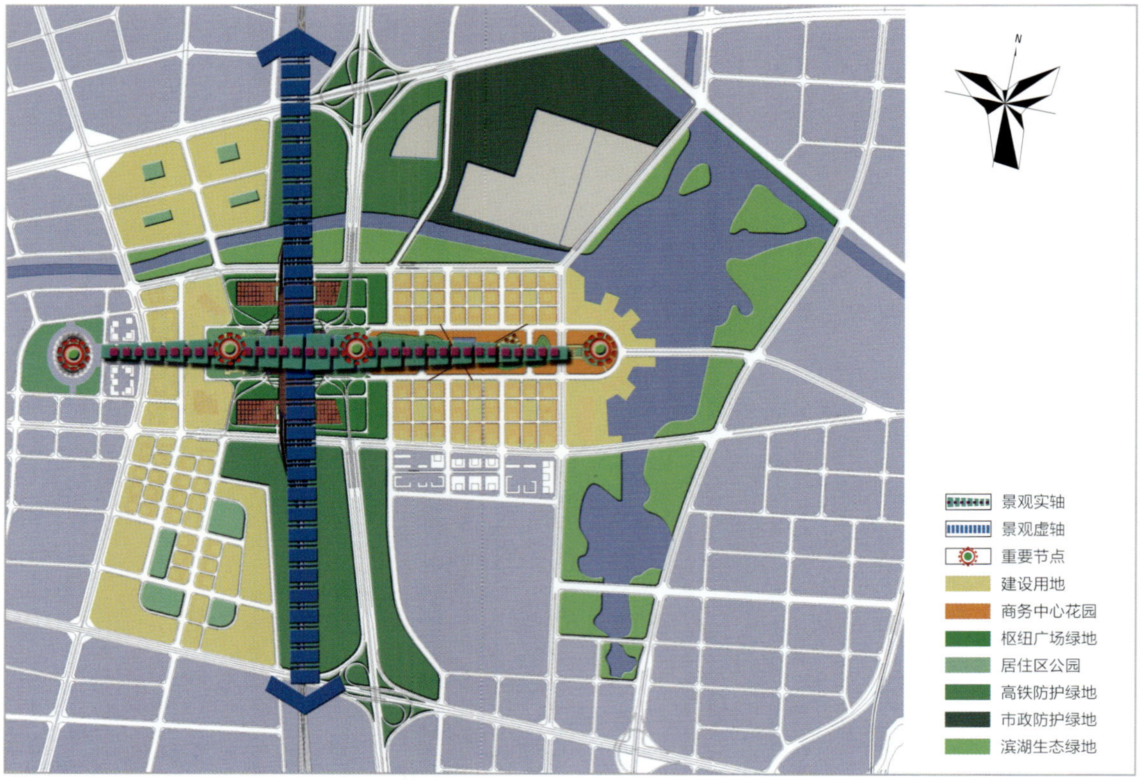

景观绿地系统图

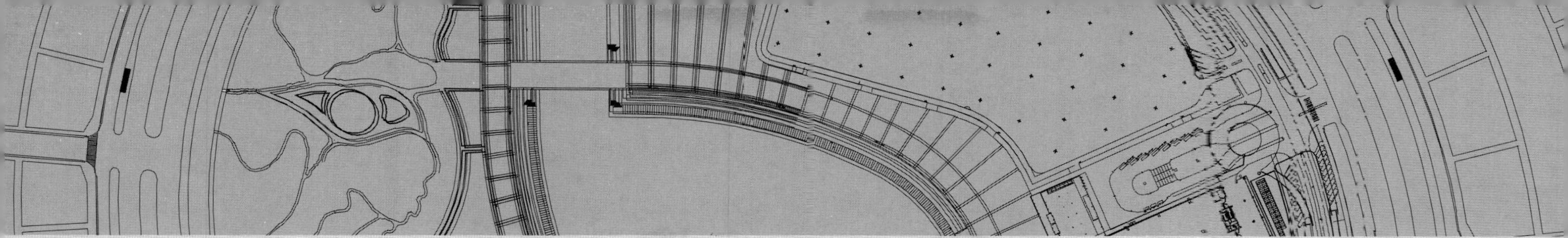

郑州综合交通枢纽核心区综合交通规划

Integrated Transportation Planning of the Central Area of Zhengzhou Integrated Transportation Hub

3

东南大学交通学院方案

Schemes from Traffic Institute of Southeast University

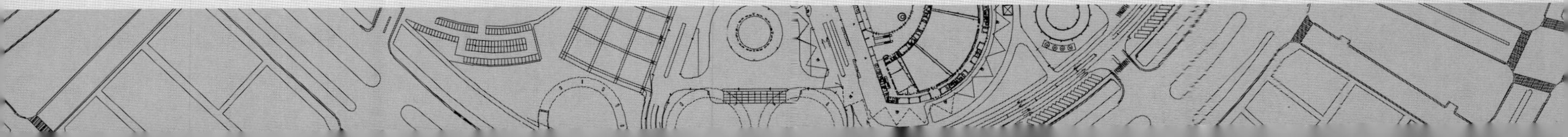

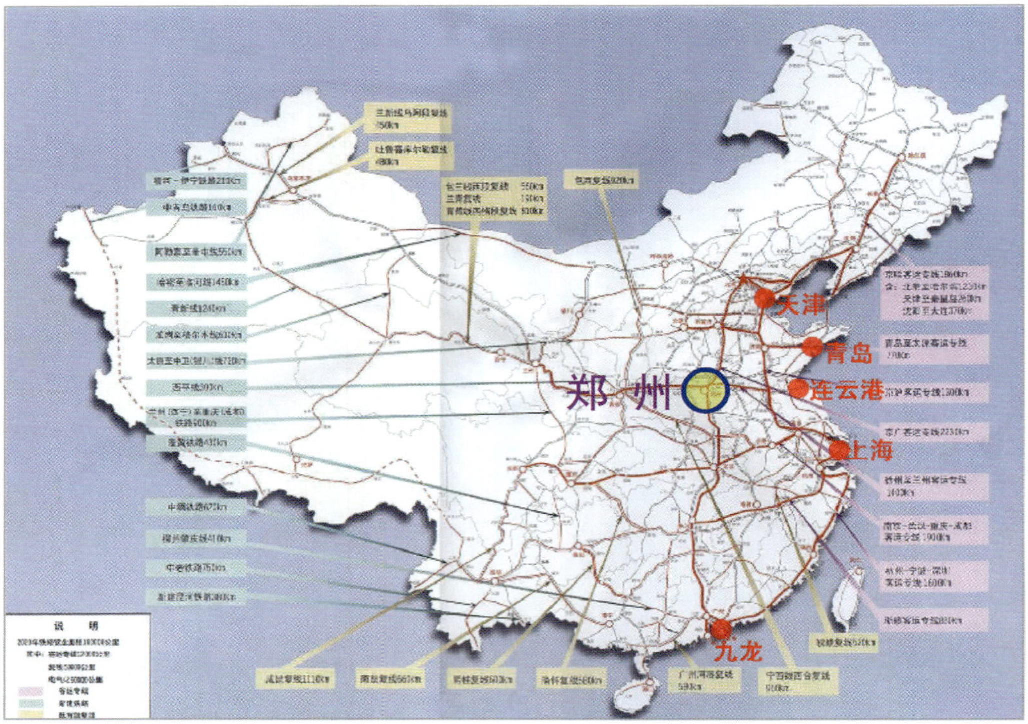

郑州在全国铁路图中的地位

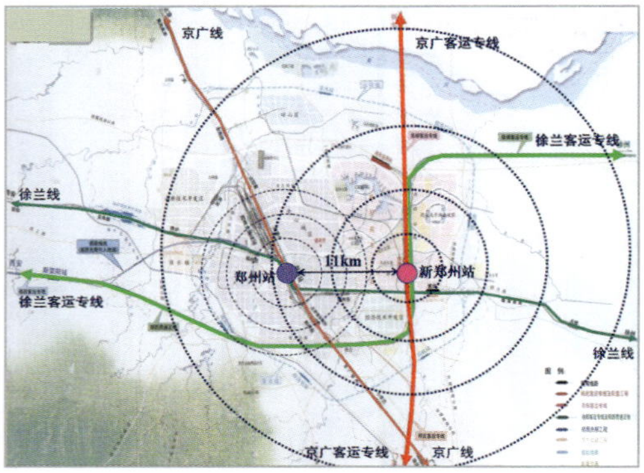

郑州市域铁路线及车站

1. 概述

1.1 项目背景

按照我国铁路网规划，2020 年以前将逐步建成北京至广州、徐州至兰州等客运专线，实现主要干线客货分线运输。郑州作为在我国铁路网中具有承东启西、连南贯北重要作用的交通枢纽，将成为京广、徐兰一纵一横两条客运专线的“十字形”交会点，郑州火车站分设京广场和徐兰场，经过铁道部和河南省政府论证决定新建一个铁路客运站。

当前国家开工建设铁路客运专线，为加快中原城市群城际间通道建设，进一步强化郑州交通枢纽地位，提供了新的机遇。建设郑州综合交通枢纽是省委省政府的重要决策，是中部崛起及中原城市群战略的重要抓手之一，是提升郑州的交通中心枢纽地位的重要手段。

郑州综合交通枢纽和国家干线公路物流港郑州集装箱节点站均位于郑东新区东南部。

2007 年东南大学承担了郑州综合交通枢纽核心区综合交通规划方案工作。经过多次对规划方案的研讨和评审，最终确定较为完善的规划方案。

1.2 项目分析

“雄峙中枢，控御险要”，郑州市地处中原腹地，是中原城市群核心城市和我国重要中心城市，是全国重要的交通枢纽，具有承东启西，连南贯北的重要地位。规划建设的北京－广州和徐州－兰州两条铁路客运专线也将在此交会；为了促进郑汴一体化的进展，双向 10 车道的郑开大道已建成通车。这一系列交通设施的建设，将进一步加强郑州市在全国以及区域中交通枢纽城市的地位。

建设综合交通枢纽作为促进中部崛起及实现中原城市群战略的重要举措之一，将成为提升郑州的交通中心枢纽地位的重要手段，对于郑州市城市空间布局的调整有着重要意义。综合交通枢纽核心地区的规划调整应站在联系国家级交通网，服务于区域交通网的层次，以综合交通枢纽所依托的城市为对象，研究综合交通枢纽核心区内最优的交通运输设施的数量、规模和布局，并对这一区域的用地空间布局和综合交通体系做出合理的规划。

郑州综合交通枢纽设在郑东新区内，位于 107 国道西侧，金水路与商都路之间，距既有郑州站约 11km，车站北端咽喉区有七里河通过，站区范围处于黄河冲积平原区，地势平坦、开阔，地面高程在 86m 左右。

郑州与中东部重要城市交通换乘图

1.3 综合交通枢纽核心区规划范围及期限

本次综合交通枢纽核心区综合交通规划范围为东风东路以东、博学路以西，七里河南路以南、商鼎路以北，面积为 2.67km^2。

规划期限：中期 2020 年，远期 2030 年。

1.4 建设进度

综合交通枢纽地区在 107 国道以西的主要道路已成雏形，黄河南路、农业南路、东风南路属于新建成道路并且开始发挥一定的交通功能，商鼎路也刚建成，双向 8 车道，采用 5m 的中央分隔带，金水东路和商都路属于旧有道路，都是双向 8 车道，且商都路是现状郑州与开封的重要通道，交通流量较大。

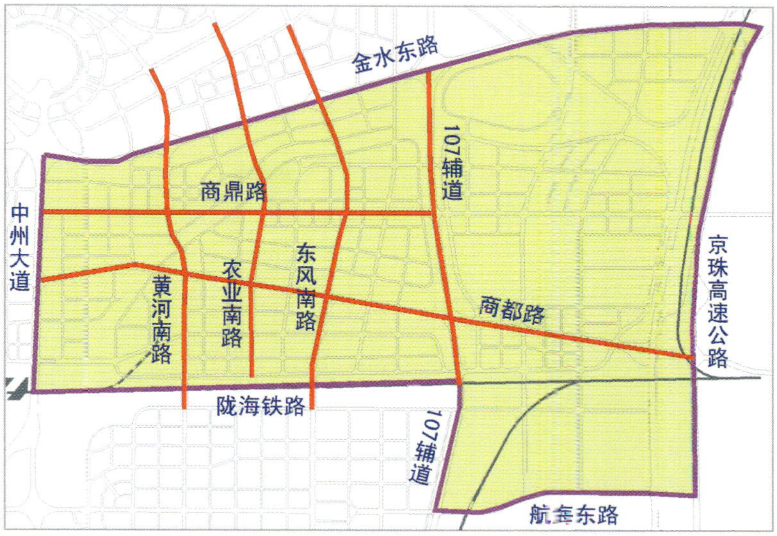

交通枢纽核心区内现有道路图

2. 规模预测

2.1 预测思路

分析郑州区位，研究铁路客流的变化及发展趋势，预测未来规划年郑州火车站的客流量；

通过对高铁功能、特性的分析来划分高铁枢纽客流和郑州火车站客流，计算得出高铁枢纽客流发送量；

通过对高铁枢纽公路客运站的功能定位分析，确定其承担的客流量占郑州市公路客流总量的比例，得出高铁枢纽公路客流量；

根据《郑州综合交通枢纽客运需求量及建设规模测算报告》，通过分析确定公铁换乘系数，预测枢纽公铁换乘量；

通过对综合交通枢纽客流的出行方式划分，得出各种交通方式的集散量，进而预测枢纽内部各类场站设施的规模。

区位图

郑州火车站铁路发送量预测表（人次）

年份		2002	2003	2004	2010	2020	2030
现状	上车	15480494	16478188	17939089			
	中转	581966	619473	554142			
	总量	16062460	17097661	18493231			
	日均	44007	46843	50666			
指数预测	总量	16229568	17333392	18512289	27473854	530[illegible]96	102435650
	日均	44465	47489	50719	75271	145[illegible]2	280646
	误差(%)	1.03	1.36	0.1			
	增长率	–	6.8	6.8	6.8	6.8	6.8
增长率预测	总量	16062460	17097661	18493231	30171105	651[illegible]7153	101156006 8
	日均	44007	46843	50666	82660	17[illegible]7	277140
	增长率	–	6.44	8.16	8.5	[illegible]	4.5
出行次数法	总量				30340000	742[illegible]00	127800000
	日均				83123	20[illegible]4	350137
	增长率				8.6	[illegible]	6
预测值	总量				29328320	641[illegible]50	110463886
	日均				80352	17[illegible]8	302641
	增长率				8	[illegible]	5.6

2.2 郑州火车站铁路发送量预测结果

最终，结合前述三种方法的预测值，得出郑州铁路发送客运量预测结果：2010 年总量为 2933 万人次，日均 80352 人次 / 日，2020 年总量为 6416 万人次，日均 175778 人次 / 日，2030 年总量为 11046 万人次，日均 302641 人次 / 日。

2.3 郑州高铁站发送量预测结果

2010 年高铁客流尚未形成规模。

2020 年高铁车站客运量为 108983 人次 / 天，全年客运量为 3978 万人次。

2030 年将达到约 196717 人次 / 天，全年客运量为 7180 万人次。

郑州综合交通枢纽高铁发送量预测表　单位：万人次

	全年发送量（万人次）	日均发送量（万人次）
2020 年	3978	10.90
2030 年	7180	19.67

2.4 相关高铁枢纽类比分析

部分高铁枢纽发送量及站场规模表

	2020 年发送量（万人次）	2030 年发送量（万人次）	站场规模
武汉新客站	1750	3100	11 座站台、20 条到发线
上海虹桥客站	5272	7838	16 座站台、30 条到发线（高速 19 条）
广州新客站		7532	15 座站台、28 条到发线
南京南站	4413	5822	15 座站台、28 条到发线
郑州新火车站	3978	7180	16 座站台、30 条到发线

2.5 综合交通枢纽公路客运需求预测

综合交通枢纽公路客运站的客流划分为两部分：

1. 综合交通枢纽公路客运站自身集散客流（郑州主城区对外客流）；

2. 综合交通枢纽公路客运站与铁路客运站之间的换乘客流（郑州市域及周边区域客流）。

2.6 功能定位结论

通过综合分析，郑州综合交通枢纽公路客运站的功能定位为：“以换乘接驳铁路客流为主、以集散城市中短途对外客流为辅的一级公路客运站”。

综合交通枢纽客运站客运总量：2020 年为 2.05 万人次 /D，全年约 748 万人次；2030 年为 3.69 万人次 /D，全年约 1347 万人次。

综合交通枢纽公路客运站客流预测量表

公路客运站客流	高速铁路换乘量（万人次 /D）	城市内部集散量（万人次 /D）	合计
2020 年	1.64	0.41	2.05
2030 年	2.95	0.74	3.69

2.7 郑州综合交通枢纽铁路、公路客运量

郑州综合交通枢纽铁路、公路发送客运量汇总表（万人次 / 日）

年份	日发送客运量（万人次 /D）		
	铁路	公路	合计
2020	10.90	2.05	12.95
2030	19.67	3.69	23.36

2.8 郑州综合交通枢纽市内客流集散量

郑州综合交通枢纽市内客流集散情况表（双向）

年份	集散方式	客运人数（万人次／日）			其他客流
		合计	铁路	公路	
2020	内部转乘量	3.27	1.64	1.64	
	市内交通集散量	21.35	16.35	0.71	4.30
	合计	24.62	17.99	2.34	4.30
2030	内部转乘量	5.90	2.95	2.95	
	市内交通集散量	38.51	29.51	1.26	7.75
	合计	44.41	32.46	4.21	7.75

2.9 郑州综合交通枢纽地区各种出行方式比例及平均日客流量高峰小时集散量

郑州综合交通枢纽客流各出行方式平均日客流量表（双向）

年 份	交通方式	常规公交	轨道交通	出租车	社会车辆	其他	合计
2020 年	比例 %	45%	18%	18%	15%	4%	100%
	集散量（人次／日）	96087	38435	38435	32029	8541	213527
2030 年	比例 %	39%	30%	15%	14%	2%	100%
	集散量（人次／日）	150192	115533	57766	53915	7702	385109

2.10 枢纽核心区交通需求预测

2020 年交通总出行次数约为 26.08 万人次／日，2030 年交通总出行次数约为 37.11 万人次／日。（见右图）

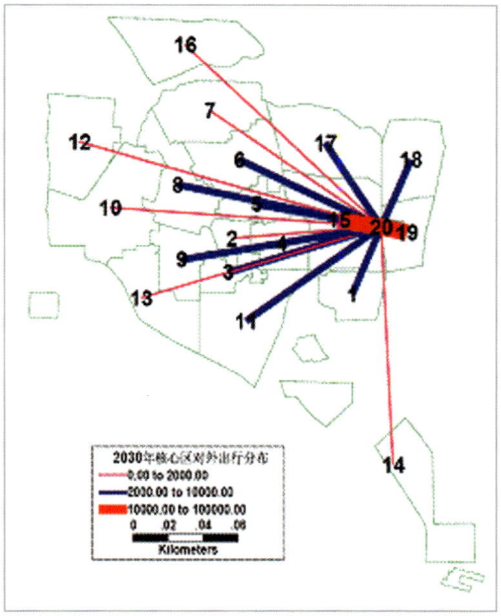

2030年核心区对外出行分布

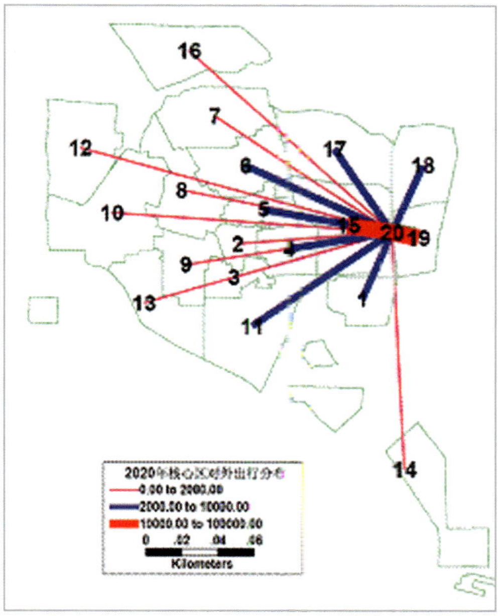

2020年核心区对外出行分布

2.11 综合交通枢纽地区各类交通方式停车需求规模

郑州综合交通枢纽客流各出行方式平均日客流量表（双向）

	需求规模 (m^2)	说明
长途车场站	35000	约 250 个泊车位 40 个发车位
常规公交首末站	23000~25000	约 230 个泊位
出租车停车规模	13000~15000	约 500 个出租车停车位 （不包括上下客区的 240 个停车位）
社会车停车场	32000~35000	约 1100 个社会小车泊位 50 个社会大车泊位

2.12 预测结论

郑州综合交通枢纽共设 16 个站台、30 条到发线，年铁路旅客发送量在 2020 年和 2030 年分别达到了 3978 万人次、7180 万人次，规模与上海虹桥综合交通枢纽相当，是国内最重要的客运专线枢纽之一。

2020 年和 2030 年公路客流与铁路客流的换乘量分别达到 1.64 万人次／日、2.95 万人次／日，占枢纽公路客流量比例在 80% 左右，公路客运站是以换乘接驳铁路客流为主、集散城市中短途对外客流为辅的一级公路客运站。

3. 集散系统规划

3.1 规划总体思路

分层布设——在设施布局规划过程中，应充分利用地面层空间，尤其是高速铁路桥下空间，布置各类首末站、停车场和到发区；同时结合地上多层高架设置出租车、社会车、贵宾车下客区；对于地下空间，主要供轨道交通 1、4 号线站台层使用。

立体换乘——在分层布设的基础上，强调各交通方式间衔接换乘的便捷性。综合交通枢纽内部存在多种交通方式间的换乘，以铁路、公路两大交通方式换乘为基础，实现公铁内部以及公铁与公交、出租车等城市交通系统的零换乘。

分区组织——综合交通枢纽要实现不同性质交通流的时空分离，包括人车分流、机非分流、进出分离、动静分离、客货分离、枢纽内部交通和枢纽穿越交通流的分离，以及公交车、长途车等大型车辆与出租车、社会车等小型车辆的适当分离等。

到发分离——按照到—停—发的原则对综合交通枢纽内的公交车场和长途车场进行规划布设，减少到发车流之间的相互干扰，实现车场内交通流稳定、有序、高效地运行。

公交优先——将轨道交通、地面常规公交与高速铁路客运、公路客运视为换乘体系中的重要环节进行规划设计；利用高速铁路桥下空间布置公交到发区、公交停候排队区，同时设置公交专用路（道）。

以人为本——进行机动车交通流组织规划的同时充分考虑慢行（步行、非机动车）交通问题，做好针对弱势群体的无障碍设计、旅客步行空间设计以及枢纽的景观、绿化设计等等。

高速铁路枢纽规划需处理好以下 5 方面关键问题：

枢纽与集散道路的关系

高铁线在车站区段的架设形式及对线下空间的利用

站前高架机动车道的规划设计

长途汽车站与高铁车站的联合布局

公交首末站、小汽车停车场等其他交通设施的布局形式

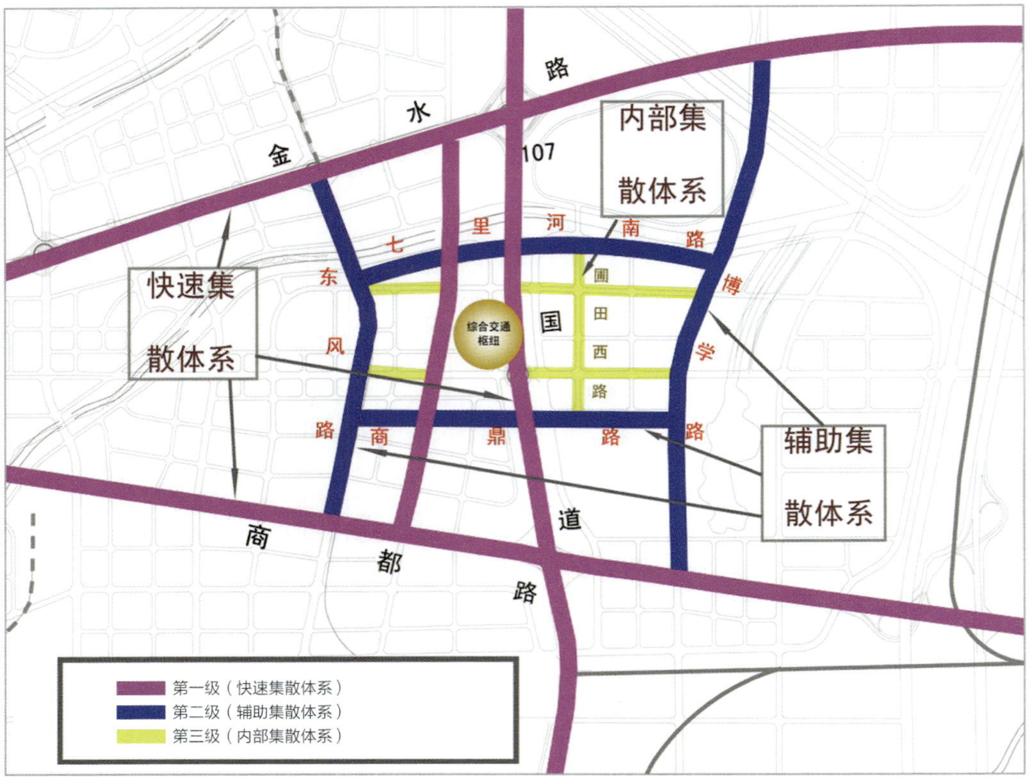

三级集散体系图

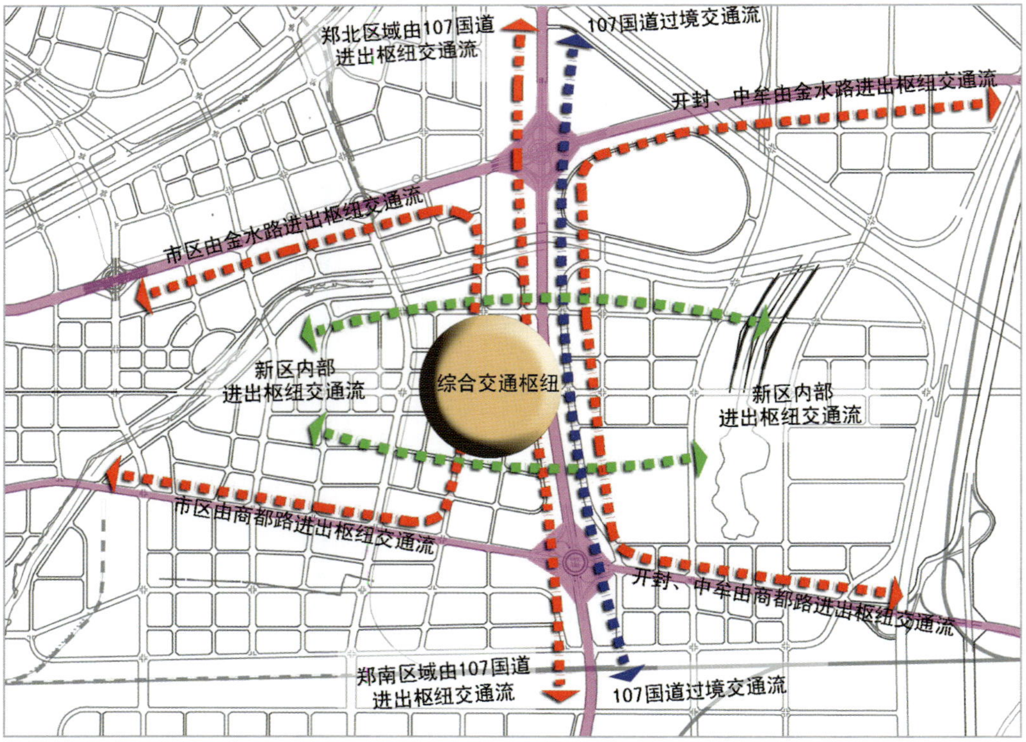

综合交通枢纽四向交通流图

3.2 枢纽与集散道路的关系

从区域范围内的到达、离开交通流分析，综合交通枢纽存在 5 类交通流：

（1）由郑州市区经金水路、商都路—107 国道（辅道）的进出枢纽交通流。

（2）考虑郑汴一体化和郑州东部组团（如中牟组团）的客运需求，由开封、中牟等地经郑汴快速通道—107 国道（辅道）进出枢纽交通流。

（3）由新乡、焦作、许昌、漯河等周边城市经 107 国道（主线）—107 国道（辅道）的进出枢纽交通流。

（4）由郑东新区内部经七里河南路或商鼎路进出枢纽交通流。

（5）由 107 国道（主线）—107 国道（隧道段）的通过性枢纽过境交通流。

综合交通枢纽区域的三级交通集散体系：

第一级—107 国道、铁西新规划路（FS8 路）与金水路、商都路相接形成的快速集散体系。

第二级—七里河南路、商鼎路、东风路、博学路形成的辅助集散体系。

第三级—圃田西路、中兴路与其他枢纽内部道路形成的内部集散体系。

3.3 线下空间的利用

郑州综合交通枢纽，高速铁路位于高架一层，因此站房南北两侧的桥下空间（以七里河南路、107 国道、商鼎路、新规划路 (FS8 路) 为界，共约 30 万 m^2）应充分利用。可考虑将长途停车场、公交到发区及停候区、出租车地面上客区、社会车停车场布置于铁路桥下区域。

3.4 郑州综合交通枢纽站房高架桥的设置

高架桥需架至高架三层（高程 19.25m），因此要满足引桥和上下匝道的纵坡，坡长等设计要求。

枢纽高架桥架至站房南北两侧，南北高架桥均可与 107 国道相连接，有利于交通疏散。

高架上下匝道采用双向交通组织，下客区段采用环行单向交通组织。

站前高架桥以“L+ 环形”和双“U”字形两种方案进行完善和优化。

3.5 长途汽车站的布置

高铁枢纽内部长途汽车站的布置，对于枢纽的设施布局、换乘设计、交通组织具有重要作用。因此，需论证长途站房的选址与设置形式问题。

（1）长途车站设置于综合枢纽的东北角。

（2）从公铁车站的布局模式采用公铁联合布局的异站同场形式。

3.6 其他集散设施的布置

其他集散设施的布置，主要包括设置于铁路桥下空间的公交到发区与停候排队区、出租车地面上客区、社会停车场。对于各类设施的布置形式。

（1）郑州综合交通枢纽内部的公交到发区与停候排队区，采用单侧一体式布局；

（2）枢纽内部的出租车与社会车辆，采用单侧一体式布局，与公交车流、长途车流实现空间分离，同时通过交通组织，满足枢纽各个方向的出租车、社会车流进出枢纽进行集散。

3.7 规划方案的优化演变

3.7.1 地面系统

地面系统布局：基于充分利用高铁桥下空间、方便乘客换乘、上下交通流顺畅交换、简化交通组织等规划理念，对包括长途汽车站场、公交客区、发车区与停车场、出租车上客区、社会停车场等地面交通集散设施的选址及布置形式进行规划。规划过程形成多种布置方案；经多次汇报、听取评审专家意见，产生地面交通设施布局优化方案。

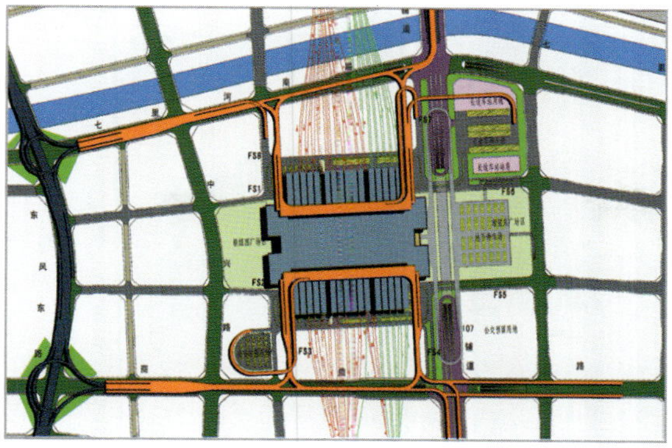

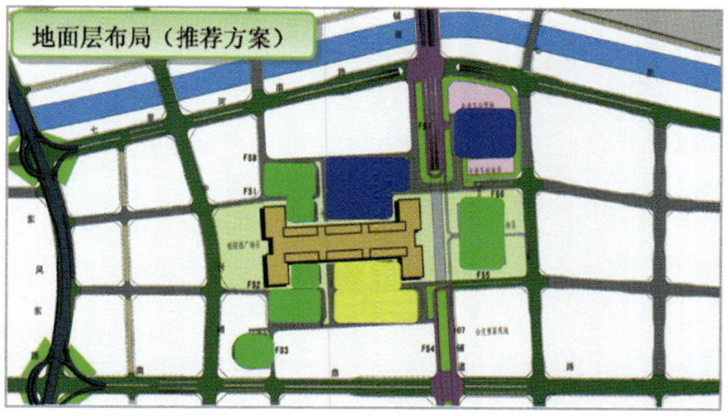

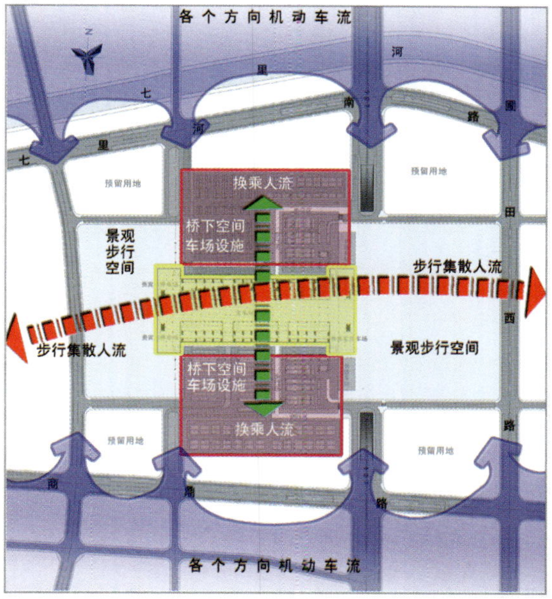

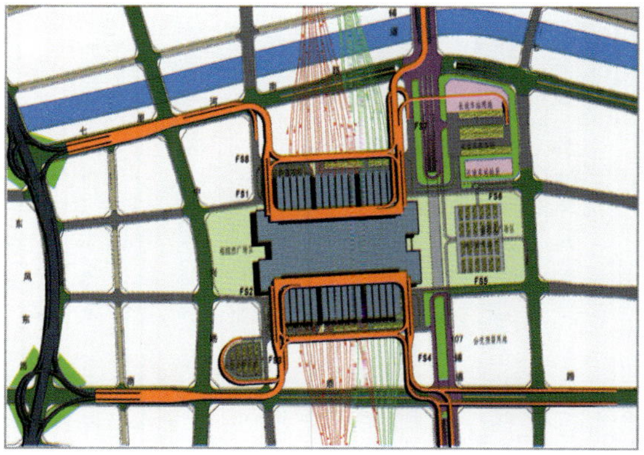

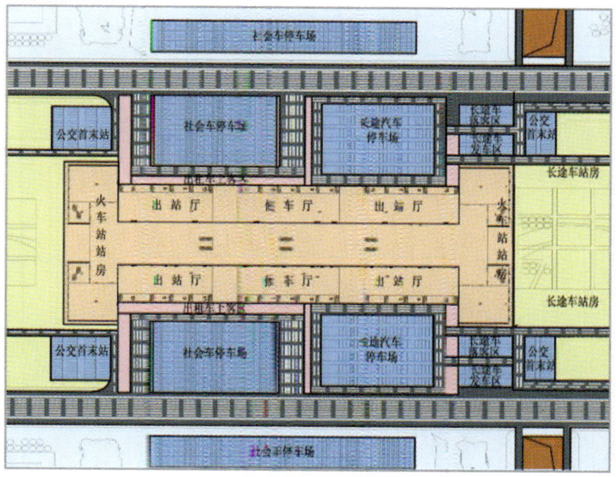

2007年6月1日初期汇报

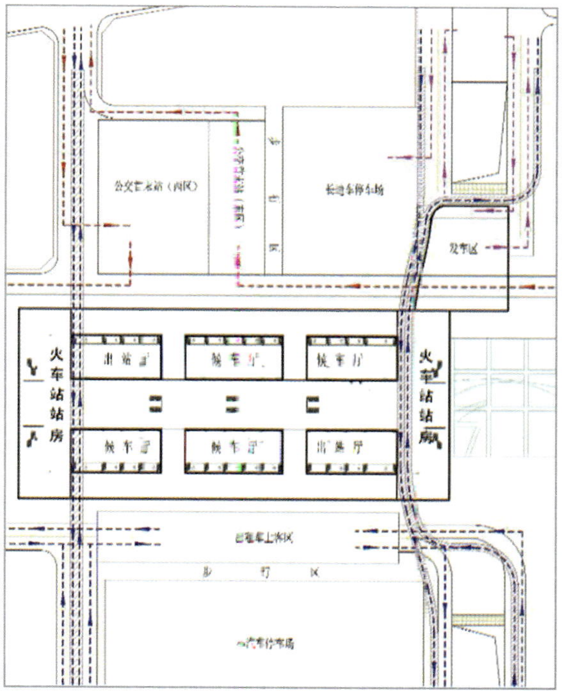

2007年6月20日汇报方案

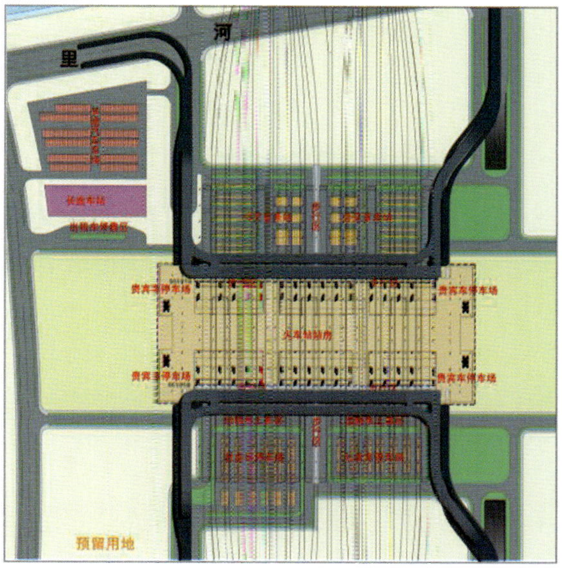

2007年7月13日中期汇报方案

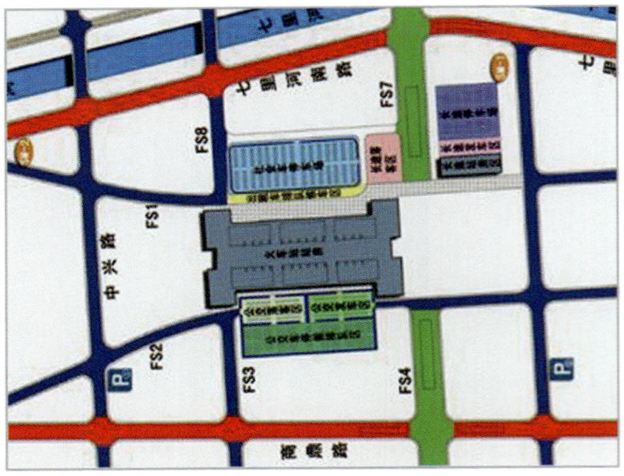
2007年8月15日终期汇报方案

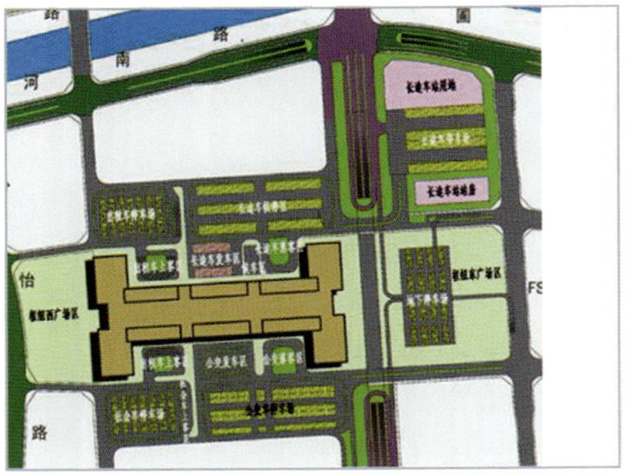
2007年9月28日论证报告

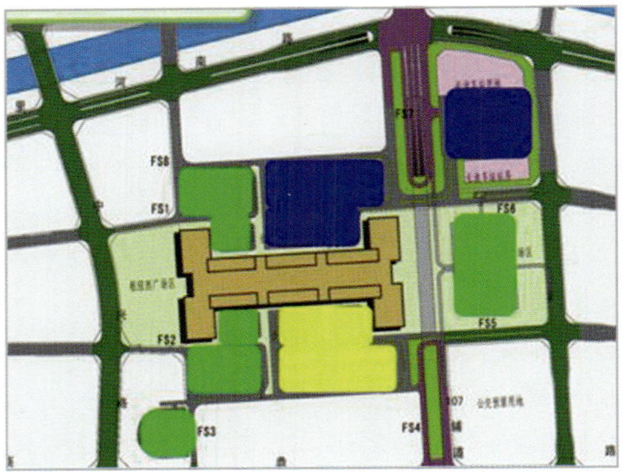
地面层推荐方案

3.7.2 高架系统

站前设置高架桥有利于车辆落客，实现“上进下出”的进出站流线，被国内很多车站所采用。结合郑州高铁客运站站房的规划设计，经过多次专家论证，产生站前高架桥优化方案。

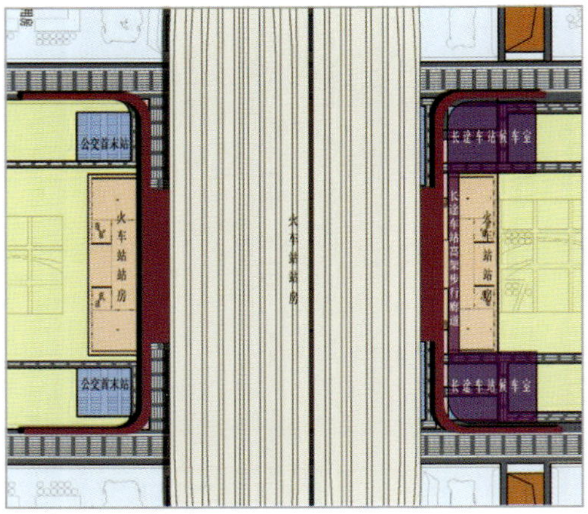
2007年6月1日初期汇报

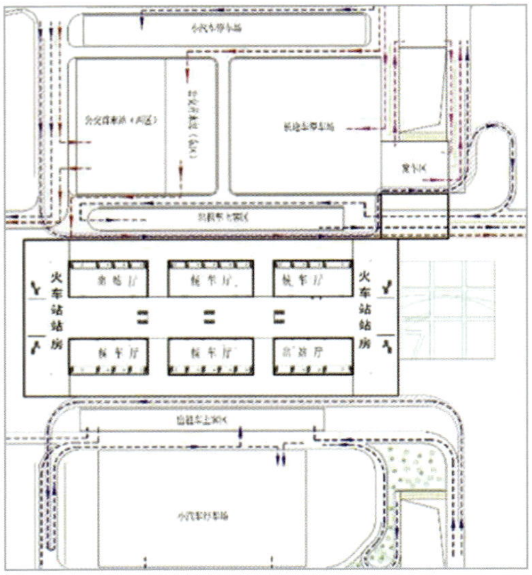
2007年6月20日汇报

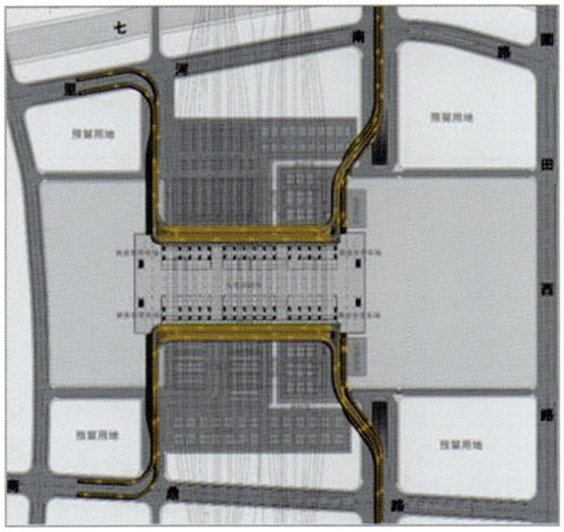
2007年7月13日中期汇报

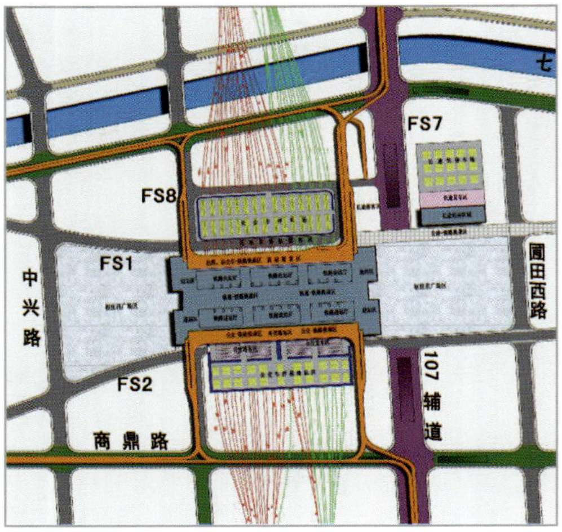

2007年7月28日论证报告会

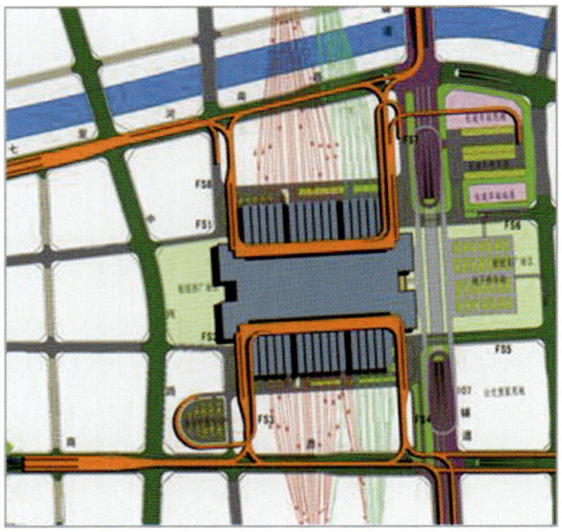
2007年8月15日终期评审

3.7.3 地面层布局（推荐方案简介）简介

长途车站场采用单侧布置，站房、长时间停车场布置在高铁站房东北角，下客、发车区、排队停候区、乘客候车厅布置在高铁站房北侧桥下空间。

公交单侧布置，位于站房南侧。

出租和社会车停车场对称布置在站房南北两侧，并在高铁站房西南角和东广场地下设置社会车停车场。

出租和社会车停车场在站房两侧对称布置，车流主要利用 FS1、FS8、FS3、FS2 集散，成逆时针单向环行交通。

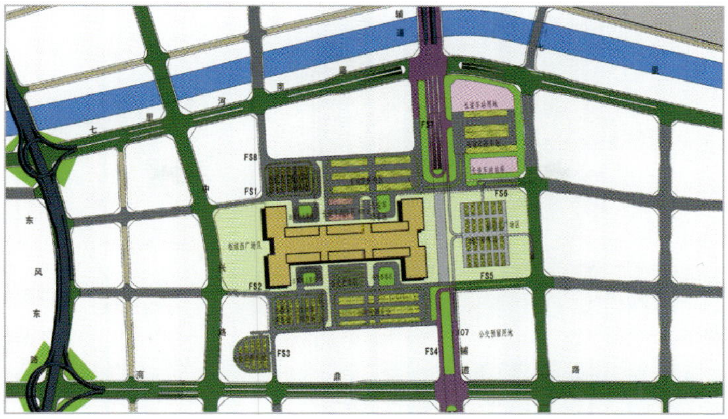

地面层布局图

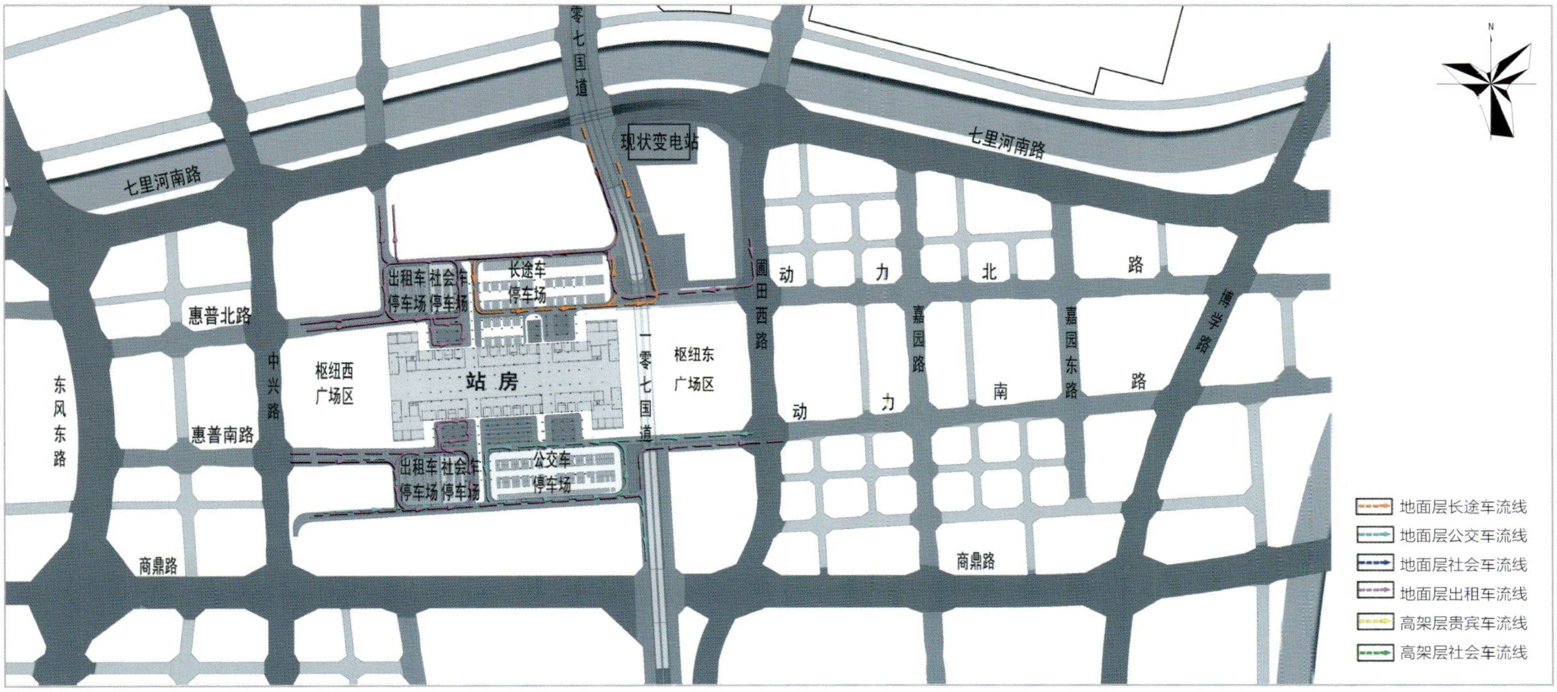

地面层流线图

3.7.4 高架层布局（推荐方案）简介

L 形＋小环形高架，架设于高架三层；避开铁路咽喉区设置高架桥，七里河南路、商鼎路枢纽段高架桥与站前高架车道连成一体；

长途车通过站房北侧 107 上匝道环行进入高架三层下客区下客，下完客可沿下匝道进入站房东北侧停车场，亦可沿 107 下匝道离去；

公交车通过商鼎路东西两个上匝道进入高架三层下客区，下完客可沿下匝道进入地面公交排队停候区，亦可环行离去；

高架出租、社会流可通过七里河南路、商鼎路、107 辅道上匝道进入高架下客区，下完客车辆可通过东北、西南两个下匝道进入地面停车场，也可通过环形高架沿原路返回；

高架二层两个贵宾高架南北向单向交通组织；东侧高架南向北单向组织，西侧为北向南单向组织。

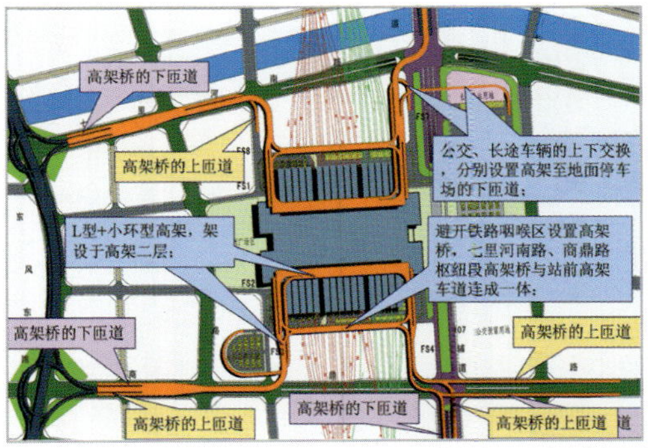

长途车、公交车流线图

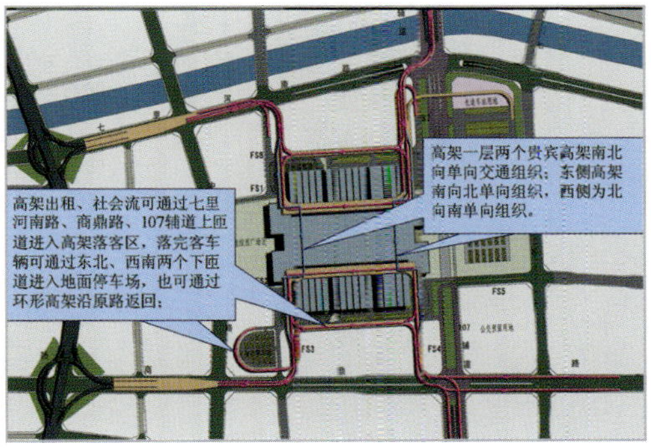

出租车、贵宾车辆流线图

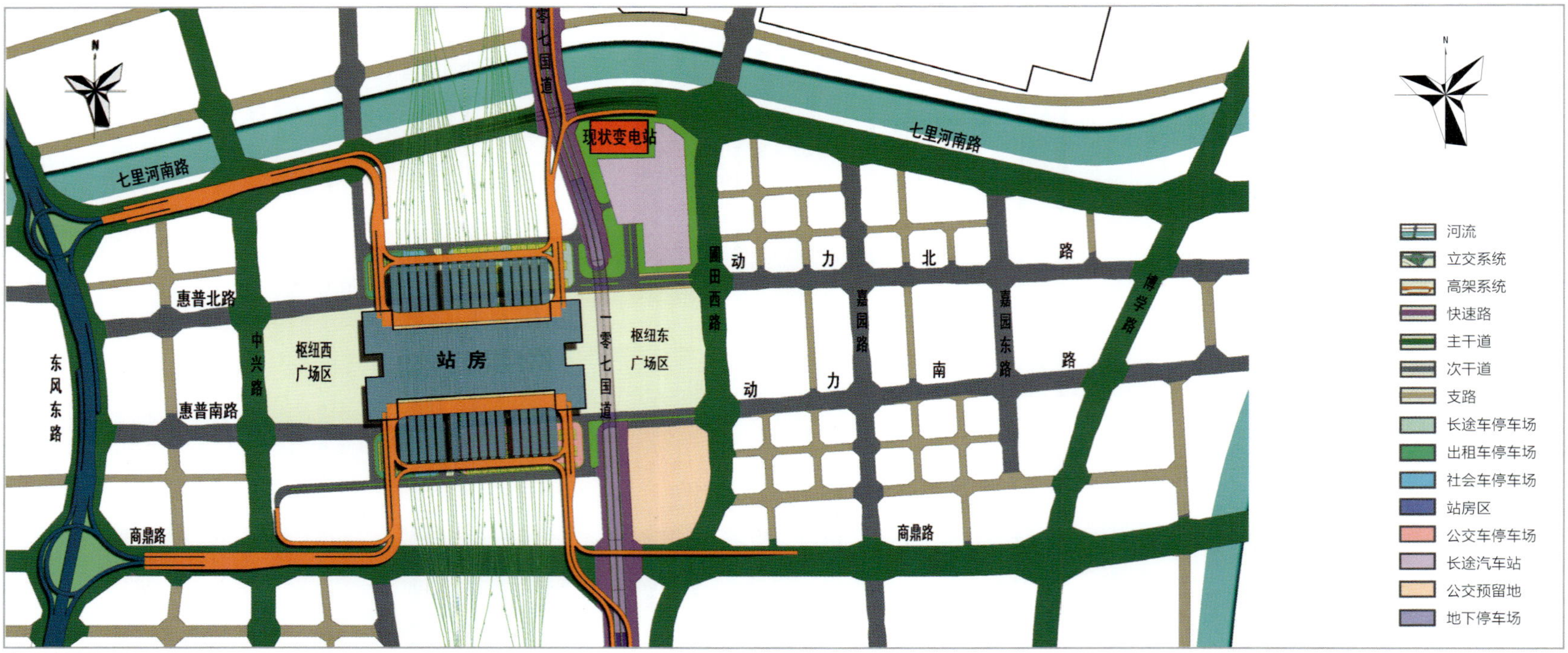

高架层布局图

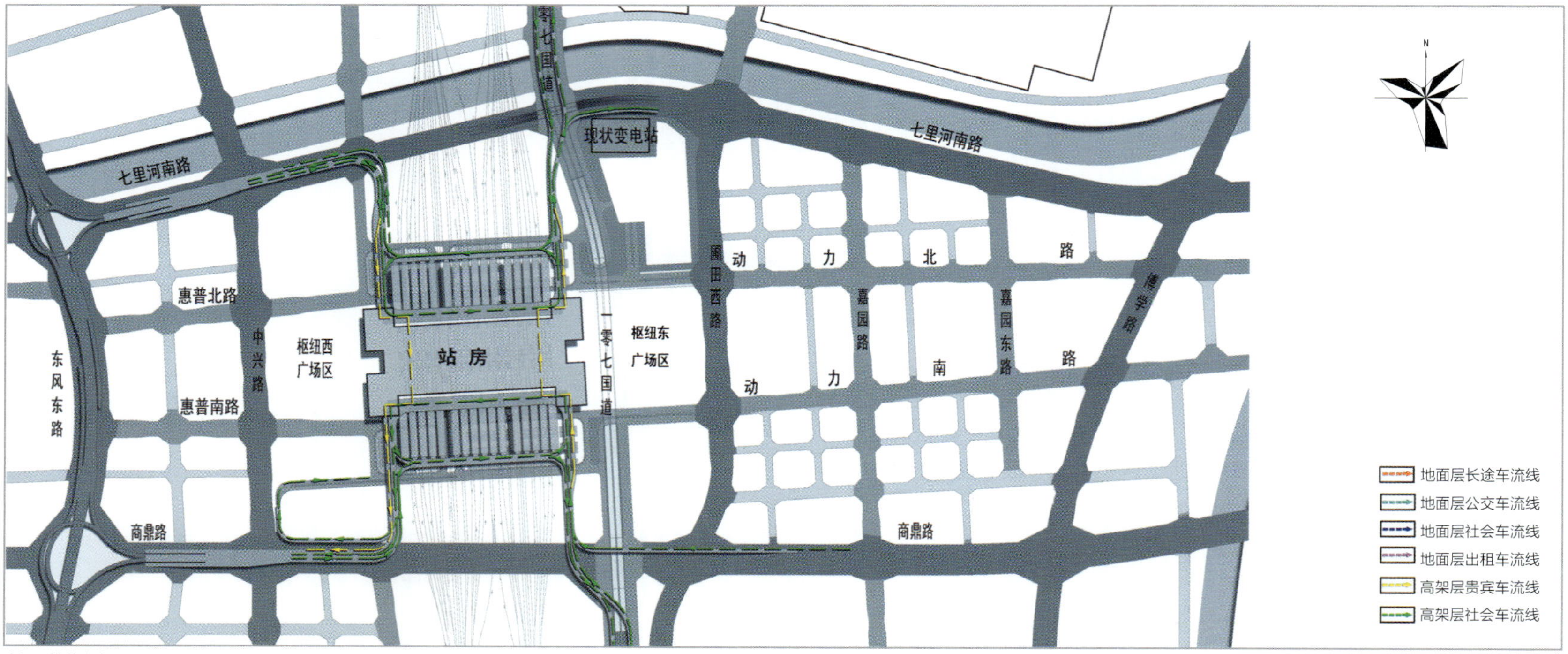

高架层推荐方案

3.7.5 车道边设置

每侧车道边设置 1 股大车停车落客区、2 股小车停车落客区和 1 条小车过境车道（共 10 个车道、3 条人流集散通道）。具体设置为：

大车停车落客区紧靠站房布置，一股道包括两个行车道，一个落客带；落客带宽度为 3.5m，行车道宽度为 3.75m；

小车停车落客区布置在大车落客区外侧，包含两个行车道，一个落客带；落客带宽度 2.5m，乘客步行区宽度 2m，行车道宽度 3.5m；

在最外侧设置一个供通过车流行驶的车道，宽度为 3.5m；

车道边总宽度 39.5m。

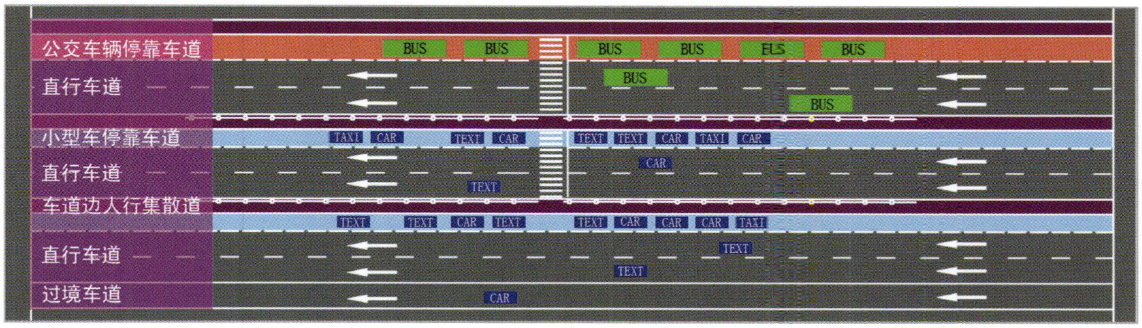

枢纽南北两侧车道边的交通特征表（辆/h）

车道边位置	车种	通行能力	2020 年		2030 年	
			交通需求	饱和度	交通需求	饱和度
南侧	公交	930	470	0.506	735	0.790
	小车	2520	1161	0.461	1815	0.720
北侧	长途	444	120	0.270	210	0.473
	小车	2520	1029	0.408	1609	0.638

4. 其他设施规划

4.1 枢纽所处区域道路网结构分析

郑州市综合交通枢纽所处的区域道路网呈现“工”字加“环”的布局形态，其中“工”指由金水路、商都路和 107 辅道等构成的两横一纵区域快速路网；“环”指由商鼎路、东风路、七里河南路和博学路等构成的两纵两横主干路网。

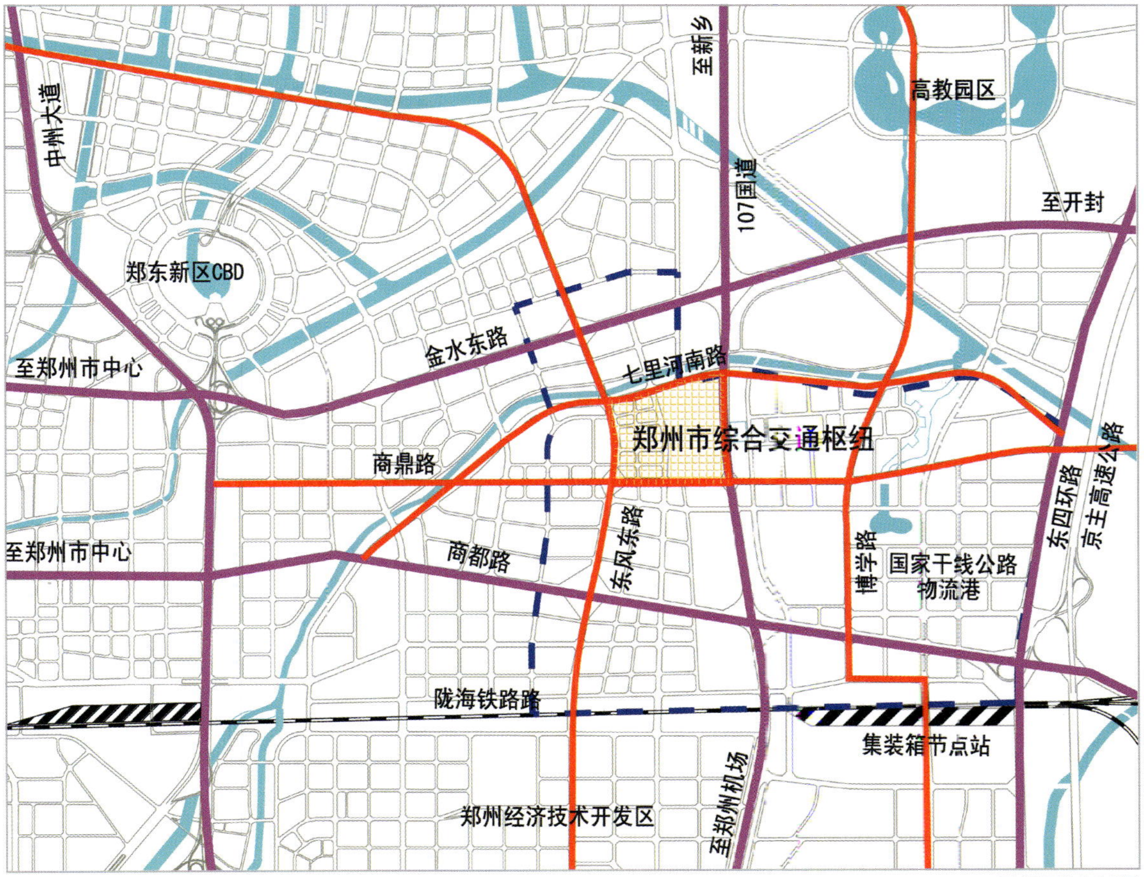

区域路网结构分析图

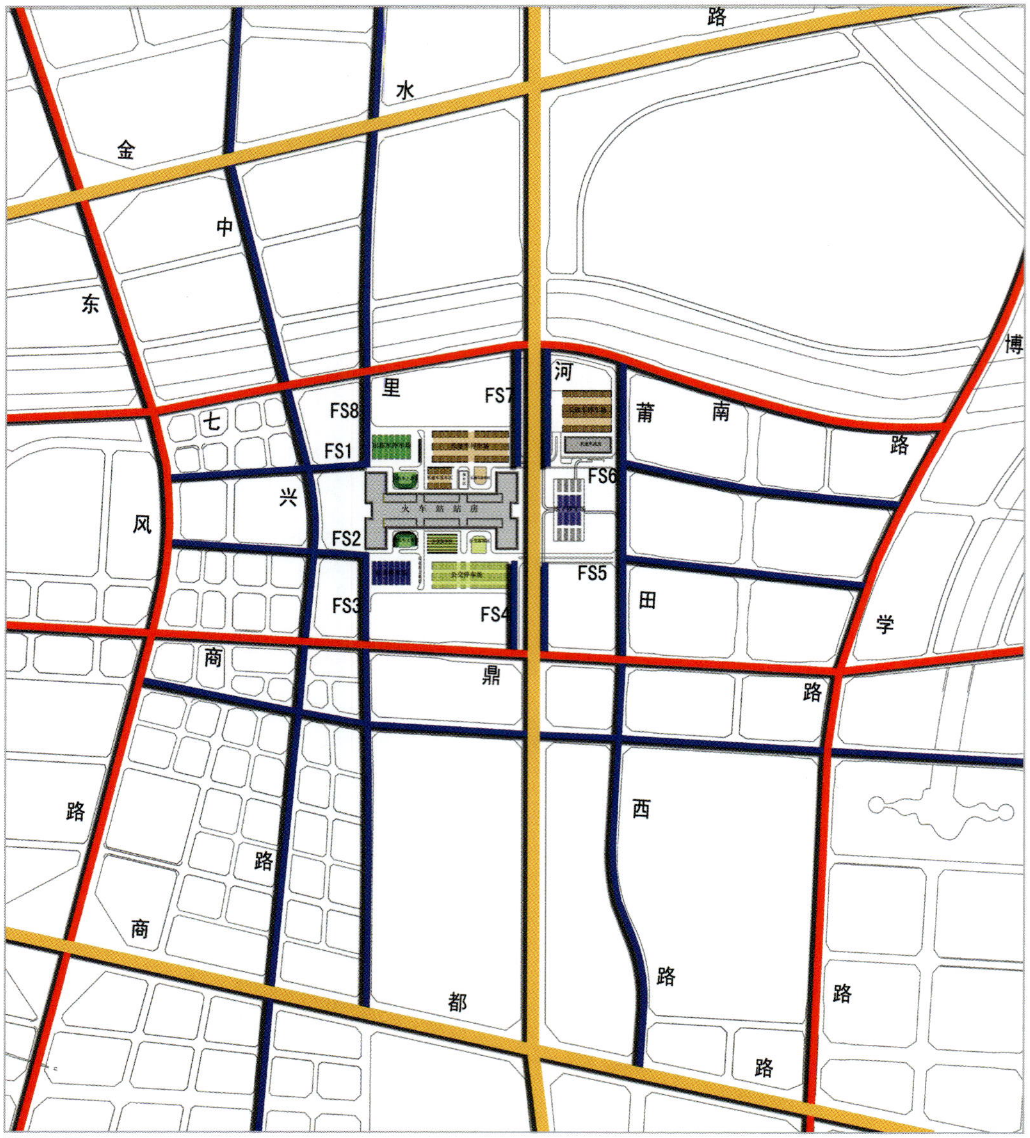

道路规划图

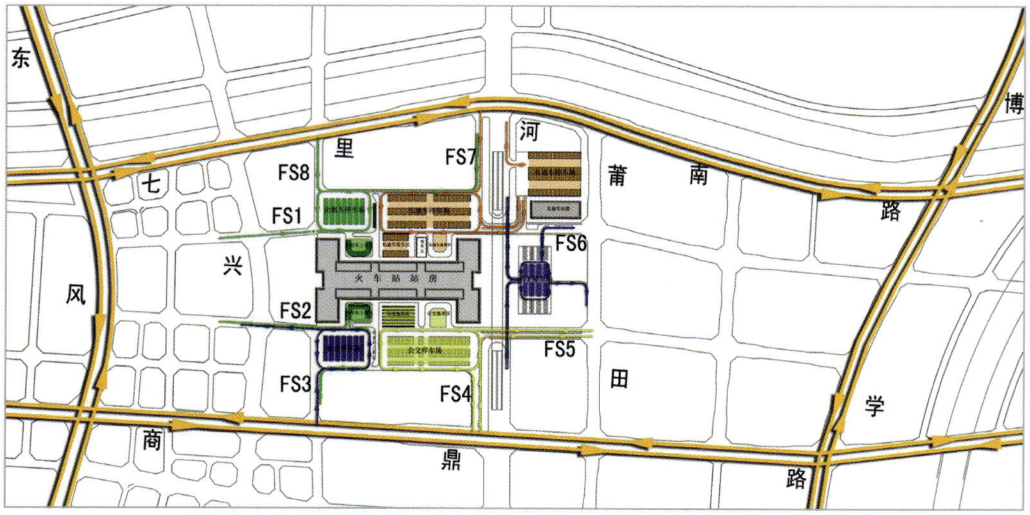

交通规划图

4.2 核心区道路网规划

基于不同等级道路的功能定位，结合交通枢纽地区道路网结构分析，规划枢纽核心区道路网系统为：

快速路系统——两横（金水路和商都路）一纵（107 国道），规划 107 国道下穿火车站东广场，东风路（金水路—商都路）规划为高架道路。主干路系统：两横（商鼎路和七里河南路）两纵（东风路和博学路）。

次干路系统——两纵（中兴路和莆田西路）八射（FS1 ~ FS8）。

4.3 枢纽核心区交通组织规划

基于对郑州市综合交通枢纽地区的道路网规划方案，对进出枢纽地区的不同性质的交通流进行组织，从总体上协调各种交通流在区域路网上的分布，实现区域路网交通的平衡，促使区域交通的稳定发展。

七里河南路、东风路、商鼎路、博学路实施双向交通策略，七里河南路与东风路和商鼎路与东风路的两个交叉口，在此交叉口修建简易立交，实现车流的空间分离。

博学路与商鼎路和博学路与七里河南路的两个交叉口，采用地面全相位信号控制。

新规划的两条东西向的道路 FS1、FS2 分别采取由西向东和由东向西的单向交通策略，FS1 为出租车专用单向道路，FS2 为出租车、社会车专用道路。

公交车流进入综合交通枢纽主要利用枢纽地区东南侧新规划的两条公交专用道路 FS4 和 FS5。公交从综合交通发车分别由 FS4 和 FS5 两条新规划路向东西方向疏散。

长途车场布设在综合交通枢纽的北侧，长途车流主要利用 107 辅道和 107 辅道与金水路立交进出综合交通枢纽地区。

地面出租车和社会小车主要利用枢纽地区西广场北侧新规划的 FS1、FS8 和西广场南侧新规划的 FS2、FS3 及新规划路 FS7 五条路进行集散，而不进入枢纽的广场区域，大大降低了机动车流与人流之间的相互干扰。

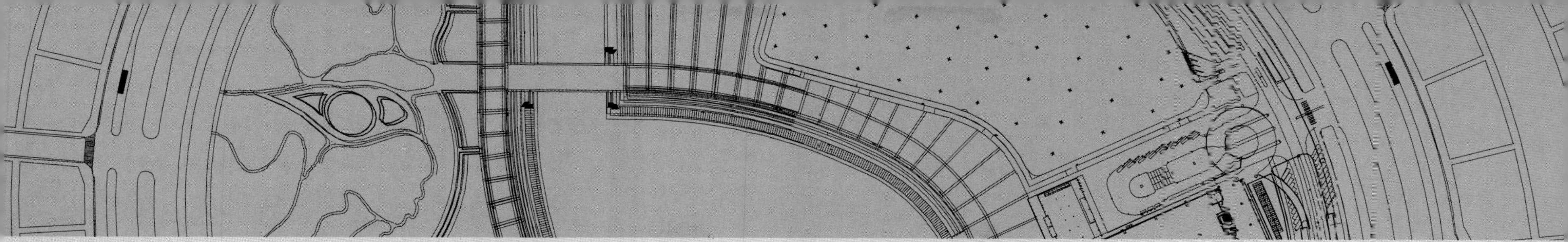

郑州综合交通枢纽核心区城市设计

4

Urban Design for the Core Area of Zhengzhou Integrated Transportation Hub

方案 I 法国夏邦杰建筑设计咨询（上海）有限公司方案
Plan I Schemes from Shanghai Office of Arte Charpentier, France

方案 II 华南理工大学建筑学院方案
Plan II Schemes from Architecture School of South China Technology University

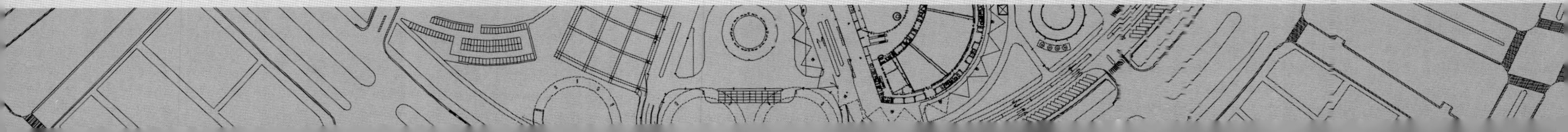

方案Ⅰ法国夏邦杰建筑设计咨询（上海）有限公司方案
Plan I Schemes from Shanghai Office of Arte Charpentier, France

郑州地处中原腹地，“雄峙中枢，控御险要”，是我国承东启西的重要中心城市，是联系河南各个城市的重要节点，位于我国交通大十字的中心位置，是一个铁路、公路、航空、邮电通信兼具的综合性重要交通通信枢纽。承东启西，连贯南北，素有铁路心脏之称，通过以上的区位分析，我们可以得出这样的结论：（1）郑州发展规划的新突围方向依然向东，城市中心的向东转移，决定了客运枢纽向东转移的需要。（2）西侧的郑州老城区组团、北面的郑东新区龙湖开发区组团和高教园区组团、南侧的经济开发区组团对新的交通枢纽基地形成环抱的趋势，新的交通枢纽选址处于这几个主要功能组团的汇聚点，将十分有利于以后交通中枢作用的发挥。（3）新的客运枢纽的特殊区位条件，决定了其规划设计必须处理好同郑东新区龙湖开发区组团、高教园区组团和经济开发区组团之间的关系，在客运枢纽区的规划中要十分关注区块功能定位同三大组团的关联，应该是对三大组团功能的补充和延续。

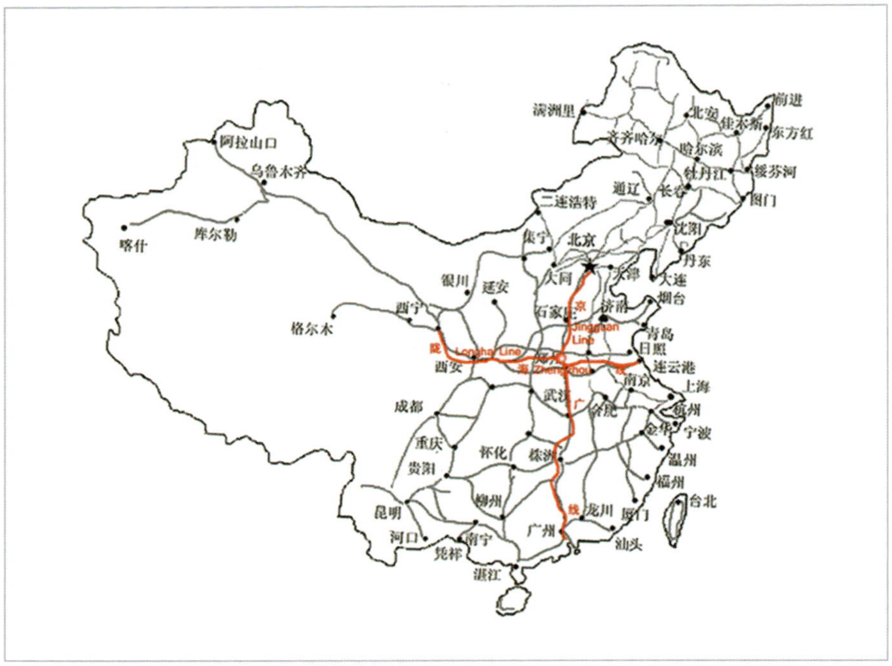

铁路十字架构图

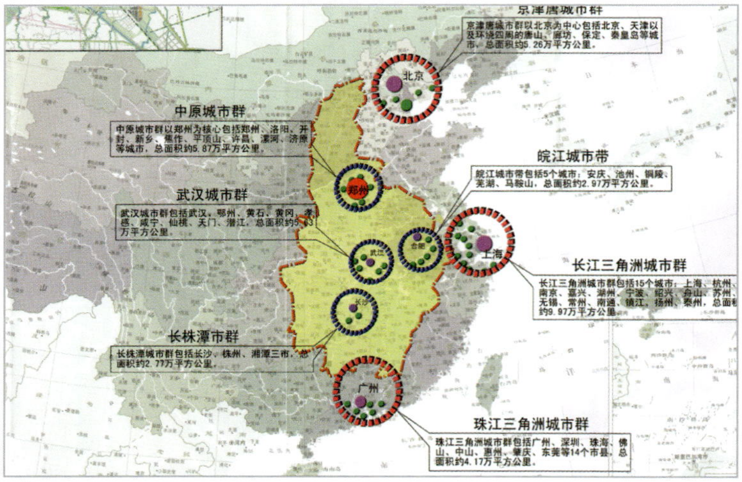

区位图

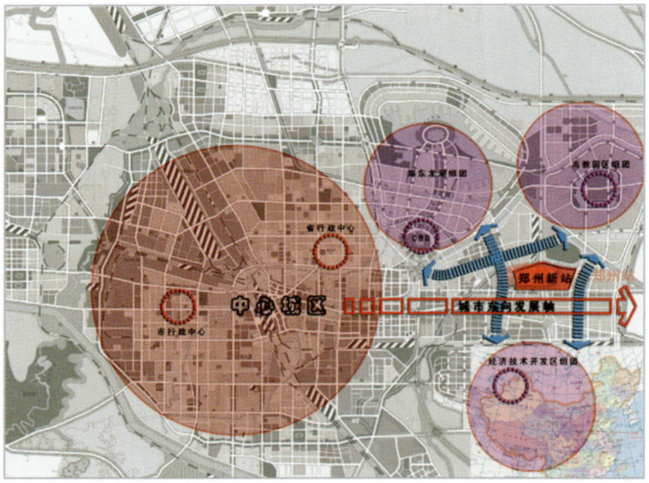

布局结构图

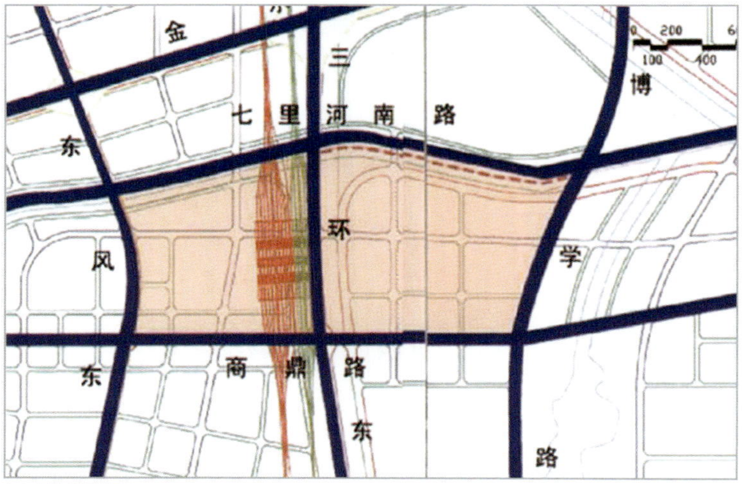

火车新站规划范围

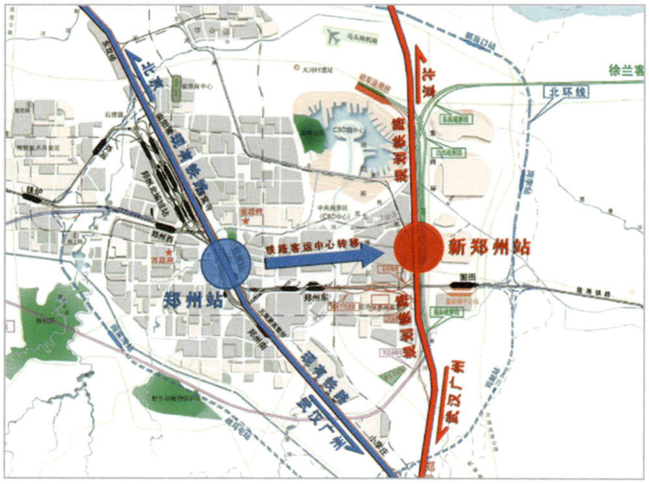

已有交通网络规划

1.1 规划目标

(1) 国家级客运综合交通枢纽为代表的城市东部门户

(2) 综合性现代物流业，依托客运枢纽发展兴起的高端服务业的重要载体

(3) 集枢纽型商贸中心、文化信息中心、商务居住区为一体的，以城市对外联系为主，参与更高层次城市分工，体现先进城市环境理念的城市副中心

1.2 设计策略：

（1）“聚心”

（2）“扩展”

（3）充分利用地下空间

（4）发展商业和服务业

（5）周边土地资源需要储备，以备持续开发

（6）重视地区生态环境建设与文化氛围塑造

（7）高、中、低密度区域的巧妙结合

（8）新建道路的设计与沿线建筑体量吻合

1.3 规划概念——鼎盛中原，辙环天下

（1）郑州是历史文化古都

（2）新的客运枢纽将带动郑州的全速发展

1.4 规划结构

一核——交通功能核

一轴——东西向空间发展景观轴

三区——枢纽中心区，商务区，CBD

以基地中央的交通枢纽站房为核心，我们构建了东西向发展的规划结构。基地自西向东形成依次由42层高的商务酒店—商务区中心广场—站前西广场—站房—站前东广场—CBD中心景观绿地—高层商务酒店构成的极富序列感和仪式感的东西向空间发展景观轴，该轴线空间通过东端的高层酒店进一步向东侧的水面扩展，从而得到在城市空间上的更大程度的延伸。

站前东、西广场和站房一起构成了枢纽中心区，以此为界，枢纽中心区西端为商务区，东端为CBD，三者之间以商业建筑区作为功能上的过渡。南北两条对称的弧线形道路将三个区域连接成一体。三个区域之间以穿过基地的南北向城市道路作为分界线。

在规划设计时，我们将原来的规划基地向西扩展一个街区，这样的扩展是基于以下的考虑：新客运交通枢纽的规划是基于城市中心向东移动的需要，城市发展的方向自西向东，客运流量大部分的方向也是自西向东，这样一来站前西侧区域对于来往客流接纳的重要性要强于站前东侧区域。但是原规划地块站前西侧部分的面积小于东侧区域面积，扩展之后的东西区域在规模上获得了均衡，站前西侧区域的功能性得到了强调。同时，基地之外的西侧地块功能为一体育场，商务区西端的商务酒店和中心广场除了为新的客运枢纽区域服务外，还能为基地之外的体育场提供酒店住宿和广场休憩的服务，从功能上密切客运枢纽区域和西侧地块的关系。西侧商务区和东侧CBD的区域形成基于对新的客运枢纽和北面的郑东新区龙湖开发区组团、高教园区组团、南面的经济开发区组团之间关系的考虑。郑东新区龙湖开发组团与南面的经济开发组团之间形成了商务轴，高教园区组团和南面的经济开发区组团之间形成了了科技轴。商务轴和科技轴在新的客运枢纽区域内的辐射形成了对站房东西两侧区域进行相应规划设计的需要，从这样的需要出发，我们提出了站房西侧商务区和东侧CBD的规划结构。

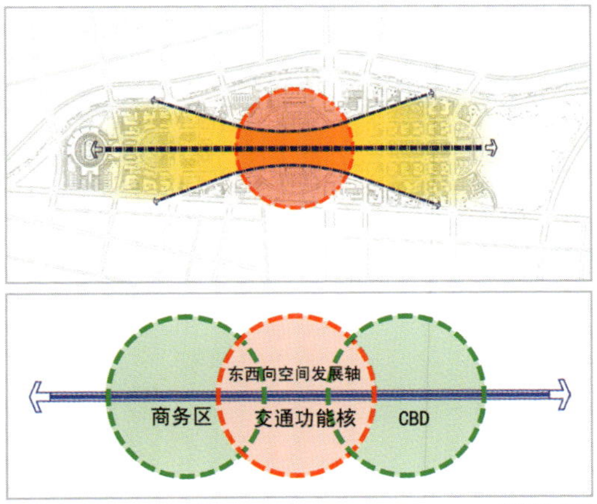

规划结构图

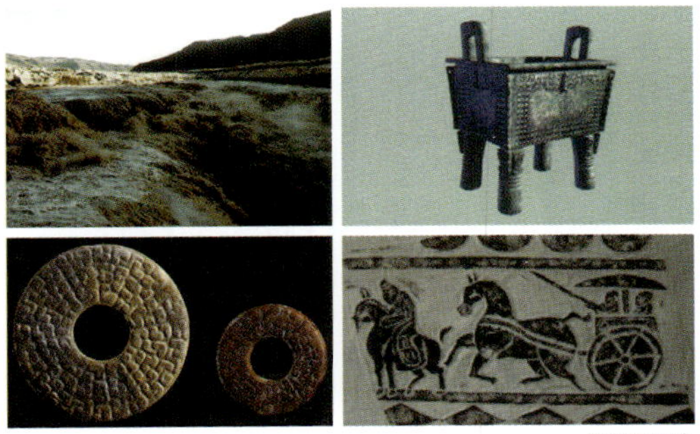
设计图概念

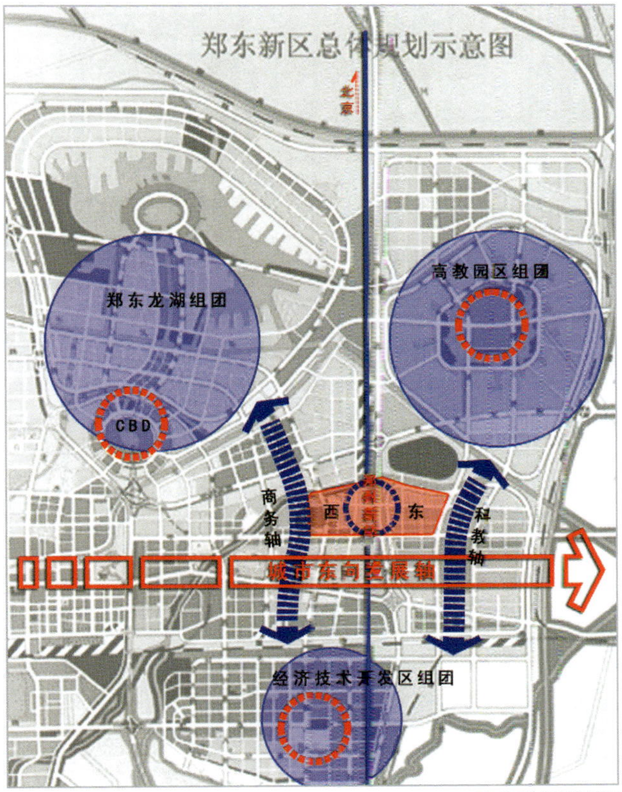

基地周边关系分析图

1.5 分区规划

1.5.1 枢纽中心区是整个规划区域的功能中心，是多种交通方式汇聚的综合枢纽，各种交通方式的换乘通道给商业和服务业的发展带来无限商机，所以在这一区域里着重于梳理好各条交通流线，组织好静态和动态交通，解决站前广场的人流和车流的疏散问题。

1.5.2 商务区位于枢纽中心区以西，将其作为枢纽中心区带来的潜在客流的商务延展区，结合地区商业发展基础、车站客流和需求层次的实际，进而扩大规模、提升层次，形成具有综合消费功能的商业街或购物中心，使更多的城市居民，而不仅仅是过站旅客，都会被优良的消费环境和便利的交通条件所吸引到此消费，同时配备高层商务酒店和办公楼，便利的交通会使此区域成为具有巨大吸引力的城市副中心商务圈。南北两侧的沿街商业是很好的对外商业界面，有利于以后在对周边地块的开发中将商务功能向四周扩散和辐射。

1.5.3 CBD 位于枢纽中心区以东，和中心区以西的商务区形成呼应。和商务区相比，该区域布局的仪式感和序列感略为减弱，强调一种整体的商务气质。本区域设置为商务办公区，为增加区域内空间活力，引入高级公寓住宅和商业，完善该区域的结构特征。

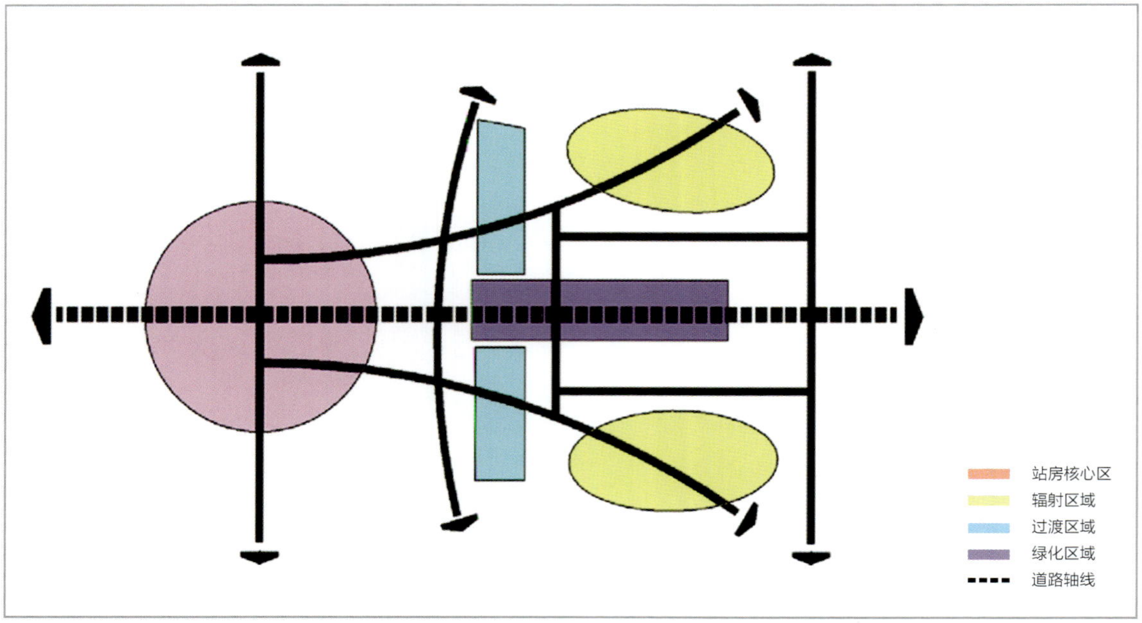

功能结构规划图

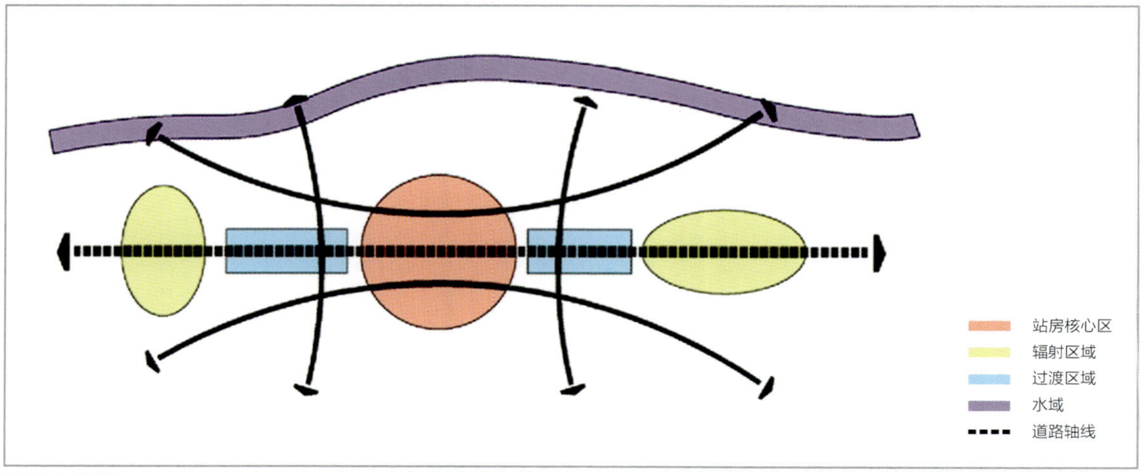

空间结构规划图

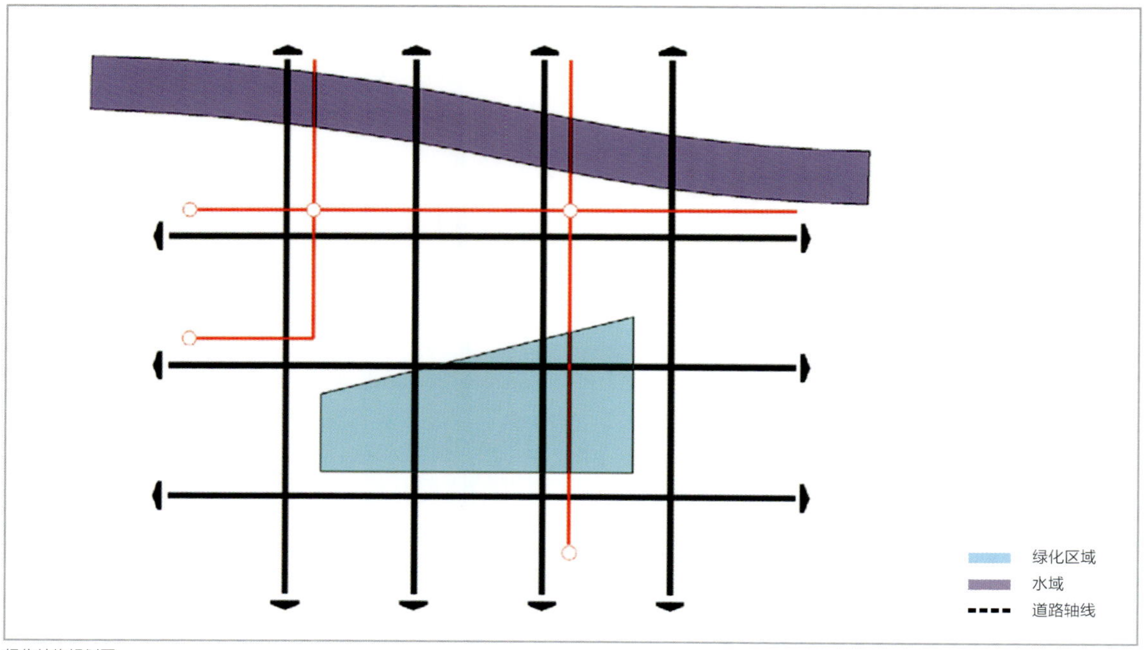

绿化结构规划图

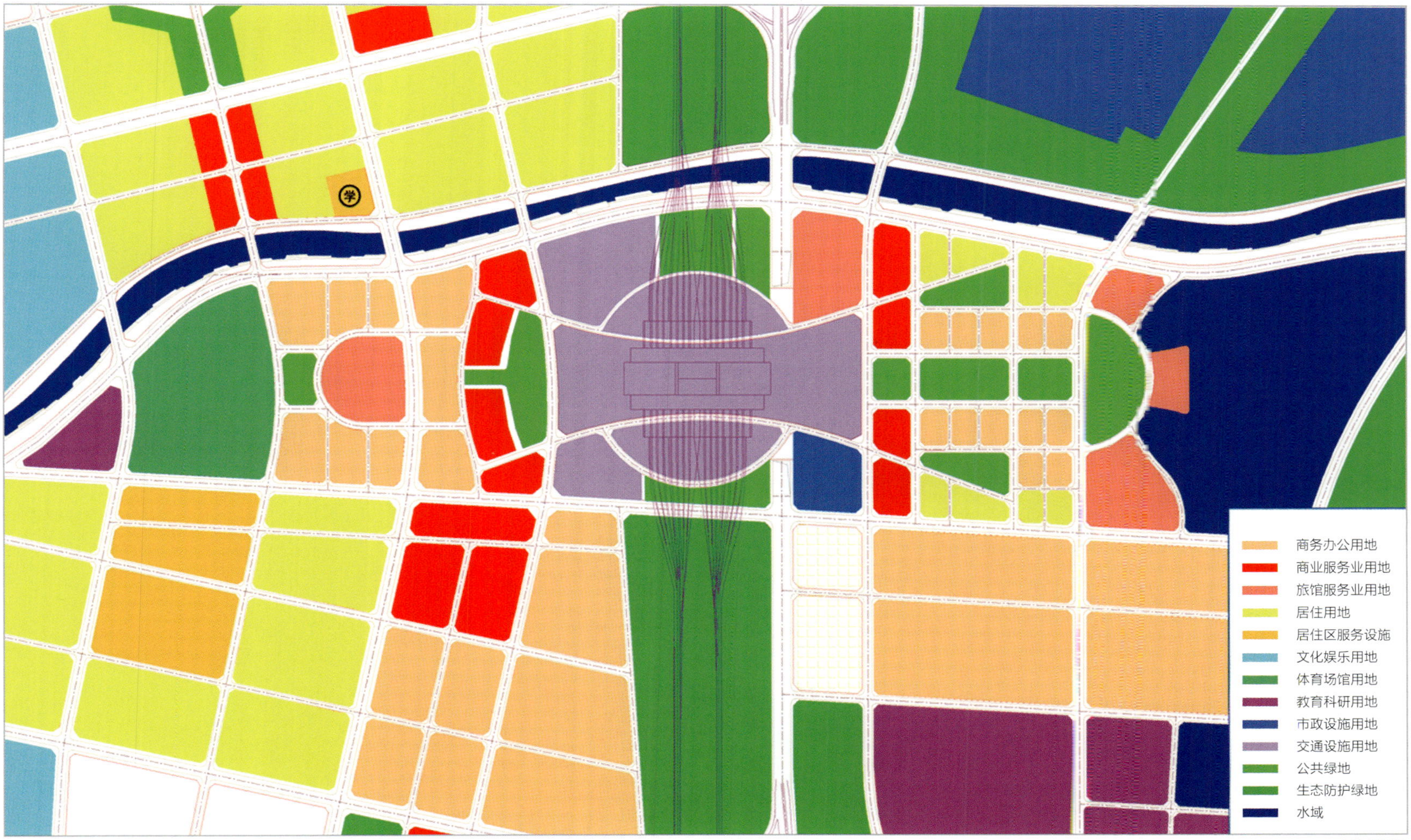

商务办公用地
商业服务业用地
旅馆服务业用地
居住用地
居住区服务设施
文化娱乐用地
体育场馆用地
教育科研用地
市政设施用地
交通设施用地
公共绿地
生态防护绿地
水域

用地规划图

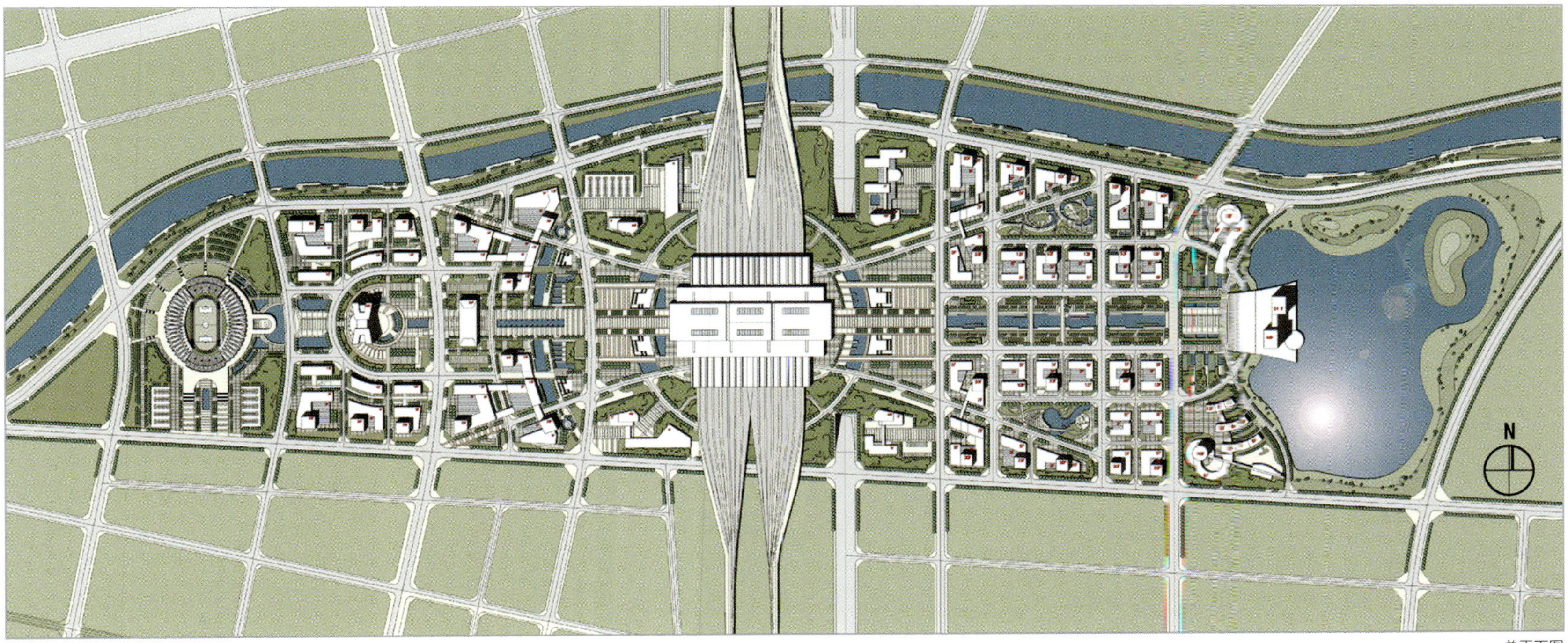

N

总平面图

整体鸟瞰图

整体鸟瞰图二

局部鸟瞰图一

局部鸟瞰图二（夜景）

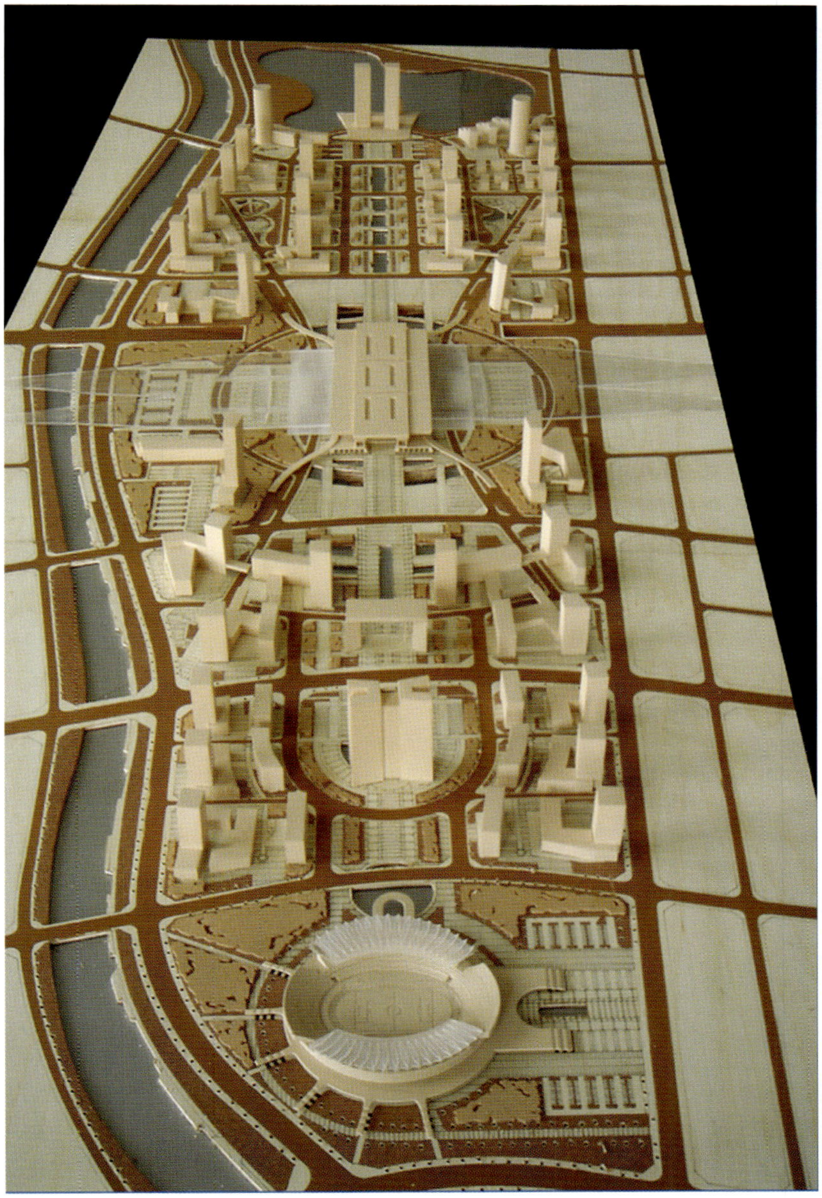

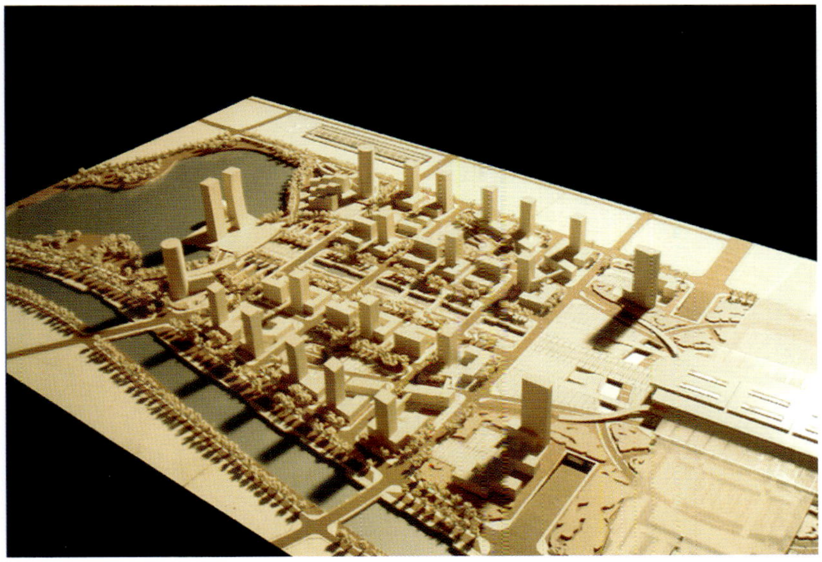

模型照片组图

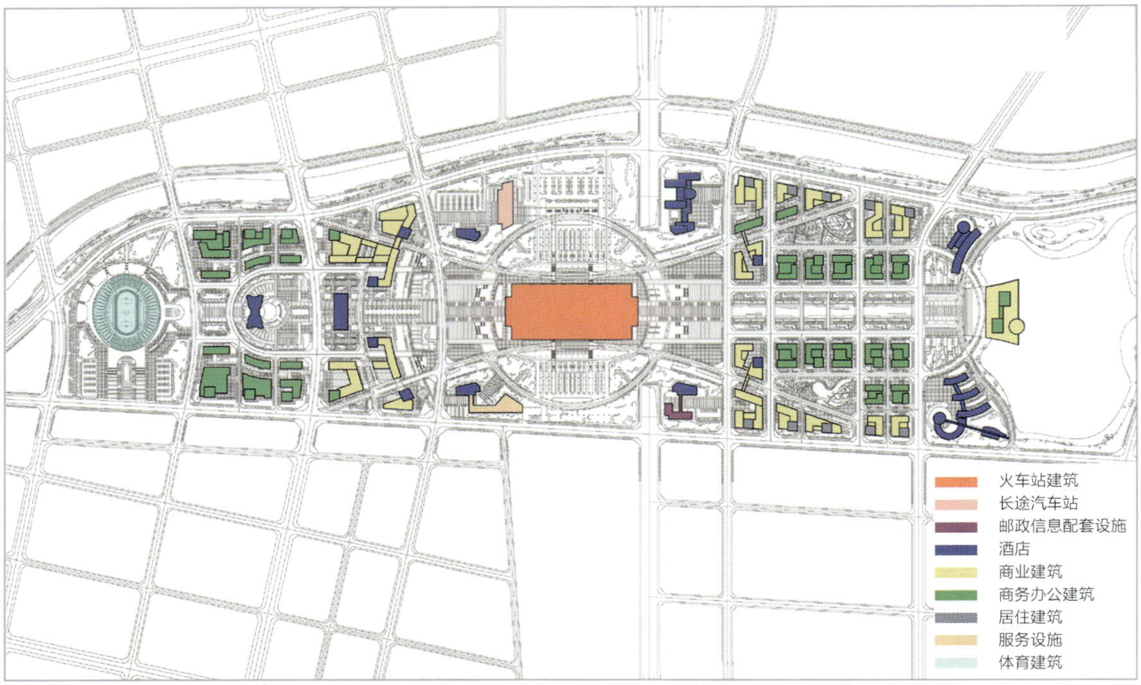

功能分析图

1.6 前期分析

1.6.1 功能分析

规划区内功能包括火车站、长途汽车站、酒店、商业、商务办公、体育等公共建筑功能以及居住功能。

空间分析

1.6.2 空间分析

规划区空间结构有一条东西向主轴线和若干条次轴线组成，主要建筑、广场、主要绿化为其提供支撑，轴线把它们有机串联起来。

1.6.3 规划范围分析

设计范围分为核心规划范围和建议规划范围。

1.6.4 开发时序分析

整个规划分为四期开发，一期开发客运站区，二期开发商务中心，三期开发 CBD, 四期开发城市功能设施。

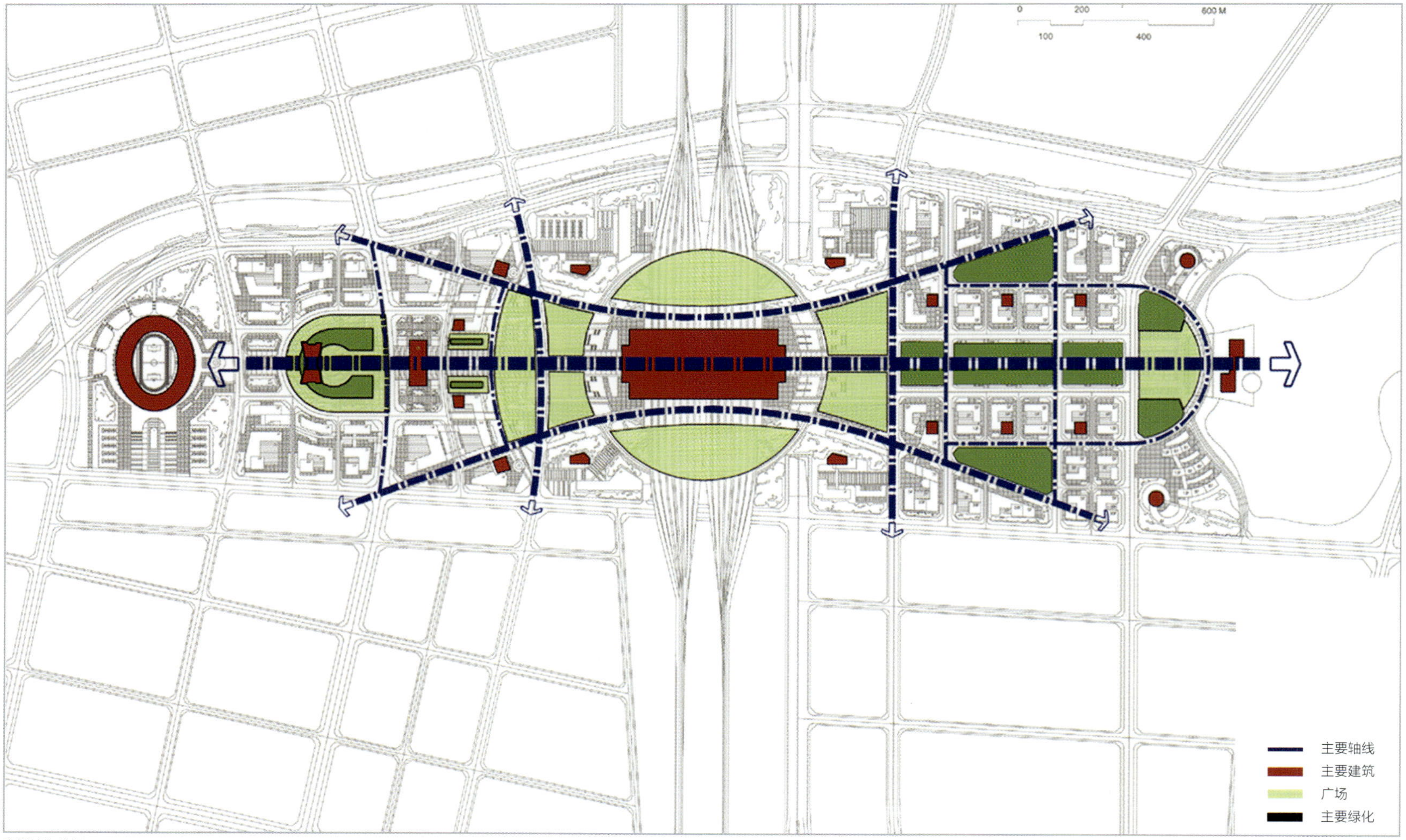

空间结构分析

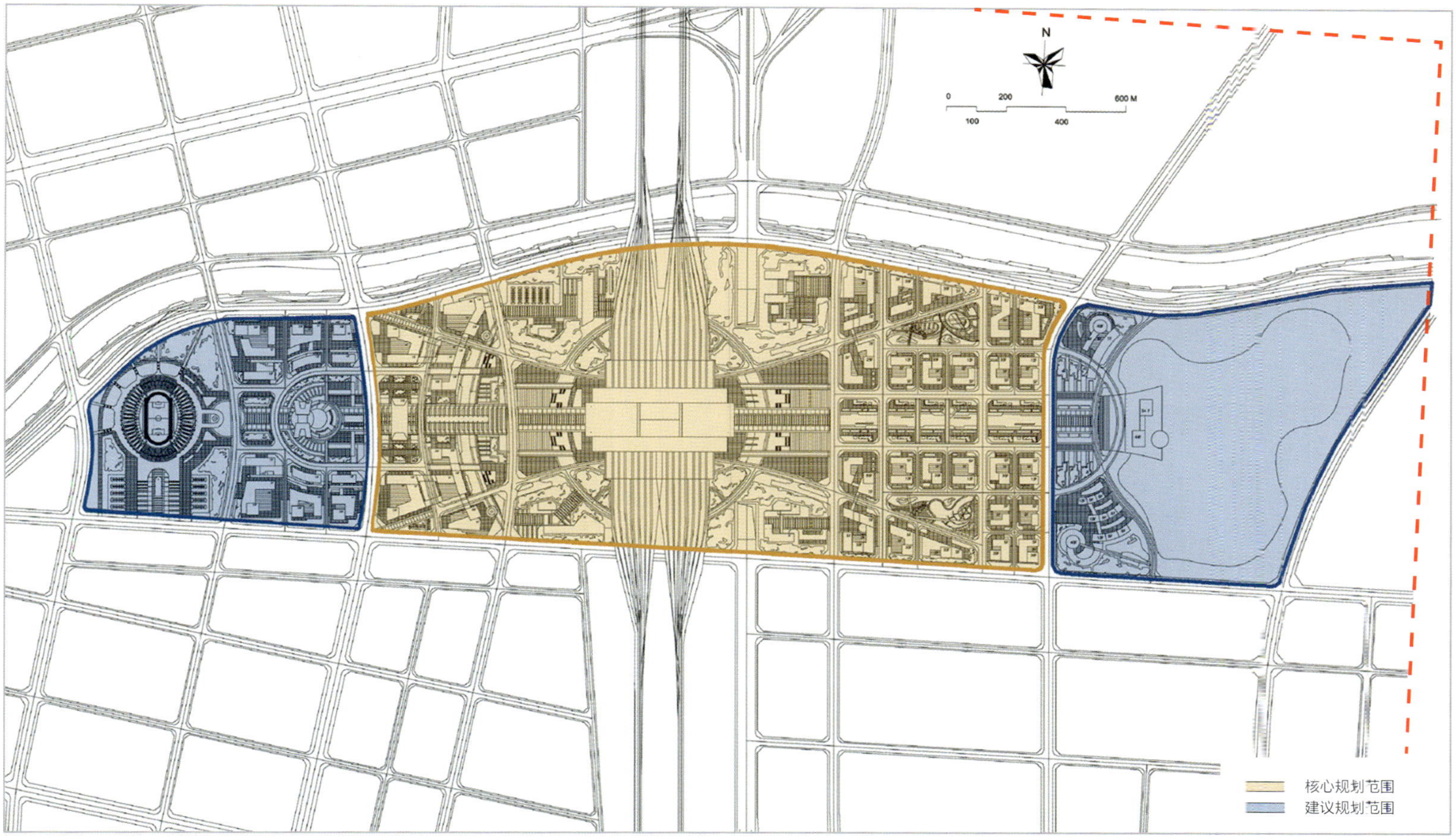

规划范围分析图

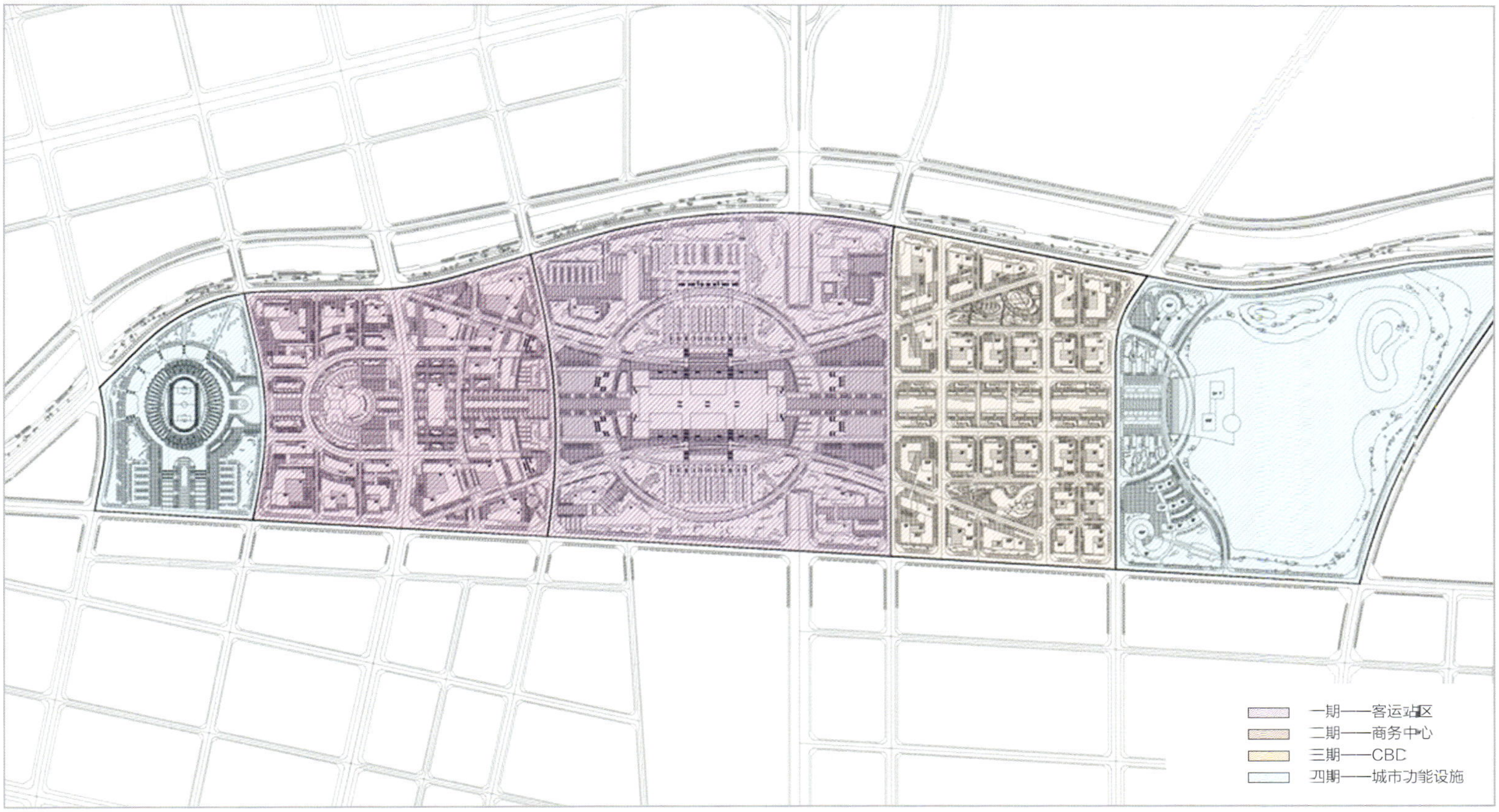

绿化结构规划图

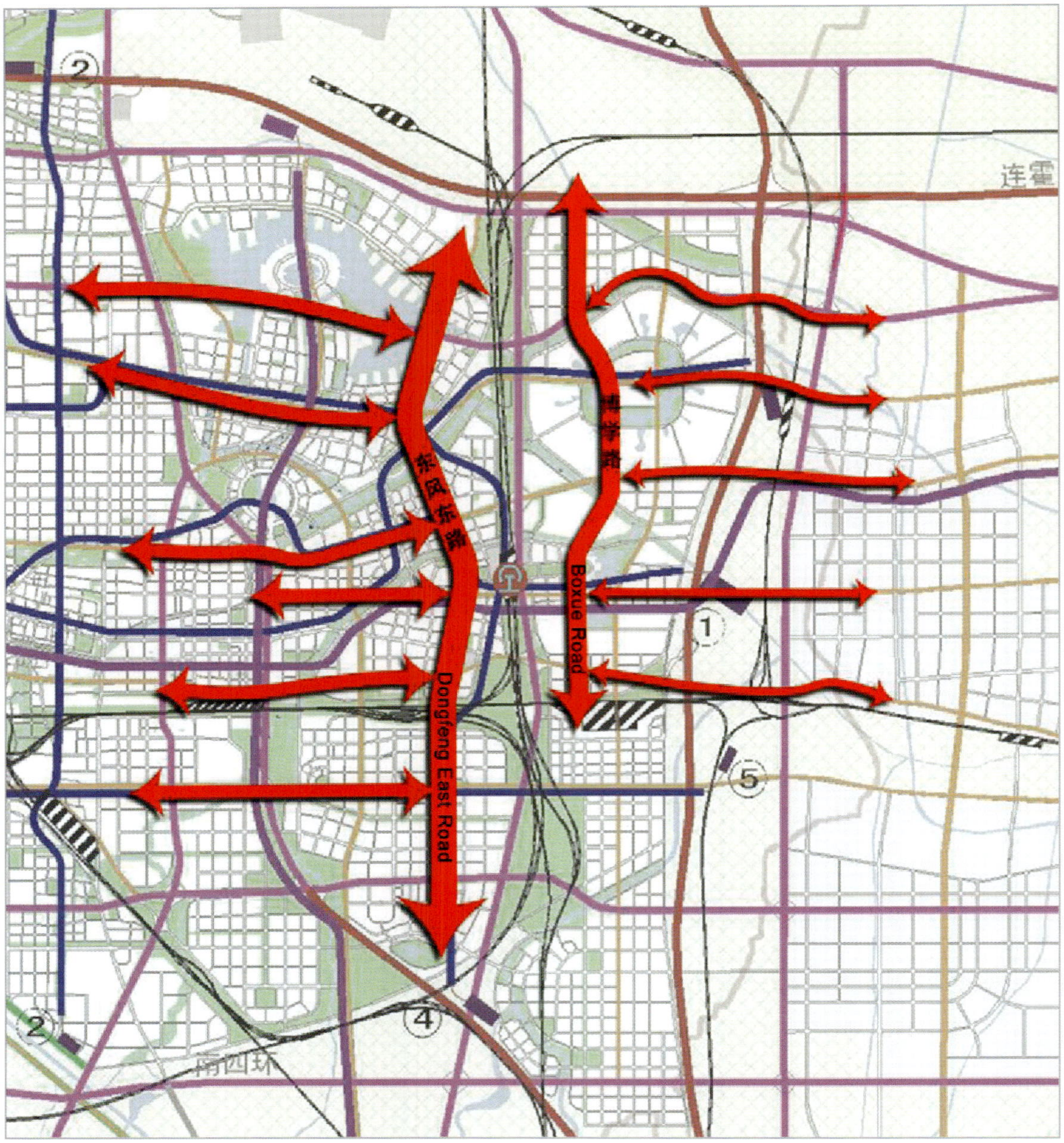

外围道路交通分析图

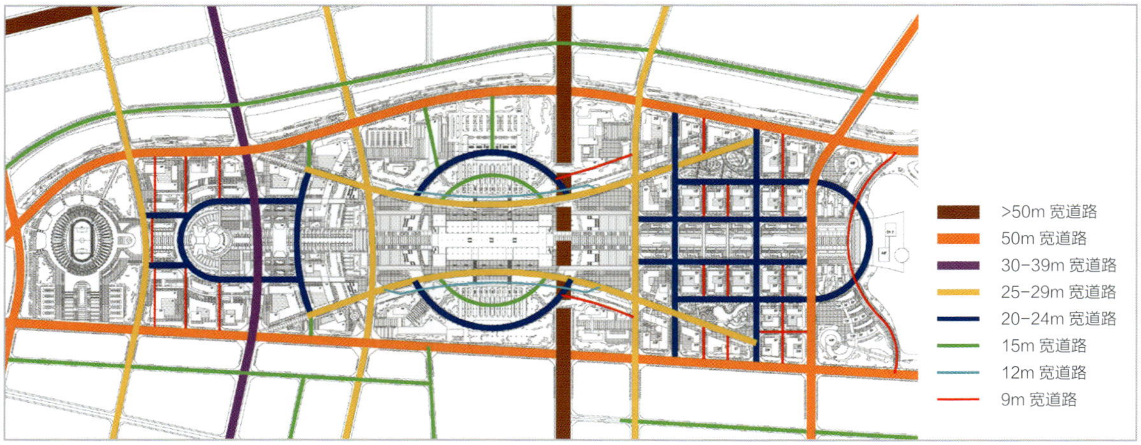

基地内道路交通分析图

1.7 总体交通设计

对于依靠交通枢纽所带来的人流辐射作用而形成的商圈来说，处理好各种交通流线，让人流和车流快速便捷地到达和离开，创造高效的交通网络，是综合性客运枢纽规划的着重点。

站房四周的外围交通是本项目交通设计的重中之重。在该区域里，设计了环形和弧形结合的道路，形成三个层次的交通环路。第一个层次：南北两侧的弧形道路将来自七里河南路、商鼎路这两条城市干道的车流顺利引向站房南北广场，和南北向的中兴路，圃田西路一起形成南北两个环路，是车流进出本区域的主要路径；第二个层次：在南北两条弧形道路上向南北分别引出环形车路，在站房四周形成一个圆形构图，将弧形道路上的车流引向南北广场，形成南北两个广场中的次级环路；第三层次，车流交通向立体维度发展，车辆也可以在弧形和环形支路交叉口处通过高架直接连通 9.25m 高的站台和 17.25m 的候车厅，进入站台的内部交通体系。

在商务区和 CBD，东风东路、七里河南路，博学路，商鼎路、中兴路、圃田西路成为基地与周边城市衔接的重要途径，辅以联系基地内各建筑组团的内部道路，构成逻辑清晰、主次分明的车行交通网络。商务区以 U 形的主要环道围绕中心广场设置，各个地块以组团形式串连在主要环道之上，各个地块之间有支路相互连接交通。CBD 以博学路、圃田西路、七里河南路、商鼎路形成外围的主环道，区域内以网格式的次路网将各个地块连接成一体，形成均质的路网系统。

1.8 道路等级控制

基地内的道路等级控制是依据道路在城市环境下的地位进行区分。遵循由周边向中央逐级递减的原则。基地四周的东风东路、七里河南路，博学路，商鼎路、中兴路、圃田西路与城市直接相连，承担区域内的主要交通，是进入基地的必经之路。由这一组道路向基地内部逐级辐射出 6 个等级的道路。宽度分别为：60m，50m，40m，30m，25m，15m。

1.9 枢纽中心区交通流线设计

枢纽中心区的交通流线设计是综合性客运枢纽规划的着重点。在引入“立体化的交通组织，高进低出的交通流线”概念之后，我们在立体维度组织各种交通流线，使各种不同的交通在不同的标高层面上有条不紊地同时进行。处理好各种交通流线的交叉和换乘问题也是我们此次设计的着重点。

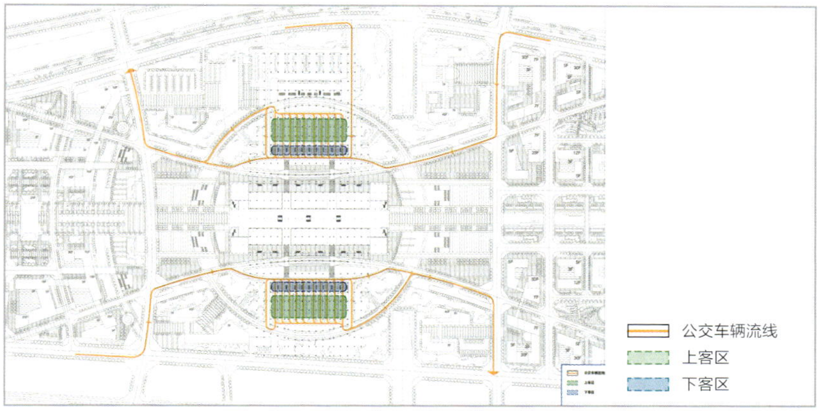

公交车辆流线

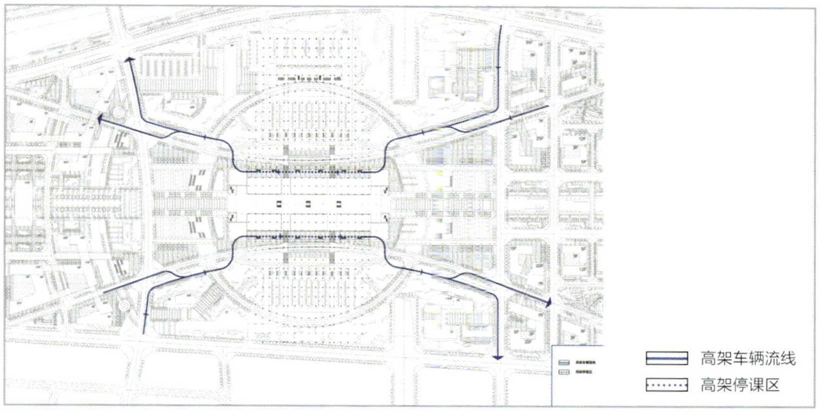

高架交通流线

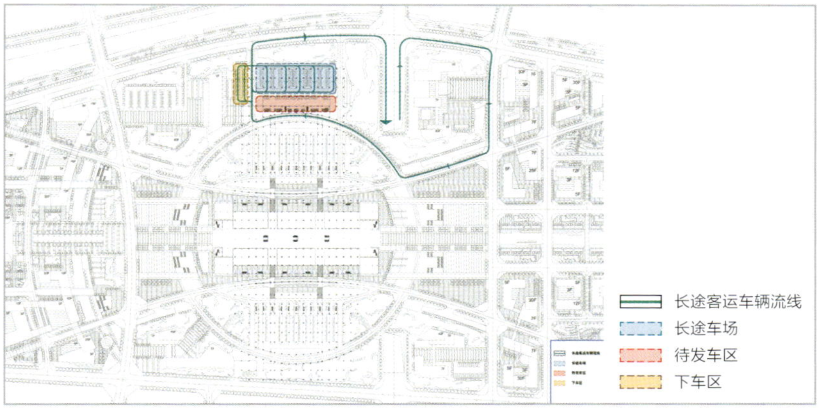

长途客运流线

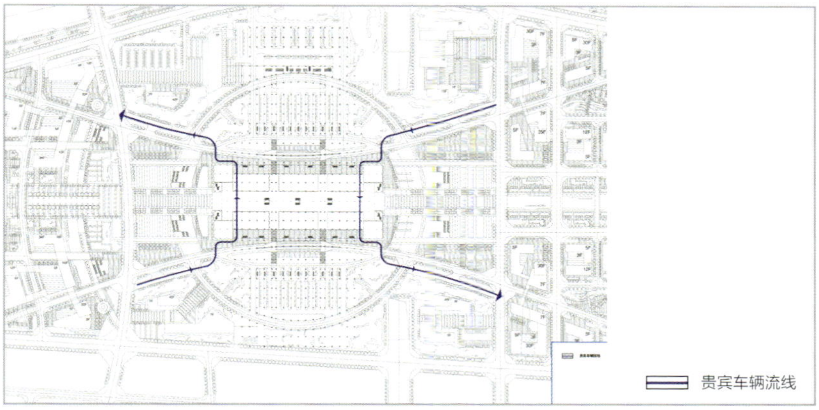

贵宾车辆流线

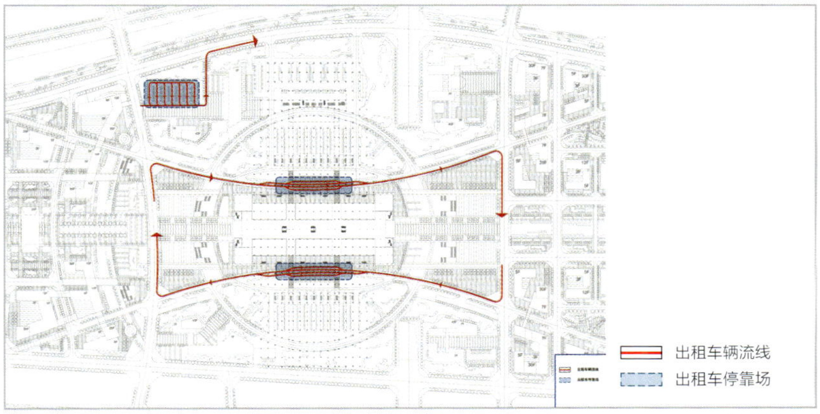

出租车交通流线

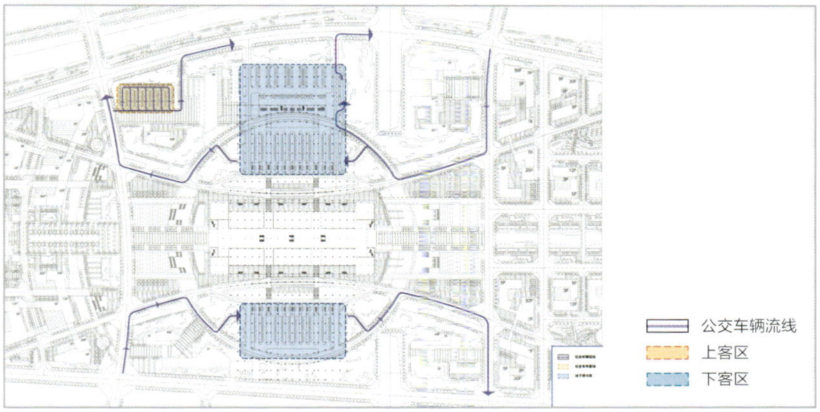

社会车辆流线

1.10 步行系统

步行系统的设计与景观设计及整个设计的主要结构紧密结合，以步行景观强化了中心轴线开放的空间感。 枢纽中心区的人流疏散主要依靠东西两个站前广场，站房南北两个疏散广场在承担部分车流主要的停车职能的同时也负担着站房内人流向南北疏散的任务。

西侧的站前广场向西延伸，构成商务区的中心广场，绿化广场与引入的水系景观一起形成商务区的中心休闲景观，构成商务区与枢纽中心区联系的主要步行骨架。水系将广场和商业建筑过滤开来，营造出相对静谧的休息空间，也可越过水系，另一岸便是热闹非凡的沿街商业，为你营造与众不同的滨水购物感受。

东侧 CBD 区的中心水系景观带同样也是该区域内的步行轴线，东端的高层商务酒店前的半圆形广场成为中心水系景观带的终点。流水潺潺，绿草如茵。在高大的整齐排列的乔木形成的树荫下漫步，两侧鳞次栉比的商铺，使人们置身购物、休闲、娱乐的天堂，中央水系景观带同时也成为 CBD 的商业轴线。除中央水系景观带外，两侧建筑组团内形成曲折的内部步行街，进一步强化了轴线空间。组团内的绿化景观内部以水景为主塑造出优美的景观环境，是人们休闲休憩不可多得的好去处。

在上述主要步行结构上，进一步形成联系基地内各组成部分的步行系统。

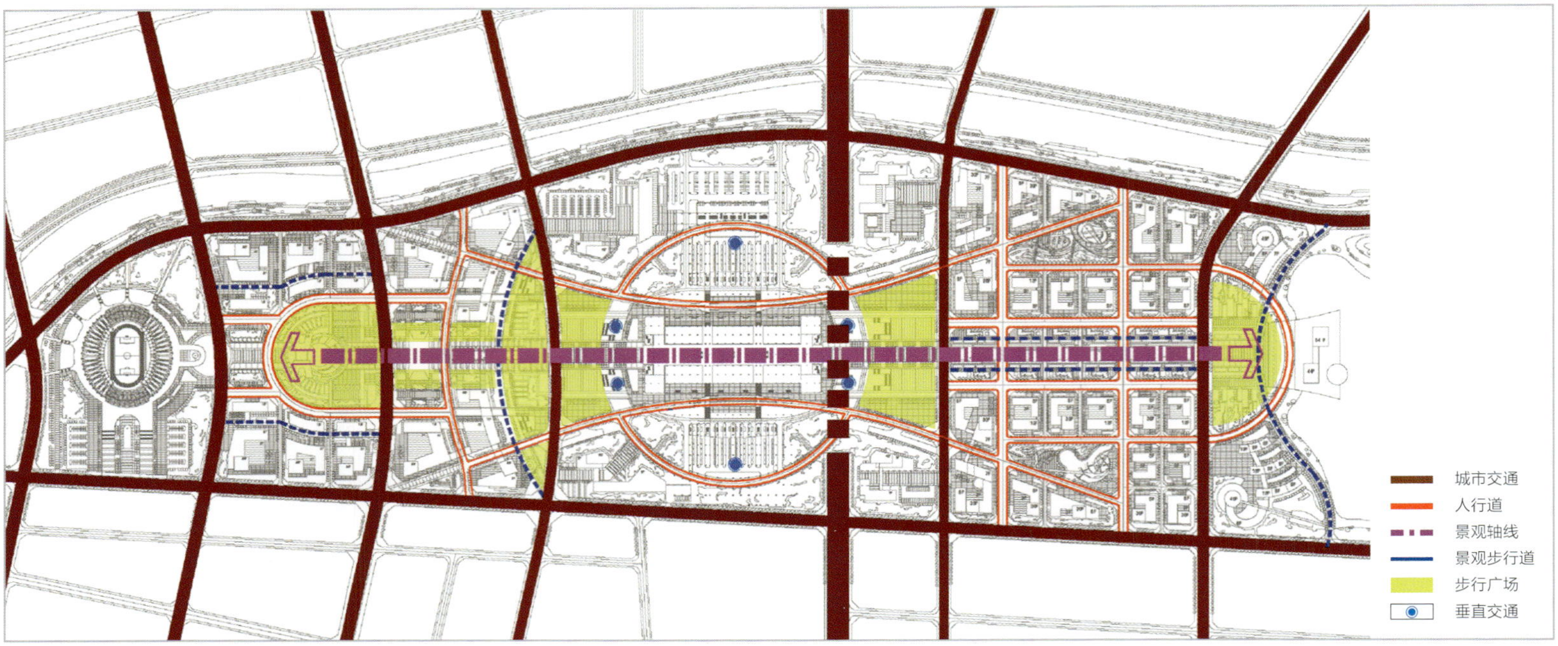

步行系统规划图

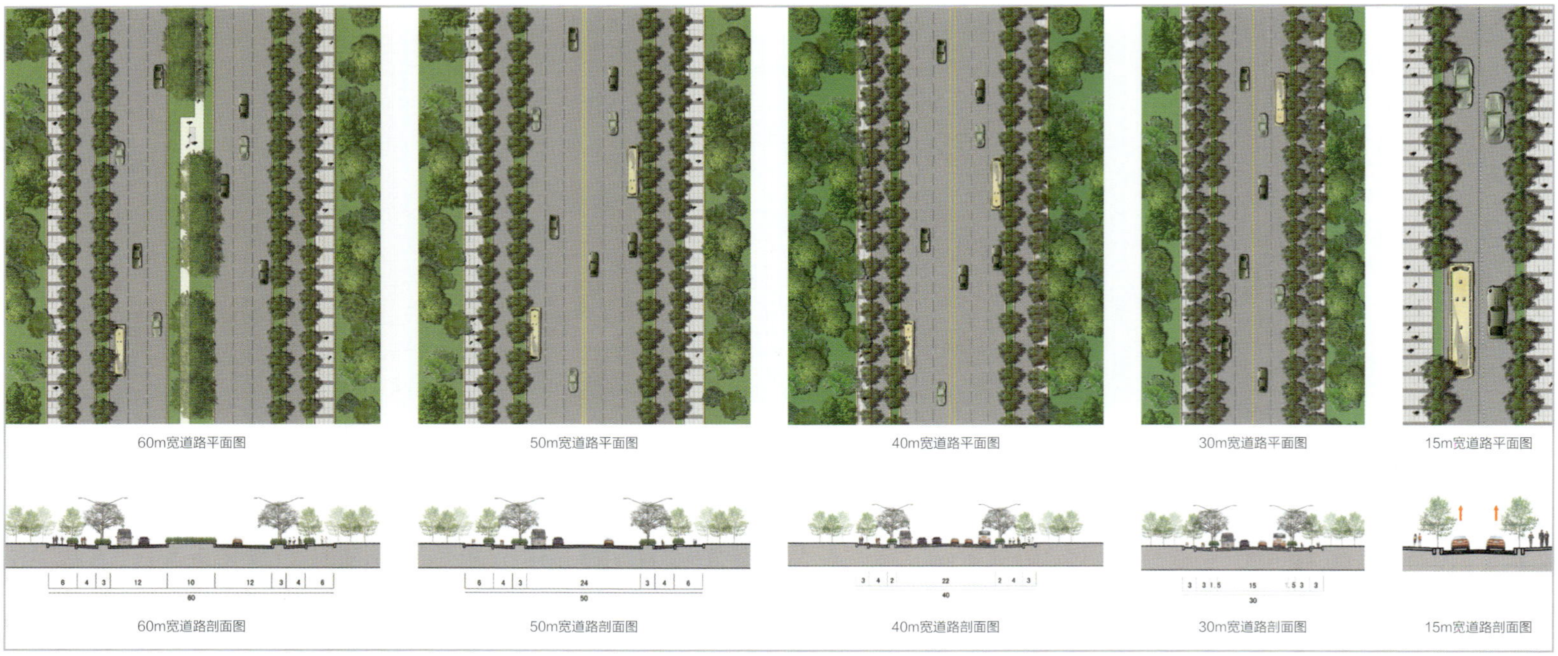

道路平面及断面组图

1.11站区交通设计分析

站区交通组织区分进站人流和出站人流，分地面步行和地铁进站，合理组织站内垂直交通。

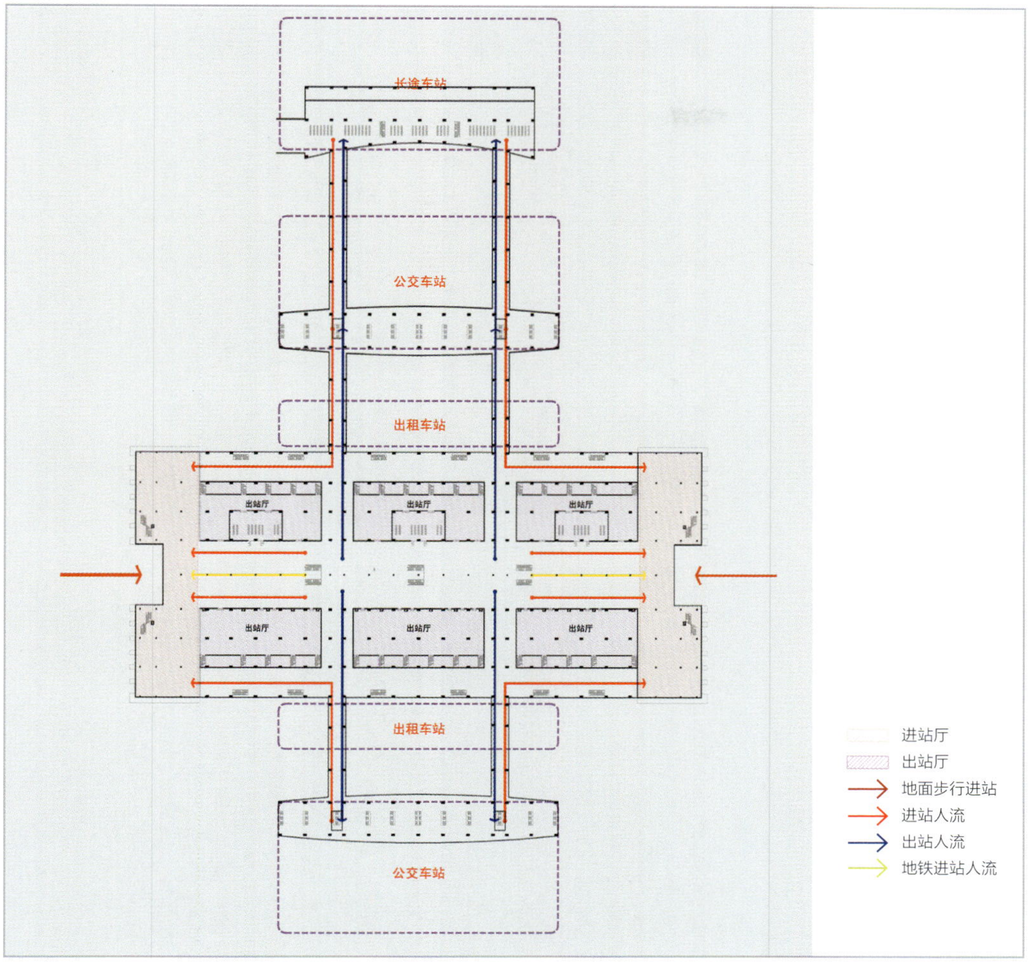

站区交通设计平面图

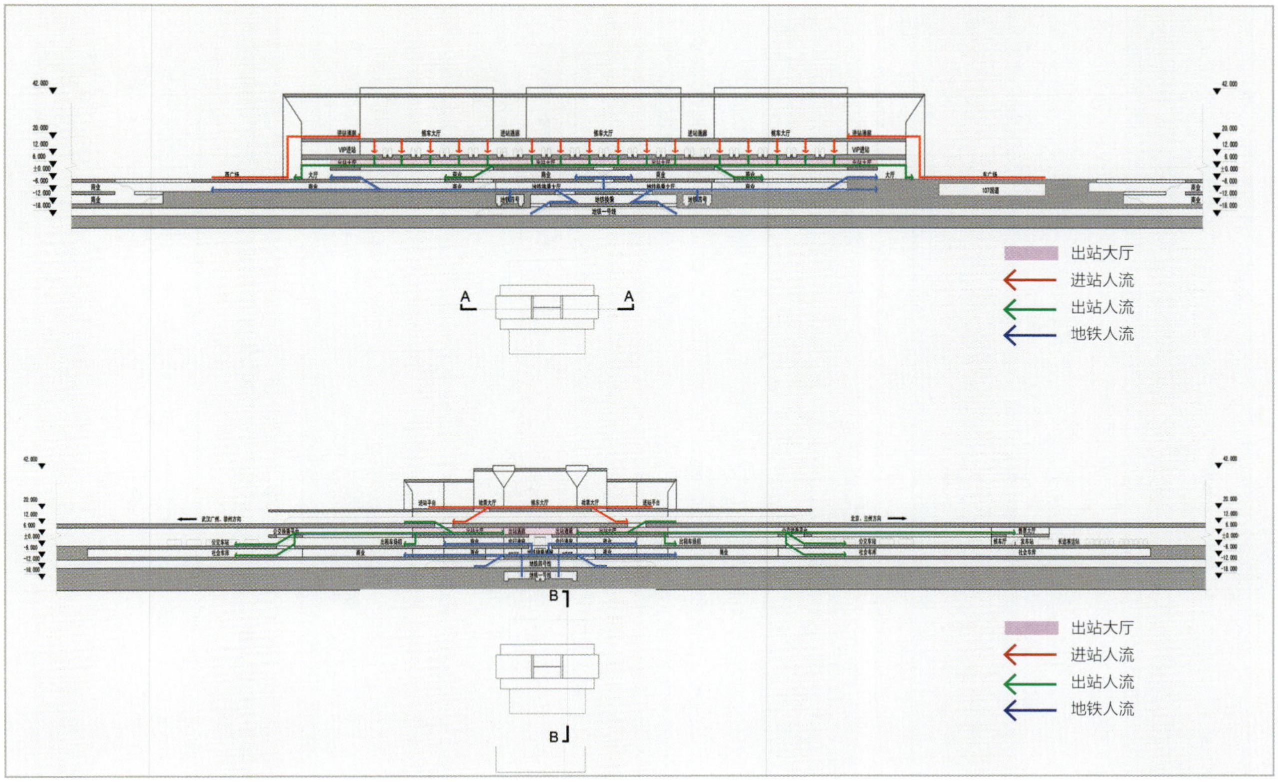

站区交通设计剖面图

1.12 景观设计

景观结构分析

景观设计在本设计中与空间结构紧密结合，成为整体空间设计的重要元素。

基地的景观系统以主要的轴线为基本依据，形成由西端的步行绿化景观广场开始，至东端滨水广场结尾的东西向的景观轴线。将七里河水系引入基地，和绿化景观配合，形成独具特色的中央景观系统。景观轴的核心为站前的东西南北四个广场所形成的大片绿化和铺地景观。景观轴向西延伸，和水系相配合，在商务区中部位置形成了大片的中心景观，是整个景观轴在基地西侧的端点。向东延伸的水景轴线穿越 CBD，在其两侧，中央商务居住区的腹地，是两个大型景观绿地，作为 CBD 商务居住区的“绿肺”，同时也作为景观轴线上的重要节点。同时，在轴线东端的高层双塔与西端的高层双塔，以及站前西广场南北两侧呼应的点式高层合成为景观轴线端部的重要对景。以点、线、面相结合，建筑与环境相结合的形式组成区内的完整合理的景观系统。

绿化环境的骨架主要由以下 4 个内容构成：

（1）沿城市干道布置的景观绿化隔离带。

（2）临河休闲步行街绿化给人们提供观景散步的理想区域。

（3）区域中心绿带，中心绿带与活动场所组成一体，形成简洁明快的区域环境。

（4）街坊绿化空间和形态、尺度各异的小型休闲广场，这里是人们休息交流的主要场所。各层次间通过简捷的步行网络和各种建筑单体间隙相互渗透，形成富有变化，三维一体的景观序列。

景观环境示意图一

景观环境示意图二

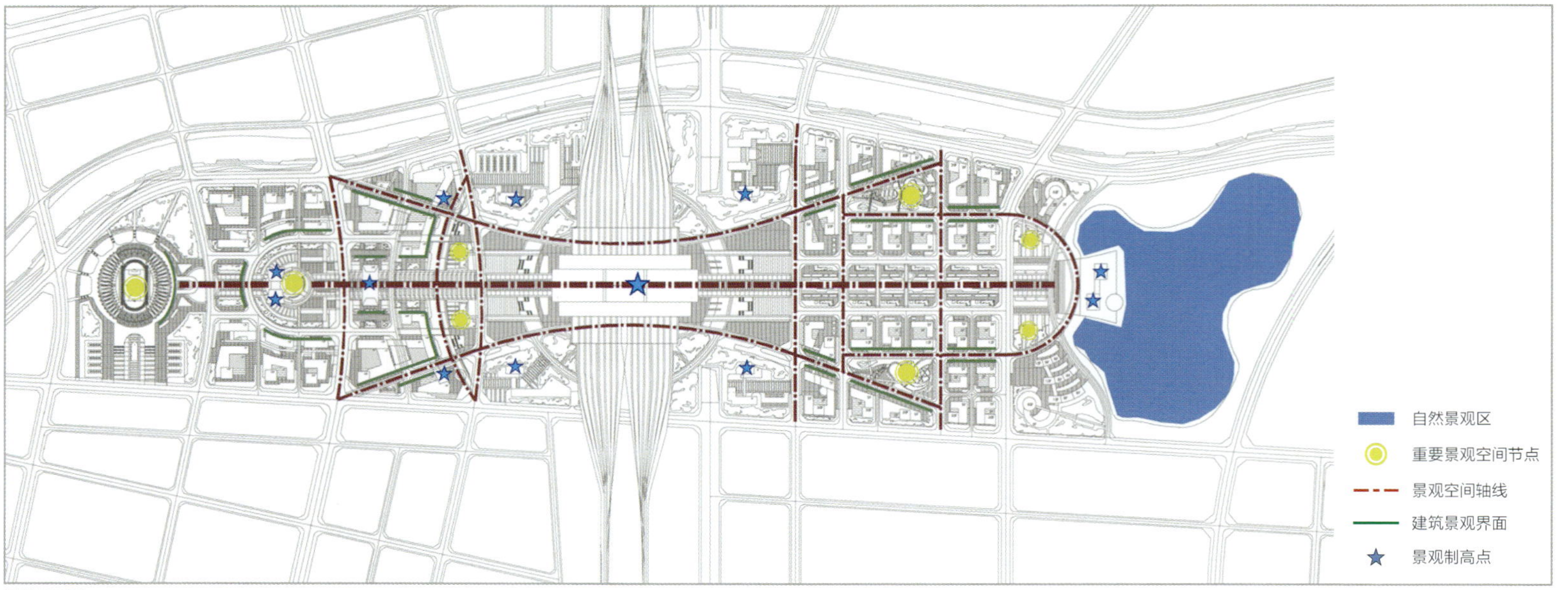

景观结构图

1.13 绿地系统

大面积公共绿地的应用在不同层面上形成区域的中心。轴线空间的营造是本次设计中的重点，绿地系统也结合轴线空间及步行系统(广场、步道)形成绿轴。

首先是枢纽中心区绿地。结合东西南北 4 个广场和核心站房建筑，形成了整个区域的中心，优美的弧形高架，层层次次的阶梯也是中心区的景观建筑，成为景观结构的重要组成。商务区景观绿地结合水系成为该区域核心。CBD 街区内部中心绿地作为“绿肺”，成为商务办公组团状细胞化发展的核心，成为其“呼吸区”。

为形成商务办公区细胞状结构的发展，各建筑组团内部绿地将作为组团发展的重要资源加以塑造。结合水系形成河滨绿带，成为人们散步休憩的理想场所。基地周边主要城市道路沿线设置防护绿地，尽量减少繁忙的城市交通对基地内部空间的干扰。

1.14 水系系统

基地内自然水资源丰富，是不可多得的景观优势。规划中，我们将七里河的水系引入基地，设计了纵穿基地的东西向的水轴系统，形成了区域内主要的水系景观。作为公共空间的活跃元素，水体景观可以丰富景观环境缓解紧张的工作和旅途之后的疲惫心理。景观节点应当是人们驻留的良好空间，临河休闲步行街绿化给人们提供观景散步的理想区域。作为滨水区域的设计，水的运用和设计对“水”的表达至关重要。

用水系结合其他景观元素形成丰富的广场空间和绿地空间，同时强化主体设计结构。此种处理分别在商务区中心景观和 CBD 中心绿地中出现。

对“水”的概念的表达，首先是设计的中心——“水轴”的概念的形成。

“水轴”的概念本身就可以引起人们强烈的对“水”的联想，水系蜿蜒在基地各个角落，像一根晶莹的线将各个区域串连为一个整体，完美表达了“轴”的意象。

“水”的设计通过对中心的营造以及与各发散性轴线的连接构成了一个连续而主次分明的系统水系。

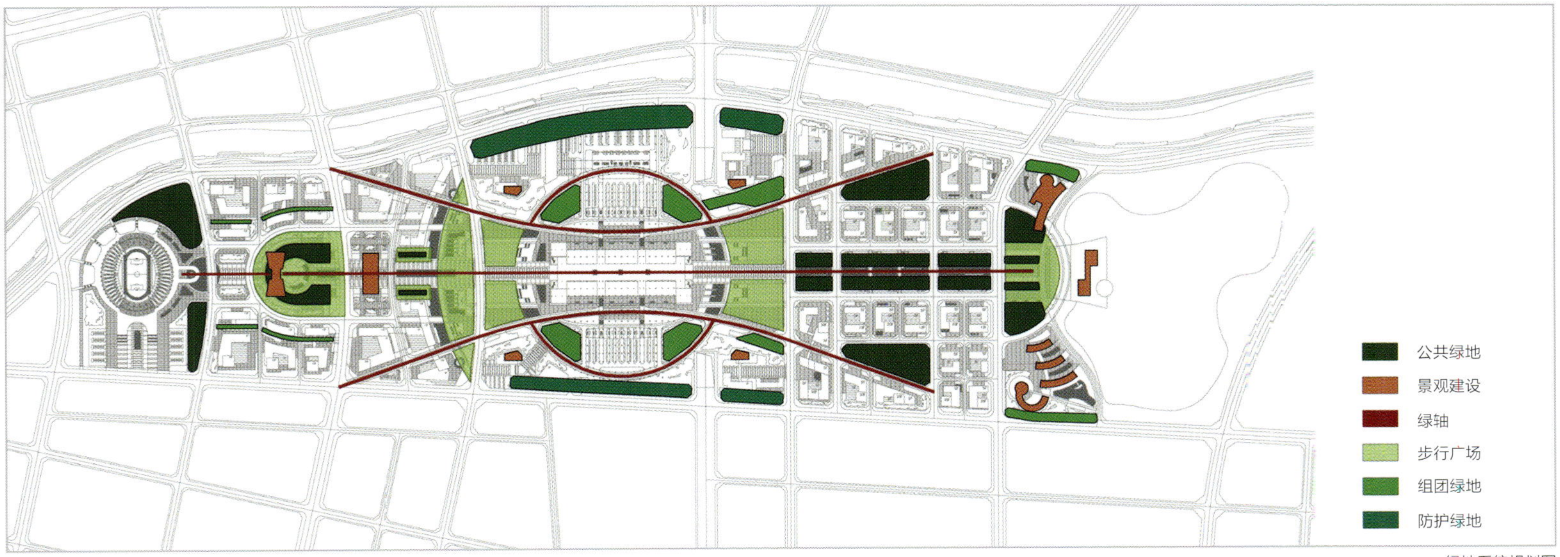

绿地系统规划图

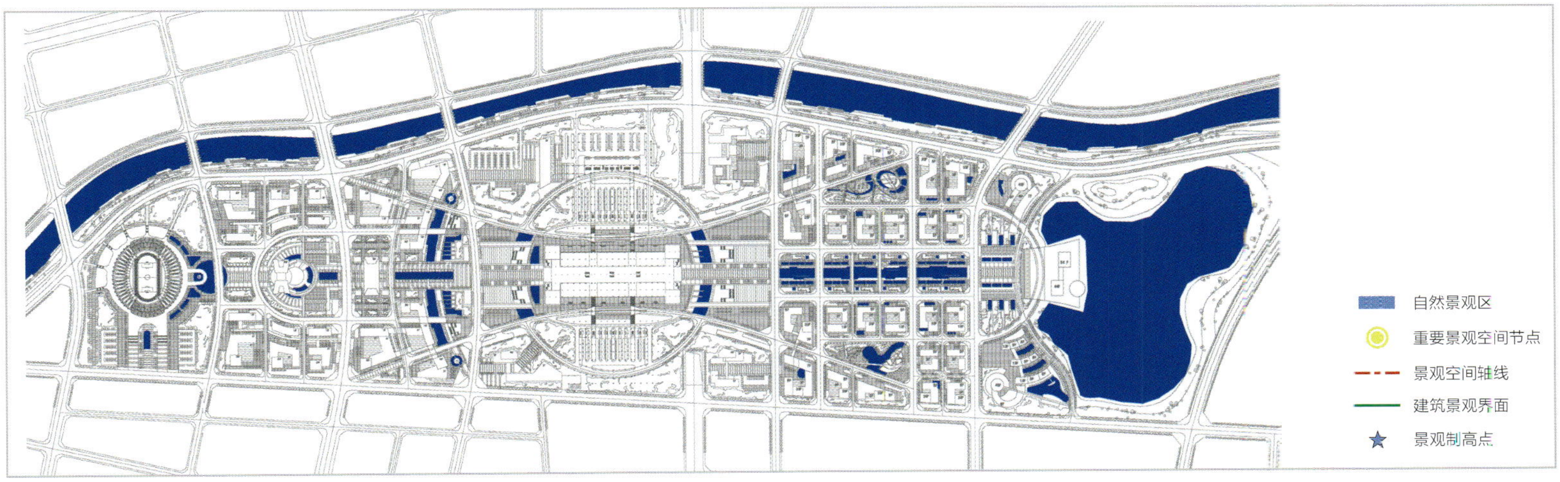

水系系统规划图

1.15 界面控制

城市界面控制决定城市室外空间的形态和特点。城市界面分为：裙房或低层规定性界面、高层塔楼规定性界面、控制性界面。前两者设计城市整体形象与秩序，必须严格遵守，后者可进行适当调整，具有一定的自由度，为城市空间带来活力。

商务区的沿中心水景广场建筑界面规定了中心水景景观界面以及中心广场的形态。商务区东侧沿广场建筑界面规定了站前西广场的形态，枢纽中心区的站房、公建裙房规定了整个枢纽中心区的广场形态，CBD 的沿中心水系绿化带界面形成整个基地轴线向东延伸的趋势，以上界面都是构成城市主体景观结构和主体形象的关键，定义为低层规定性界面，须严格遵守。商务区和 CBD 主要由高层建筑构成城市景观。高层建筑需要按照一定规律排布，以形成城市秩序。商务区沿中心广场和沿基地周边界线两个界面的高层建筑，需要遵守前后两个界面的控制，以形成内部和外部的双重形象。CBD 的外侧高层住宅以及内侧的商务高层建筑必须遵守面向内部公共集中绿地的界面，以形成对内部绿地完整的围合，定义为高层塔楼规定性界面。面向人行区域以及商业内街的建筑允许具有一定的设计自由度。

1.16 夜景灯光设计

夜景灯光主要分为：道路线性照明、建筑面照明、广场面照明、绿化点照明和水景照明五种。不同的照明方式对应不同的照明对象。道路线性照明主要以高压钠灯为光源，以其暖色调低色温的发光特点为城市带来了金色的道路路网照明，展现城市繁华景象。建筑面照明、广场面照明、绿化点照明和水景照明以金属卤化物灯为主要光源，以其高质量的光照效果达到对建筑、场地和绿化色彩的精准还原，展现生动的建筑场地景象。不同的照明布置方式，带来了不同的照明密度，反映着城市中不同的空间密度，在夜晚编织起一张变幻丰富的灯光之网。

线性道路照明

点状水边照明

繁华商业照明

片状广场照明

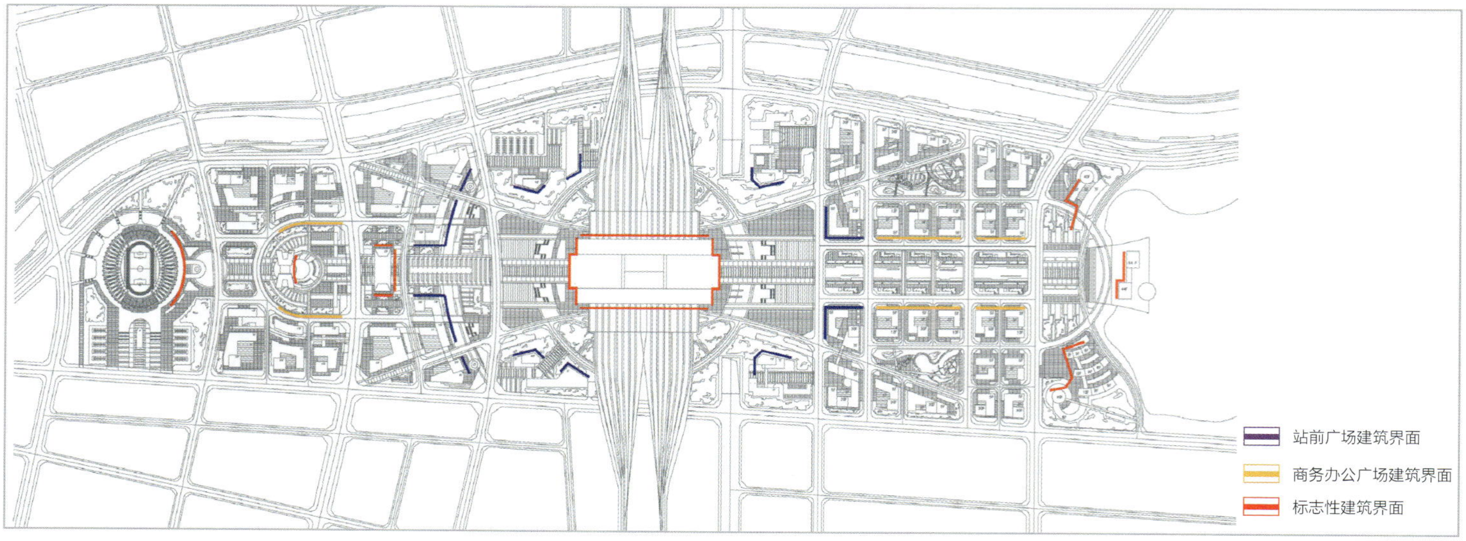

界面规划图

1.17 建筑高度控制

整个区域的建筑分为 0~24m,24~50m,50~80m ,80~120m,120m 以上五个等级。 不同功能区域的建筑具有不同的高度控制，总体遵守建筑高度由中央向四周抬升的原则，以形成区域内的向心感，使整个区域的不同功能在不同的建筑类型以及外观上区分。

1.18 天际线控制

整个基地天际线，设计中整体呈现外高内低的趋势，以外围较高的建筑作为内部的建筑和广场空间的屏障，阻挡城市噪声和视线干扰，为内部营造相对安静私密的舒心氛围。 在东西向上呈现两端高中部低的趋势，使得中心区在天际线上呈现一种对称格局，强化中心轴线。中部的站房是东西天际线上的最低点，在垂直方向同样对整个城市空间产生强大的吸引力。

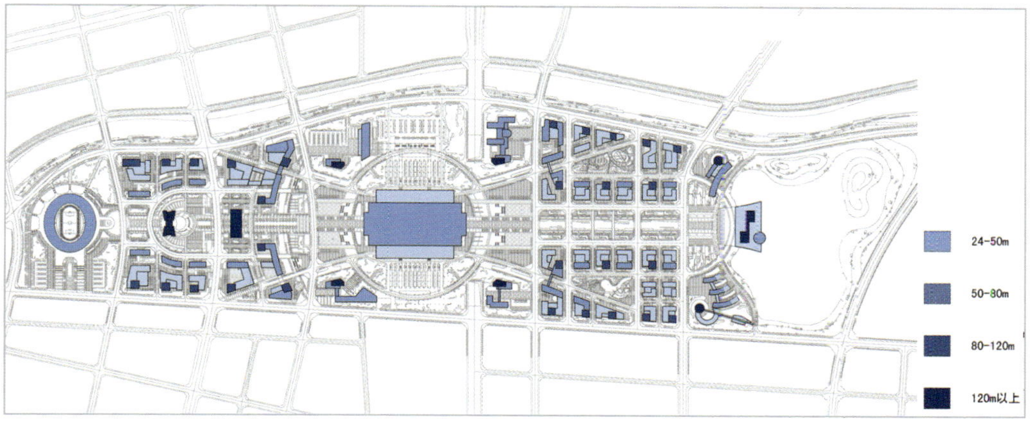

建筑高度规划图

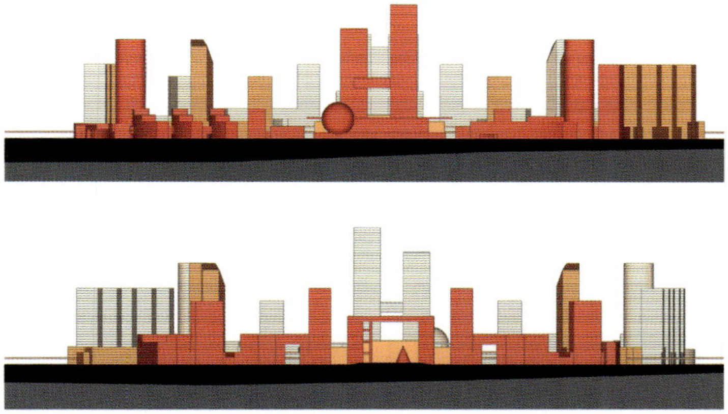

交通功能区天际线控制图

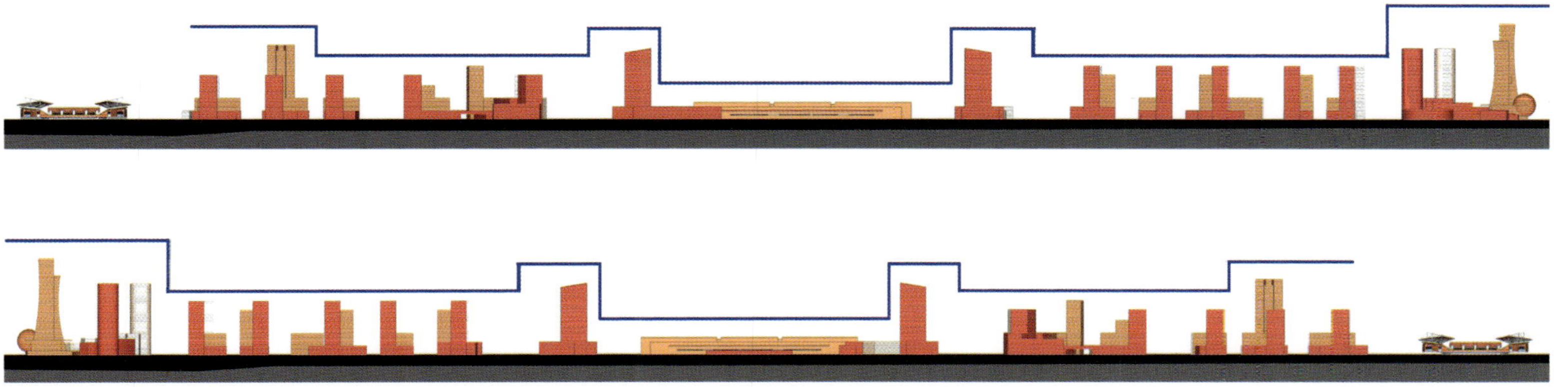

天际线规划图

1.19 地下空间设计

1.19.1 规划目标

地下空间的规划也应该借鉴地面城市的构成，发展成相互联系、有秩序、有层次的完整的地下城，同时，考虑到节能、安全和防疫的需求，创造地下空间和地面空间的自然沟通与和谐统一。

开发多层次的城市公共空间，把地上和地下有机的联系起来，同时更便捷地联系垂直交通，有效地解决普通地下空间的通风、采光、安全和防疫等难题，让城市垂直空间有机地生长。

1.19.2 总体概念规划设计

地下空间的规划也应该借鉴地面城市的构成，从一度分散状单独使用，发展成为相互联系、有秩序和有层次地组织在一起，形成一套完整的体系，从而成为真正意义上的地下城。同时，考虑到节能，安全和防疫的需求，应该尽量创造地下空间和地面空间的自然沟通。

1.19.3 地下空间交通分析

地下空间各个区域之间的交通以步行为主，设计良好的地下绿化，塑造生态舒心的步行商业空间。地下空间和地面的垂直交通设置在地下空间和地上的广场等公共部分相对应而形成的地下公共空间里。 人流分析地下空间的到达和疏散主要有以下几大类：

（1）地下轨道交通到达和疏散，这里设有高大的过渡空间；

（2）地面集中人流到达和疏散，这里主要有地面广场和绿化结合；

（3）车库到达，是和主干道结合，停车后进入地下城。

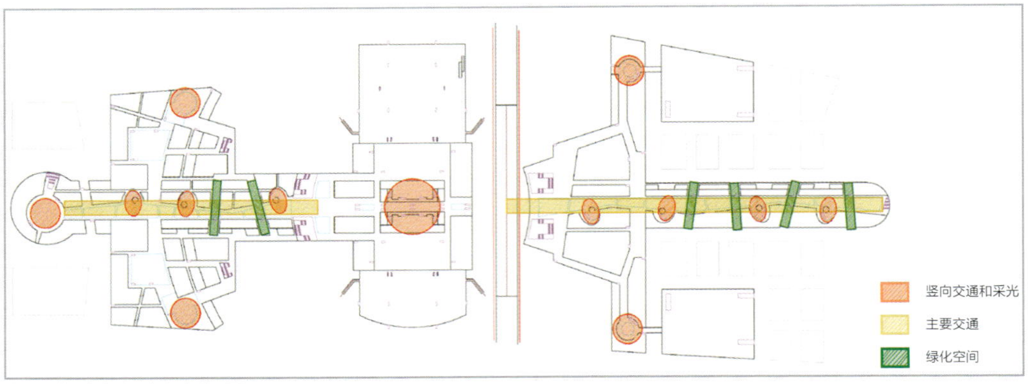

地下通道、竖向交通与绿化关系图

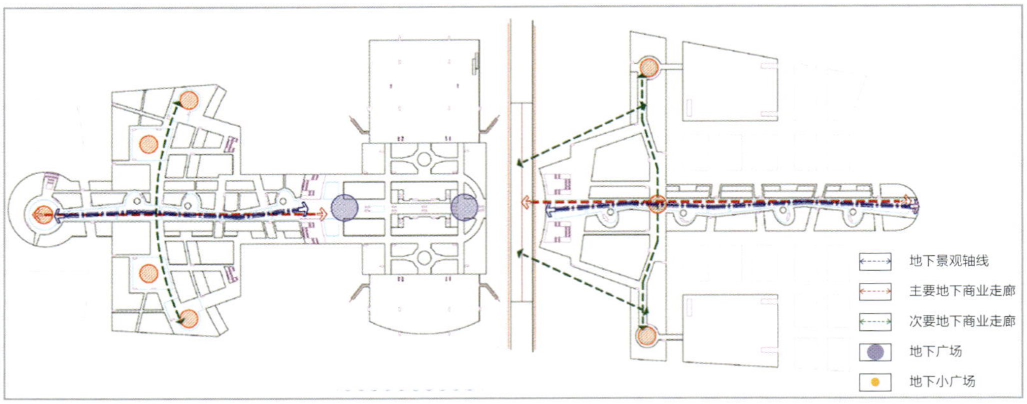

地下空间规划结构图

地下空间采光分析图

地下空间功能分析图

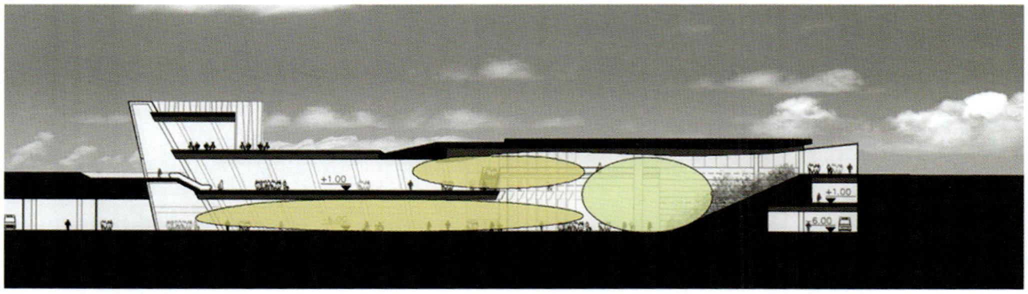
地下空间尺度分析图

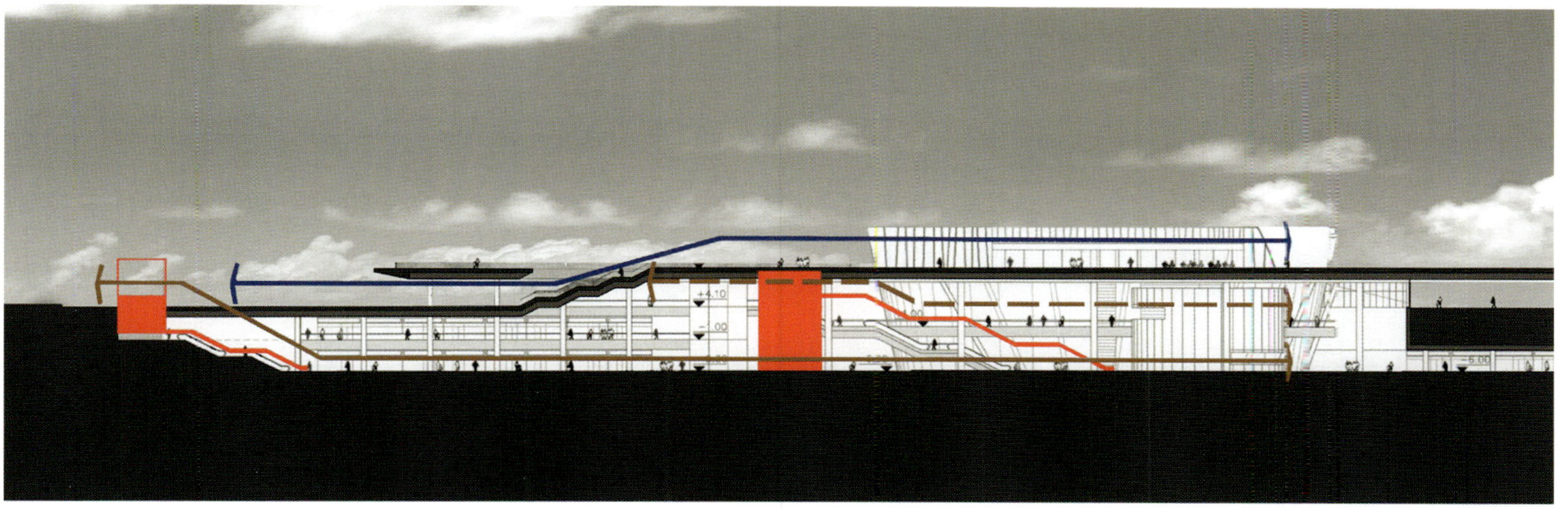

主要人流交通组织示意图

1.20 分地块设计导则

地块：B1-1,B3-1,B1-4,B3-3

作为枢纽中心区的辅助建筑，位于枢纽区的四个角落。作为站前东、西广场上的主体建筑，B1-1 的南侧界面 ,B3-1 的北侧界面面向广场，对于塑造站前西广场的整体形象至关重要，这两个立面是必须遵守的建筑立面界线。建议该地块的建筑风格在严格遵守建筑立面界线，和站房建筑相协调之下实现多样化发展。以形成有序前提下多彩的中心区形象。这两个地块内的建筑定位为站房服务性建筑，建筑主楼限高 160m，裙房限高 30m 以下。

在建筑靠近环形车路的地方设置建筑入口。

地块 B1-4,B3-3 功能定义为邮政大厦和商务大楼用地，B1-4 北侧界面，B3-4 南侧界面临七里河南路和商鼎路，作为新区在整个城市中的形象的集中表现，具有特别重要的地位，所以这两个侧面对城市界面的立面是必须遵守的建筑立面界线。地块 B1 - 4 的容积率为 3.0，地块 B3 - 3 的容积率为 3.0。建议这两个地块内建筑的建筑风格定为“沉稳而现代的虚实构成”。为建筑带来采光与通风的玻璃系统与形成威严气势的实墙相互融合，体现出建筑在现代技术之下的意义。同时注意建筑风格同站房建筑的协调和延续，以塑造枢纽中心区整体的建筑形象。建筑主楼限高 160m，裙房限高 30m 以下。

在建筑的东西两侧各设置一出入口。

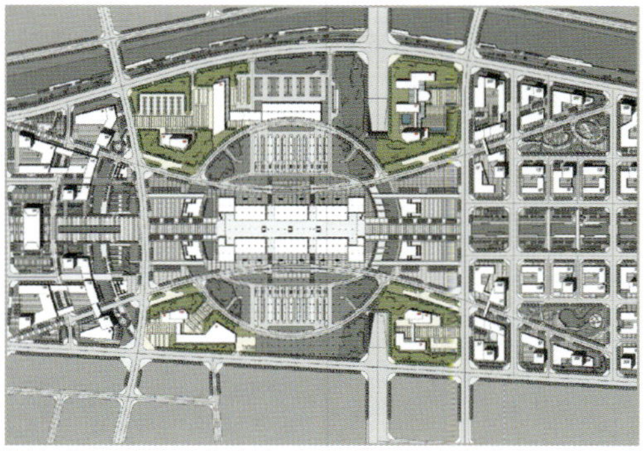

平面图

鸟瞰图

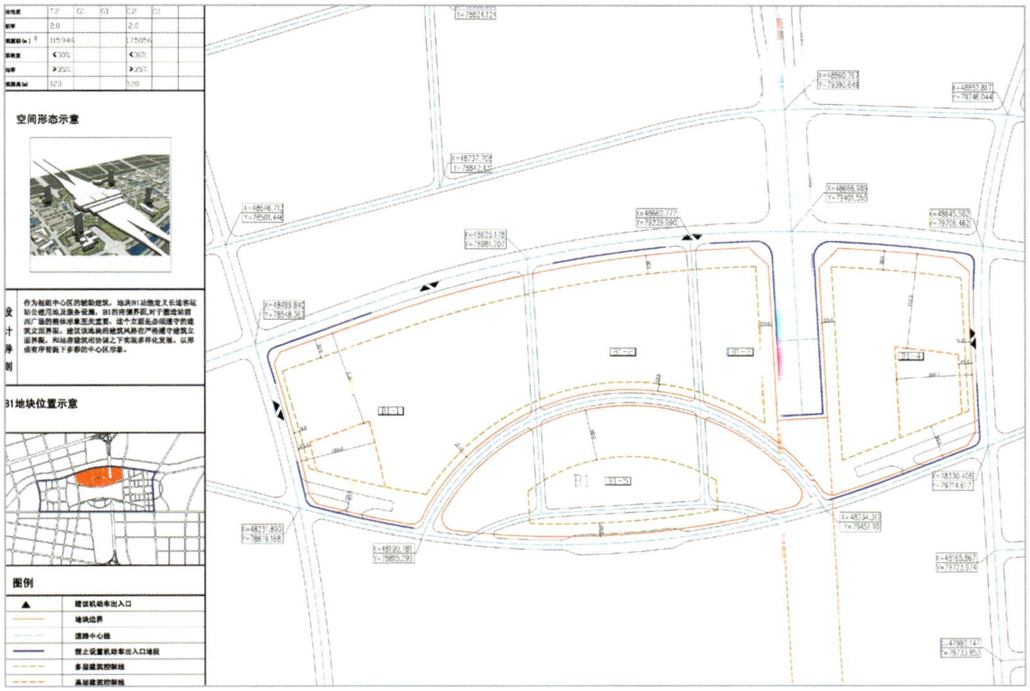

地块导则

方案Ⅱ华南理工大学建筑学院
Plan Ⅱ Schemes from Architecture School of South China Technology University

2.1 项目位置与设计范围

2.1.1 位置

拟建的新郑州铁路客运站选址于郑州市郑东新区内，位于京珠高速公路西侧、金水东路与商都路之间，距原郑州站约11km。车站北端咽喉区有七里河通过。

2.1.2 规划设计范围

本次进行城市设计的“郑州综合交通枢纽核心区”，是由七里河南路、东风东路、博学路、商鼎路围合的区域，总面积219.07hm^2，其中交通站场面积约87.70hm^2（因为另有专项的铁路客运站房与站场设计，此部分不属于本次城市设计的范围），本次城市设计主要涉及余下的131.37hm^2，分为两块，分处于站场的东西两侧，东侧地块面积为91.52hm^2，西侧地块面积为39.85hm^2。

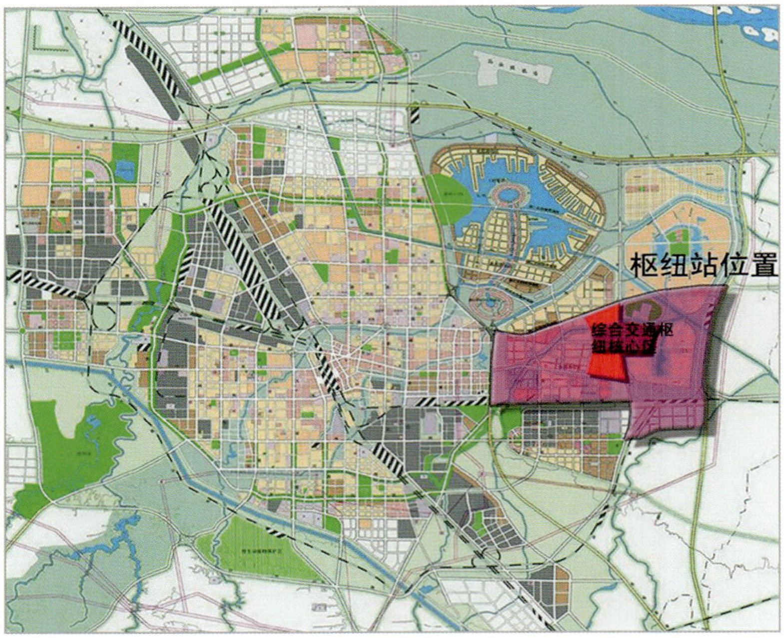

综合交通枢纽核心区在郑州的位置示意图

2.2 区位条件

2.2.1 周边环境

项目位于郑东新区内，周围有郑州国家干线公路物流港、郑州铁路集装箱中心站、龙子湖大学城、郑东新区CBD以及郑州经济技术开发区，处在郑州市未来发展的核心地带，有巨大的发展潜力。

京珠高速公路紧贴着项目地区的东侧，使之与城市外部的公路交通构成极为便捷的联系。与城市轨道相配合，可快速集散各方向人流。

2.2.2 内部条件

项目地区地势平坦、开阔，地面高程在86m左右，属于城市未建成区，现已有七里河南路、东风东路建成通车，规划中还有博学路、商鼎路等重要城市道路和地铁1号线、4号线通过。

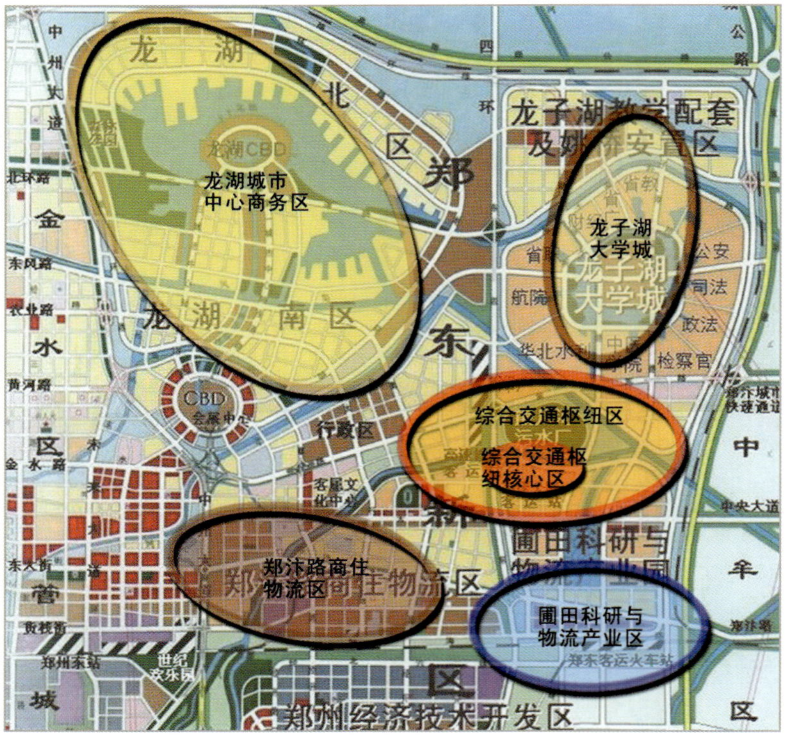

综合交通枢纽核心区与临近地区关系示意图

2.3 设计构思

本次规划提出“3T”的概念，即以交通（Traffic）、换乘（Transfer）、商贸（Trade）相结合的规划理念进行设计。

2.3.1 交通（Traffic） 项目地区将集中铁路、公路、公共交通、轨道交通等多种交通形式，建成后将是大量车辆和人流的汇聚点，有很大的交通压力，因此合理组织交通路线、快速集散各方人流和车辆将是此地区规划设计的首要问题。

2.3.2 换乘（Transfer） 此综合客运交通枢纽将建成为郑州东部的交通中转核心，通过对外交通（铁路、公路客运）、公共交通、私人交通之间的便捷换乘、无缝接驳的方式，组织便 利顺畅的交通体系。

2.3.3 商贸（Trade） 人流的积聚必然带来无限的商机，尤其是对郑州新客站这样一个未来的中原客运枢纽来说，突出商贸（Trade）这一功能可使整个项目地区土地资源得到高效利用，并可带动周边地区的发展。同时，项目地区的东南部是郑州国家干线公路物流港、郑州铁路集装箱中心站，在项目地区内有两条地铁线路相交，若能将物流仓储业与该地区的交通优势相结合，来发展商贸（Trade）功能，则能对区域用地功能实现高效配置，促进物质环境集约化。

2.4 性质定位

该客运枢纽核心区定性为“郑州市铁路、公路综合性的交通枢纽，兼具商贸、居住功能的城市门户地区”，即以铁路、公路综合性交通枢纽为核心，配合商业、服务业、商务办公、生活居住等功能的郑州复合型客运交通枢纽。

2.5 功能分区

该项目地块在功能上分3个区：站场区、东口地区和西口地区。

2.5.1 站场区 以构建国际一流的城市综合交通体系为目标，以铁路客站为中心 结合整个车站区域的交通组织。形成顺畅、便捷、完备、安全的车站周边道路系统。

2.5.2 东口地区 东口地区的功能定位为外向的、面向区域的交通枢纽型商业中心。

2.5.3 西口地区 西口地区定位为一个主要面向郑州城区的内向型中高档商务商业中心。

规划中还将通过开敞的绿地系统将新客运站与地段西面的体育公园在视线上连通。

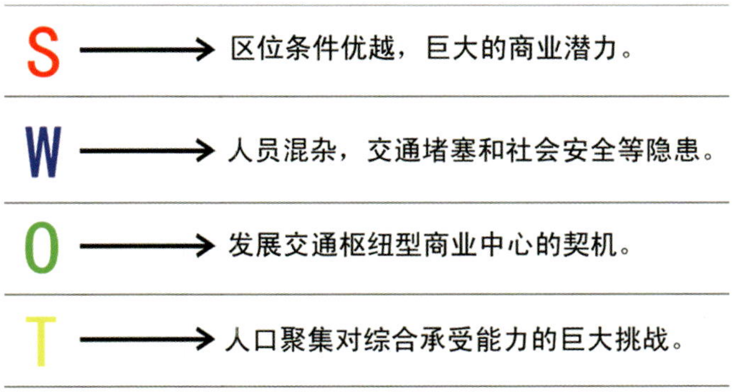

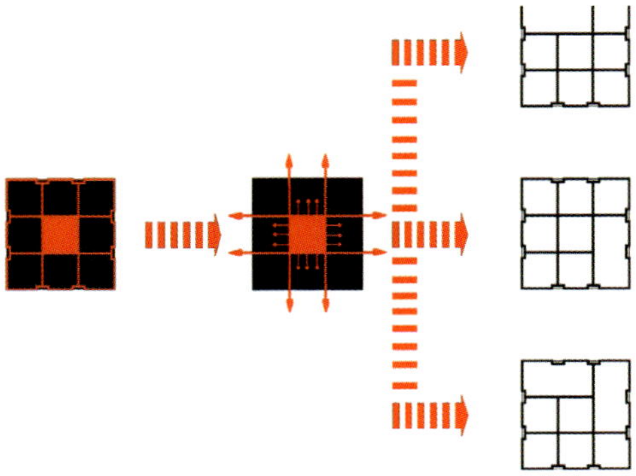

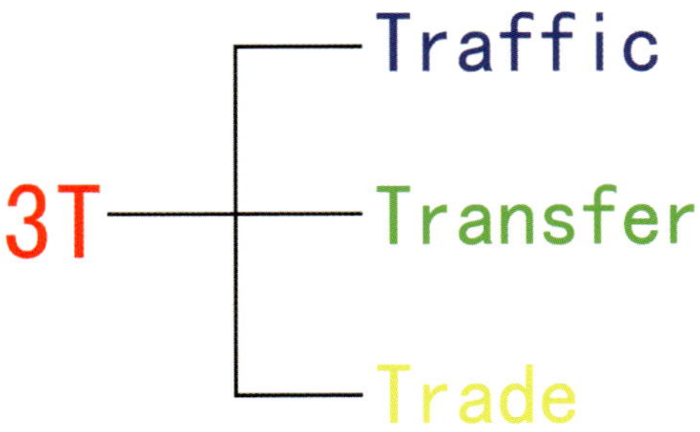

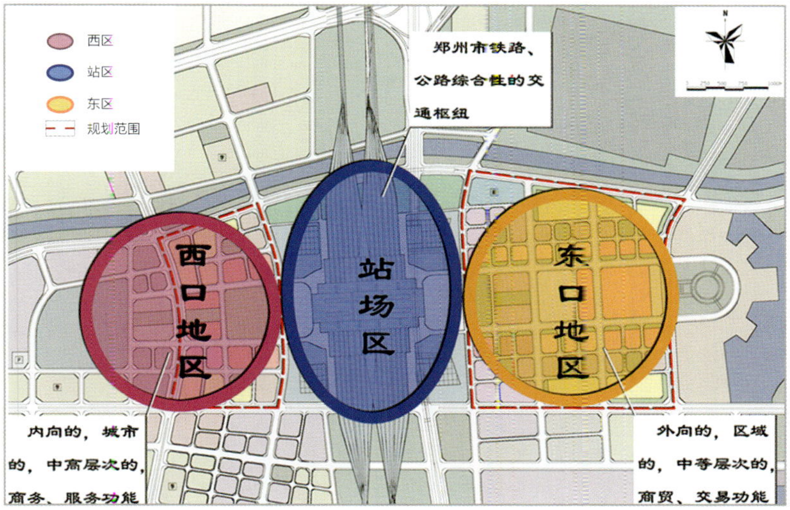

功能分区图

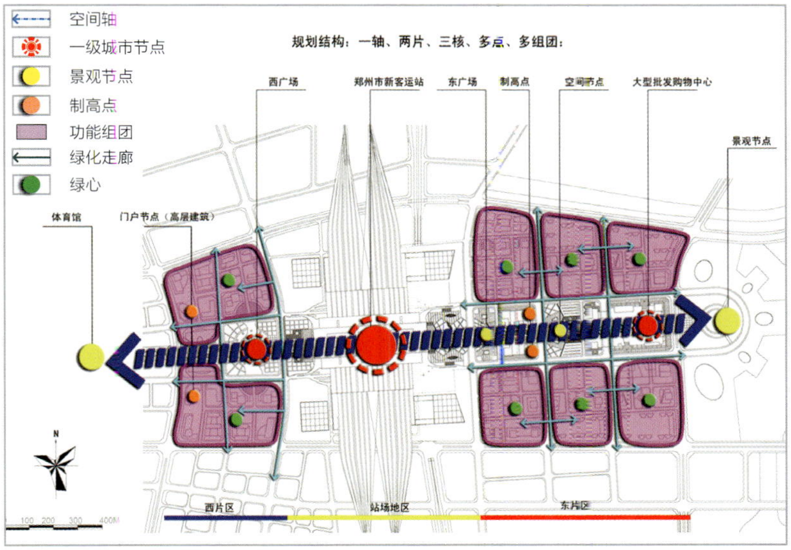

规则结构图

2.6 设计目标

通过合理的规划控制与城市设计指引，将郑州市综合客运枢纽地区建成一个交通便捷高效、用地合理有序、环境优美协调的交通枢纽型商业中心，成为展示21 世纪郑州城市东部风貌的窗口地区。

（1）功能完善

（2）交通顺畅

（3）土地利用合理、高效、有序

（4）环境安全、清洁、优美

（5）形象鲜明，标志突出，导向性强

（6）具有强大的地区发展带动力

（7）社会、经济、环境等综合效益好

2.7 设计原则

（1）功能性：在站区的东、西两地块实现土地高效利用，以商贸、商务办公、旅馆服务业为主要功能，兼具居住以方便项目地区从业人员。

（2）安全性：火车站集中大量人流，因此安全性对项目地区十分重要。

（3）系统性：客站设计中不仅要统筹考虑车站内各种设施间的有机结合，而且也要考虑近期建设与远期规划、铁路与城市、交通组织及疏解、硬件与软件、投资与运营费用等方面的有机结合、系统优化。

（4）地标性：火车站必须能让旅客们以最快的方式明确其所在的位置和它的外形特征。

（5）导向性：在站前广场设计中加入方向指导性的元素，使旅客有明确的方向感。

（6）文化性：在城市设计中要体现出中原文化特色，深刻把握我国传统文化的神韵。

在项目地区内布置了居住用地、公共设施用地、对外交通用地、道路广场用地、市政设施用地、绿地，共计六大类用地性质。在公共设施用地中，将用地性质细分为六小类。金融业、服务业、旅馆业用地以及混合用地围绕中轴线上的商业用地布置，并充分考虑各地块与火车站的位置关系，从而完善项目地区内的公共服务设施。项目地区北侧与东侧有水域，东南侧设有物流仓储用地，西侧设有体育用地。

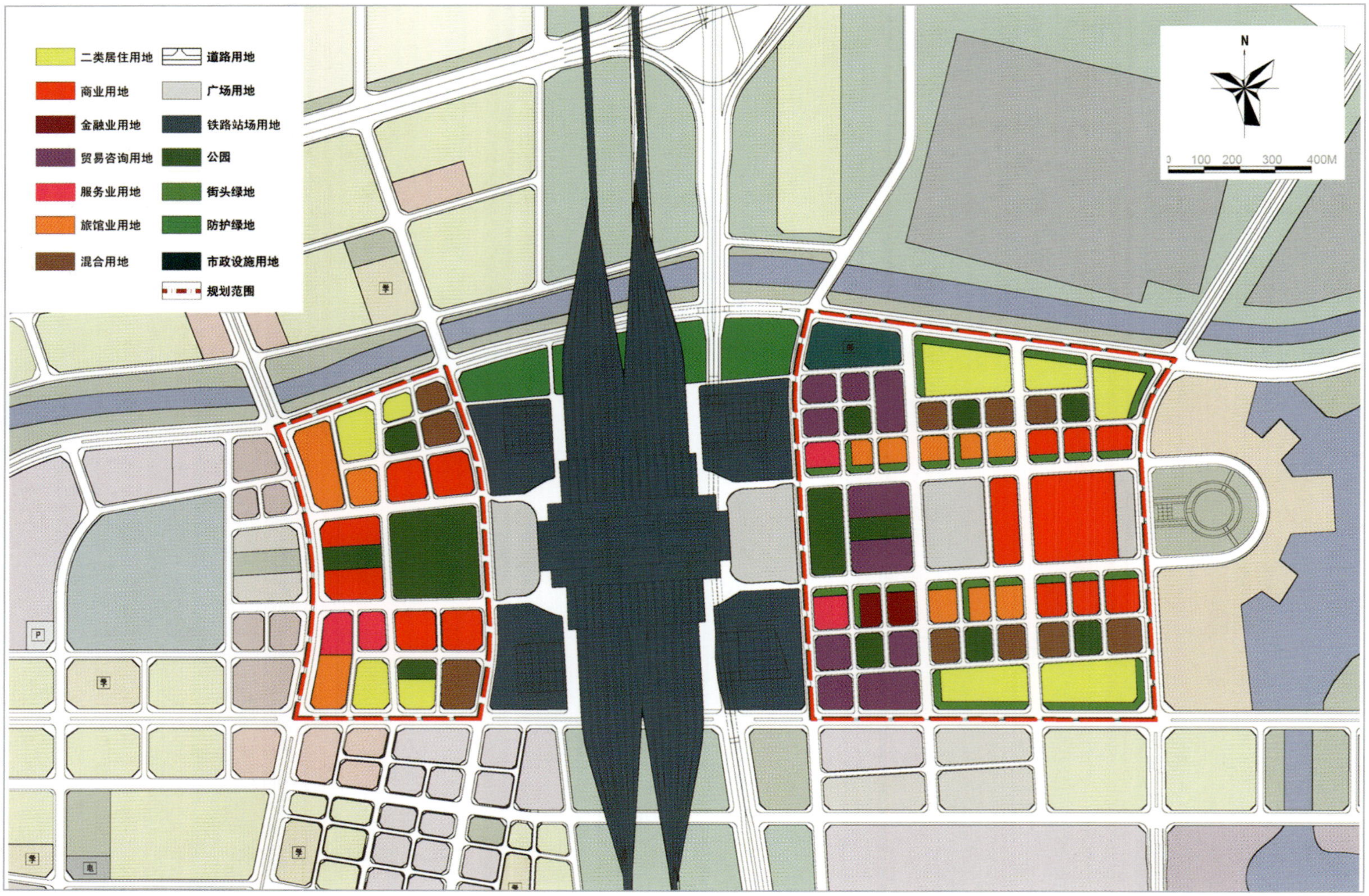

土地利用规划图

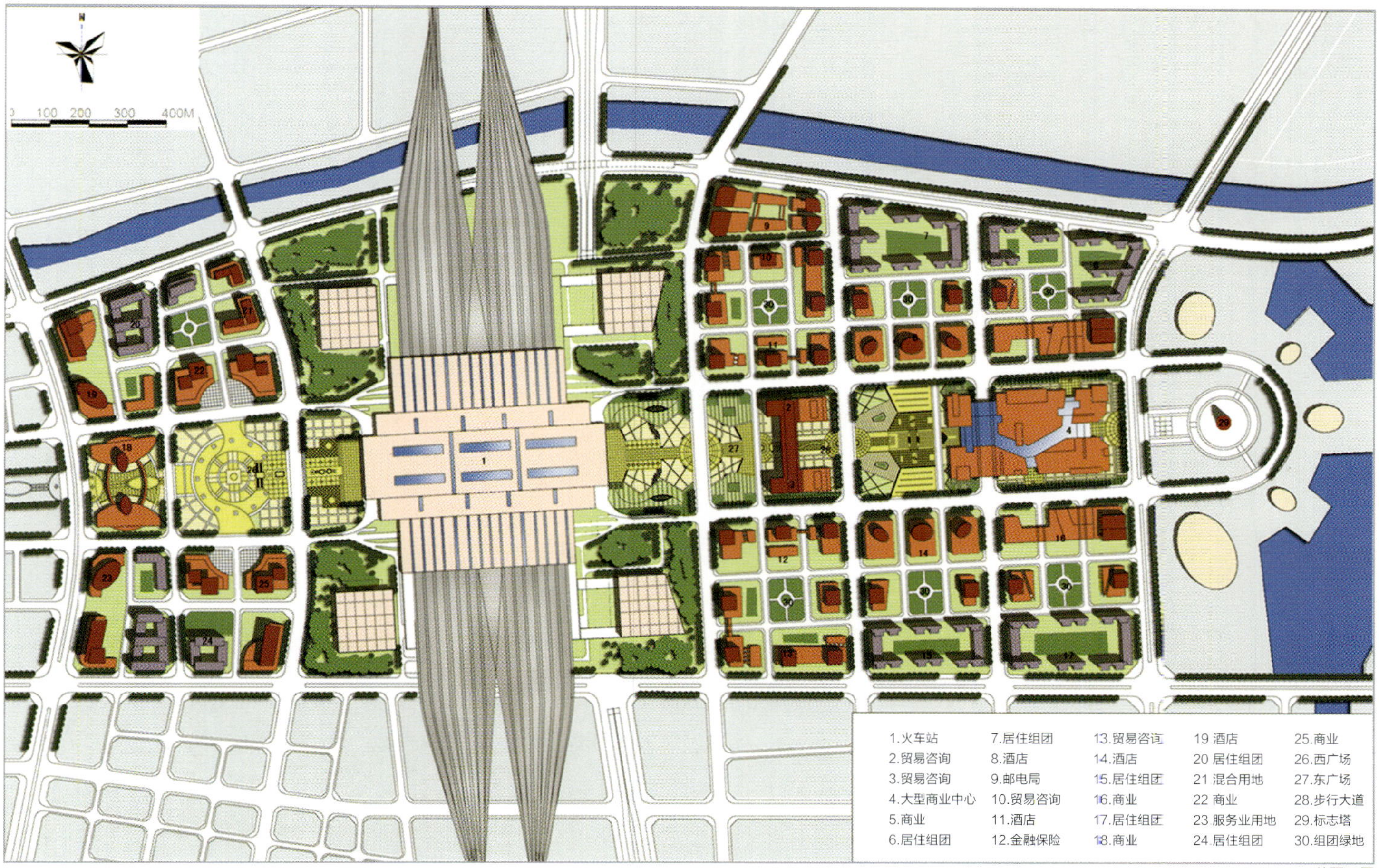

总平面图

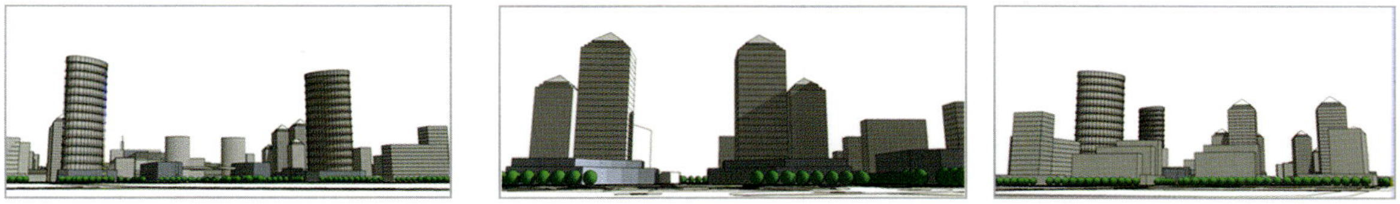

局部透视图

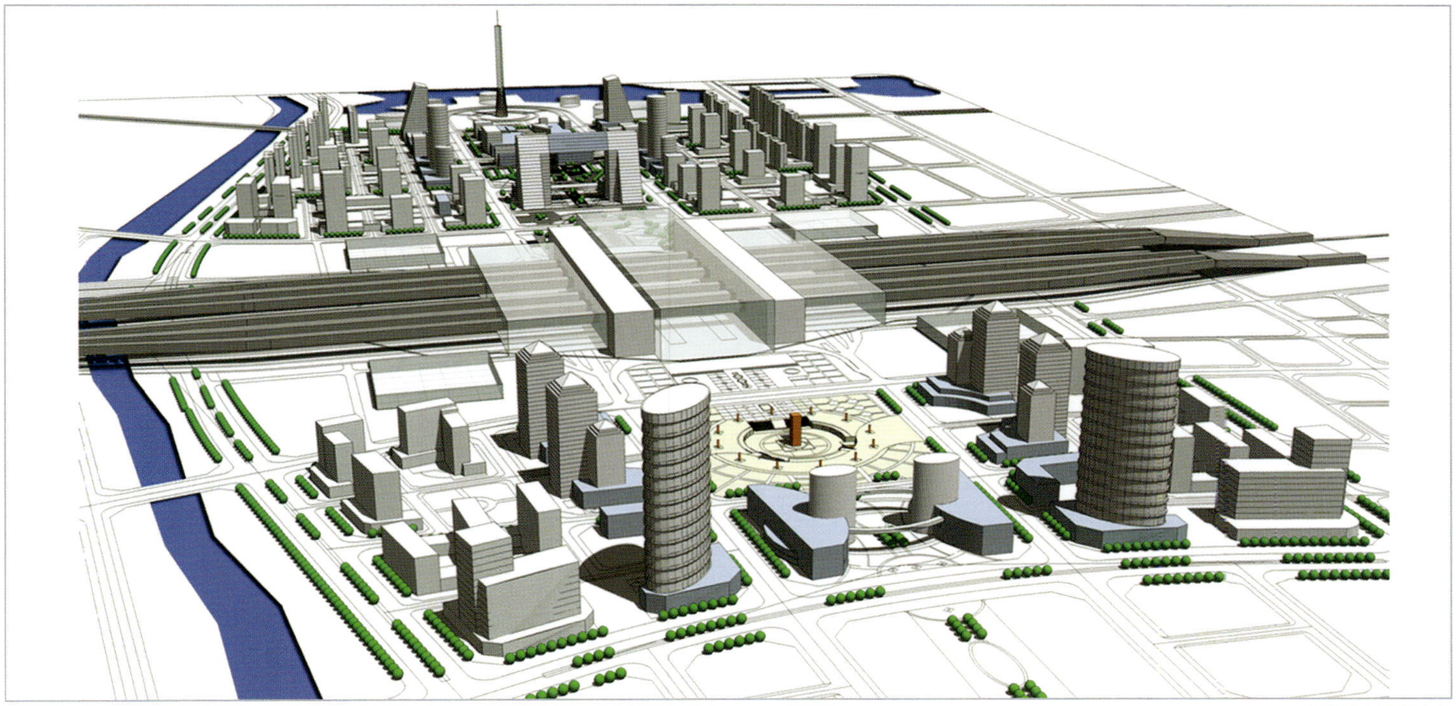

透视图（由西向东）

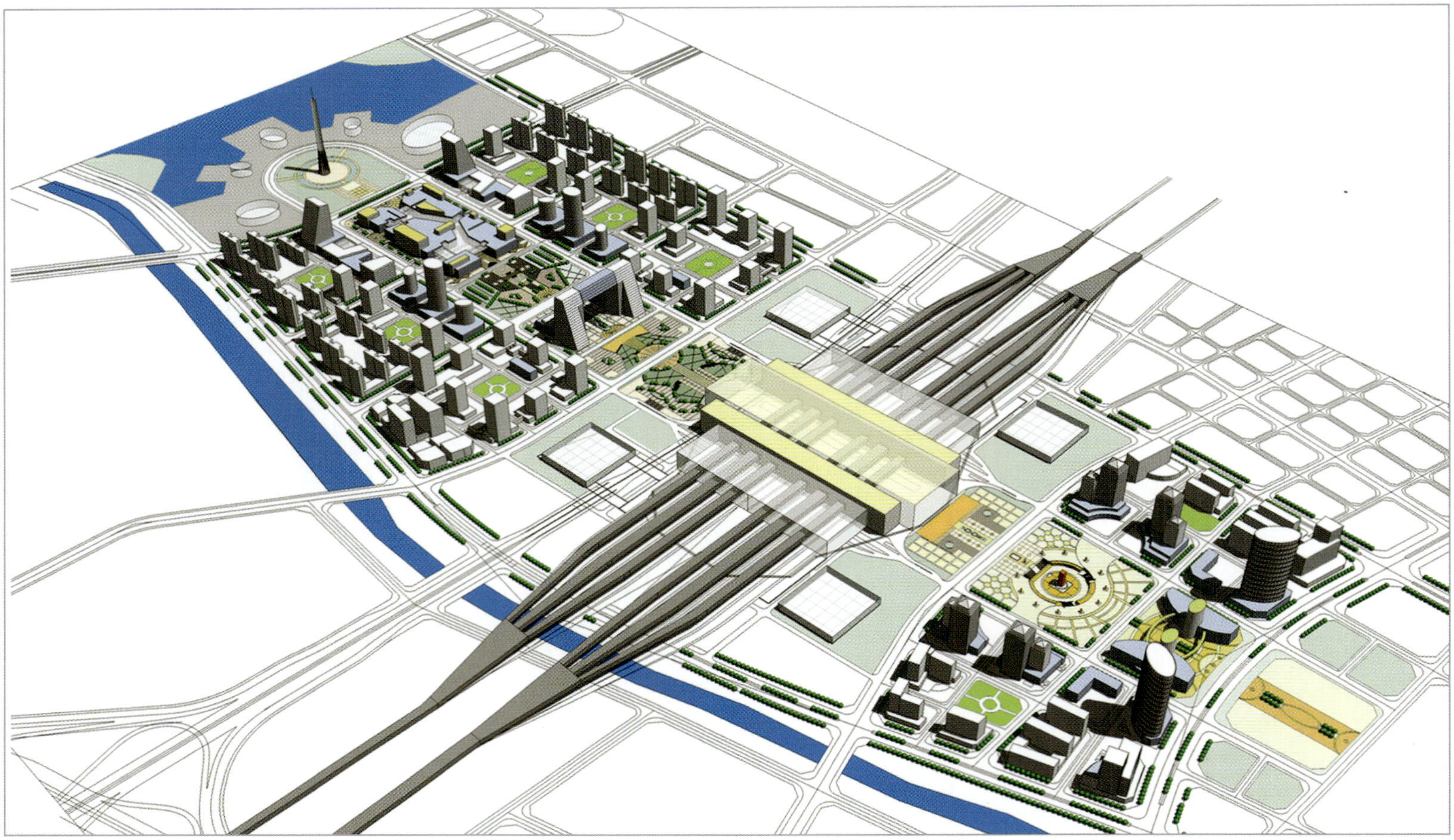

整体鸟瞰图一

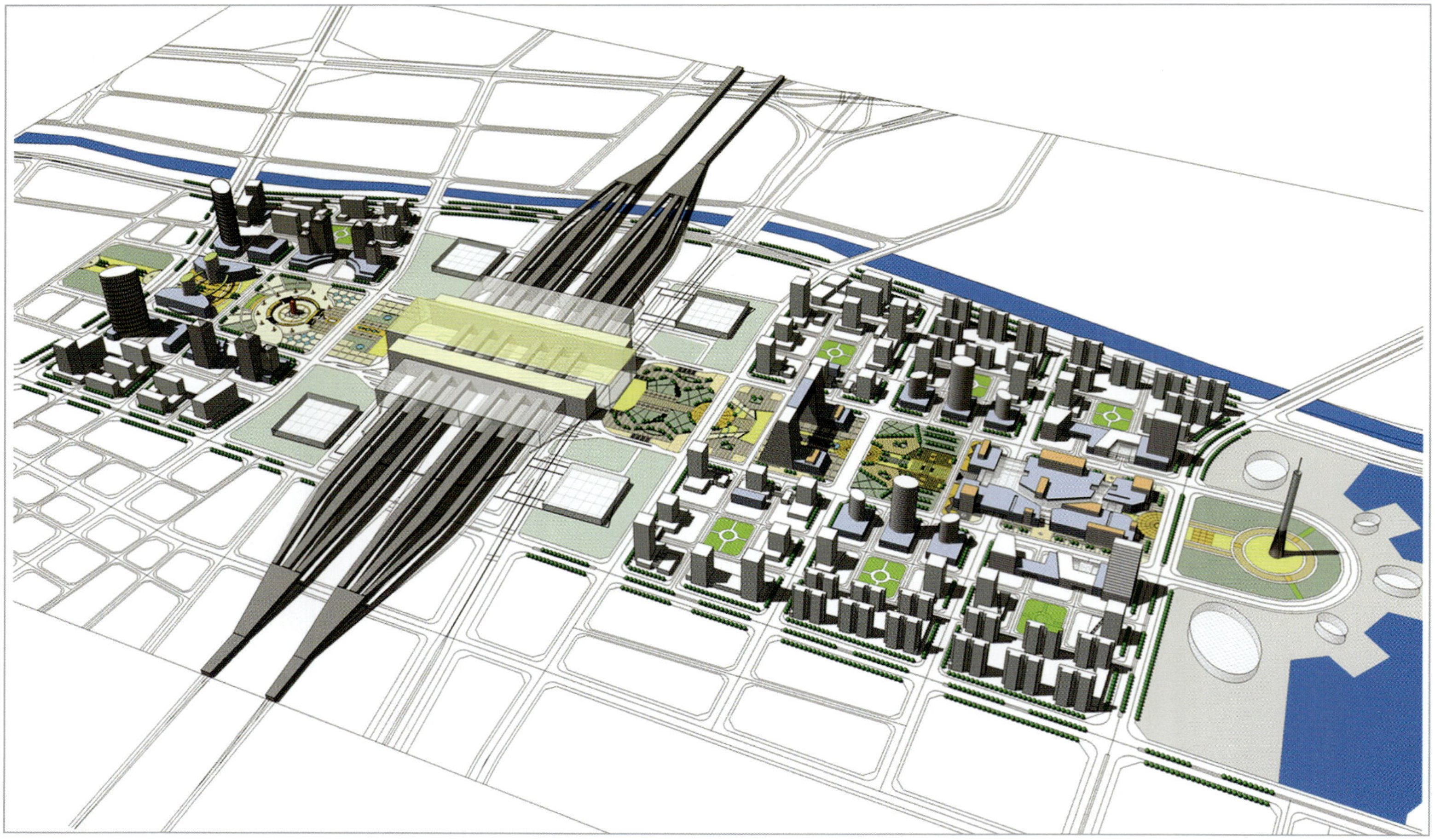

整体鸟瞰图二

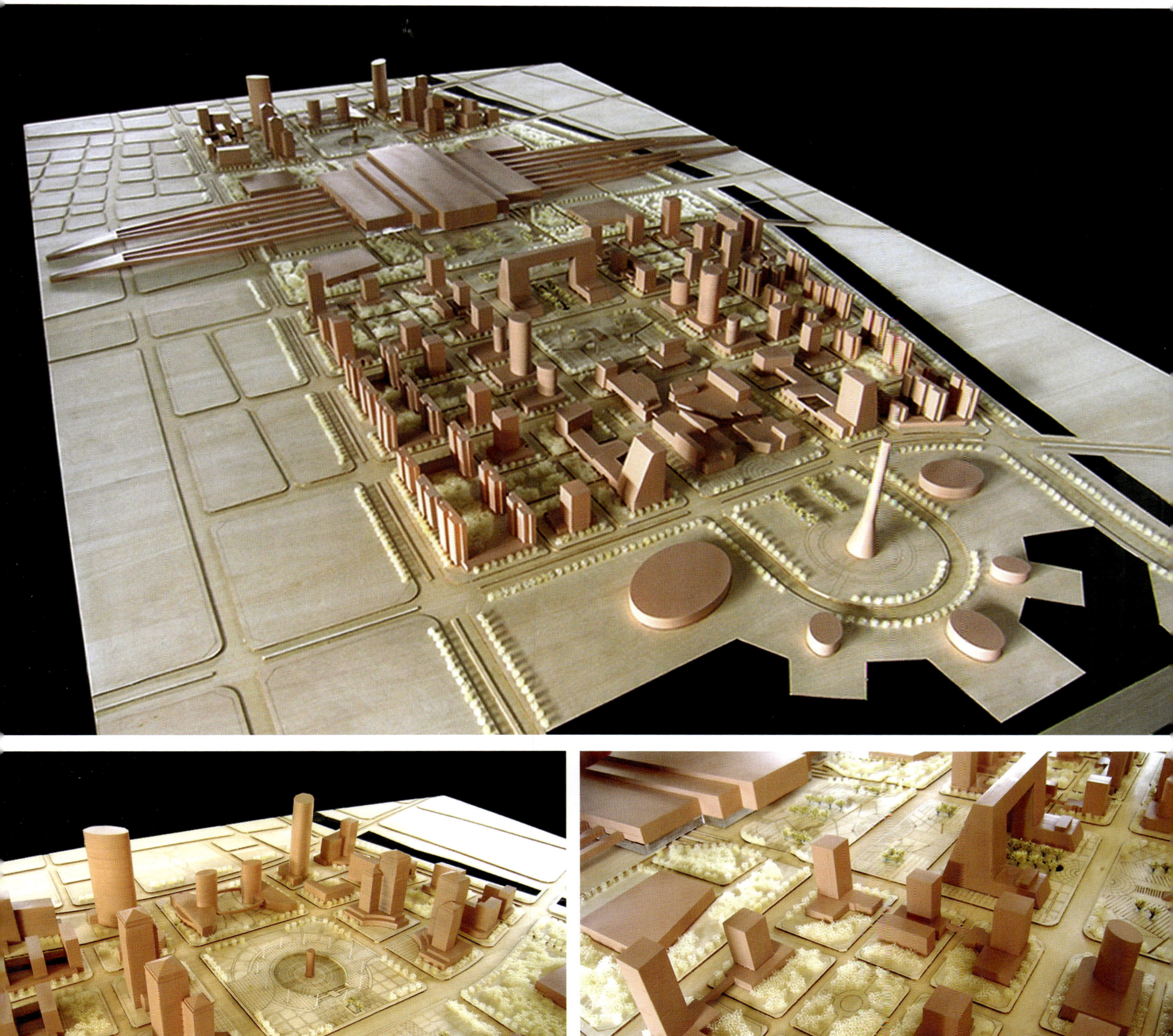

模型局部照片组图

2.8 道路交通系统

加强与区域快速交通衔接 确保多种交通互不干扰 。

站场核心区交通分析：站场核心区采用立体交通组织，分为地面二层的高架车道，地面层公交车道、出租车道、社会车道、长途客运专区，以及地下一层地铁站和社会停车场组成。

道路网络结构：本次规划主要采用方格网状的道路结构，项目地区四周分别是七里河南路、博学路、商鼎路三条城市主干道和结构性道路东风东路。项目地块内部的次干道系统为：东口地区“两横三纵”，西口地区“四横两纵”的方格网状结构。次干道划分的地块内部继续由支路构成方格网状道路结构。整体道路结构明晰，方向性强，同时便于地块内部的开发利用。

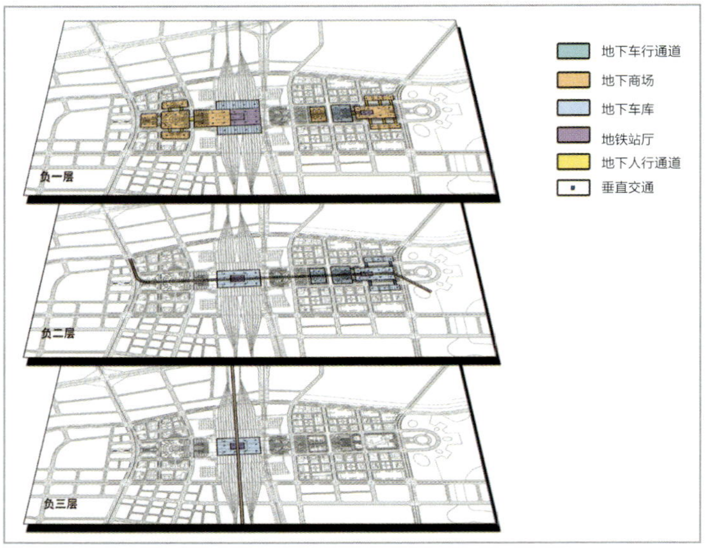

地下空间规划图

2.9 开发强度

为了控制城市整体形象和开发总量、保护环境，根据规划用地布局，将规划区内地块容积率和建筑限高做了统一平衡和布局，开发强度等级分为四类：

①高强度：容积率8以上；

②中高强度：容积率5~8；

③中强度：容积率3~5；

④低强度：容积率3以下。 另外，将站区划为控制开发地块，同时保留绿地和广场。

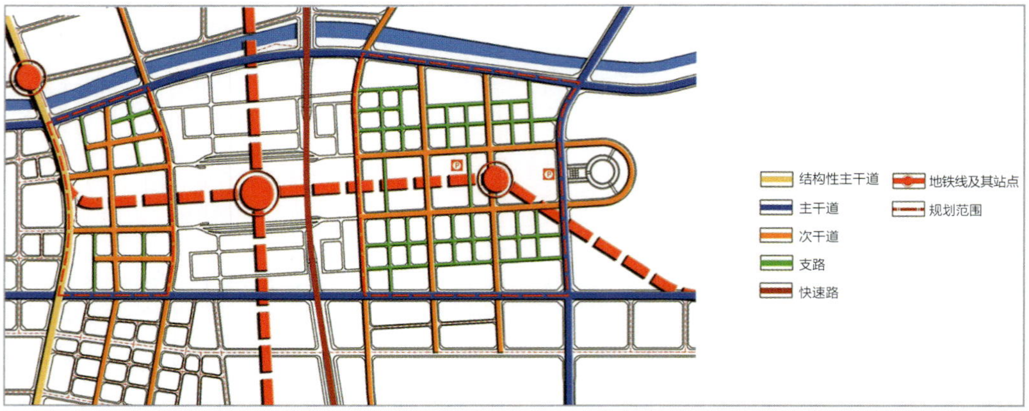

交通结构图

站区流线图

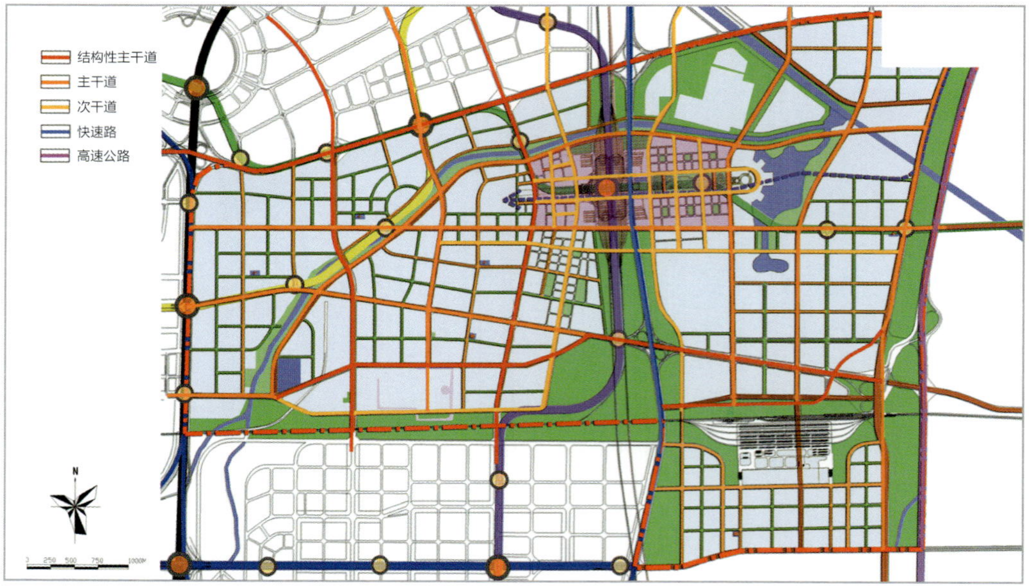

区域交通图

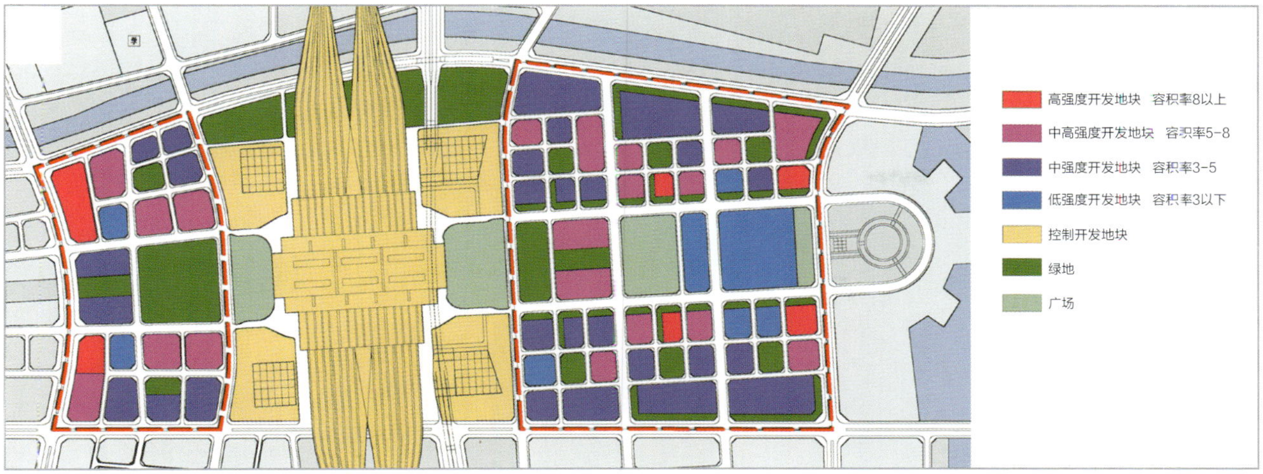

土地开发强度图

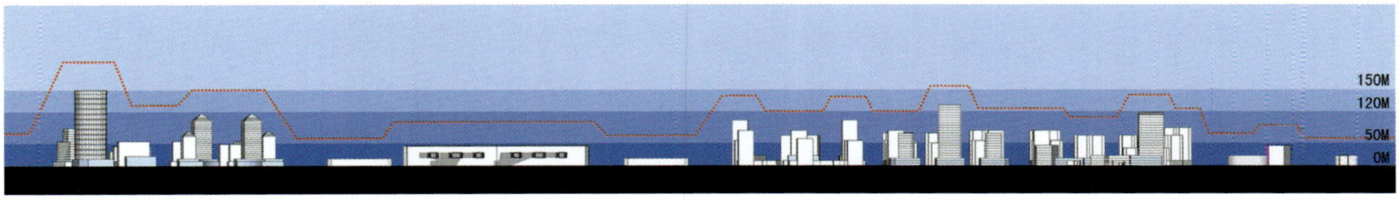

天际线规划图一

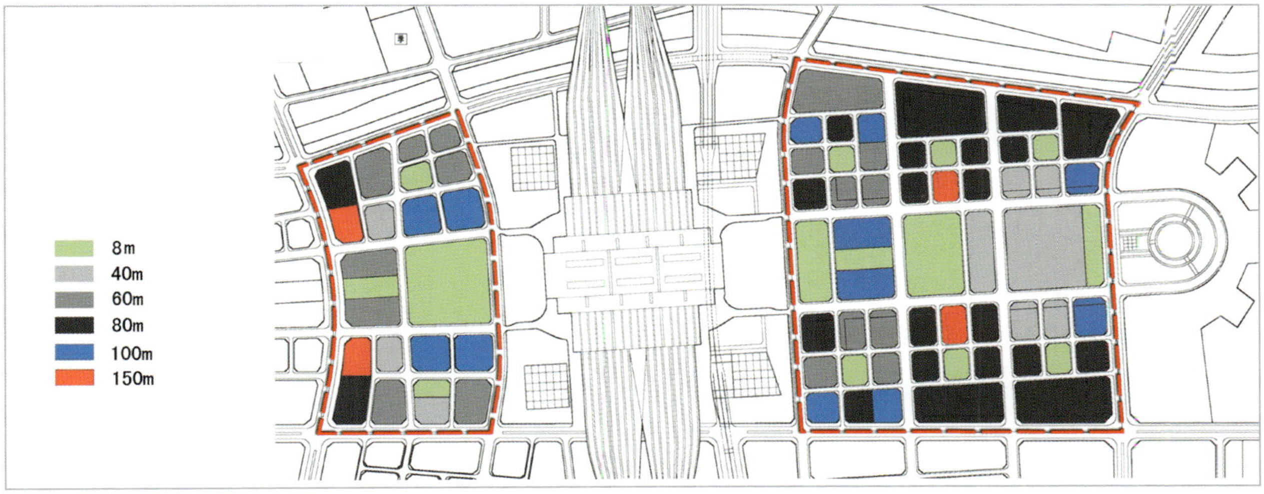

建筑高度控制图

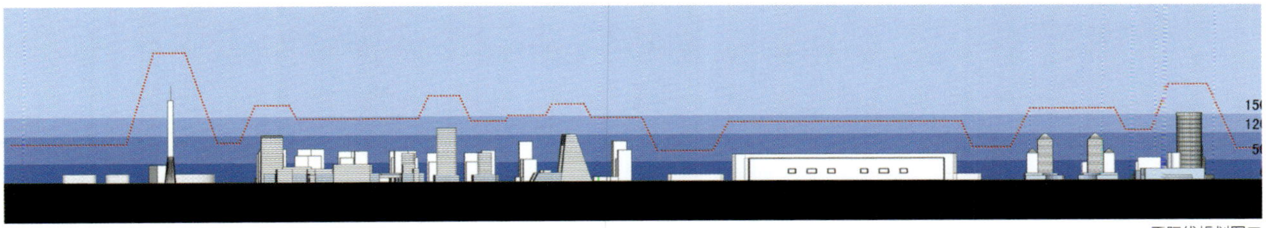

天际线规划图二

天际线规划图四

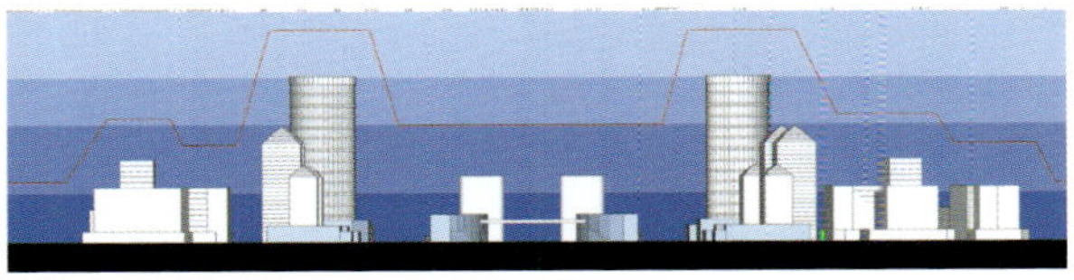

天际线规划图五

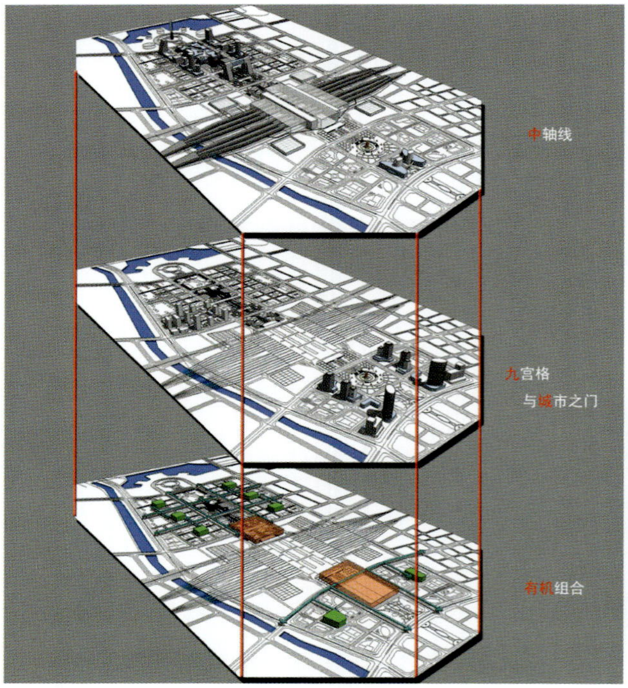

形态构成图

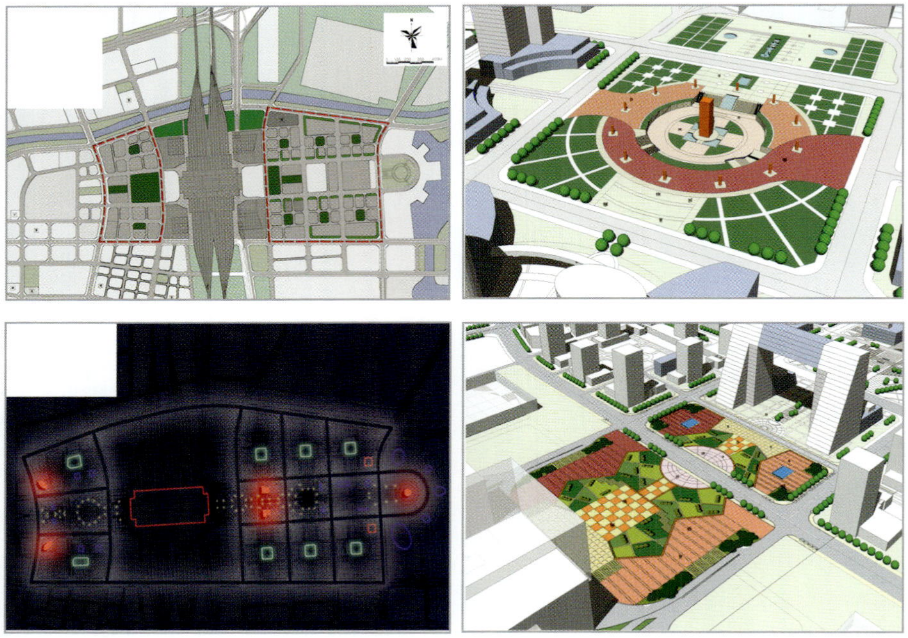
绿地系统规划图 | 西广场
夜景照明规划图 | 东广场

站区流线分析图

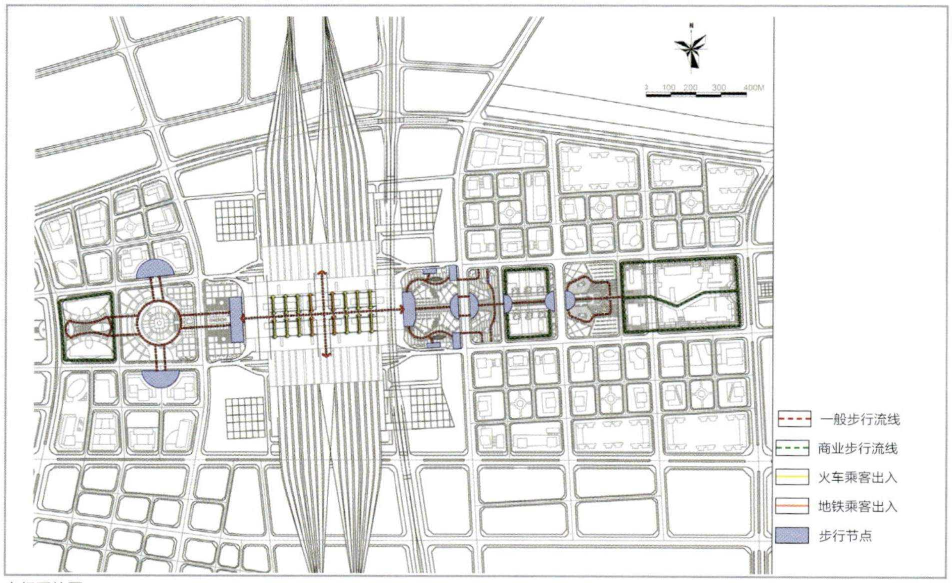

步行系统图

2.10 步行交通体系（步行距离，换乘）

东西站前广场地区合理组织人流疏散路线，确保满足高峰时期客流量的疏散需求。东西口地区以中轴线为核心组织地块内部的步行系统，合理组织中轴线开场空间内部及与周围商务办公组团之间的步行系统联系。

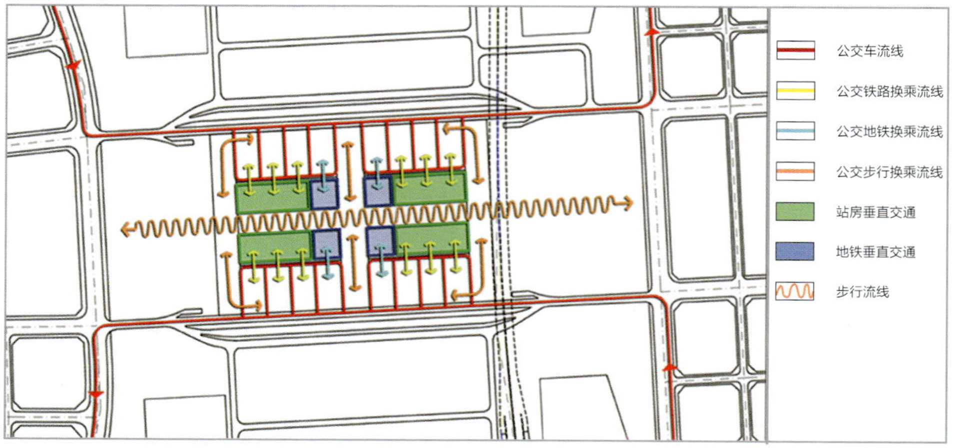

公交系统图

景观节点意向图

景观小品意向图

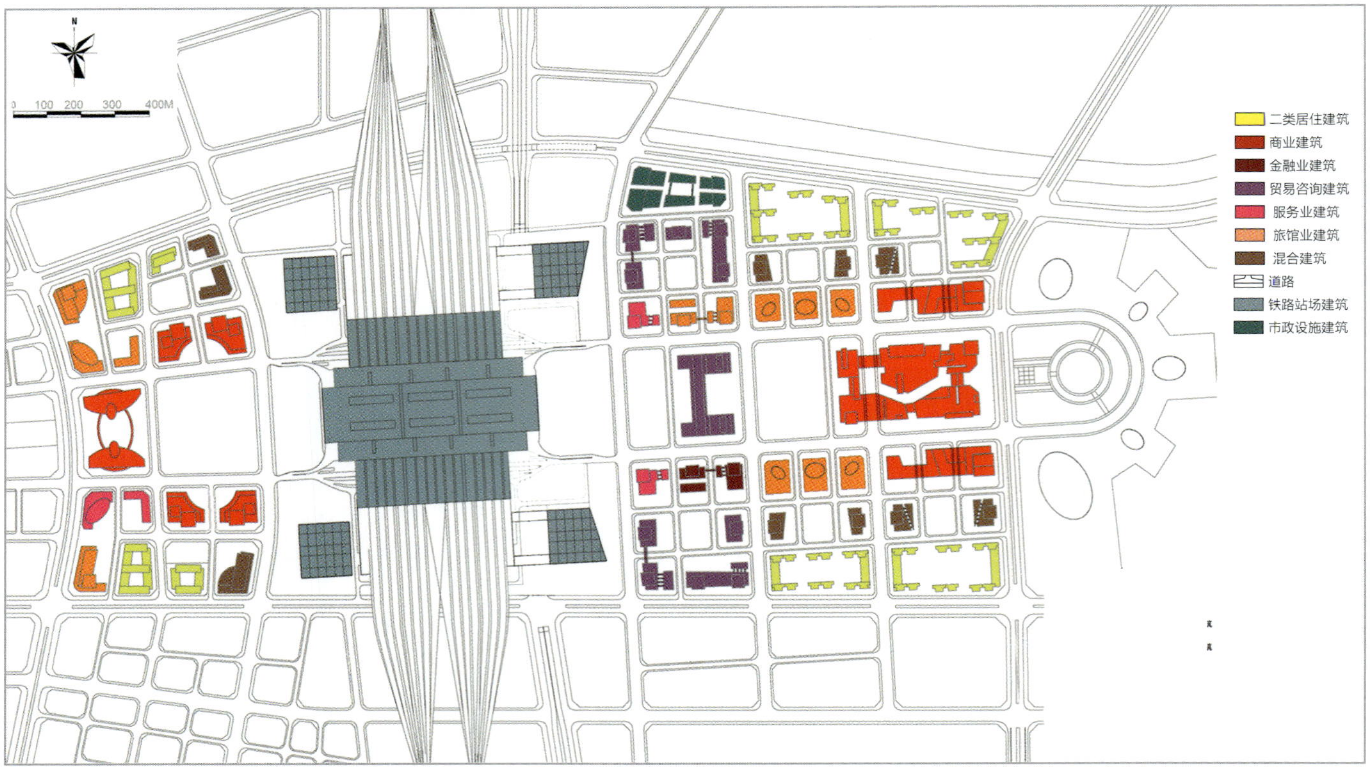

建筑类型与组合模式图

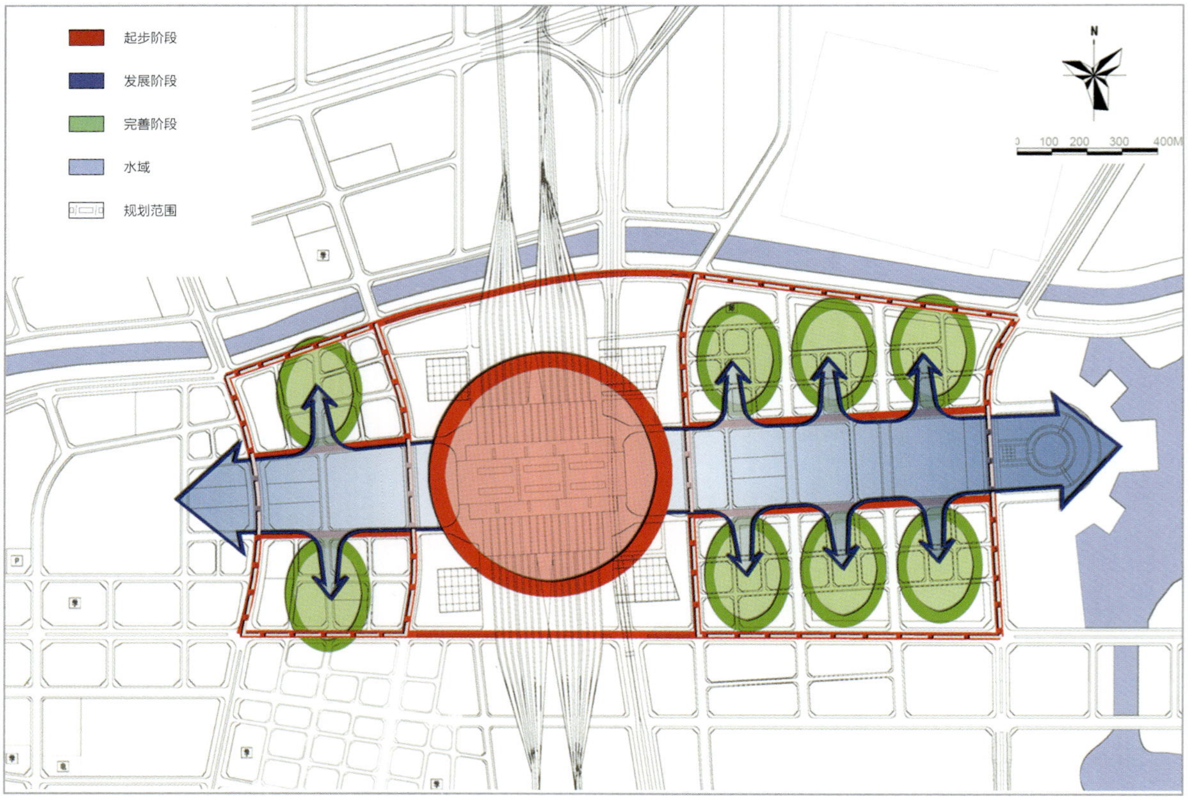

开发时序图

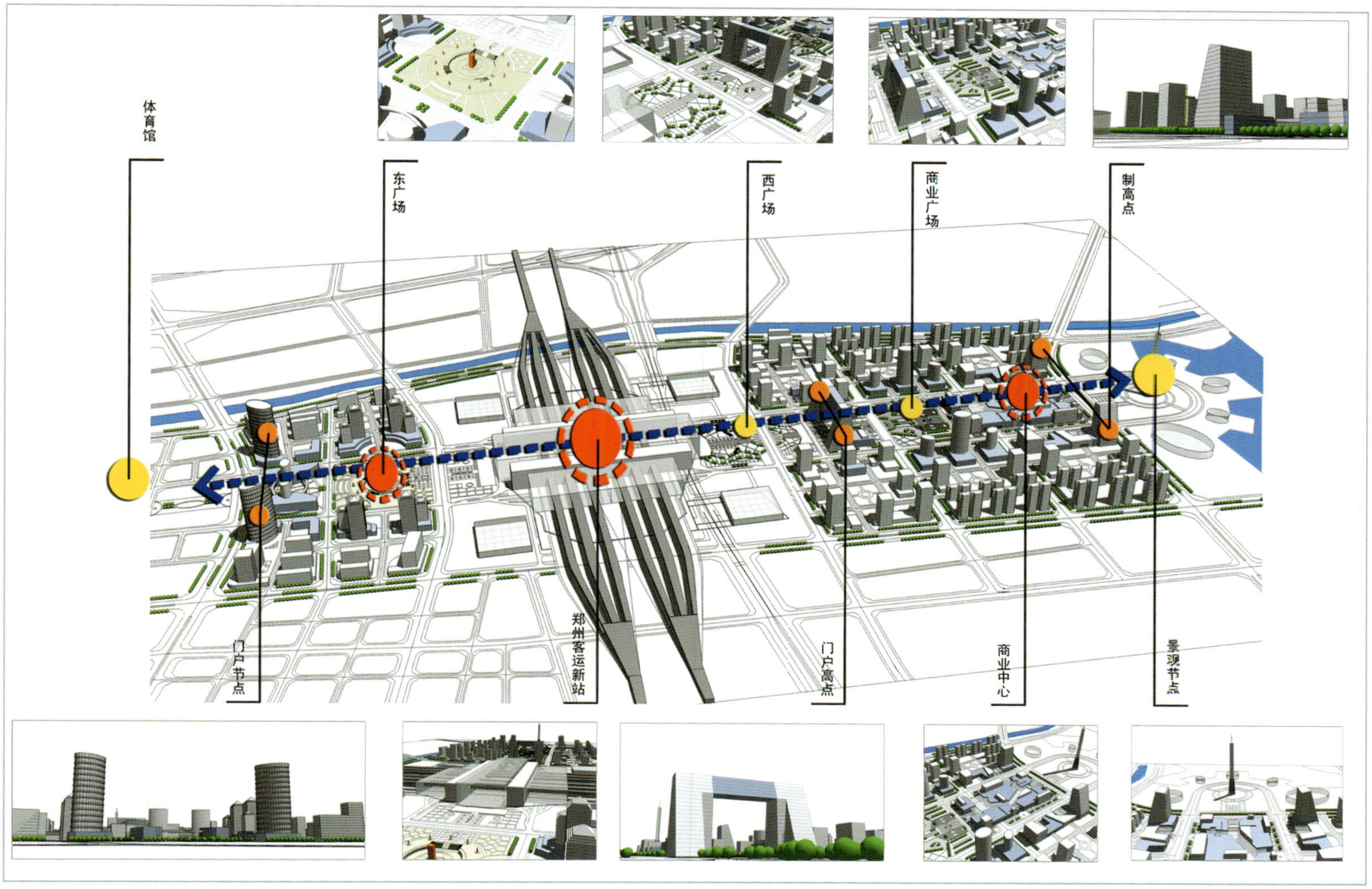

节点分布及绿化图

2.11 空间形象

本次规划设计是以郑州市客运新站为核心，分为东西两个区域。设计以东西向的轴线串联客运站与东西两个片区。通过不同的空间处理手法，强化中轴线的功能。整条中轴线以体育馆为起点，到最西面的景观节点为结束，轴线上有两个重要过渡空间：东广场和西广场；两个重要的功能建筑：郑州客运新站和大型批发购物中心（shopping mall）；以及一系列的引导空间和环境小品。

项目地区内，轴线上的空间节点从西到东依次为：

（1）城市之门 火车站作为城市重要的城市门户，规划范围的西面是面对郑州旧城的界面，是展示城市形象的重要节点，以城市之门的概念设计的一组标志建筑。

（2）西广场（含绿地）

（3）郑州客运新站 郑州客运新站是整条轴线的核心，客运新站的建设带动了周边地区的发展和提升了地区的定位。

（4）东广场（含绿地）

（5）东口地区的两个制高点

（6）购物中心前广场

（7）大型批发购物中心（shopping mall） 通过大型批发购物中心（shopping mall）这一处于轴线上的代表性元素作为整个地块设计的中心，采用地铁和专门性购物中心联合开发的模式带动整个地区的经济发展。

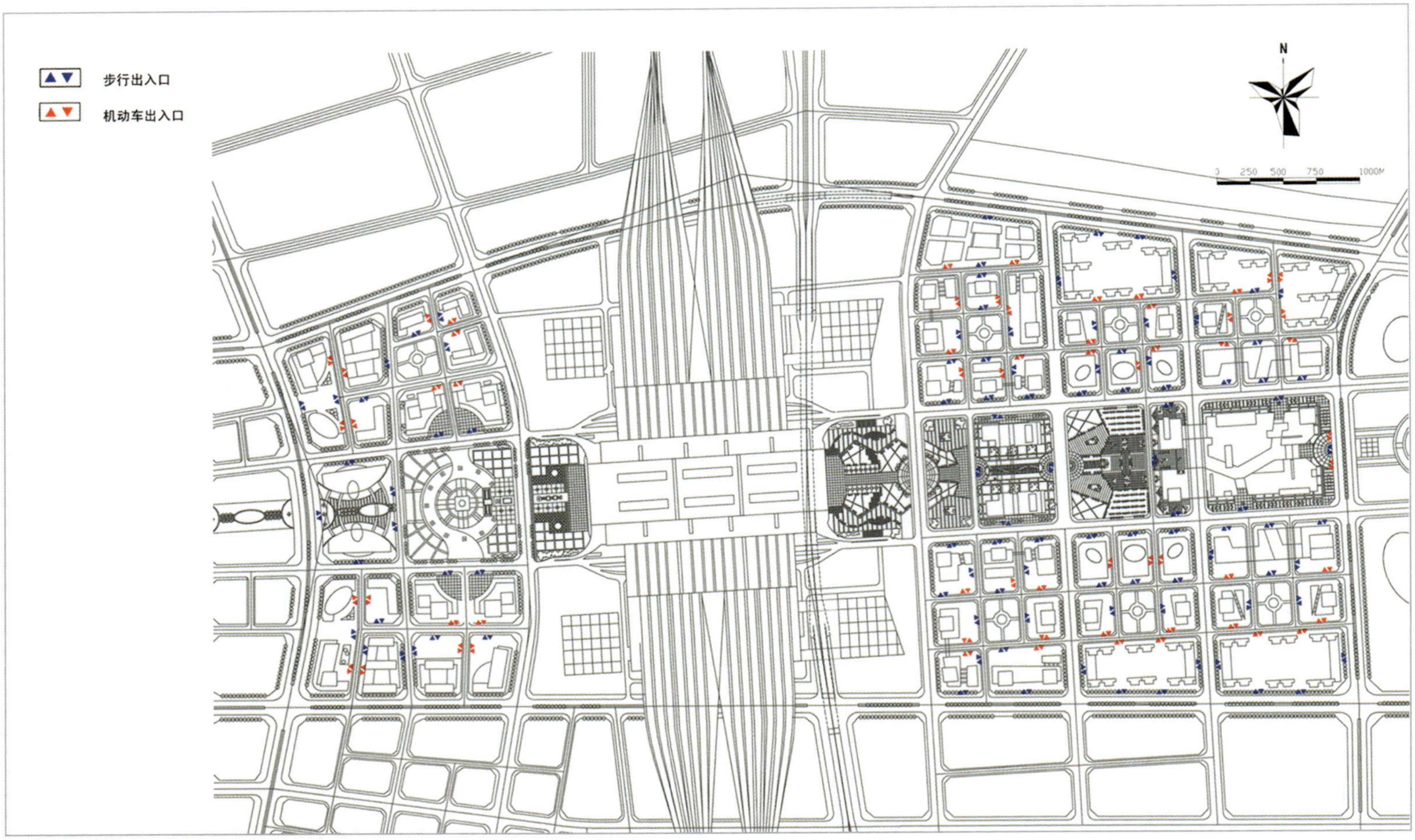

地块出入口示意图

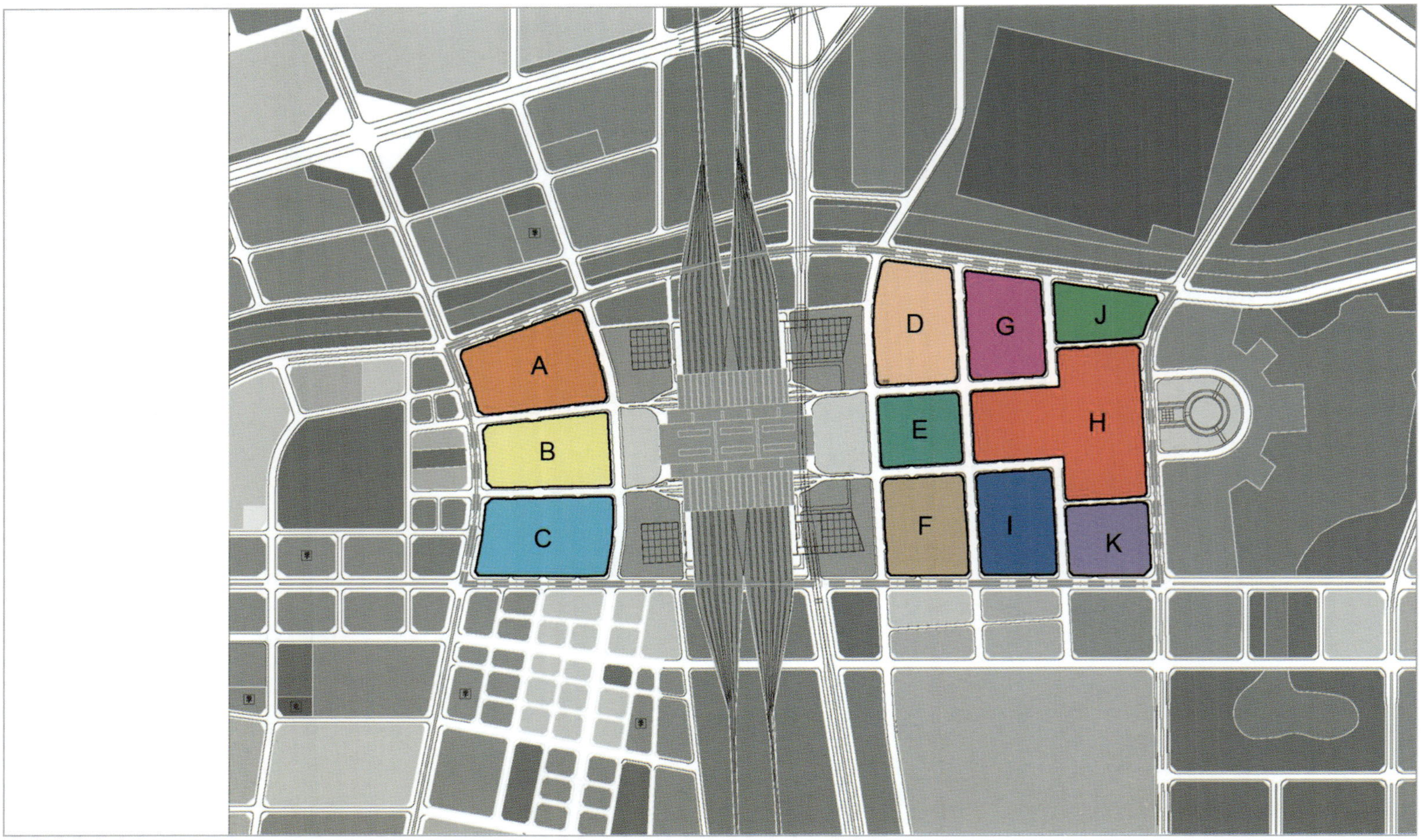

图则分区图

地块指标控制表

地块编号	代码	用地性质	土地使用兼容性	地块面积(公顷)	道路面积(公顷)	净用地面积(公顷)	总建筑面积(m^2)	容积率	建筑密度(%)	建筑限高(m)	绿地率(%)	停车位(个)	主出入口方向	备注
	规划指标													
A	-	-	-	14.24	5.91	8.33	488000	3.5	-	-	-	89	-	
A-1	C25	旅馆业用地	G1	-	-	1.94	180000	9.0	35	150	30	22	东	
A-2	R2	二类居住用地	C21、C24、G1	-	-	1.20	87000	7.5	35	60	30	14	西	
A-3	C25	旅馆业用地	G1	-	-	0.73	15000	2.5	35	40	30	8	西	
A-4	R2	二类居住用地	C21、C24、G1	-	-	0.45	21000	5.0	35	60	30	5	东	
A-5	G11	公园	G2	-	-	0.58	-	-	-	8	80	-	-	
A-6	C21	商业用地	C24、G1	-	-	1.02	65000	6.5	35	100	30	12	北	
A-7	X	混合用地	C2、R2、G1	-	-	0.50	22000	4.5	35	60	30	6	南	C类混合
A-8	X	混合用地	C2、R2、G1	-	-	0.74	30000	4.5	35	60	30	8	北	C类混合
A-9	C21	商业用地	C24、G1	-	-	1.17	68000	6.0	35	100	30	14	北	

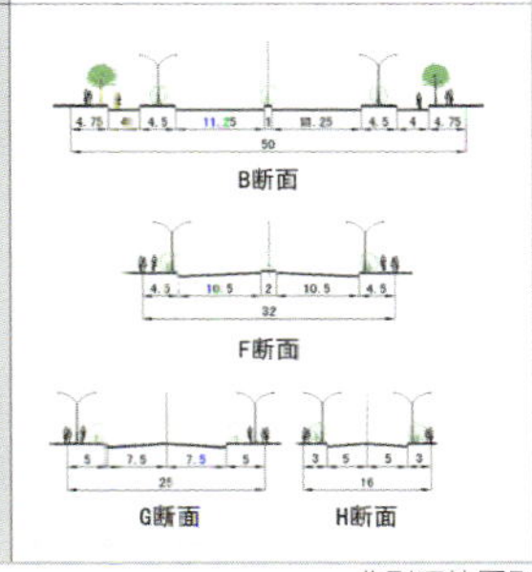

典型区块图则

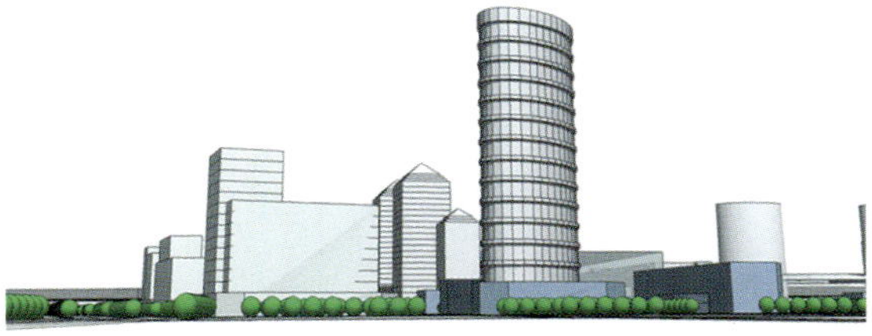

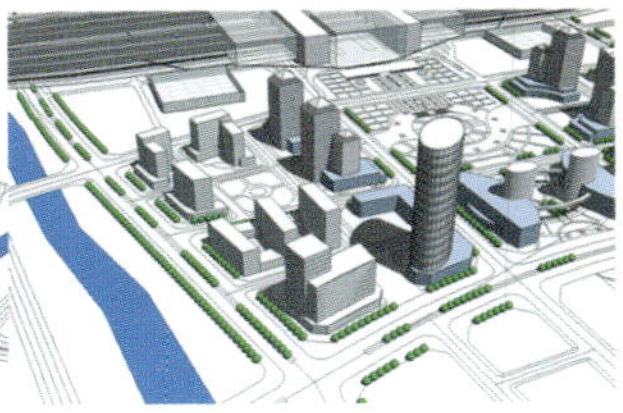
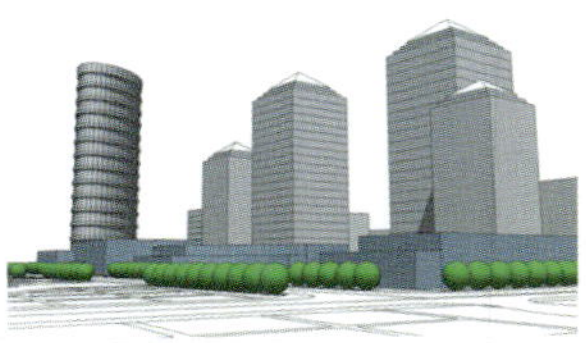
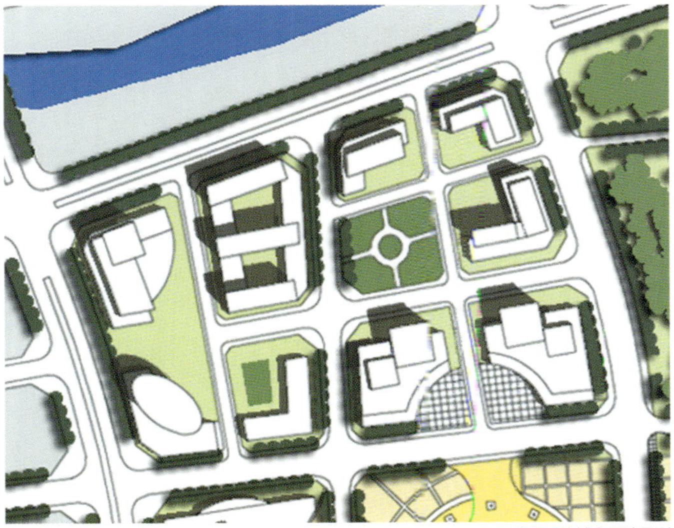

典型区块城市设计导则

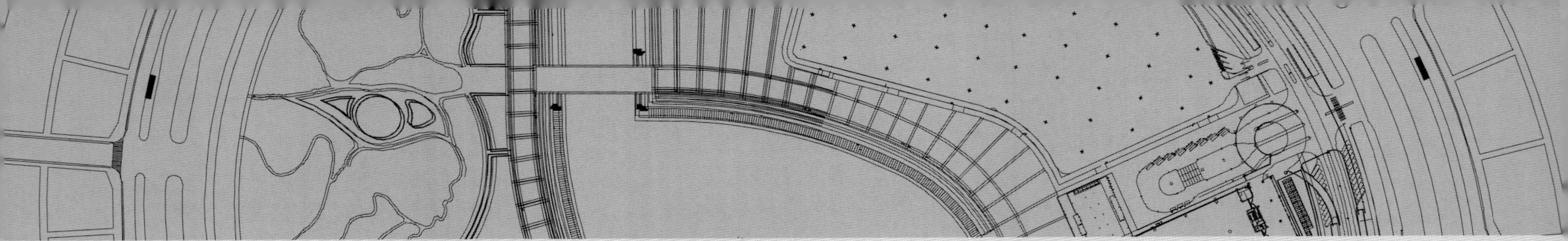

5 新郑州站建筑设计

Architectural Design for the NewZhengzhou Railway Station

方案 Ⅰ 上海民用建筑设计研究院方案
Plan Ⅰ Schemes from Shanghai of Civic Architectural Design and Research Institute

方案 Ⅱ 铁道部第三勘测设计院方案
Plan Ⅱ Schemes from the Third Survey and Design Institute of the Ministry of Railways

方案 Ⅲ 中国建筑东北研究院方案
Plan Ⅲ Schemes from China Northeast Architecture Design and Research Institute

方案Ⅳ 铁道部第四勘测设计院方案
Plan Ⅳ Schemes from the Fourth Survey and Design Institute of the Ministry of Railways

方案 Ⅴ 中国建筑中南设计院方案
Plan Ⅴ Schemes from Central-South Architecture Design Institute of China

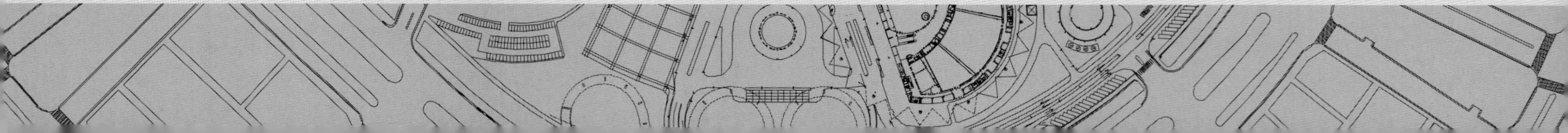

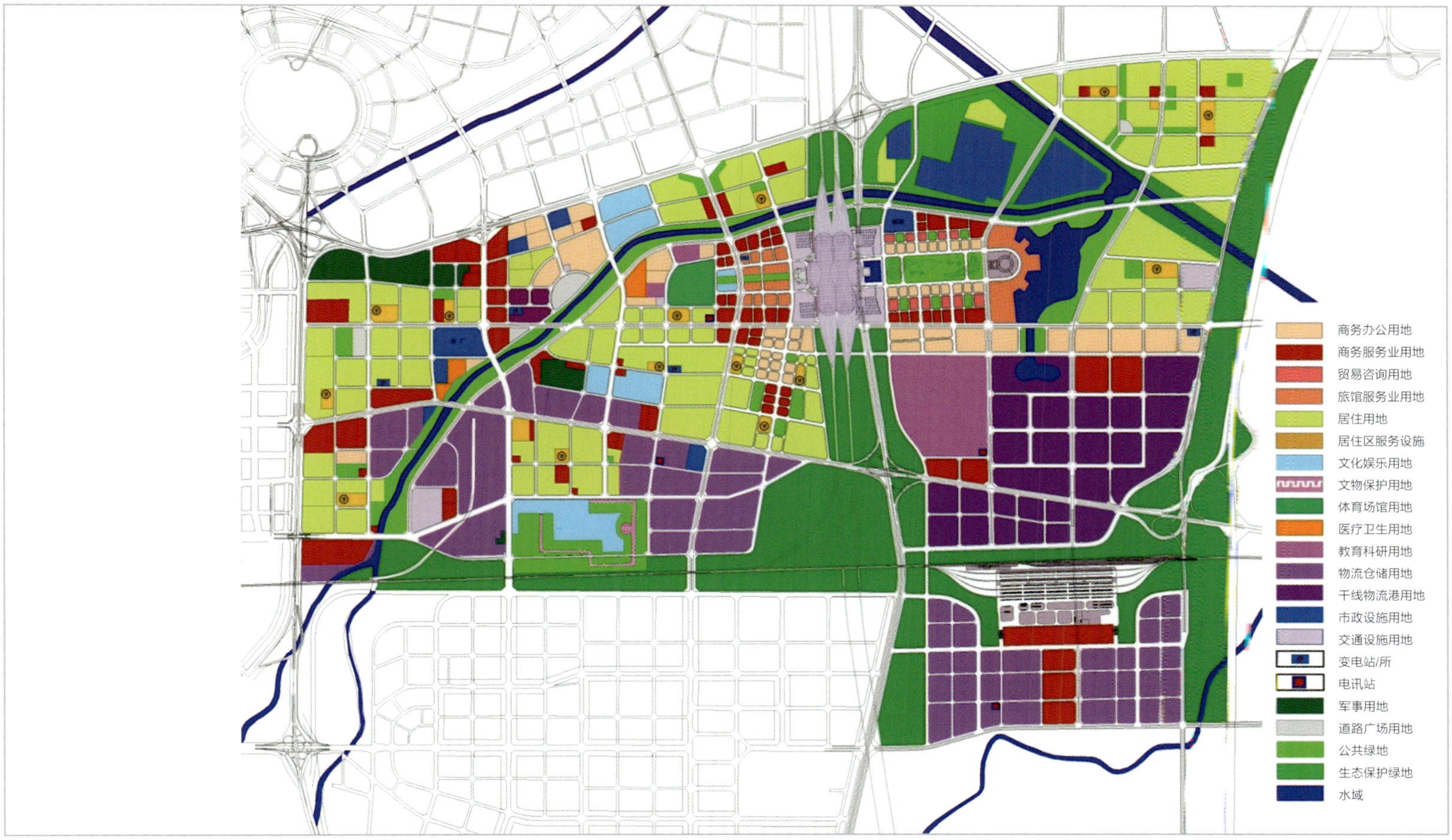

区位关系图

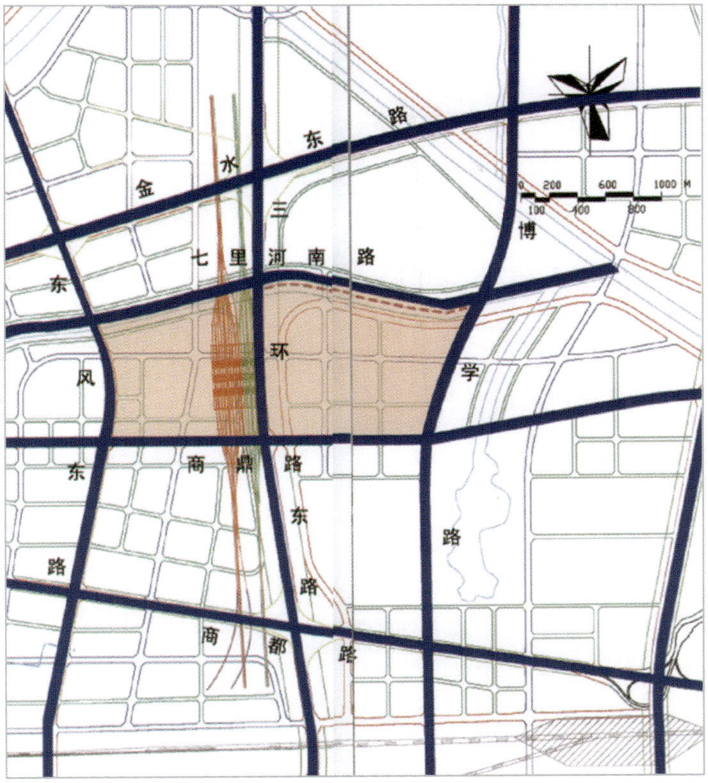

规划范围图

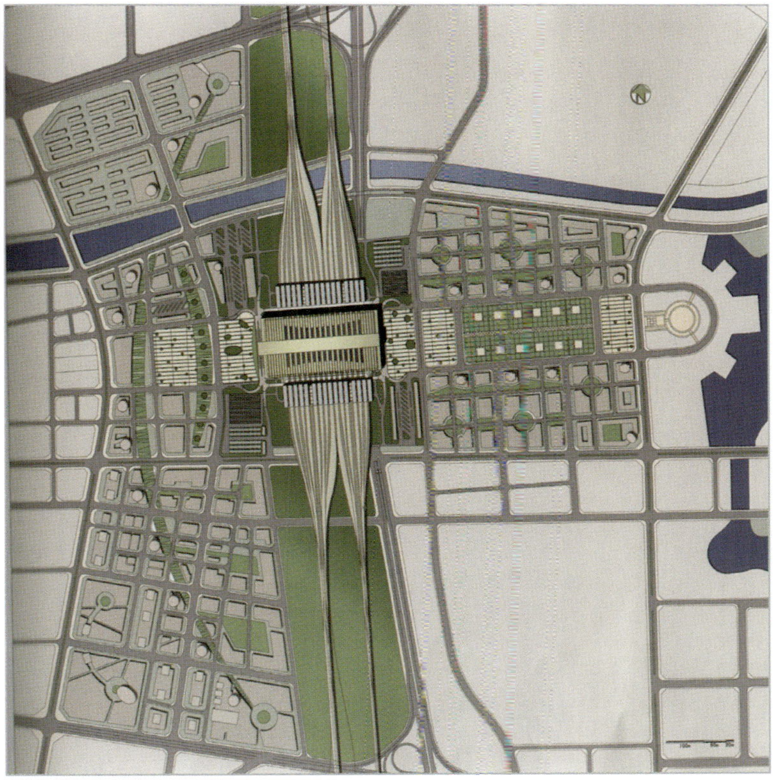

总平面图

规划范围

规划用地北至七里河南路，南至商鼎路，东至博学路，西至东风东路。规划用地面积约220hm^2，站区用地面积约为120hm^2。

站房效果图

站房鸟瞰图

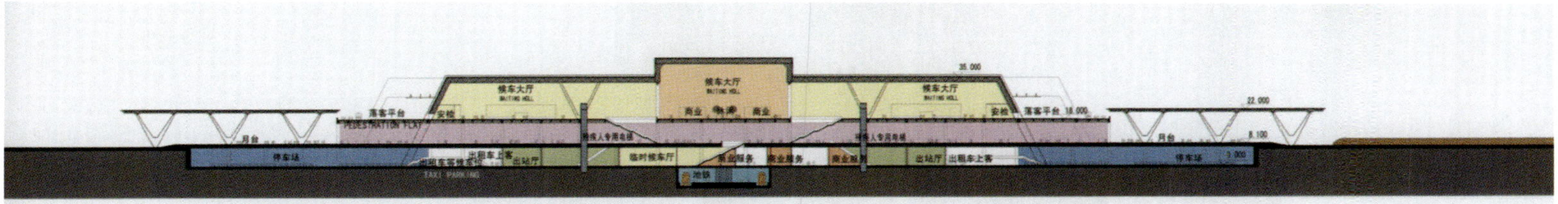

1-1剖面图

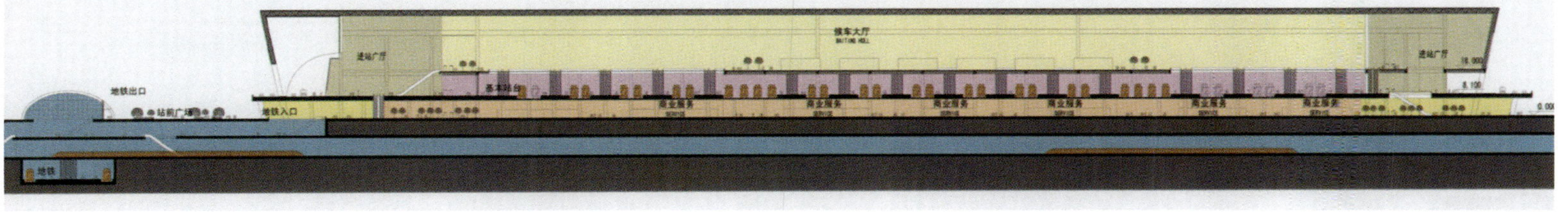

2-2剖面图

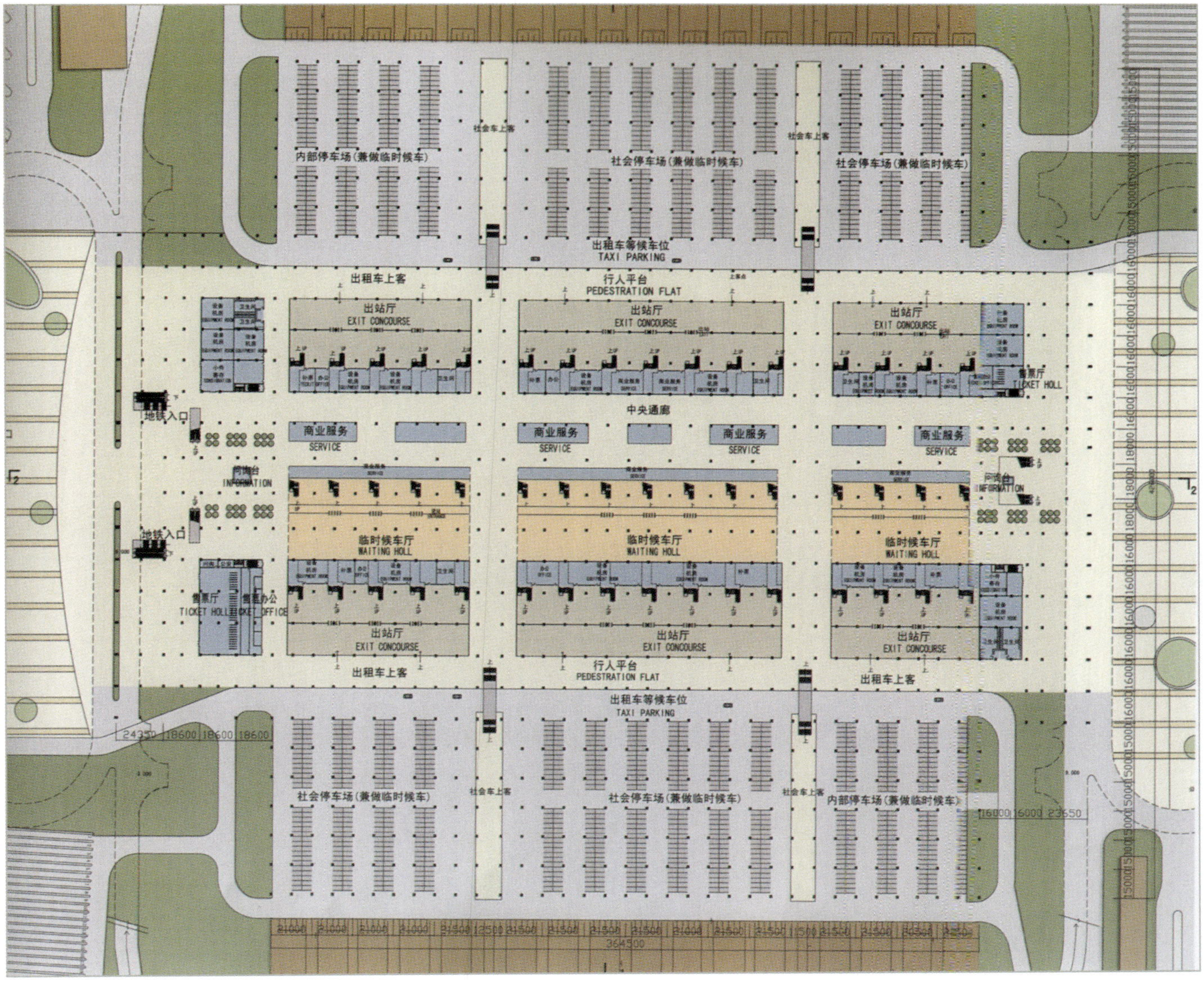

一层平面图

方案Ⅱ 铁道第三勘测设计院方案
Plan Ⅱ Schemes from the Third Survey and Design Institute of the Ministry of Railways

利用青铜文化和鼎文化的结合，设计出来一个以青铜铸造的，饰有源于鼎的铭文“中原环”，寓为“鼎盛中原”

注重建筑立面在四个方向上的连续性和形象标志性，使车站主体均匀对称，让散落的站房主体、站台、线上候车厅等形成一个和谐统一的整体，增加了对周围环境和建筑物的控制力，成为郑东新区的一个地标性建筑。

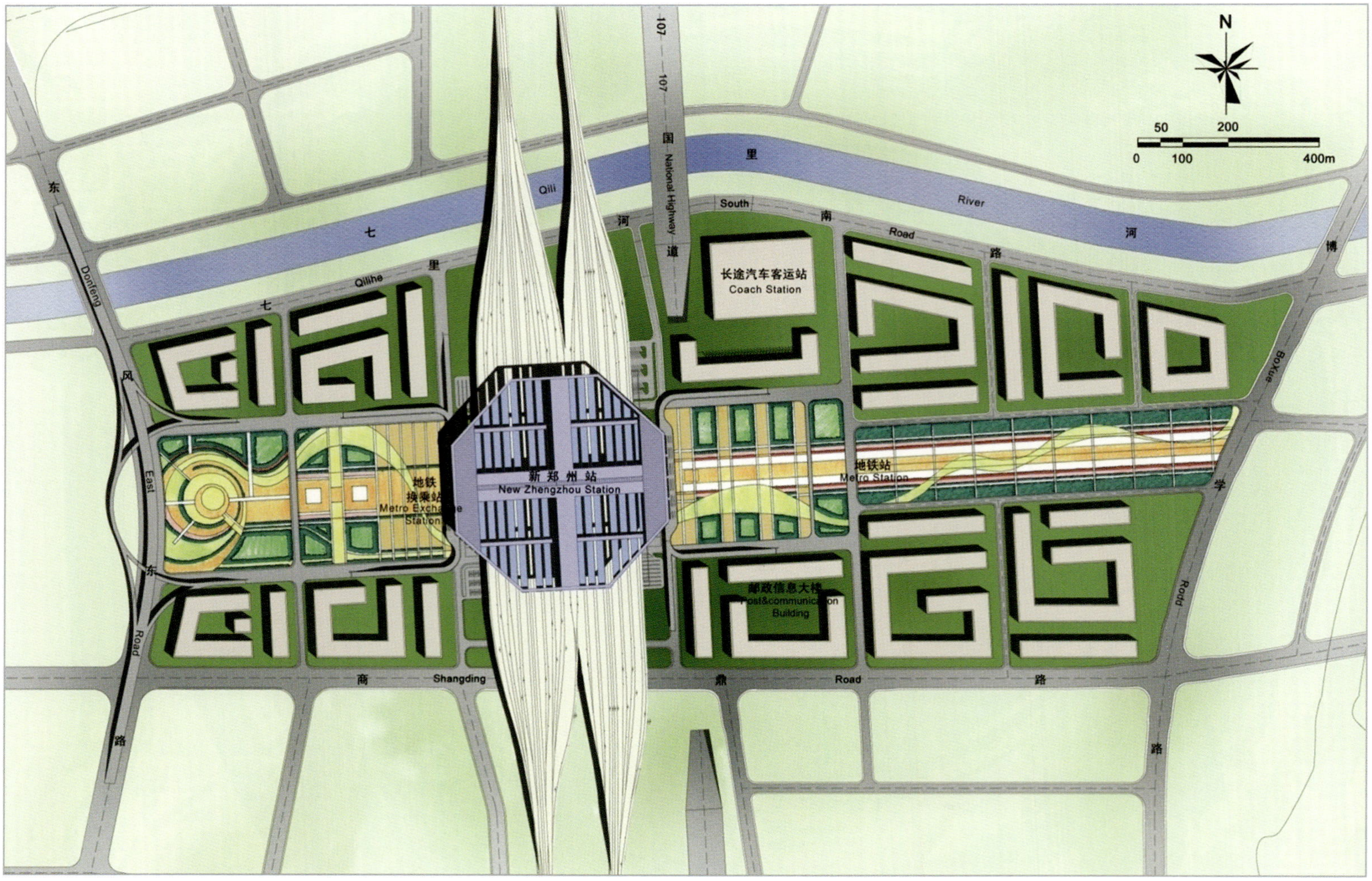

总平面图

站房效果图

站房内部效果图

站房夜景效果图

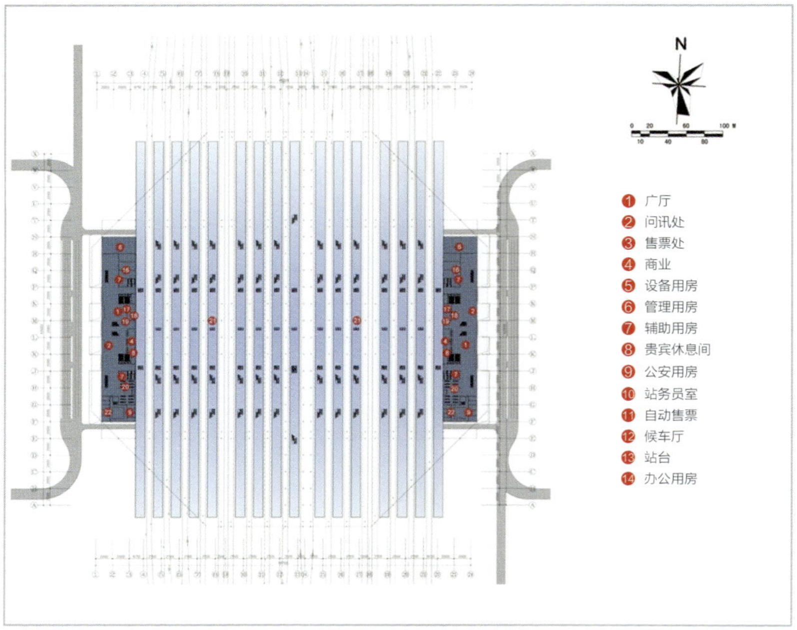

二层平面图

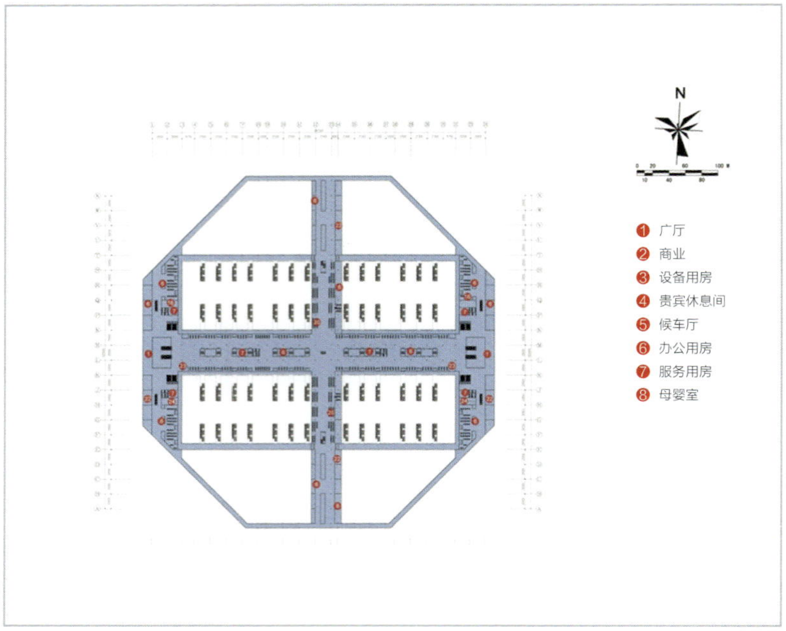

三层平面图

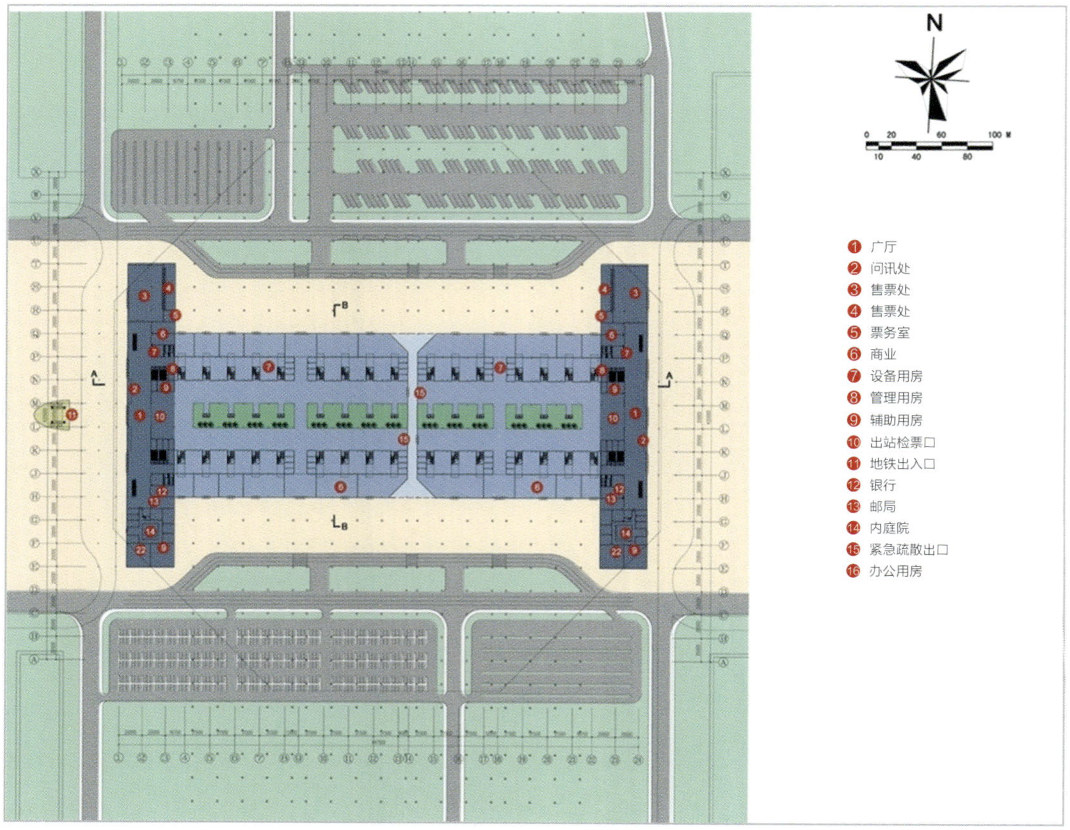

一层平面图

方案Ⅲ 中国建筑东北设计研究院方案
Plan Ⅲ Schemes from China Northeast Architecture Design and Research Institute

总平面图

一层平面图

室内局部透视图

站房透视图

方案Ⅳ 铁道第四勘察设计院方案
Plan IV Schemes from the Fourth Survey and Design Institute of the Ministry of Railways

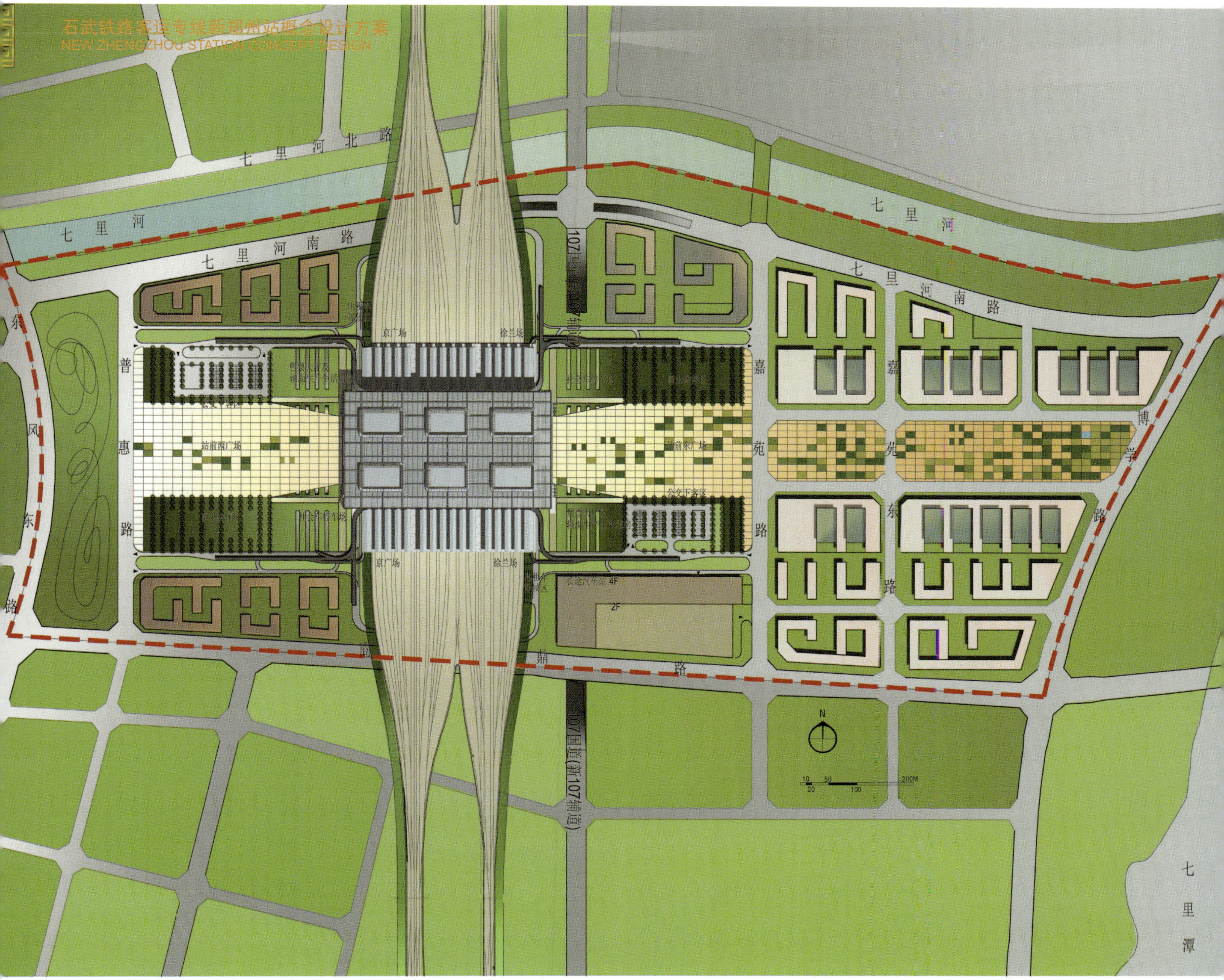

总平面图

总体鸟瞰图

站房透视图一

站房透视图二

站房局部透视图

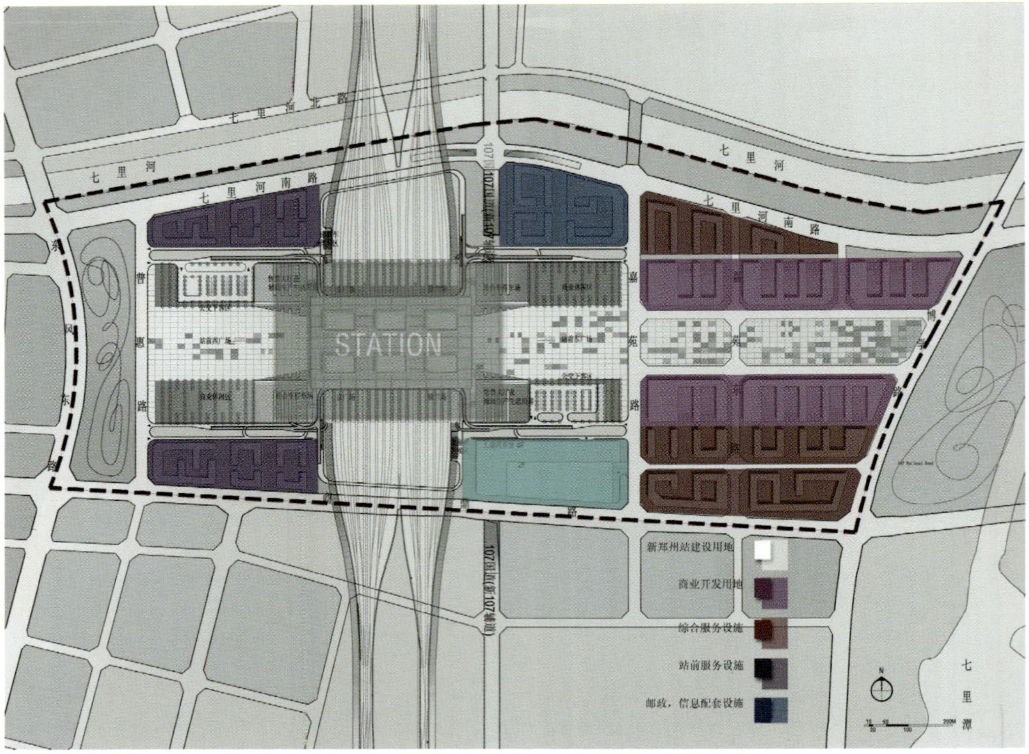

功能分区图

4.1 功能分区

以嘉苑路为界，将规划用地划分为两部分——枢纽区和延伸区；枢纽区包括站前服务设施区、邮政设施区、长途汽车站区；延伸区包括商业区和综合服务设施区。

4.2 剖面交通流线分析

城市轨道交通除地面车辆交通系统外，地铁1号线、都市线、4号线都穿越该区域，将地铁交叉换乘“T”字型布置在火车站站房下部，便于大量客流换乘。

4.2.1 公交车进出站流线分析

高架层进站口可设落客站，旅客能最便捷地到达候车厅。

下层出站集散平台两侧可设车站，便于大量旅客换乘。

4.2.2 出租车进出站流线分析

送站出租车通过坡道可直达高架上层下客区，落客后可直接离开或进入下层环路到达等候区。

接站出租车可由下层环路进入等候区，再到达出站口上客区载客，由下层道路出口离开。

4.2.3 社会车辆进出站流线分析

送站车辆可直达高架上层进站口落客，之后可直接离开或由下行坡道支路进入停车场。

接站车辆由下层路进入停车场等候，再由下层路离开。

1.2.4 贵宾车辆进出口站流线分析

贵宾车辆由上行坡道支路可直接到达基本站台，由站台另一侧进入下行车道离开。

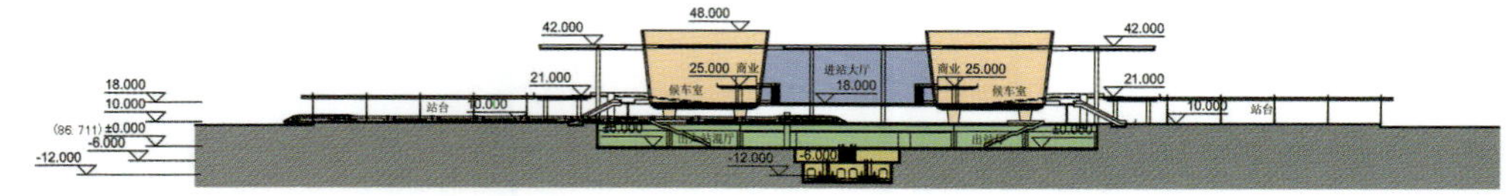

A–A剖面图

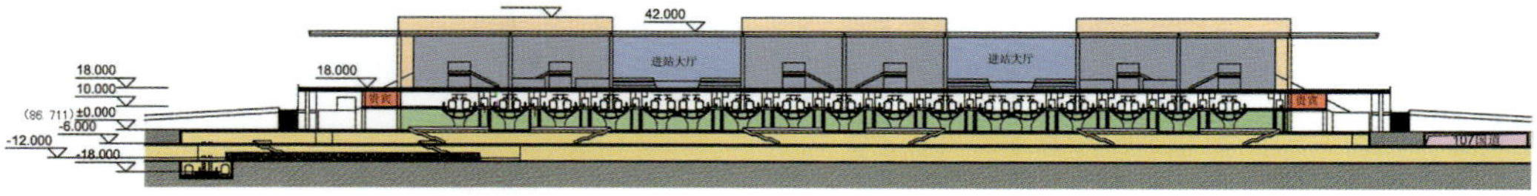

B–B剖面图

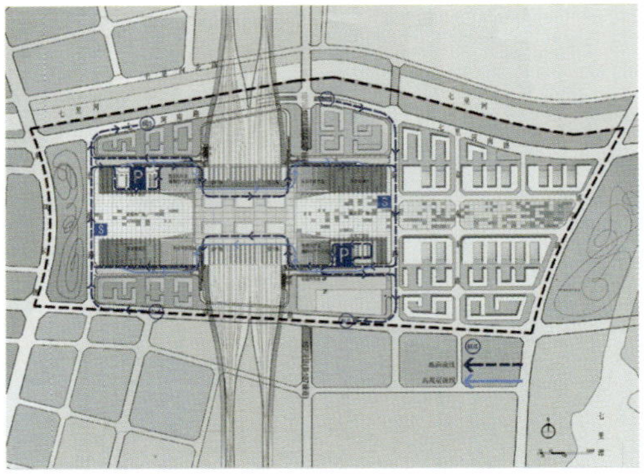

公交车流线分析图

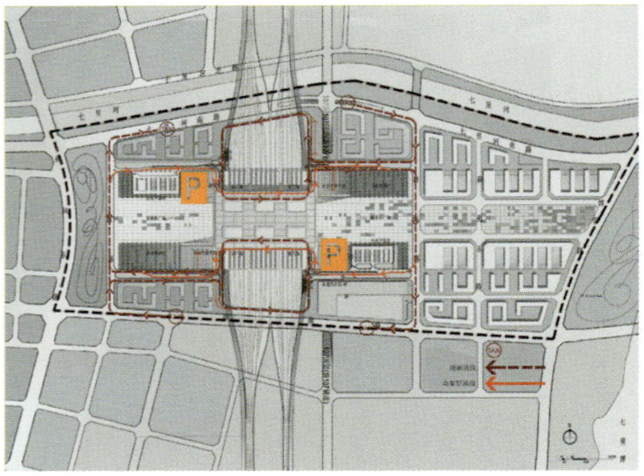

出租车流线分析图

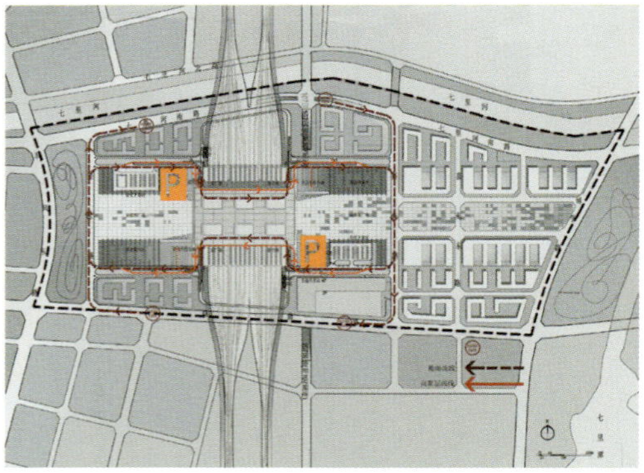

社会车辆流线分析图

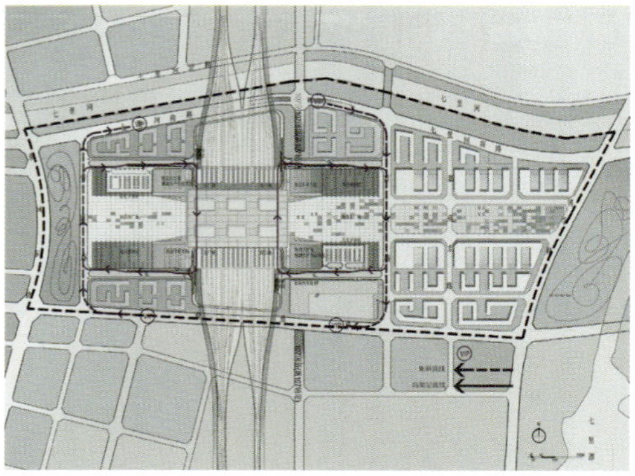

贵宾车辆流线分析图

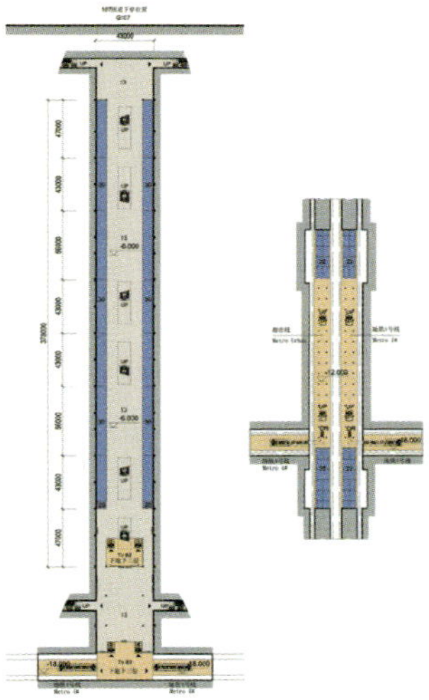

1 普通候车室
2 软席候车室
3 伤残候车室
4 军人候车室
5 贵宾候车室
6 公交下客区
7 出租车下客区
8 社会车辆下客区
9 人行平台
10 进站大厅
11 快速进站通道
12 快速进站入口
13 公共通道
14 出站厅
15 出入站混厅
16 公交上客区
17 出租车上客区
18 社会停车
19 票务
20 售票大厅
21 草坡
22 设备
23 值班
24 邮局
25 售票
26 自动售票
27 寄存
28 公安
29 值班
30 商业
31 办公
32 服务
33 管理
34 站台雨篷
35 辅助用房

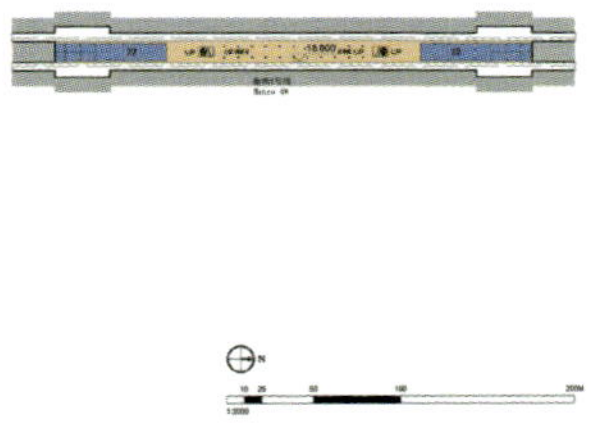

地下层平面

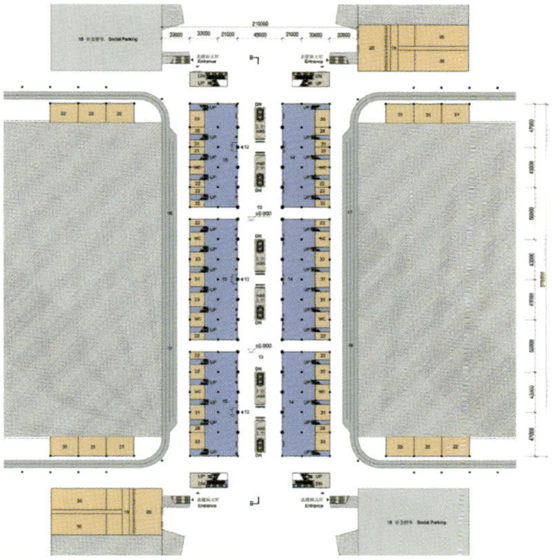

1 普通候车室
2 软席候车室
3 伤残候车室
4 军人候车室
5 贵宾候车室
6 公交下客区
7 出租车下客区
8 社会车辆下客区
9 人行平台
10 进站大厅
11 快速进站通道
12 快速进站入口
13 公共通道
14 出站厅
15 出入站混厅
16 公交上客区
17 出租车上客区
18 社会停车
19 票务
20 售票大厅
21 草坡
22 设备
23 值班
24 邮局
25 售票
26 自动售票
27 寄存
28 公安
29 值班
30 商业
31 办公
32 服务
33 管理
34 站台雨篷
35 辅助用房

一层平面图（广场层）

普通候车室
软席候车室
伤残候车室
军人候车室
贵宾候车室
公交下客区
出租车下客区
社会车辆下客区
人行平台
) 进站大厅
1 快速进站通道
2 快速进站入口
3 公共通道
4 出站厅
5 出入站混厅
5 公交上客区
7 出租车上客区
3 社会停车
9 票务
) 售票大厅
1 草坡
2 设备
23 值班
24 邮局
25 售票
26 自动售票
27 寄存
28 公安
29 值班
30 商业
31 办公
32 服务
33 管理
34 站台雨篷
35 辅助用房

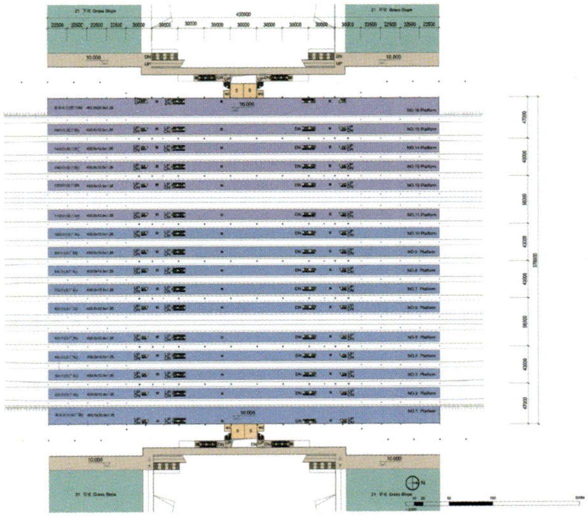

三层平面图（高架层）

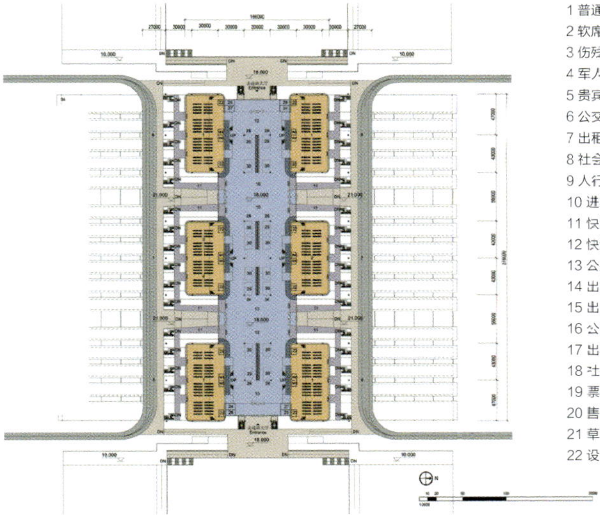

1 普通候车室
2 软席候车室
3 伤残候车室
4 军人候车室
5 贵宾候车室
6 公交下客区
7 出租车下客区
8 社会车辆下客区
9 人行平台
10 进站大厅
11 快速进站通道
12 快速进站入口
13 公共通道
14 出站厅
15 出入站混厅
16 公交上客区
17 出租车上客区
18 社会停车
19 票务
20 售票大厅
21 草坡
22 设备
23 值班
24 邮局
25 售票
26 自动售票
27 寄存
28 公安
29 值班
30 商业
31 办公
32 服务
33 管理
34 站台雨篷
35 辅助用房

二层平面图（站台层）

普通候车室
欠席候车室
伤残候车室
军人候车室
贵宾候车室
公交下客区
出租车下客区
社会车辆下客区
人行平台
进站大厅
快速进站通道
快速进站入口
公共通道
出站厅
出入站混厅
公交上客区
出租车上客区
社会停车
票务
售票大厅
草坡
设备
值班
邮局
25 售票
26 自动售票
27 寄存
28 公安
29 值班
30 商业
31 办公
32 服务
33 管理
34 站台雨篷
35 辅助用房

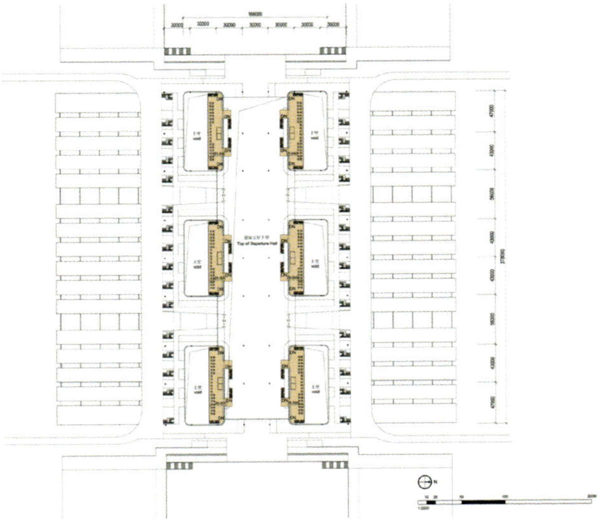

四层平面图（商业层）

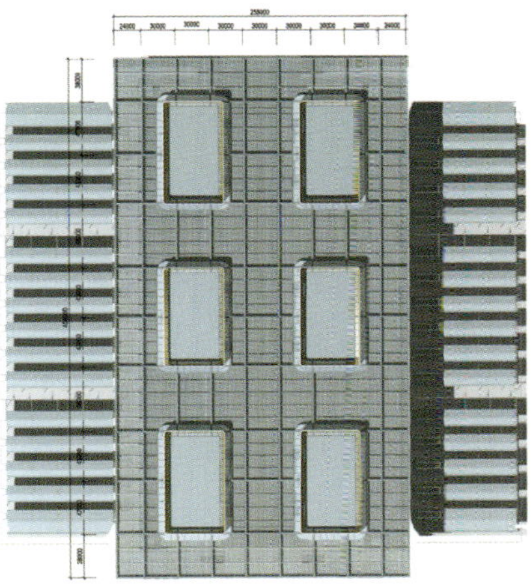

屋顶层平面图

方案Ⅴ 中国建筑中南设计院方案
Plan V Schemes from Contral–South Architecture Design Institute of China

5.1 项目定位

作为全国最大综合交通枢纽之一的新郑州站，为来自远方的客人提供了一张城市名片。新郑州站将成为一个具有国际先进水准的综合交通枢纽，成为郑州走向世界的一个窗口，并成为郑州发展历程的一个象征，其意义远远超过了该建筑本身。

5.2 城市定位

郑州是我国中部地区最重要的城市之一，是河南省政治经济和文化中心。同时，郑州也是我国极其重要的交通枢纽城市，是连接南北、贯通东西的交通要地。

5.3 文化背景

郑州历史悠久、人杰地灵，是中华民族的发祥地之一，孕育了中华民族极其光辉灿烂的文化。早在3600年前，这里就是商王朝的重要都邑，成为当时世界上最大的都市之一。享誉世界的商文明就是从郑州起步的，为此，郑州已被公认为中国八大古都之一。

5.4 功能定位

建设高速铁路客运专线网络是加快我国交通事业现代化建设的重要组成部分，是缩短地区之间时至距离的重要手段。

石武铁路客运专线是："北京武汉广州深圳"客运专线的重要组成部分，新郑州站是新建石武(石家庄—武汉)客运专线和徐兰(徐州—兰州)客运专线十字交汇枢纽，将汇集铁路客运、公路客运、轨道交通、城市公交等多种交通方式，买现多种交通方式的有机衔接。

车站运行的车流主要包括北京武汉方向和徐州西安方向的始发及通过高速列车以及该两条专线的跨线列车，其中以北京–武汉方向、郑州–北京方向车流为主。

5.5 规划条件

5.5.1 设计范围

新郑州站设计范围是东风东路以东、七里河南路以南、博学路以西、商鼎路以北所围合的区域，总规划用地面积约240hm^2，其中车站枢纽用地规模约100hm^2。

5.5.2 外部交通条件

与站区交通直接发生关系的外部城市道路主要有4条：北为七里河南路，东为107辅道，南为商鼎路，西为东风东路。

城市中心位于车站西侧，主要人流车流来自于西向。车站西广场为主要的人流、车流集散广场，东广场为联系车站以东城区的辅助广场。

5.5.3 站区城市道路

彩陶双连壶：和谐的象征

司马戊方鼎：厚重与沉稳

莲鹤方壶：精美的纹饰

107辅道：原为城市快速环路，现改为国道辅道，是贯穿郑东新区南北并与外省市联系的道路，红线宽度80m，与新郑州站站场东侧有部分重叠，将向东做适当改移。

商鼎路：城市主干道，原名中央大道，紧靠站区南侧，是郑东新区东西贯通的主干道之一，是郑东新区向东延伸的重要道路。应保持该道路的东西向贯通。

七里河南路：城市主干道，原为紧靠站区北侧沿七里河南岸的一条城市支路，为平衡站区南北两侧的车流提升为城市主干道，并向东与原圃田北路贯通，合称七里河南路，成为与商鼎路南北对应的站区交通路。

郑汴路：城市主干道，位于商鼎路南侧，是郑东新区东西贯通的主干道之一，是郑东新区向东与开封联系的一条重要道路。

金水东路：城市主干道，位于七里河南路北侧，是郑州市区重要道路金水路向东的延伸段，也是郑东新区东西贯通的主干道之一。

东风东路：城市主干道，南北贯通连接金水东路、商鼎路和郑汴路。

康宁街：城市主干道，原为郑汴路与商鼎路之间的城市支路，提升为主干道便于舒缓郑汴路与商鼎路的车流压力。

中兴路与心怡路：城市次干道，与站区西广场联系密切，通过改移作为站区西侧的交通疏解道路。

圃田北路：城市次干道，紧靠107辅道东侧，与站区东广场联系密切，通过改移作为站区东侧的交通疏解道路。

107辅道与金水东路、郑汴路交叉处分别设有完全导向立交系统。

5.5.4 轨道交通规划

郑州城市轨道交通网络由5条线路组成，目前均处于规划阶段，其中1号线、4号线东西向通过新郑州站，平行布置枢纽下方，同时预留未来新增线路轨道站房。

设计说明：

城市之门大型车站是一个城市的门户，体现一个城市的风貌和形象，一个有特点的车站建筑能引起人们对城市的记忆。富有历史文化内涵和地域特色的车站形象往往成为城市发展的标志。

在设计中，浑厚大气的主立面塑造是设计的重点：城市之门的立面造型中包含有青铜器——鼎的形象，同时又具有双连壶一样和谐的构图。整个车站形象犹如一个抽象雕塑，厚重沉稳，浑然一体，体现河南作为中原文化代表的文化特质。建筑倾斜的边角透露出一种强大的力度，整体上形成运动的速度感，体现当代交通建筑的特征。

建筑细部和室内设计中运用了来源于"莲鹤方壶"的纹饰，形成建筑细部的主题，内外呼应，协调统一，进一步体现"青铜器"的文化遗韵。

本方案在立面构图上打破了高架站房主体部分与高架桥分离的常规模式，建筑主体与高架桥有机结合，浑然一体，直接从广场拔地而起，产生气势恢宏的外观。

5.6 规划理念

站区规划以郑东新区规划为设计基础，结合场地交通现状调整局部道路关系，创造出和谐高效的交通体系和尺度舒适的广场空间，并通过对规划范围内各地块功能的重塑，整合成一个以车站为中心轴线的美好的城市空间序列；保持车站东西广场人流车流的通畅性，尽量避免或减少铁路对城市空间的割裂影响；有效利用土地资源，为后期建设及地下空间的利用创造良好的条件接口。

5.7 现状道路调整

车站西侧中兴路与车场不平行，且北侧与车场距离太近，对西广场的设置纵深影响较大。设计中将中兴路自七里河南路至商鼎路段截断，并将南段向北与心怡路连接为一体(本设计中定名为新规划路)，作为车站西广场的交通疏解道路。

107辅道向东改移，其道路中心线距徐兰场边缘控制在80m左右，为车站设置东向线侧站房留下足够的空间。

107辅道在站区范围内采用局部下穿的方式，确保东广场人流不被辅道的车流所影响。

107辅道与七里河南路以及商鼎路的交叉口采用简易立交的方式。

七里河南路和商鼎路的直行道路局部下穿，避免城市主干道与辅道车流的交叉干扰。

圃田西路随着107辅道向东改移，作为车站东广场的交通疏解道路。由此形成四纵三横的车站道路网络。

5.8 站区规划分区结构

车站主要立面面向西侧的市中心，东侧为郑东新区待开发的办公金融中心。

本设计围绕东西广场形成的步行中轴线组织空间的延伸，与站区东西两侧的城市空间发生联系，共同组成一个大的城市序列。

利用站场轨顶标高与广场8m左右的高差作为换乘集散的步行空间，可以将东西广场联系成一个完整的步行中轴。

在架空层内设置铁路出站厅、换乘大厅、轨道交通的出入口和出租车社会车的上下客区，

人行通道两侧布置各类小型商业票务网点；东西广场两侧布置公交车、社会车、长途车等交通车场以及车站辅助生产生活用房。

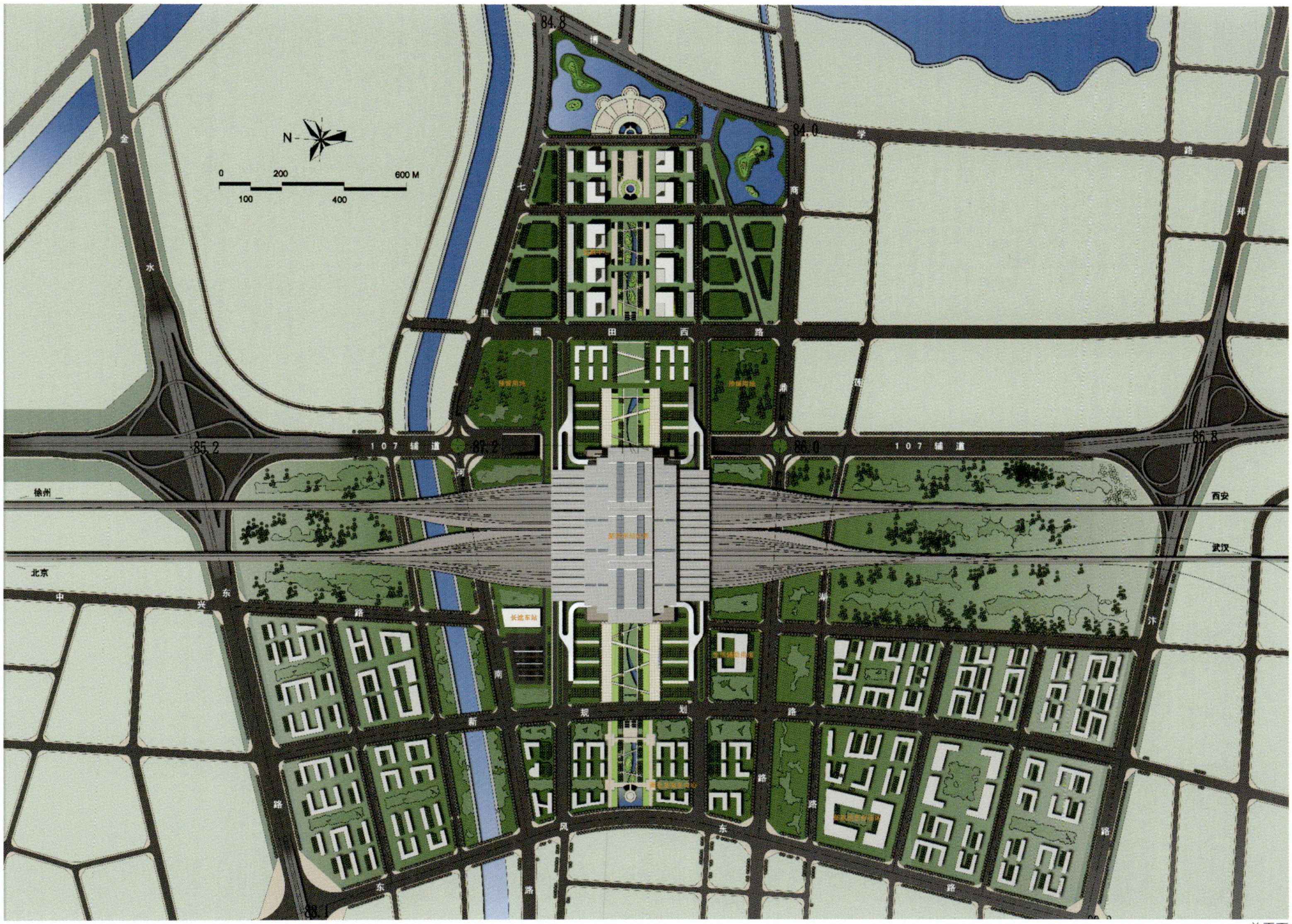

总平面

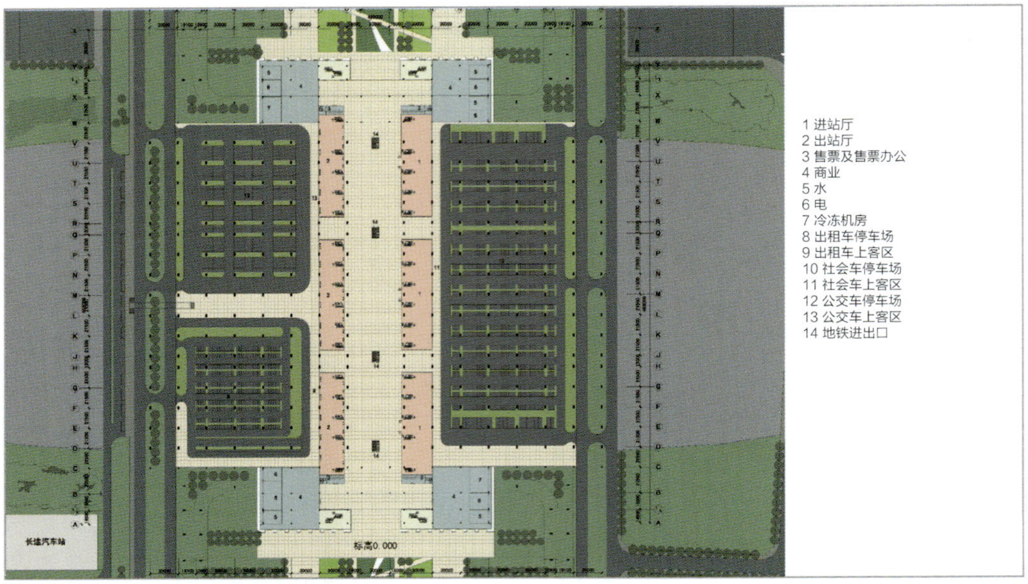

地面层平面图

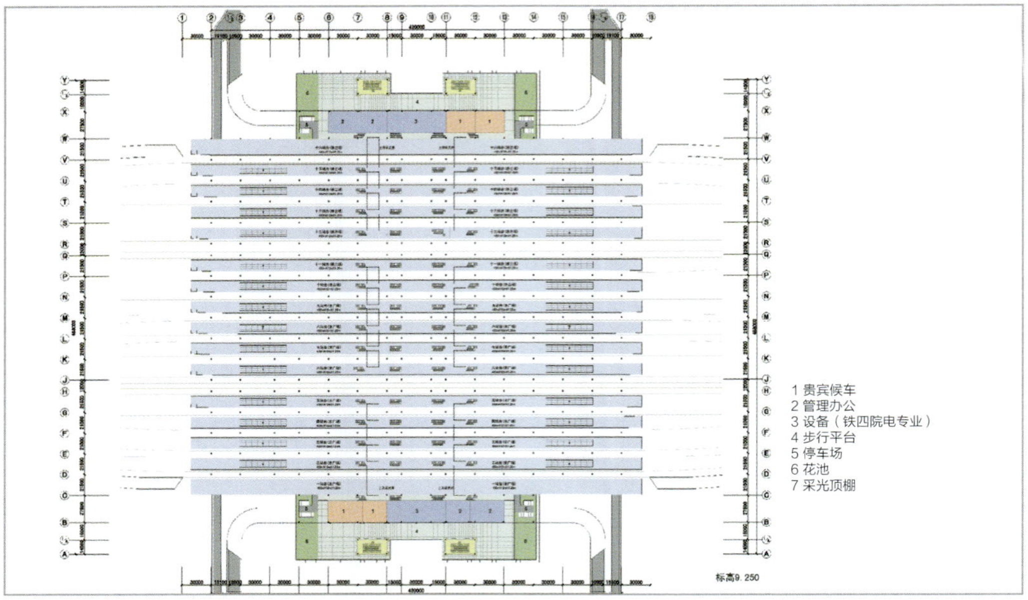

站台层平面图

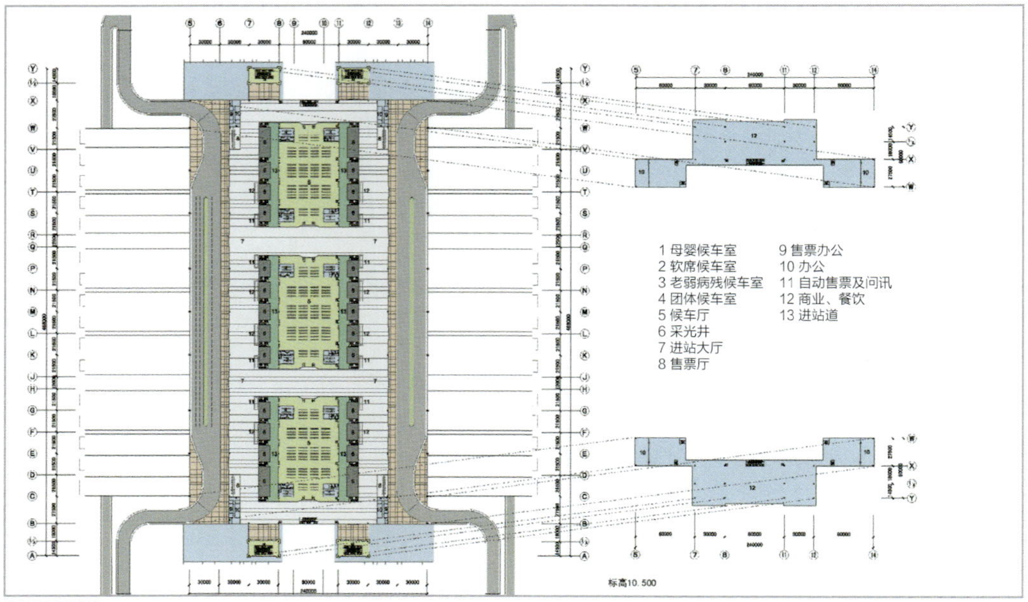

高架层平面图

5.9 平面布置

5.9.1平面功能

站房本着“以人为本、以流为主”的设计原则设计进出站流线。长达355m的车场站台跨度决定了车站平面采用高架停靠由南北两侧进站、线下出站换乘的流线关系。

站房采用部分高架候车、部分线下候车型式。地上部分主要分为高架候车层、站台层和线下层(广场地面层)，地下层为地铁轨道交通。

（1）高架候车层(+19.50m)

设有南北小车高架落客平台。两侧进站大厅采用机场化的空间模式，旅客进八大厅后经过各候车厅相应的安检手续进八候车室，或检票后由绿色通道直接进八站台层。

进站大厅东西两侧分别设置售票厅及自动售票系统，方便旅客就近办理票务手续。商业、餐饮、小件寄存及各种服务网点分散设置。

候车室内设有团体、母婴、软席、无障碍候车室以及相应的旅客服务设施。

（2）站台层(+9.25m)

设16座站台，其中1~8号站台为京广场站台，10~16号站台为徐兰场站台，9号站台为共用站台。站台东西线侧为贵宾候车室及车站办公及设备用房。

（3）线下层(广场地面层，±0.00m，相当于绝对标高87.50m)：

主要作为车站枢纽的换乘大厅。南北两侧设置旅客出站通廊和出租车、社会车停车场，中部设置中转旅客候车大厅，方便中转旅客及来自轨道交通的旅客就近候车。共设6个地铁轨道交通出入口。

线下层可成为东西广场的步行联系通道，旅客自西广场到东广场不受车辆干扰。

4号轨道交通地铁站(8.00m，−14.00m)

轨道交通1、4号线地铁平行于站场下，共用一个站厅层(标高为8.00m)，与车场轨道垂直布置。

5.10 建筑设计造型构思

郑州历史悠久，是中华民族的发祥地之一，孕育了中华民族及其光辉灿烂的文化。

早在3600年前，这里就是商王朝的重要都邑当时世界上最大的都市之一，享誉世界的商文明就是从郑州起步的。为此，郑州已被公认为中国八大古都之一。

郑州是我国中原文化的代表城市之一，从历史文化遗迹中透露出来的庄重、沉稳、宏大的气质一直被认为是中原文化的精神核心。

大型车站是一个城市的门户，体现一个城市的风貌和形象，一个有特点的车站建筑往往能引起人们对城市的记忆。

富有历史文化内涵和地域特色的车站形象往往成为城市发展的标志。另一方面，郑东新区是一个全新的现代化城区，新建的车站枢纽应体现时代的气息，并与当地的历史人文、自然气候相协调。

因此，我们采用传统与现代相结合的设计理念，提炼地方传统文化的神韵，抽象地融入立面造型之中：

城市之门的立面造型中隐含着青铜器鼎的稳重形象，同时又具有"双连壶"一样和谐的构图。整个车站厚重朴实，浑然一体，简练而干净，整体形象犹如一个宏伟的城市雕塑。

建筑倾斜的边角透露出一种强大的力度和流线型的动感，体现交通建筑的特征。

建筑细部和室内设计中运用了大量简练的鼎纹形成建筑细部的主题，内外呼应，协调统一，进一步体现"青铜器"的文化遗韵。

本方案在立面构图上打破了高架站房主体部分被高架桥分离的常规模式，充分利用车场与广场地面的高差形成高达9m的基座建筑主体与基座有机结合，浑然一体，直接从广场拔地而起，产生刚劲有力、气势恢宏的建筑外观。

新郑州站，一个巍然屹立于中原大地的交通枢纽，必将成为我国中部地区跨越式发展的里程碑。

候车厅透视图

高架车道透视图

站台透视图

车站夜景鸟瞰

车站白天外景效果图

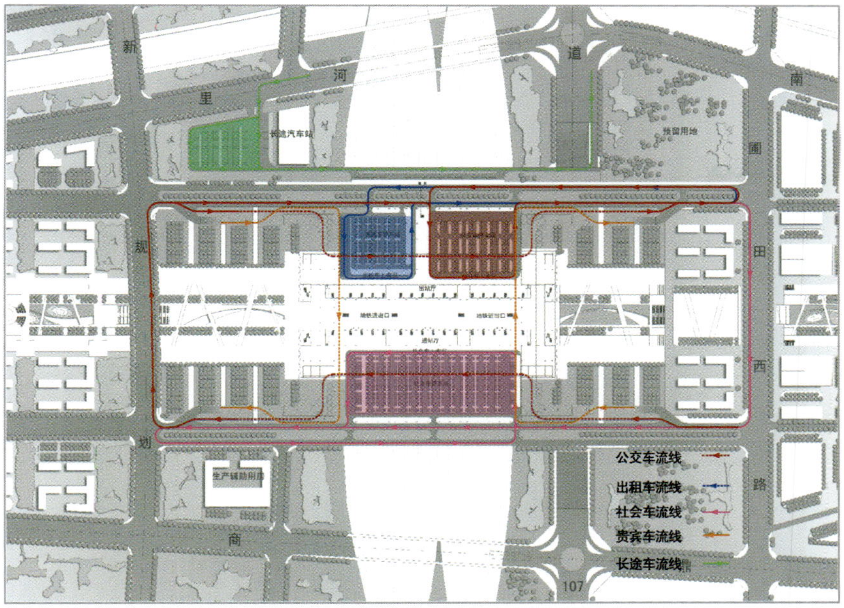

交通流线分析图

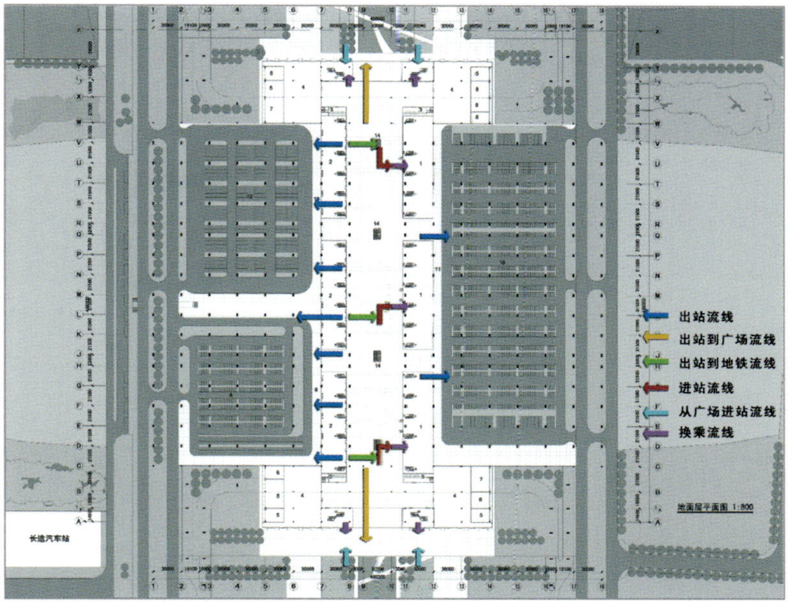

地面层流线图

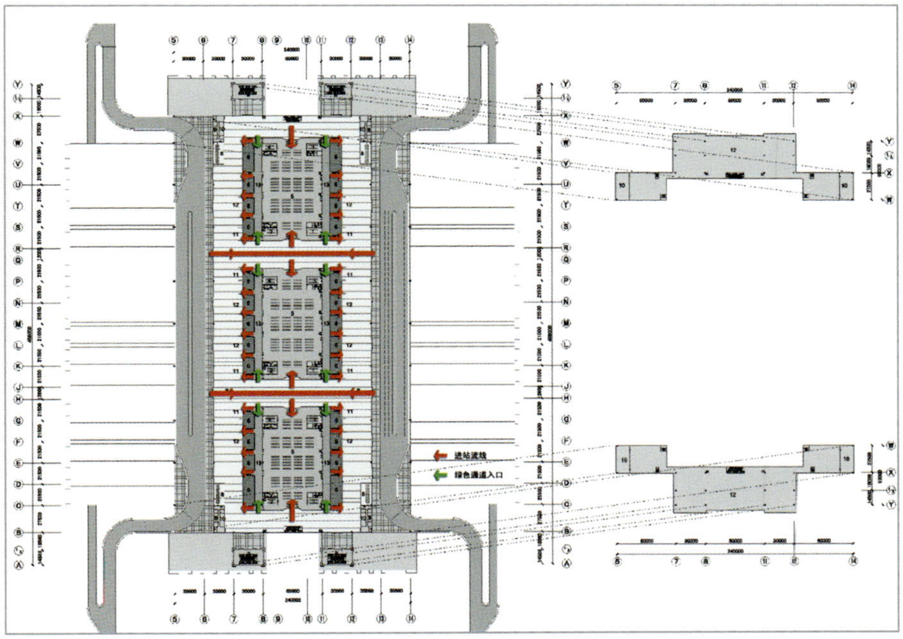

高等层流线图

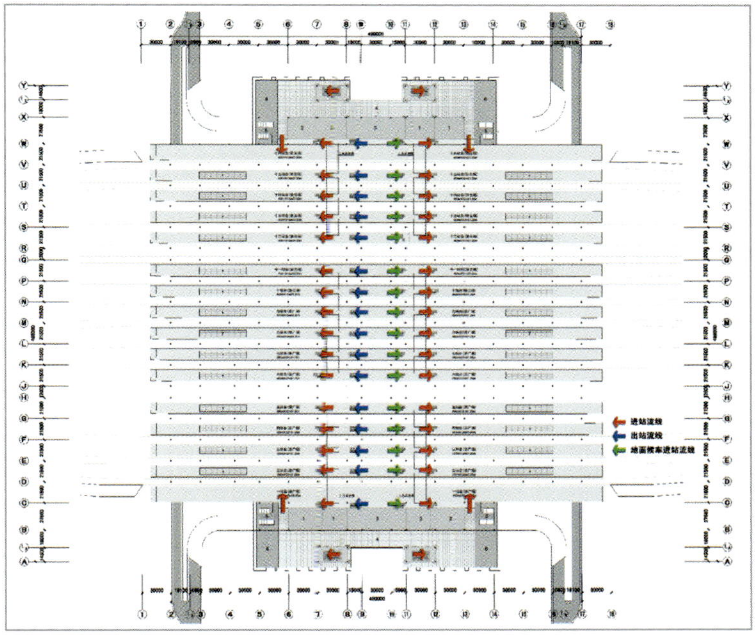

站台层流线图

5.11 交通组织

5.11.1 设计原则

（1）高效——旅客进出站快捷便利，适应铁路公交化机场化的高效运转模式。设计吸收机场的旅客进出模式，强调旅客进出站的直接性。利用高架候车室的南北两面作为主要进站口，高架站场下的架空空间作为出站交通的换乘通道和中转候车室，与城市交通紧密结合，使旅客换乘明确便捷。

（2）明确——旅客可由东西广场通过自动扶梯或高架平台进入高架候车大厅候车，轨道交通来客和中转旅客也可以就近由架空层的候车室进站。广场与站台约9.25m的高差决定了“上进下出、下进下出”的进出站方式。

（3）流畅——站场内部各种城市交通车流全部采用单向右行停靠的方式，尽量避免人车流的交叉和不同种类车辆的交叉混行。

5.11.2 交通组织分项说明

（1）公交车公交车停车场位于线下空间，紧邻东广场，直接与规划路相通，由站区内部干道出入。

（2）出租车停车场位于线下空间，分南北两侧设置。出租车由新规划路和圃田北路进入区内部主干道，再由高架匝道在高架候车大厅停靠下客，之后可选择下行离开或进入出租车等候区。

（3）社会车的流线组织方式与出租车近似，停车场位于线下空间，在南侧设置。

（4）长途车停车场设于西广场，紧邻七里河南路，有较为独立的进出站流线。

（5）贵宾车设有直接进出基本站台的专用高架道。

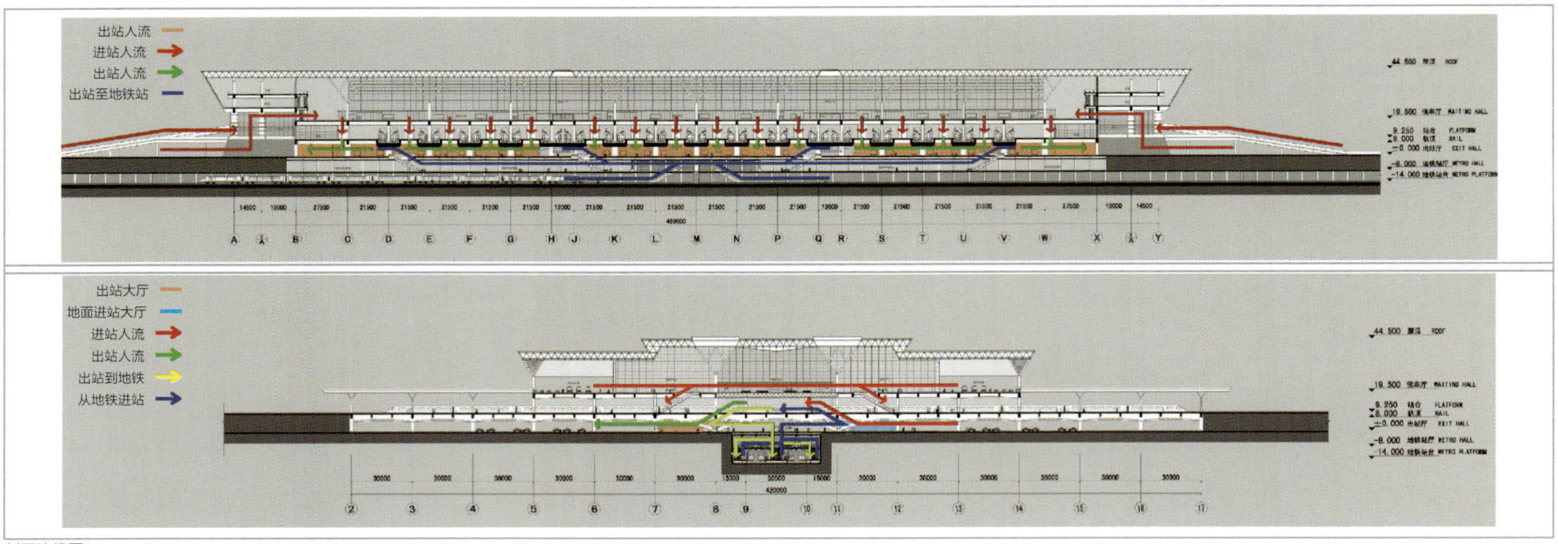

剖面流线图

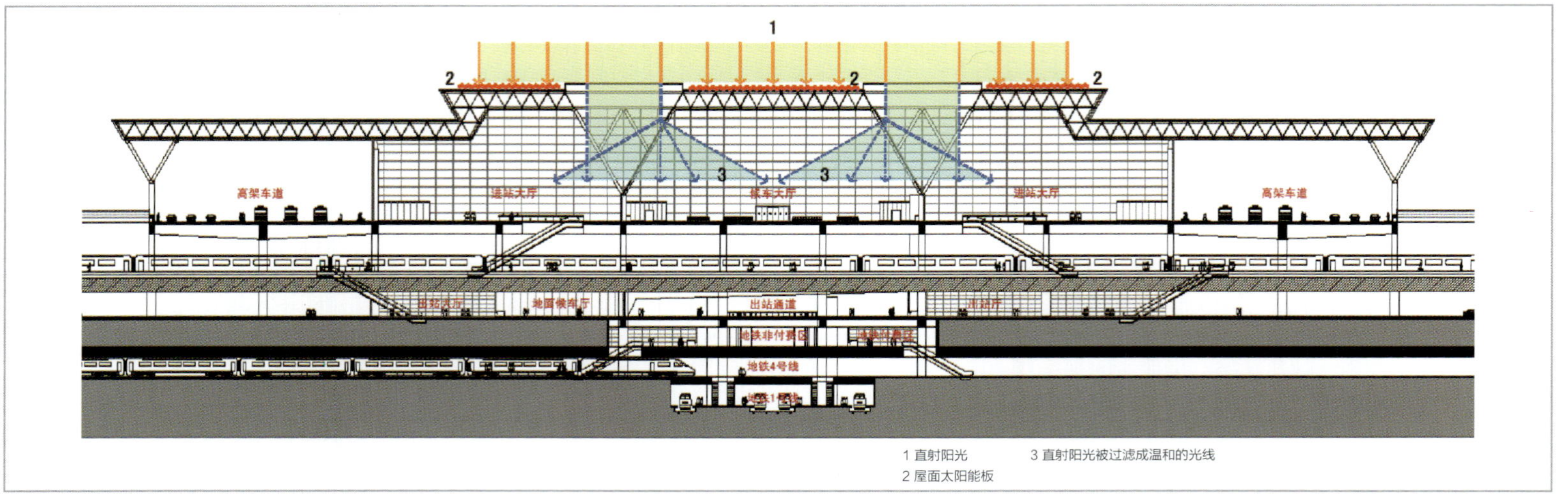

日照节能分析图

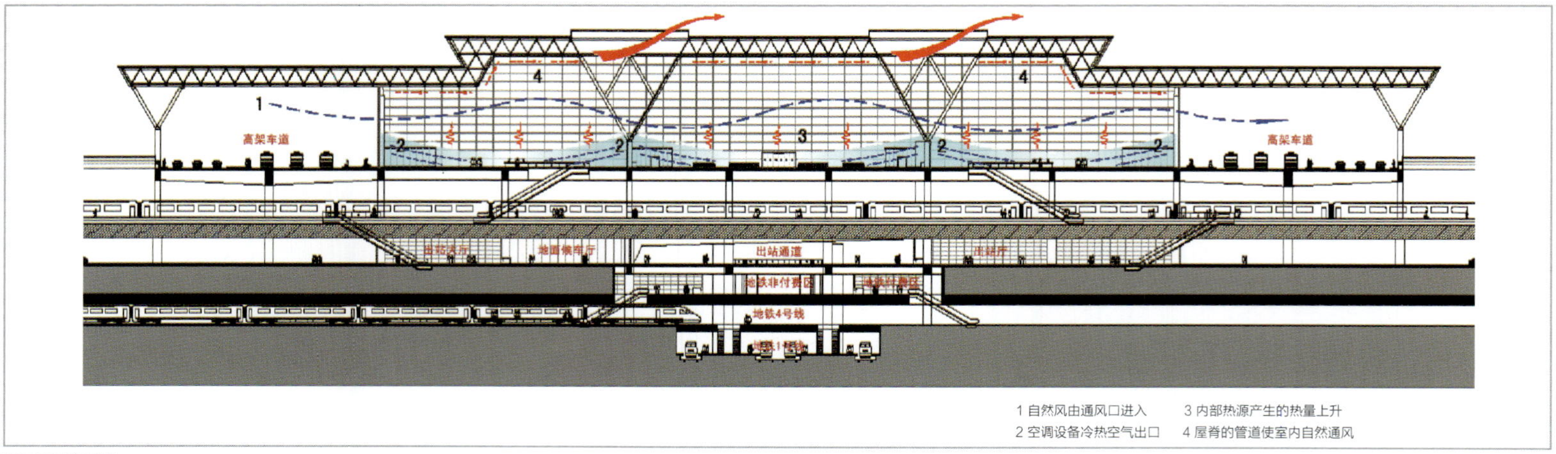

通风节能分析图

5.12 建筑技术设计

5.12.1自然采光通风：车站高架候车大厅呈长方形。长边为主要进站大厅，面朝南北向，采用可开启的玻璃幕墙结合金属百叶作为立面维护结构，采光充分，进站高架环道停靠区由倾斜的半透光雨棚覆盖，可起到遮阳、避雨的作用。屋顶以厚重的金属面和太阳能板为主，结合造型采取顶侧窗采光，独特的采光通风设计避免了大面积的玻璃顶，有利于节能，符合郑州当地气候对建筑的节能要求。

由于合理的空间布局，站房内部将形成自然通风的效果，除候车厅及主要服务空间外，大部分空间无需空调就可以循环通风降温，这将大大降低车站运行的能耗。

5.12.2 电子屏幕系统：面向广场的立面正中采用点状玻璃幕墙结合点阵电子发光屏幕系统的设计，光洁的主立面上可投影出绚丽的电子影像及车站信息指示。独特的技术成为新郑州站的另一大特色。

5.12.3 无障碍设计：各站台、进站通道、中央广厅、候车室、出站厅均设有残疾人电梯，实现全方位的无障碍进出站。所有导向系统均考虑设置无障碍设施，体现人文关怀。

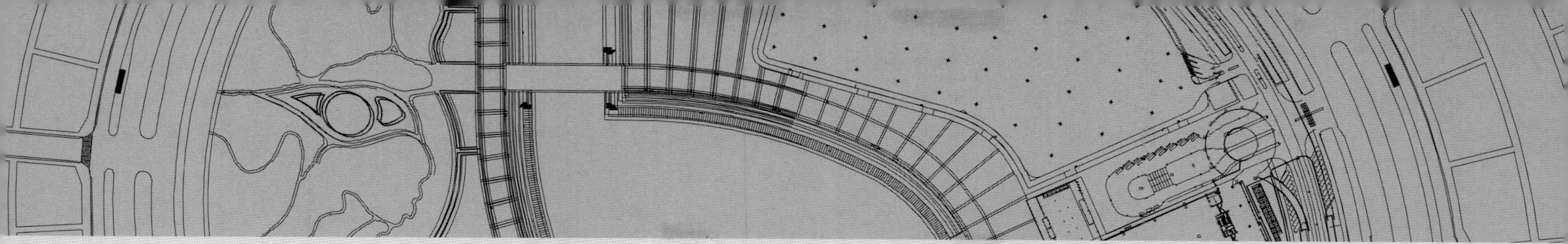

郑州综合交通枢纽地区控制性详细规划

Regulatory Detailed Planning for Zhengzhou Integrated Transportation Hub Region

6

郑州市规划勘测设计研究院方案
Schemes from Shanghai of Civic Architectural
Design and Research Institute

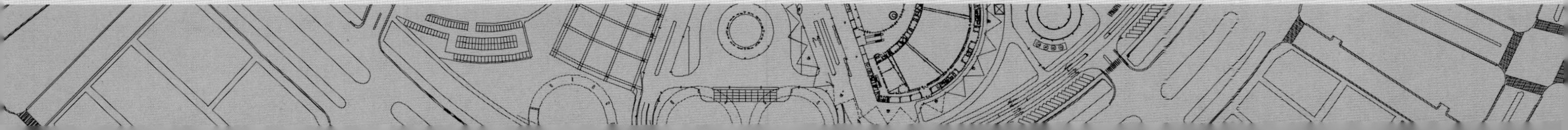

1.前期分析

1.1 项目背景

铁路新客站、国家干线公路物流港、郑州铁路集装箱中心站三大工程与京珠高速公路、陇海铁路等交通设施共同构筑成郑州综合交通枢纽。

为落实综合交通枢纽地区调整规划和核心区城市设计的规划思想，促进和引导城市综合交通枢纽地区的有序建设，指导和控制下一阶段的规划建设，2007年7月郑东新区管委会委托我院编制郑州综合交通枢纽地区控制性详细规划。

规划区域位于郑州市郑东新区的东南部，陇海铁路的北侧，京珠高速的西侧，107国道纵贯规划区域中部，金水东路从规划区域的北部穿过。具体的规划范围为由陇海铁路、东四环、熊耳河、东风渠所围合的区域，总规划面积35.05km^2。

规范范围示意图

1.2 现状分析

现状土地利用以金水路—东风东路为界，呈现明显的城郊差异。其中东风东路以西和金水路以北地区发展较为成熟，用地以居住、行政办公、商业用地为主，教育设施、市政设施的配置以及绿化建设具有一定基础，少数用地正在开发建设。

金水路—东风东路交口东南部的地区则呈现出较为显著的城市郊区风貌，该区域中北部有部分市政设施，包括王新庄污水处理厂和热力公司，为郑东新区重要的市政设施工程。107辅道东侧按原有科技园规划已建成27所大型科研机构。郑汴路以北靠近京珠高速局部地块已按国家公路物流港规划出让地块。

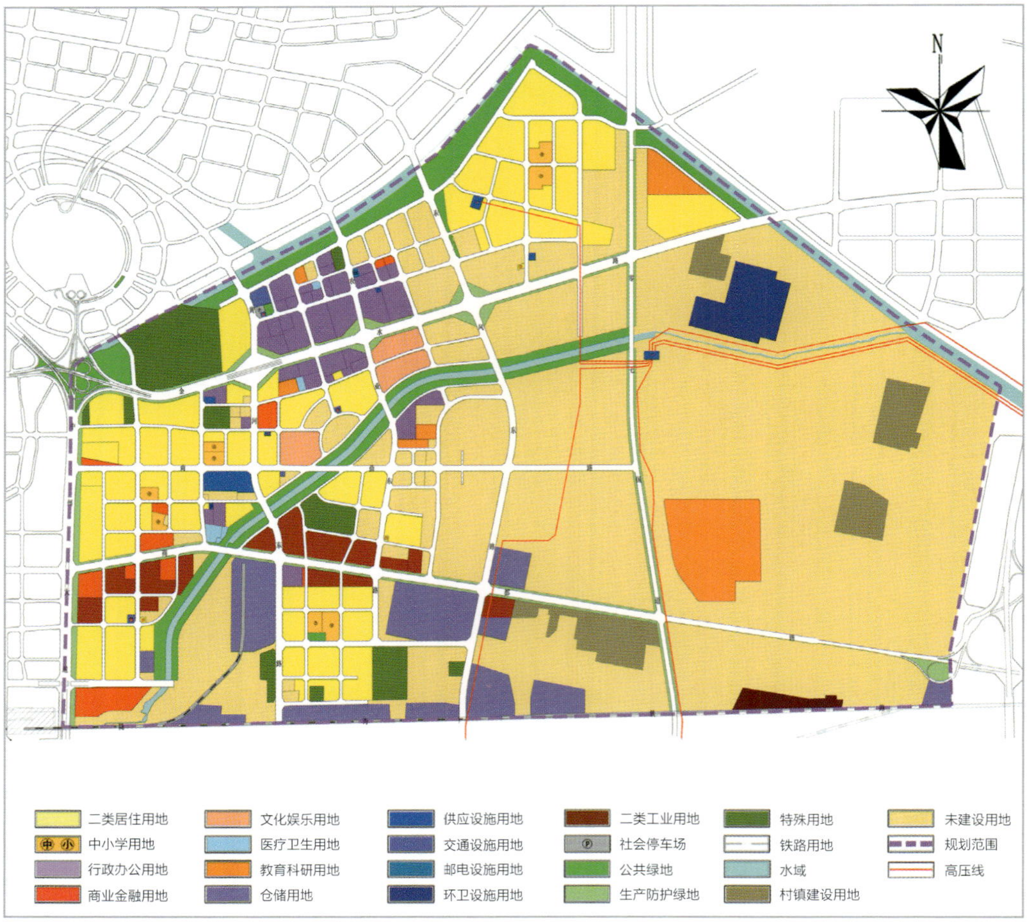

用地规划图

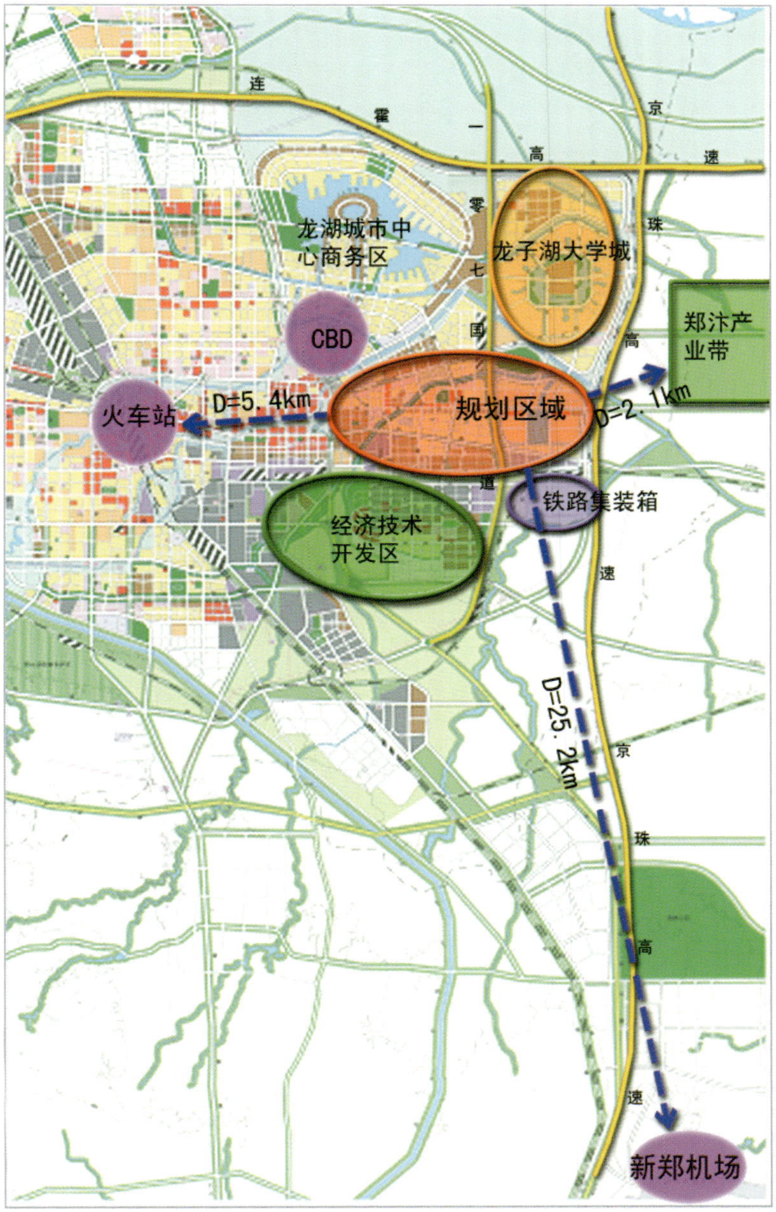

区位分析图

1.3 规划定位

依据该区域总体规划调整，定位于：

（1）国家重要的综合交通枢纽

（2）国家重要的物流中心

（3）郑州市城市副中心

1.4 规划目标

（1）现代化的、高水平的以国家客运综合交通枢纽为代表的城市东部门户；

（2）集枢纽型商务、商贸、物流、居住为一体的，以城市对外联系为主，提升城市综合实力和外在形象的城市副中心。

（3）交通便捷、功能完善、环境优美、土地利用合理、高效、有序的城市交通枢纽中心和现代服务业中心。

1.5 规划原则

（1）可持续发展的原则

以保持生态环境为前提，促进规划地区的经济、环境和社会协调，坚持走可持续发展的道路。

（2）功能性原则

以满足枢纽自身交通功能为前提，与城市其他功能相协调，使交通功能与城市其他功能相互促进、协调发展，从而实现交通枢纽地区交通价值和城市功能价值的最大化和两者的平衡发展，使交通枢纽地区成为带动城市发展的最重要的动力。

（3）整体性原则

从郑州市乃至更大的角度出发，确定本地区的功能定位；合理安排功能分区，梳理本地区的对外及内部交通系统，协调本地区功能与临近城市功能组团之间的关系，使地区发展与城市发展相得益彰。

（4）协调性原则

规划在充分尊重上层次规划的基础上，协调与周围地区及与本地区有关的各种规划，整合本地区内已有规划。

（5）因地制宜原则

从本地区所处的特殊区位出发，通过对周边环境和基地本身的环境分析，把握地区的城市形象塑造，以地区现有的自然景观和未来发展为基础，推动地区的开发和城市风貌设计。

（6）区域功能平衡原则

作为总面积为35.05km^2、人口高密度活动的规划区域，应保持规划区域范围内就业、居住及相关生活配套功能的平衡，以方便工作、生活，减小城市交通压力。

1.6 周边环境分析

规划区域位于郑东新区的东南部，东侧邻近京珠高速和郑汴产业带，北侧通过金水路与其西侧的郑东新区CBD相连，规划区域西北向紧邻郑州CBD，东北侧临龙子湖高校区，南侧临经济技术开发区。枢纽核心（新郑州站）区距郑东新区CBD中心区3.4km，隔陇海铁路与郑州经济技术开发区及郑州国家铁路集装箱相望，西南距郑州火车站9.3km，北距龙子湖高校区1.4km，南经机场高速距离郑州新郑机场25.2km。

1.7 用地规划

规划区用地主要由公共设施用地、居住用地、物流用地、市政设施用地、铁路用地和绿地等六类组成。同时为保障居民生活必要设施的供给，确保公众利益的最大化，将为居民生活服务的公共设施类如中小学、道路交通设施类、市政设施类用地深化至小类。

为了增强规划的灵活性和适应性，发挥市场的调节作用，枢纽核心区用地划分主要为中类，安排办公

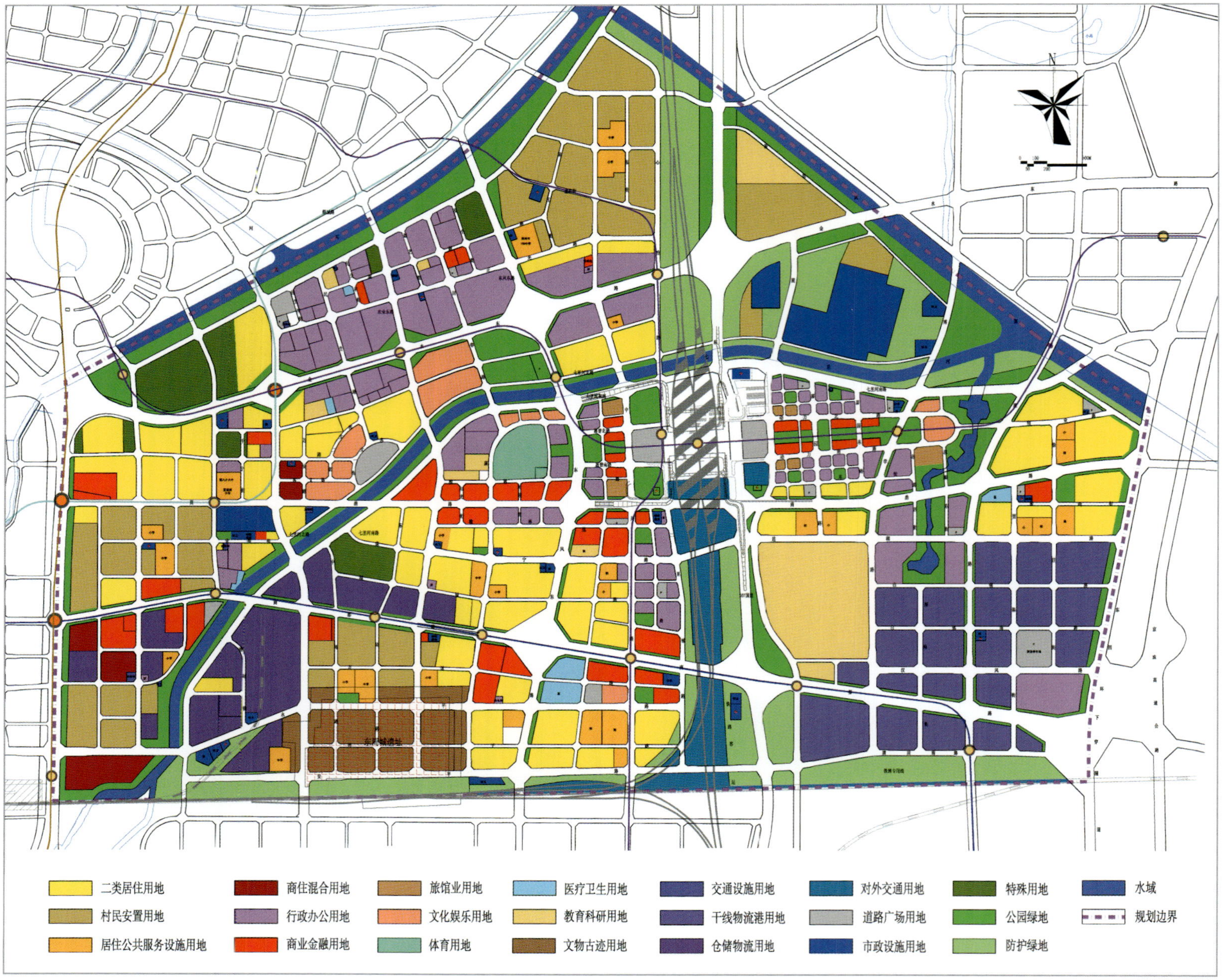

用地规划图

用地、商业金融用地和旅馆业用地。其中为满足枢纽区带来的潜在客流，延展商务功能，把用地细分到小类，安排旅馆业用地。

枢纽核心区西侧体育公园周边安排商业金融用地和行政办公用地，一方面作为枢纽核心区用地功能的延伸，另一方面为郑东新区拓展区提供服务。

在枢纽核心区东侧为规划的莲湖，使七里河水体景观渗透到规划区内部，同时利用莲湖良好的景观，在其周边安排低强度开发的旅馆业用地和商务办公用地，可以作为北部龙子湖大学园区商务办公服务的补充。

规划区域中东风东路以西、七里河以北区域大部分为已建成和已审批的地块，只有少量的空地。经过对现状的分析，已建成区域的基础设施不够完善，所以在这些少量的空地上尽量不再规划安排居住用地，以公共服务设施用地和市政设施用地为主。

2. 规划内容

2.1 规划结构

规划区总体功能布局结构为：

“一心、四轴、八区”

2.1.1“一心”

铁路客运站、长途客运站以及与两者配套的其他公共交通设施，形成客站枢纽地区的交通功能核心。

2.1.2“四轴”

中央景观轴：指东西向横贯站场枢纽与东部商贸中心的主轴线，是地区风貌景观绿轴，车站枢纽建筑以这条轴线为中心，建筑形态形成对称布局。

商务办公轴：指沿心怡路的南北向次轴线和沿金水路的东西向次轴线。依托枢纽核心区，同时结合地铁线形成两条商务办公次轴线。

商业物流轴线：指沿商都路的东西向商业物流轴线。这条轴线上分布有国家干线物流港以及香江物流、长通物流等。

2.2 城市设计

运用城市设计方法，对空间发展研究中的结构、开放空间、竖向布局以及开发强度做出明确、有效的要求，以指引有序的建设开发，创造更和谐、更具特色的城市空间。

依据郑州市总体规划对该地区的指导和综合交通枢纽对该地区的影响，规划范围内形成“一心、一轴、两带、十片”的空间发展结构。

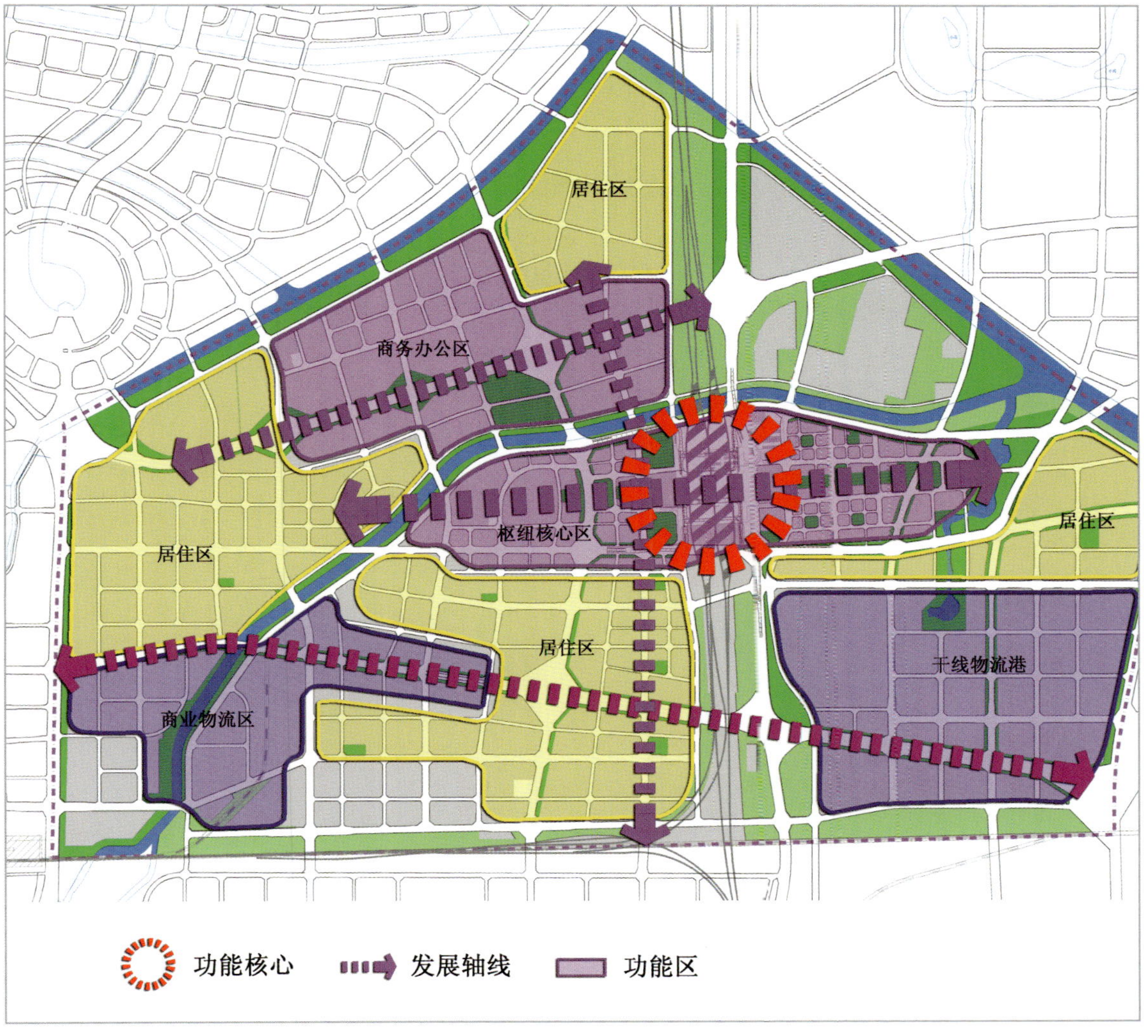

规划结构图

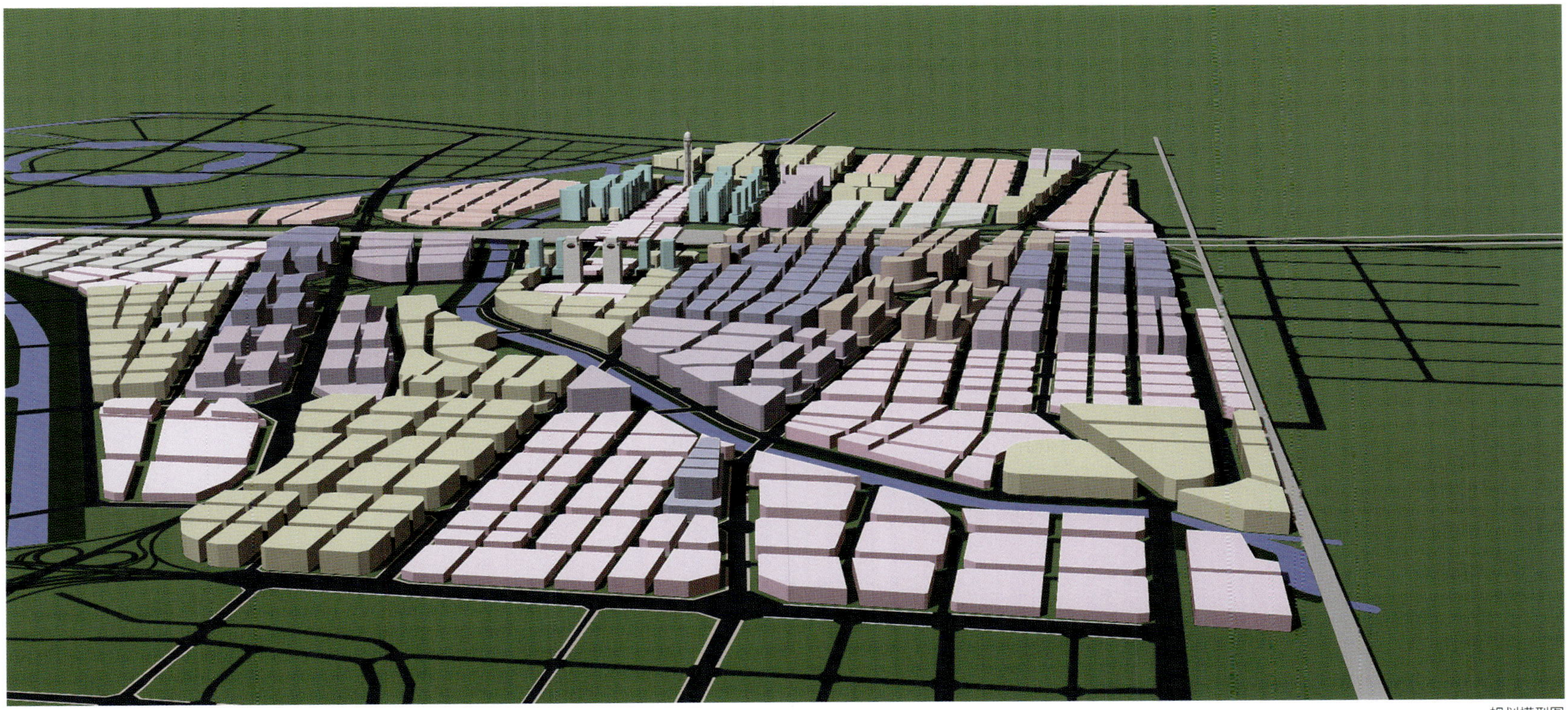

规划模型图

2.3 竖向形态控制

郑东新区总体规划充分考虑CBD核心商务区对周边地区的影响，对周边地块建筑在高度上进行限制，突出CBD高层建筑群，形成优美的城市天际线。

以综合交通枢纽核心区为中心，高度向四周逐渐降低，核心区内的标志性建筑成为规划区内的制高点。

以金水路和商都路为隆起带，道路两侧地块高度相应提高。

东西向发展轴建筑高度适当降低，形成良好的视觉通廊。

标志性建筑分布在核心区内、东西向发展轴和高度隆起带上。

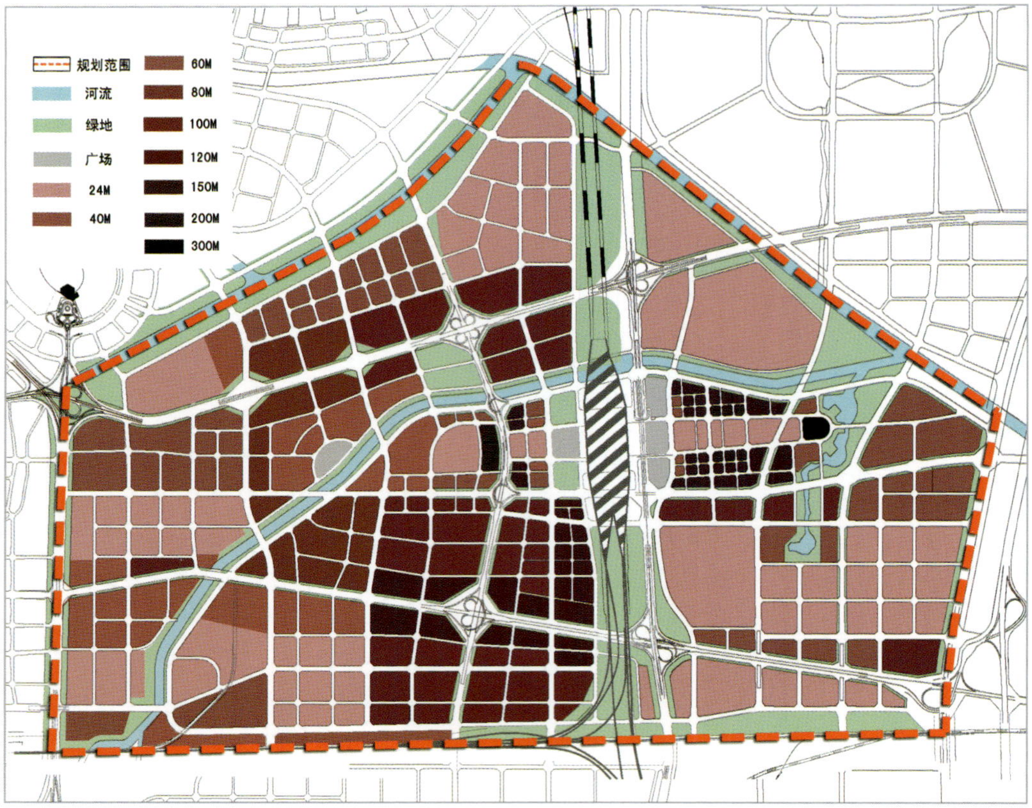

2.4 核心区建筑界面设计

2.4.1 建筑贴线率的控制

连续的界面是公共空间形状被感知的重要物质基础之一，是公共空间完整性的保障，这在街道空间和广场空间中尤为显著。

为了形成连续的城市空间界面，在枢纽核心区中央广场绿化带的两侧、商业商务区的主要道路两侧形成连续的“城市墙”，有“城市墙”控制的街道要求建筑沿相同退后红线建设。由多个建筑的立面所构成的城市墙立面应该至少跨及所在街区70%的长度，以保障城市空间界面的连续性。

2.4.2 城市高层建筑界面的控制

为了强化综合交通枢纽核心区域的中轴线，增强公共空间的序列感，规划对中轴线两侧的高层建筑界面进行控制。高铁站房东侧邻近中央绿化带的两侧高层建筑的东西向外墙面需布置在与中轴线平行的同一条线上，邻近南北向主要街道的外墙面需布置在与中轴线垂直的同一直线上。

2.4.3 灵活设计建筑界面线的引导

为了避免中轴线沿线建筑界面的单调，促进空间多变、层次丰富的中轴线公共空间环境的形成，本次城市设计鼓励中轴线沿线的建筑界面设计灵活变化、特色突出。

同时，为形成空间景观丰富、多变的街道景观，提升城市形象，鼓励对规划区域内的主要道路——东风东路、商都路、商鼎路的两侧建筑界面进行灵活设计。

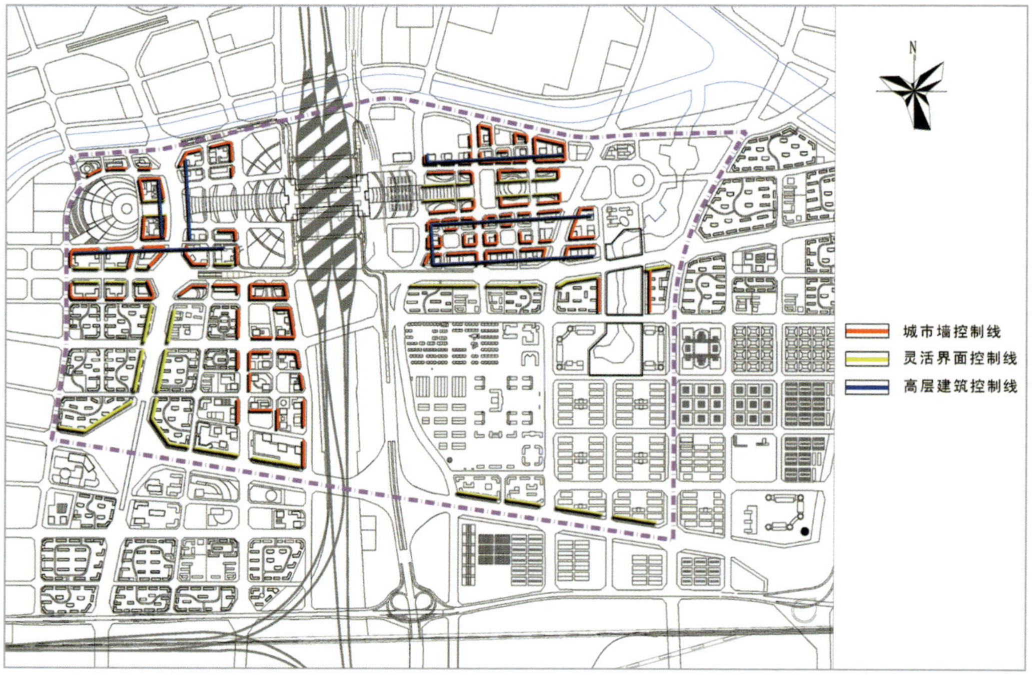

2.5 开放空间体系规划

城市开放空间是城市公共空间的核心内容，也是形成高质量景观环境的重要载体。对于定位为城市副中心的综合交通枢纽地区而言，开敞空间是整个区域的焦点。在此次规划中，枢纽核心区开放空间体系主要由广场、公园绿地、滨水空间、体育公园和城市主要步行道路所构成，它们共同形成了空间疏密有致、景观相互渗透的新城市中心景观。

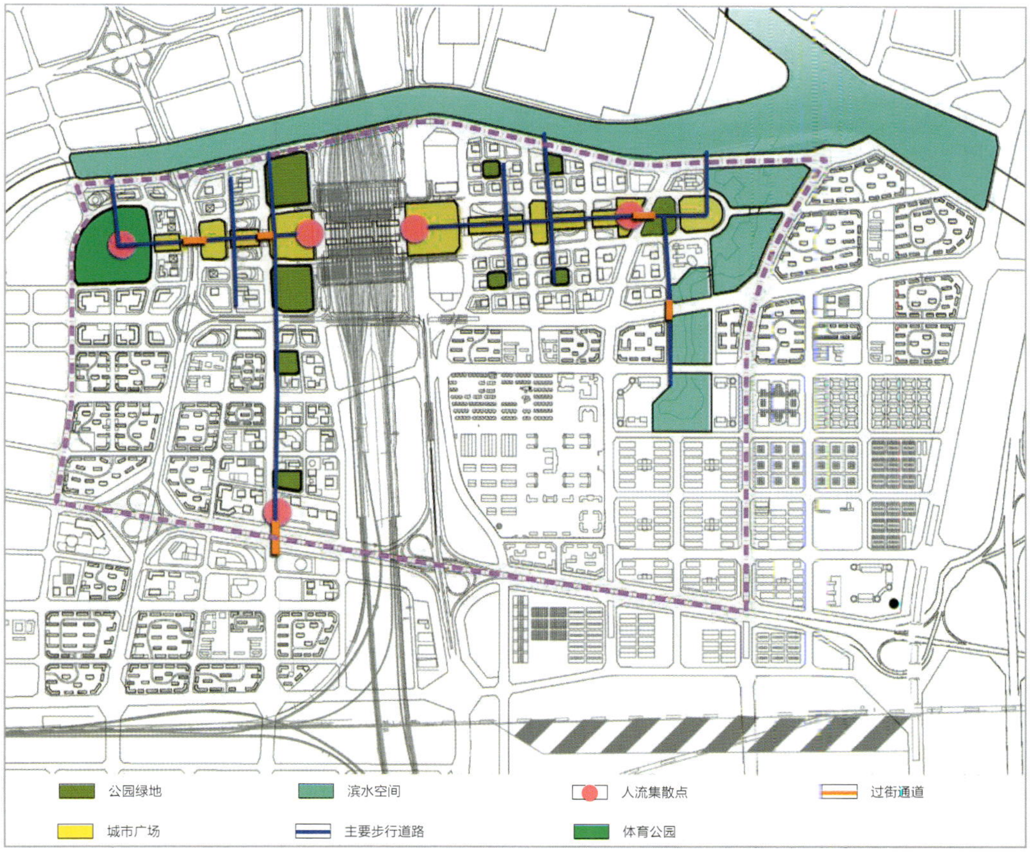

开放空间体系规划图

总体鸟瞰图

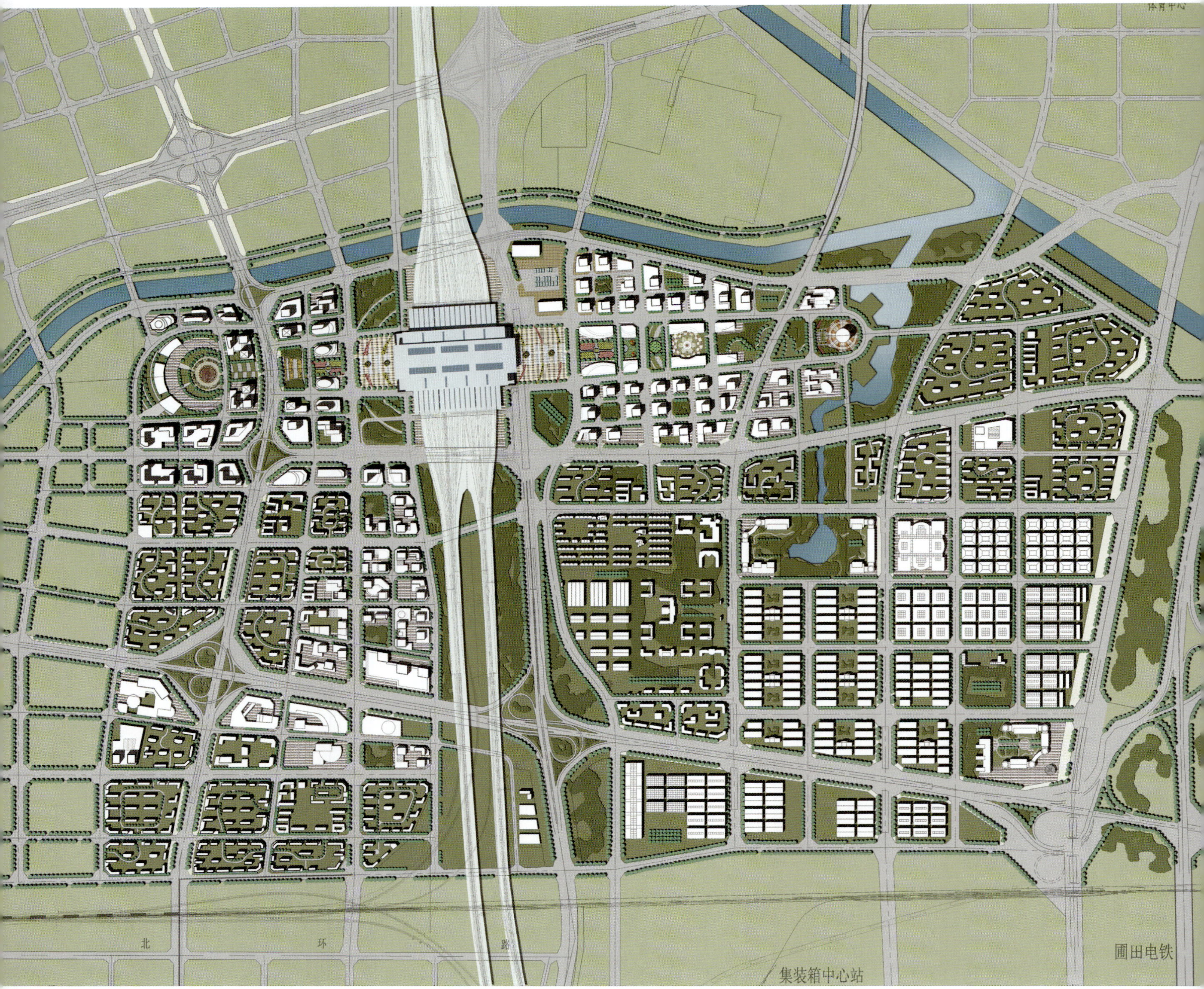

总平面图

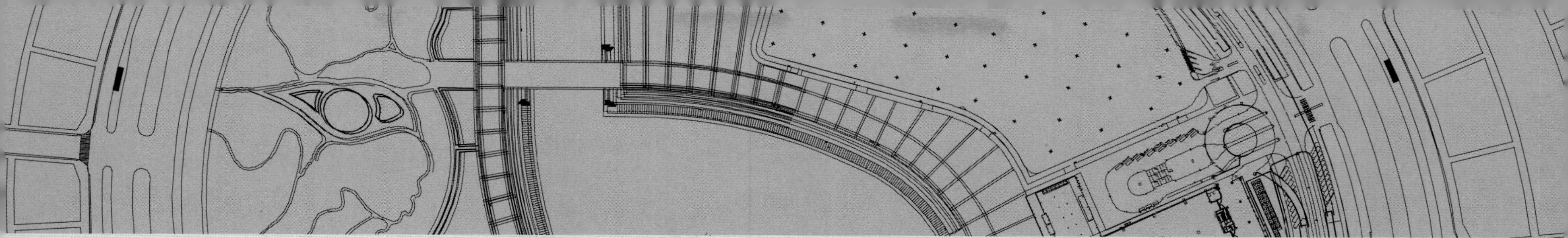

石武铁路客运专线郑州段规划方案

Planning of Zhengzhou Section of Shijiazhuang-Wuhan Railway Passenger Dedicated Line

7

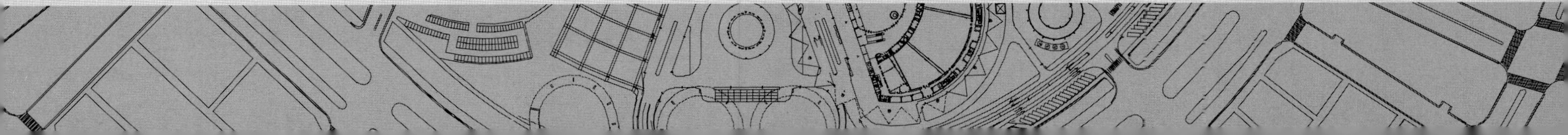

1 石武客运专线概况

石武客运专线从石家庄东站开始，经邢台、邯郸、安阳、新乡、郑州、许昌、漯河、驻马店、信阳到武汉新客站。该专线全长838km，属于京广客运专线中间段，是我国《中长期铁路网规划》“四纵四横”客运专线网中“北京、广州、深圳”客运专线的重要组成部分，和既有的京广铁路石武段基本平行。河南省境内的石武客运专线共有506km，经过安阳、新乡、郑州、许昌、漯河、驻马店、信阳7市。

郑州高速铁路客运中心站位于京珠高速公路西侧、金水东路与商都路之间，距现郑州火车站约11km，是国家高速铁路客运专用线石武（石家庄—武汉）、徐兰（徐州—兰州）的十字交会处。

为使现有郑州站也具备接发高速列车的条件，增加枢纽内新、老郑州站的运输灵活性，需要修建既有郑州站与石武客运专线的联络线。铁路部门提供了两个大方案：从东站引出的东疏解方案和从南站引出的南疏解方案。

客运专线在郑州市范围内沿线全程高架，其线路高度为8~10m左右，在与陇海铁路交会处为23m左右；全线桥梁基本跨度为24m、32m两种形式，特殊情况下用特跨度标准。

2 石武客运专线郑州段东疏解方案

由西南联络线、北联络线组成，可以形成郑州站与北京、武汉方向客运专线的客车路径。

简介：在郑州东站以西段，利用原陇海铁路上下行线。穿过东站后，为了避免客货运输干扰，将陇海上行线改为专用货运下行线，另在原铁路南侧10～17m范围新修两条线路，分别作为西南上行联络线和陇海货运上行线。并行2.6km后，于经开第三大街处分离出去，分别高架引入郑武运专线。

该方案新建联络线总长20.162km，改建既有线4.255km，投资估算16.89亿元。

依据《石武客运专线可研报告》，推荐暂以郑州东中穿方案作为贯通方案。该方案新建和改建既有线长度在比较方案中最短。

3 石武客运专线郑州段南疏解方案

由南联络线、西南联络线组成，可以形成郑州站与北京、武汉、徐州三个方向客运专线间的客车径路，同时西南联络线也可兼顾部分西南客车在郑州无停点通过需求。

简介：从京广、陇海线交会处引出，在京广铁路西侧37米处沿京广线南行。过老107国道后在星火路处上跨京广线及西南绕城公路，南上行联络线再跨越郑西贯通线，与郑西贯通线合并东行。在金岱路处开始准备南北并入郑武客运正线。

该方案新建联络线总长24.308km，改建既有线9.995km投资估算17.37亿元。

该方案疏解区处于郊区，拆迁量少，工程投资省，与城市规划和建设项目没有大的矛盾。

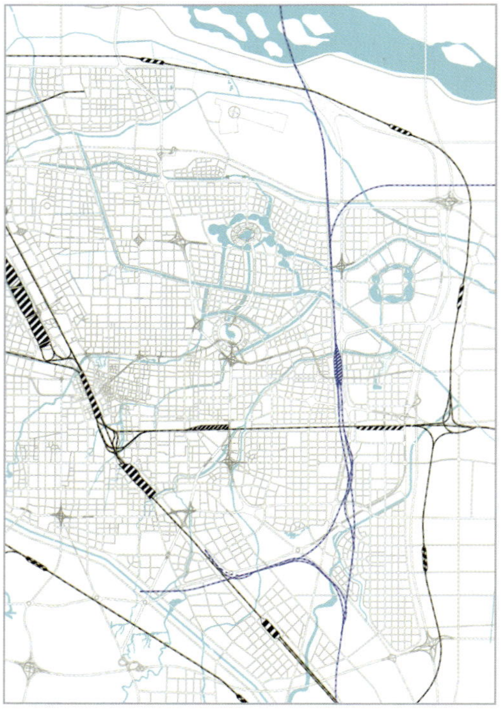

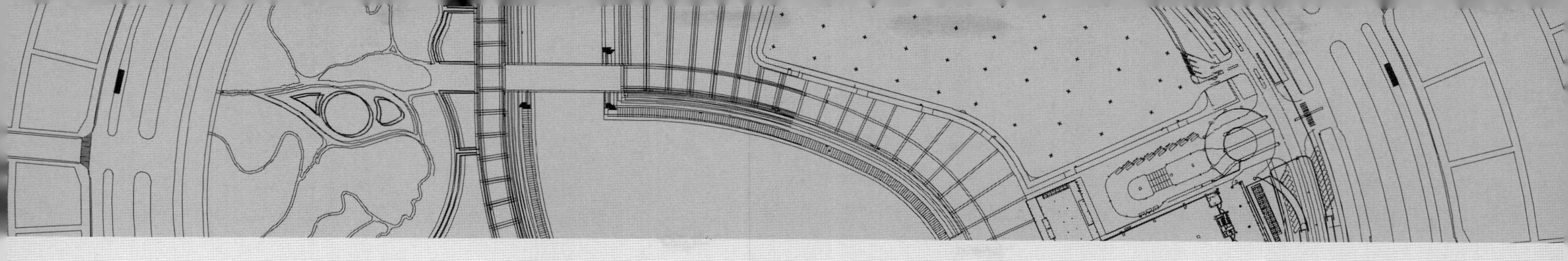

国家干线公路物流港规划设计方案

Planning & Design Schemes of Zhengzhou National Arterial Highway Logistics Hub

8

方案 I 中国建筑东北研究院方案
Plan I Schemes from Northeast Architecture Design and Research Institute

方案 II 华东建筑设计研究院方案
Plan II Schemes from Eastern China Architecture Design and Research Institute

方案 III 河海大学设计院方案
Plan III Schemes from Design Institute of Hehai University

方案 IV 东南大学交通学院方案
Plan IV Schemes from Transportation College, Southeast University

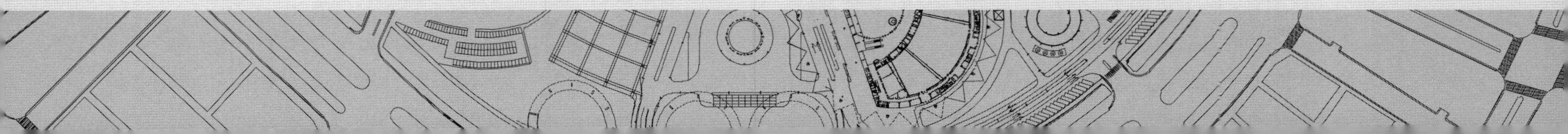

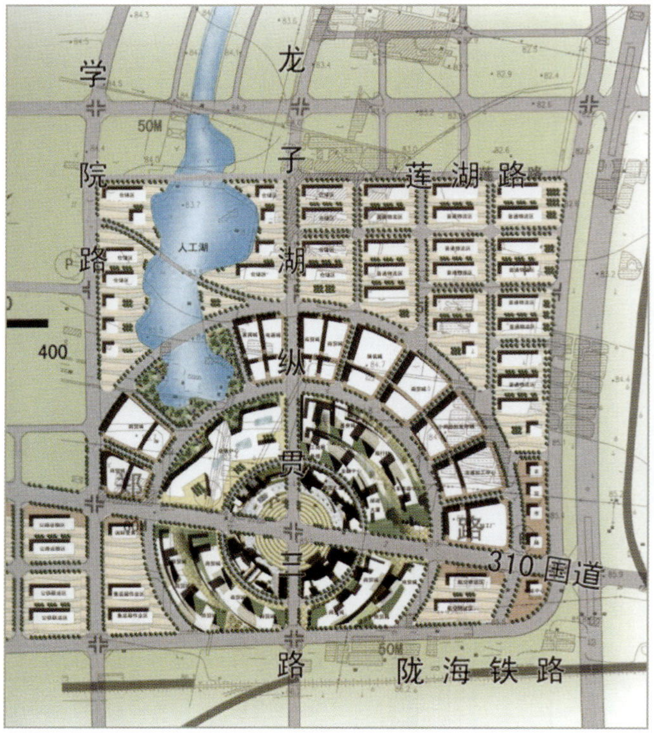

总平面图

道路景观透视图

街景透视图

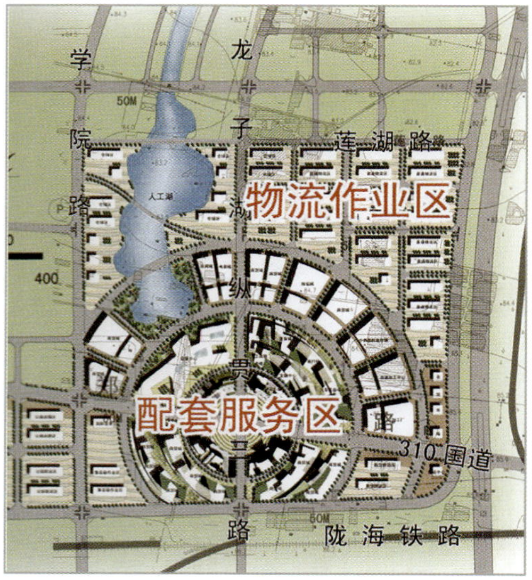

功能分区图

整体鸟瞰图

商贸中心街景透视图

方案Ⅱ华东建筑设计研究院方案
Plan Ⅱ Schemes from Eastern China Architecture Design and Research Institute

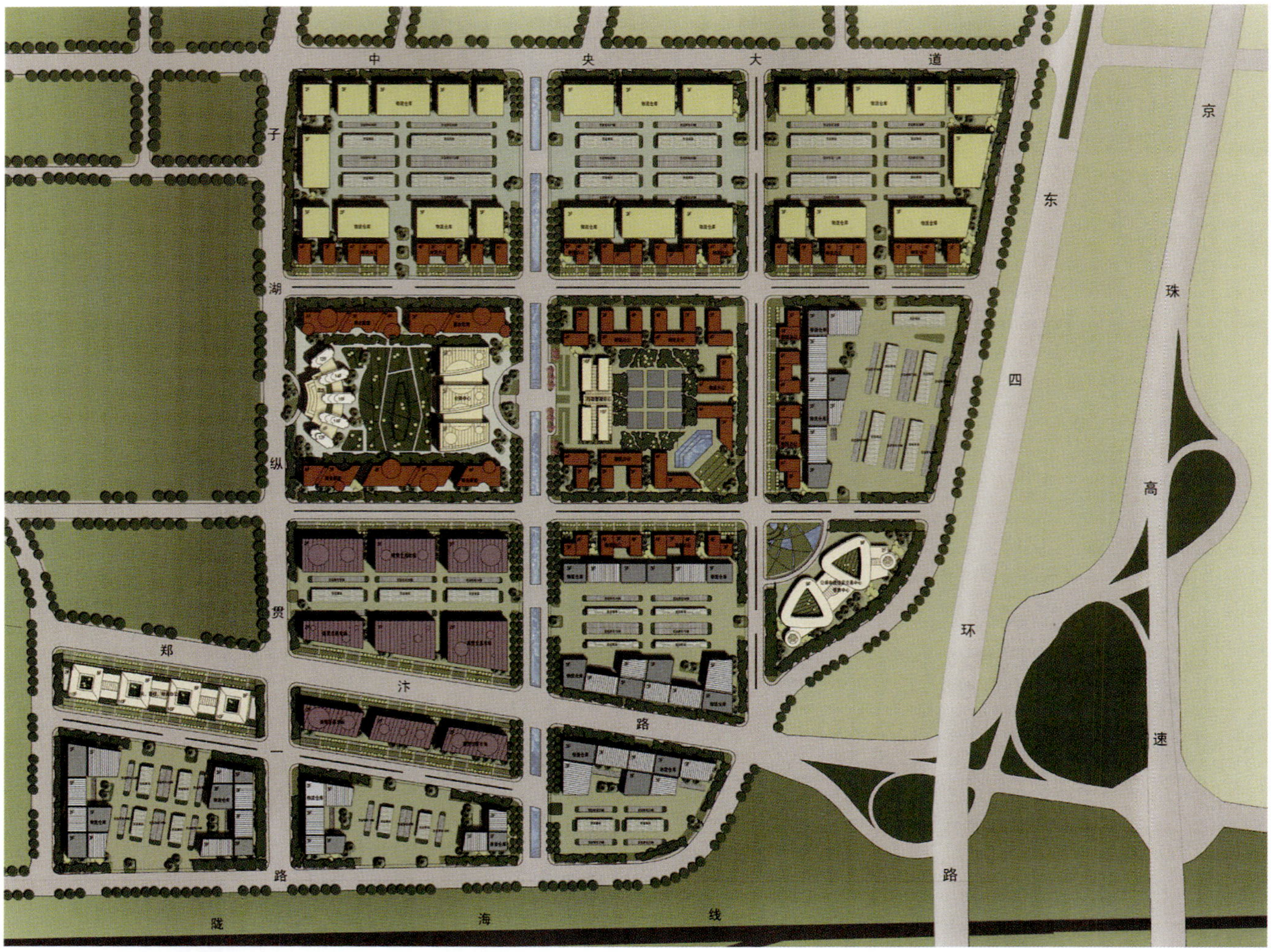

总平面图

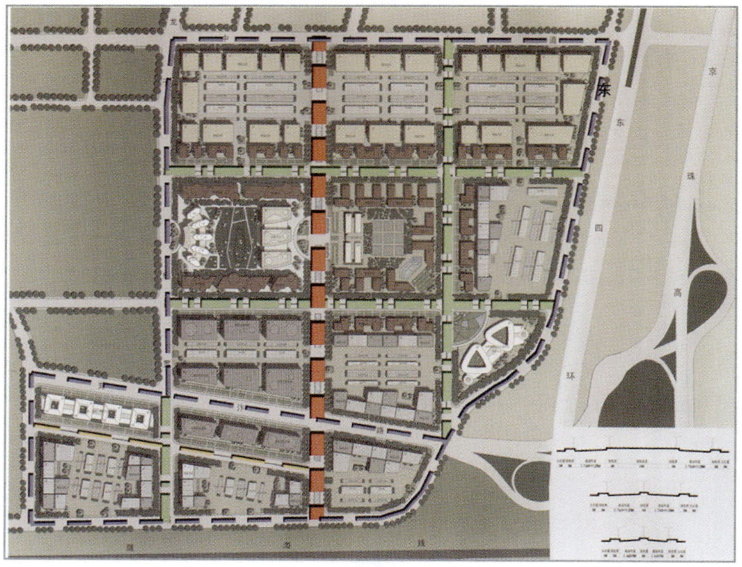

道路交通系统规划图

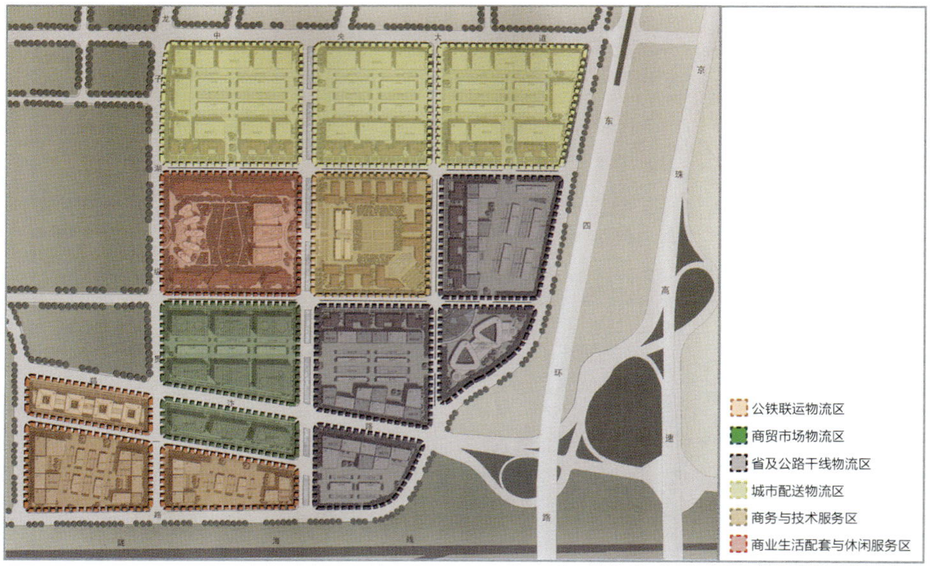

功能结构规划图

整体鸟瞰图

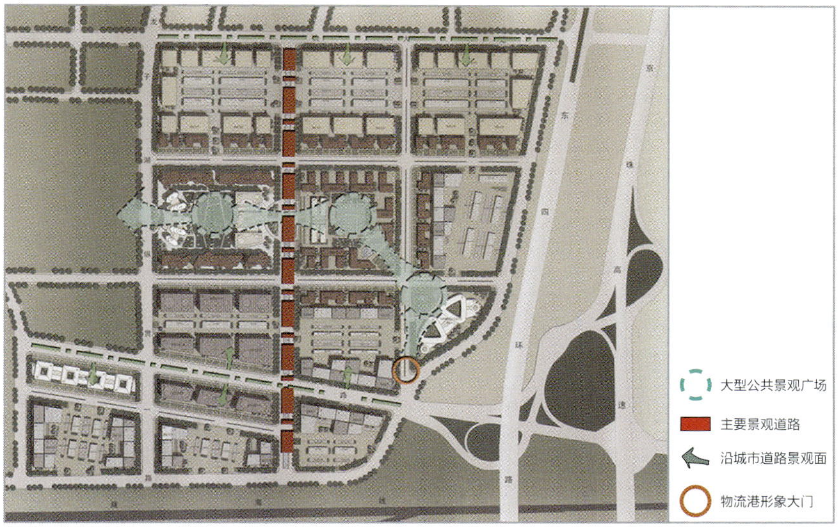

景观系统规划图

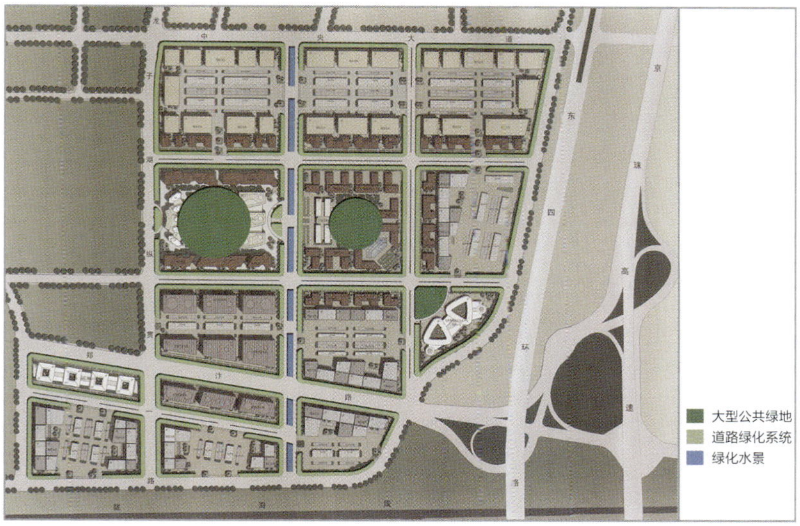

绿化系统规划图

方案Ⅲ河海大学设计院方案
Plan Ⅲ Schemes from Design Institute of Hehai University

本项目位于郑州市郑东新区，在规划的莲湖路以南、博学路以东、陇海铁路以北、东四环以西，占地面积约4718亩(约314hm^2)，其中310国道以北3618亩(约240hm^2)，以南1100亩(约74hm^2)。

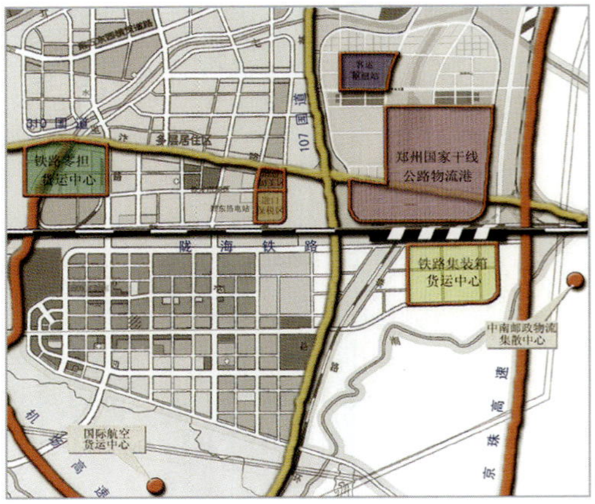

区位图

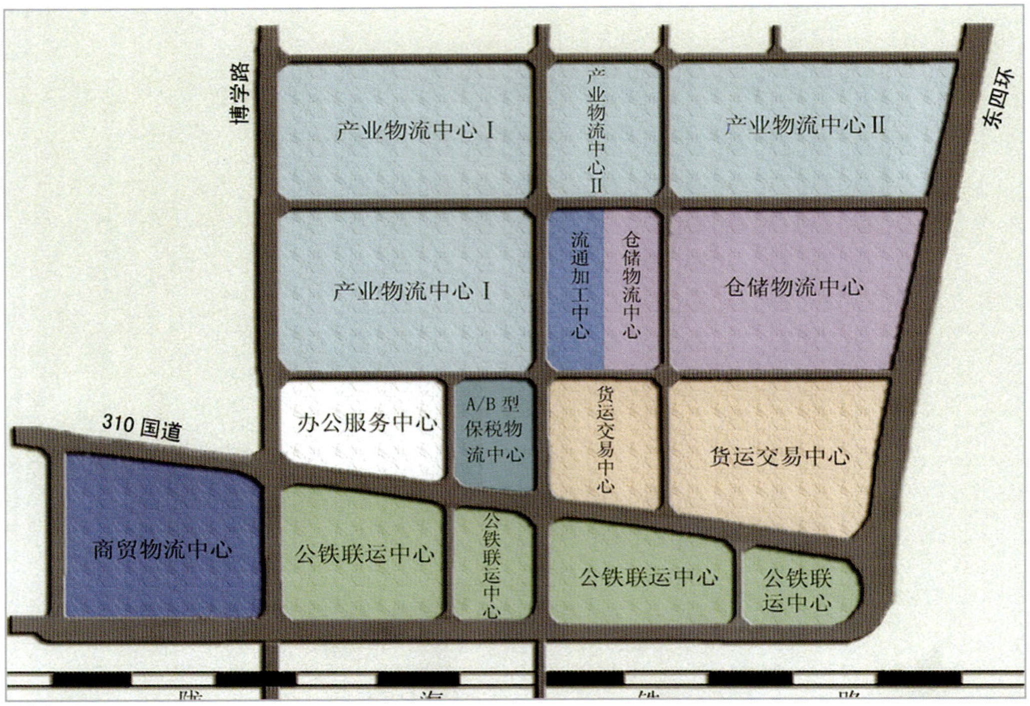

功能分区图

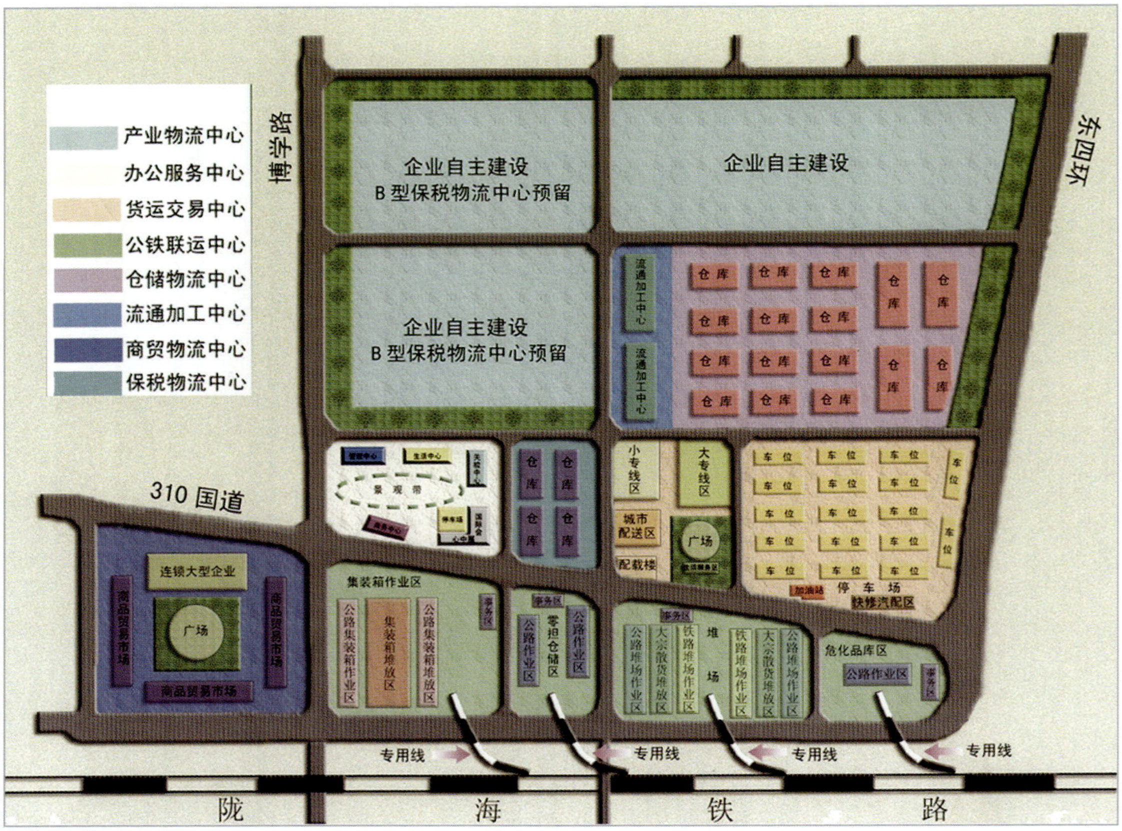

总体布局图

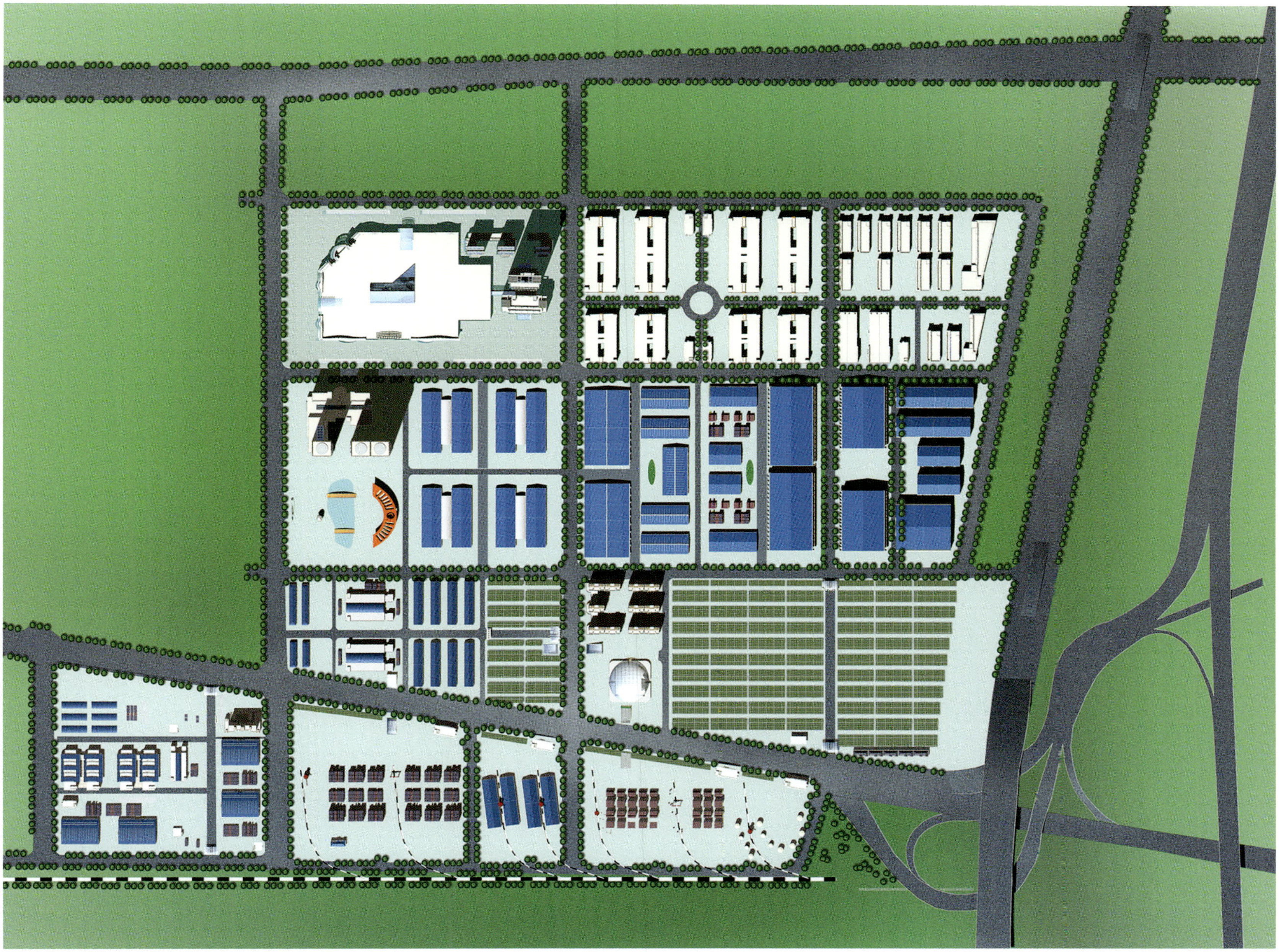

总平面图

3.1 空间结构分析

充分利用港区规划道路资源，构筑物流港区域内的建筑空间次序，形成“开”字形路网主导、四大条形分区支撑的整体结构框架。

3.2 功能分区布局

规划重点建设“四个平台，八大中心功能区”，即基础设施平台、信息网络平台、管理服务平台、政策环境平台和办公服务中心、货运交易中心、仓储物流中心、公铁联运中心、产业物流中心、商贸物流中心、流通加工中心和A/B 型保税物流中心。

3.3 布局原则

落实中部崛起政策，支撑物流港公、铁、水、空多式联运发展。符合区域经济发展规划要求，发挥最佳效用；符合区域交通布局规划，实现“货畅其流”与周边物流枢纽有效衔接，互通有无，达成双赢模式； 节约用地，考虑远期发展，实现可持续发展。

办公服务区效果图

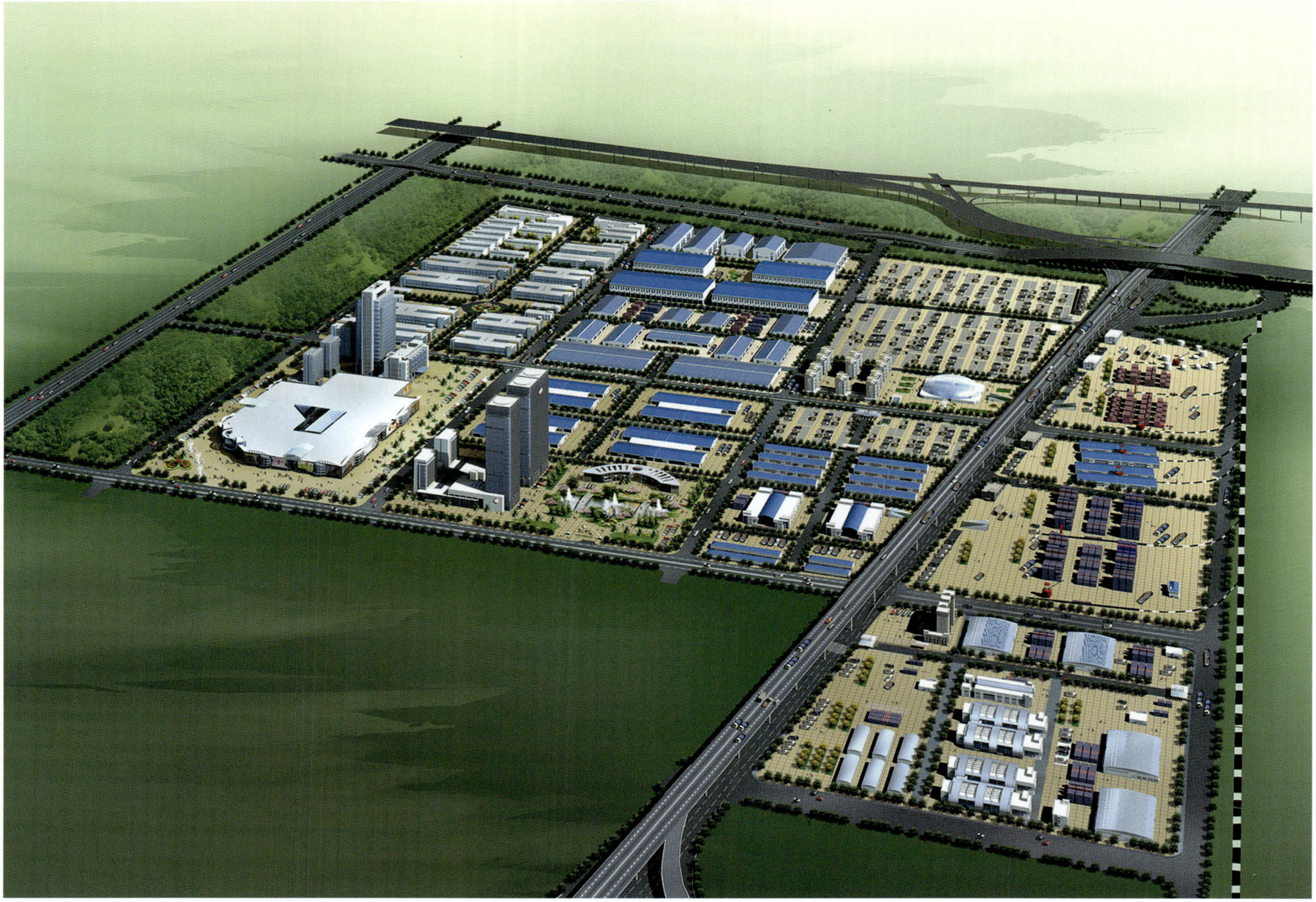

总体鸟瞰图

方案Ⅳ 东南大学交通学院方案
Plan Ⅳ Schemes from Transportation College, Southeast University

郑州是中国铁路“心脏”，是全国公路交通主枢纽城市，已成为一个铁路、公路、航空、邮电通信兼具的综合性重要交通通讯枢纽 。

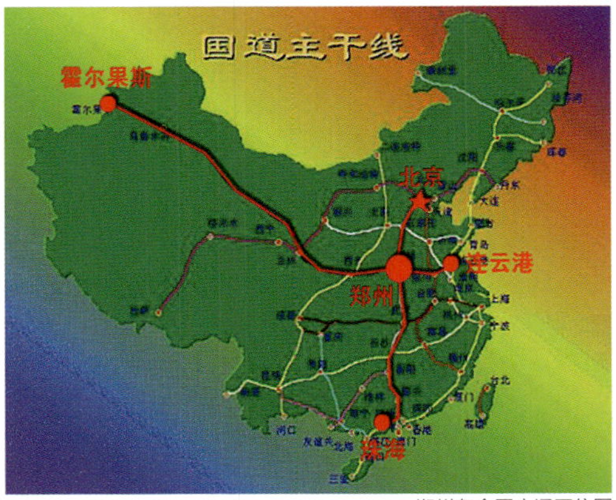

郑州在全国交通区位图

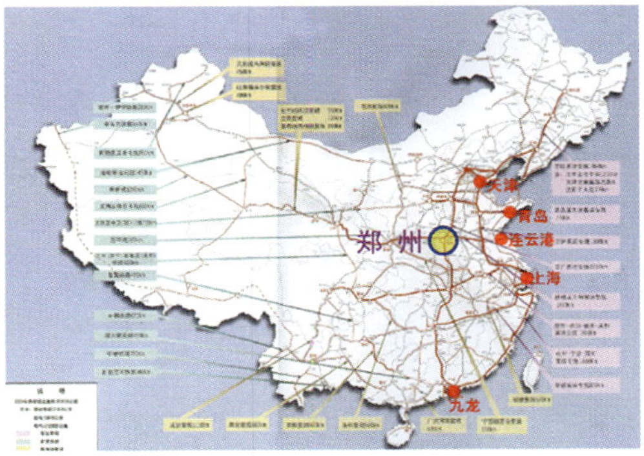

郑州与沿海城市关系图

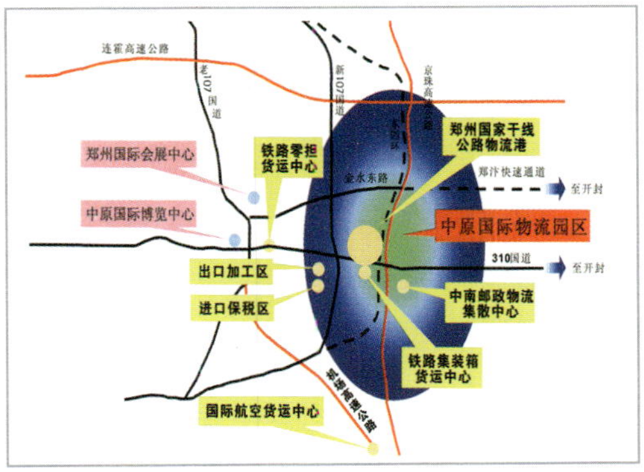

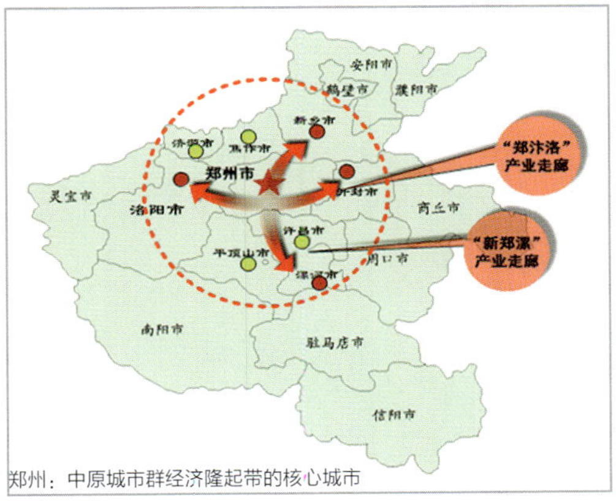

郑州在河南省关系图

郑州具有连北贯南，承东启西的区位优势，是全国区域性中心城市，是全国重要的现代物流商贸城市，是东部产业西进、西部资源东输的重要物流枢纽。

公路物流港的规划必须处理好与高速客运枢纽、铁路集装箱中心站之间的关系，从郑州综合交通枢纽地区整体的角度进行考虑。 公路物流港的规划必须协调好与中原国际物流园区其它物流结点之间的关系。

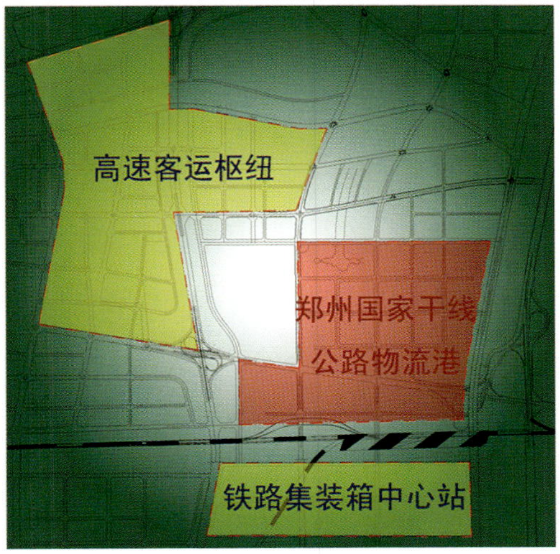

4.1 “三基地一枢纽”的确立

国家出台的 “中部崛起”的纲领性文件中，要把中部建成全国重要的粮食生产基地、能源原材料基地、现代装备制造及高新技术产业基地和综合交通运输枢纽，为河南实施中原崛起战略创造了更好的外部环境，为河南在中部率先崛起提供了政策推动和战略机遇。

4.2 公路物流港发展定位

重要的国家级公路干线综合物流基地

以公路为主，联结铁路、海港、空港，面向全球、辐射全国的区域性国际化物流枢纽平台 。

公路物流港具体实施目标：

建设内陆无水港与B型保税物流中心，实现“区港联动”；

建设公路货运中心，构筑区域性公路运输集散平台；

建设国际商务采购中心，实现全球采购、郑州集散、郑州结算；

建设信息中心，实现物流、商流、资金流、信息流之间的高效联动。

4.3 公路物流港功能区定位思路

基于郑州区位、交通、资源等比较优势以及公路物流港的发展方向与服务对象提出：两个组团、四个功能区、八个功能中心，公路物流港的优势在于功能集成。

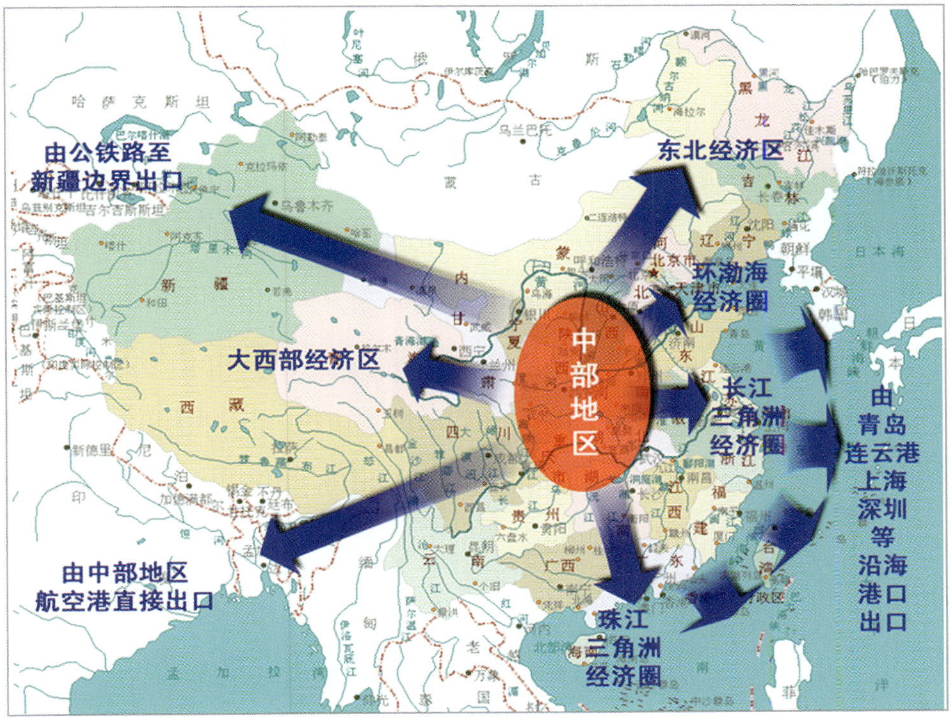

中部地区与其他经济区关系图

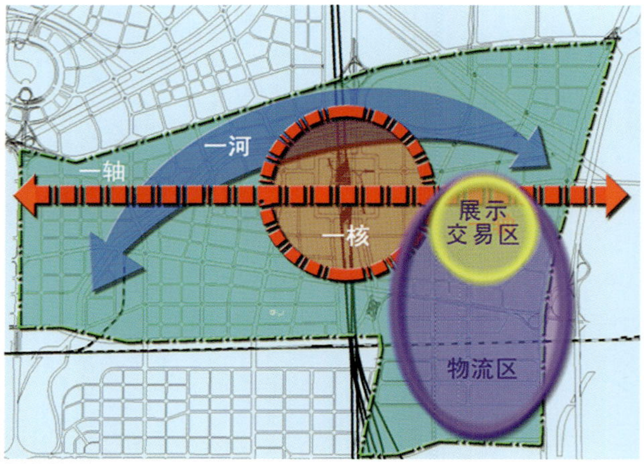

规划结构图

4.4 规划结构

通过对基地的深入分析，对物流产业的剖析，本方案以物流为核心，轴线为线索，道路为框架，绿化为衬托，广场为节点，构筑整个地块内的建筑空间次序，形成“一环，两轴线，四区”的整体结构框架。

一环——外部交通通过物流港内部设置的环形道路，将东面东四环路、北面莲湖路、西面博学路上的商务办公人流以及南面郑汴路上的物流方便快捷地引入物流港各功能分区，从而有效地分流了物流和人流，避免相互之间的干扰，达到道路组织的高效。

两轴线——东面东四环路和西面博学路上的出入口形成了东西轴线，而基地北面莲湖路和南面郑汴路之间形成了贯穿整个基地的南北轴线，物质文明轴线

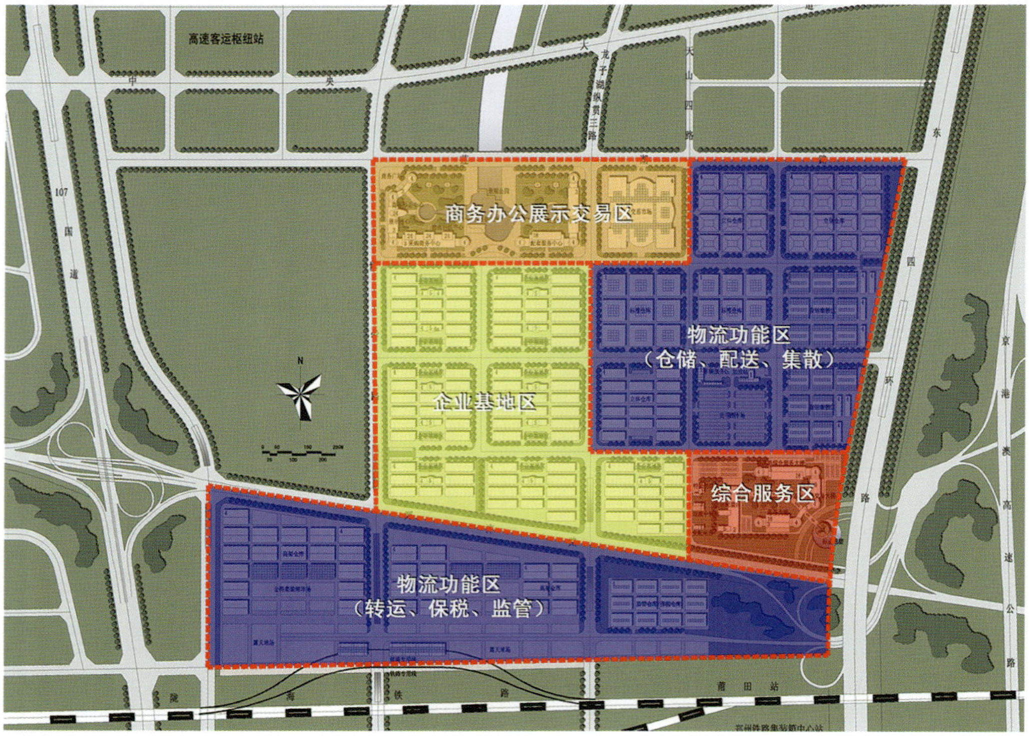

功能分区图

和精神文明轴线相互交织，有强烈的象征意义。

四区——按照功能关系和交通结构，整个基地分成四个功能区，分别是商务办公展示交易区、物流功能区（郑汴路南北两部分）、综合服务区以及企业基地区。

4.5 功能分区

4.5.1 商务办公展示交易区

综合国际采购功能和商品展示、批发交易等业务功能，与物流功能区相辅相成，联动发展。

4.5.2 企业基地区

借鉴 “总部经济” 发展模式，引进国内外大型的物流、采购公司在物流港建立总部或分部，发挥集聚和辐射带动功能。

4.5.3 综合服务区

作为公路物流港的管理中心和保障中心，协调公路物流港的一体化运作。

4.5.4 物流功能区

承担公路物流港的物流功能，对内可促进公路物流港的商业功能的发展，为商贸采购、展示交易、企业基地的运作等提供物流运作平台，对外可作为社会公共的运输集散平台与联运平台。

（1）转运区 基于公铁联运、海铁联运、空铁联运的优势，打造中西部地区最大的内陆无水港。它是区域物流与国际物流、保税物流的发展区，是未来的“区港联动”区域。

（2）仓储区：基于增值服务的现代仓储物流区；基于公共物流平台下的现代仓储区。

（3）公共仓储区：标准化仓库、立体化仓库、自动化仓库 专业仓储区：冷链、棉纺、家电、汽配装备 流通加工区：对货物进行拆分、重组、包装、加工 分拣配送区：解决少批次、大批量运输与多批次、小批量需求之间的矛盾，满足供应链下游客户的需求。

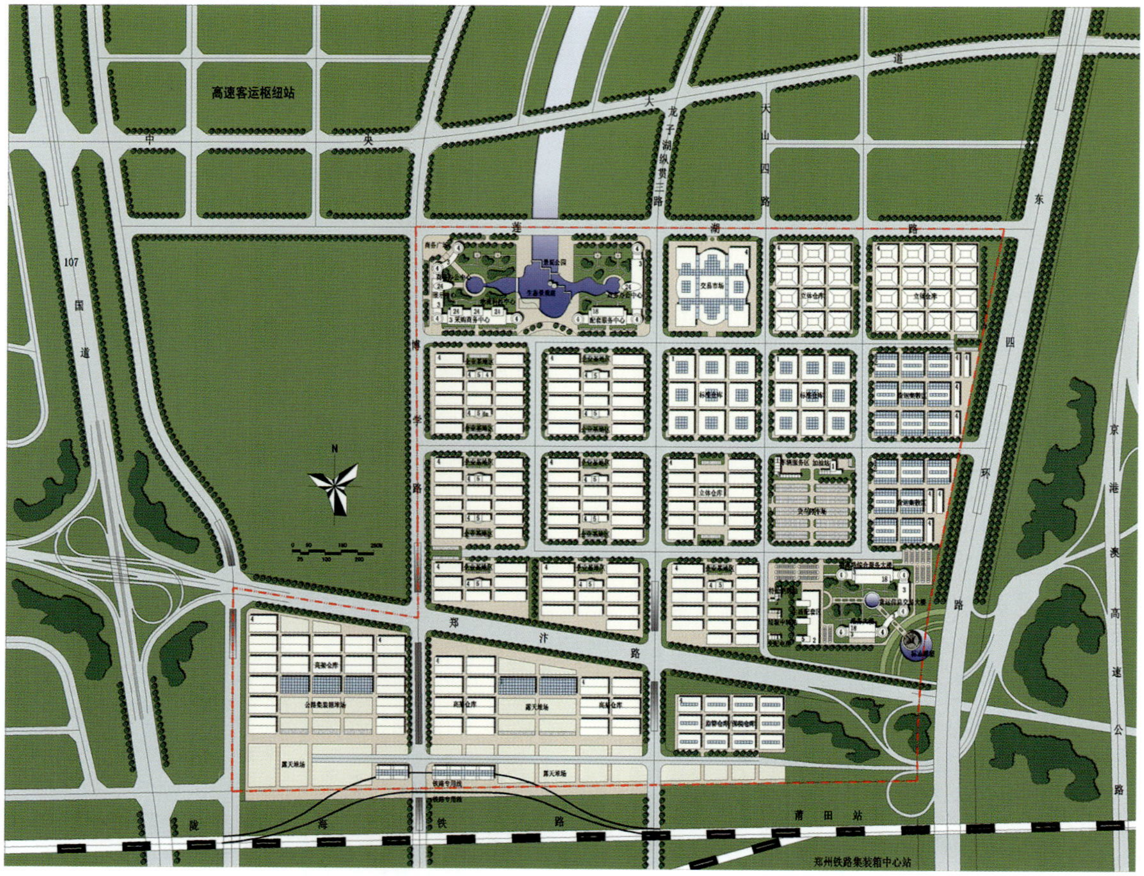

总平面图

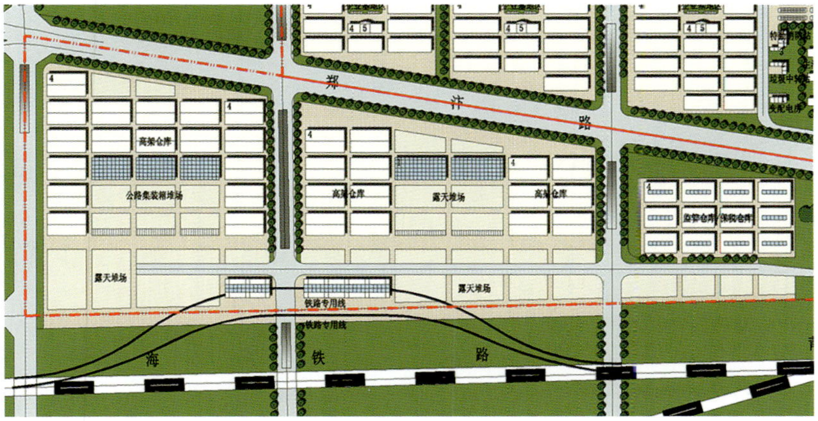

仓库区平面图及意向图

开发时序图

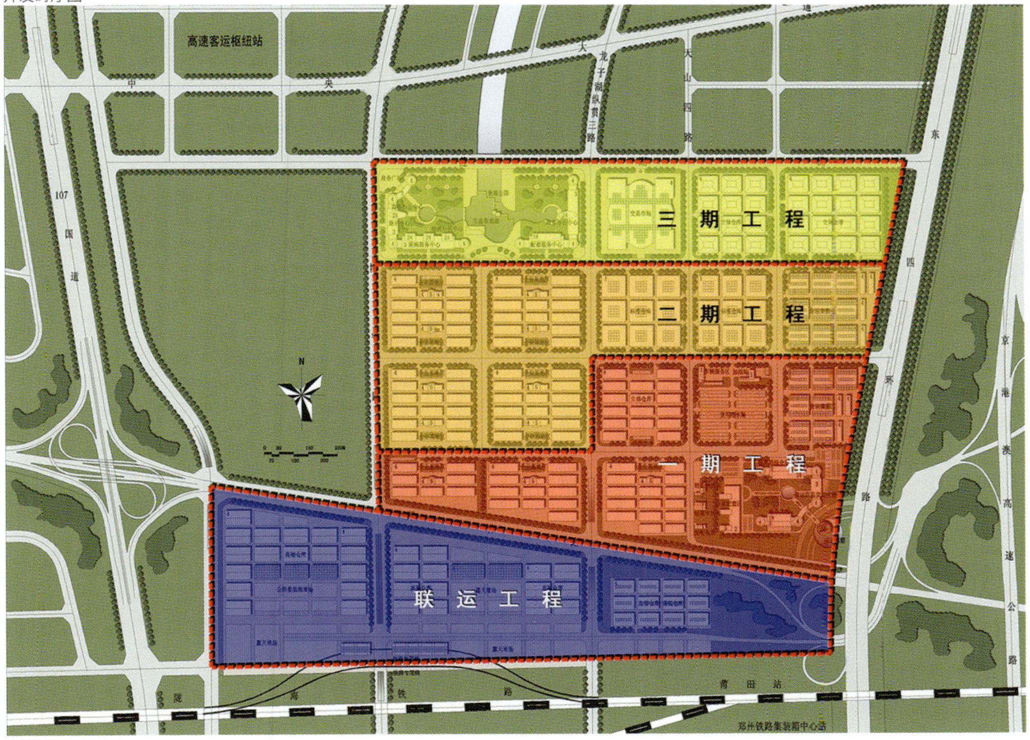

4.6 开发时序

公路物流港项目的推进突出“物流起步，商业支撑、商务共进”的建设思路，首先以建设与完善物流功能区为主要建设内容，在此基础上再建设商业、发展商务采购。

公路物流港的建设要考虑社会经济的发展对公路物流港的需求以及公路物流港所能产生的社会和经济效益；同时要充分考虑郑州市的人力、物力、财力等的可能性。要适度推进建设项目，物流港项目的建设应尽量形成合力。

整体鸟瞰图

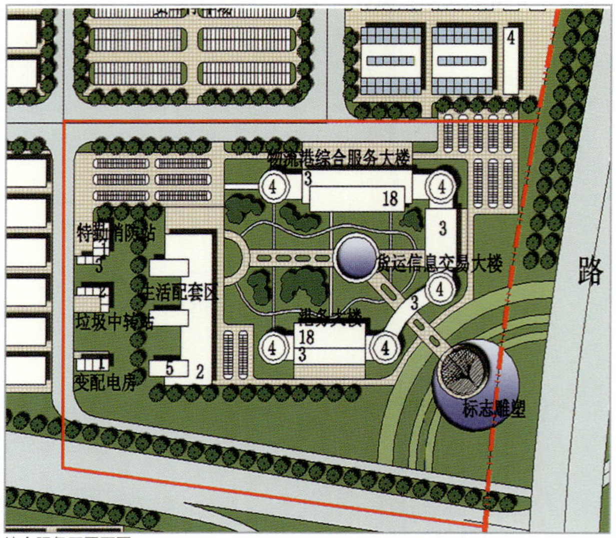

综合服务区平面图

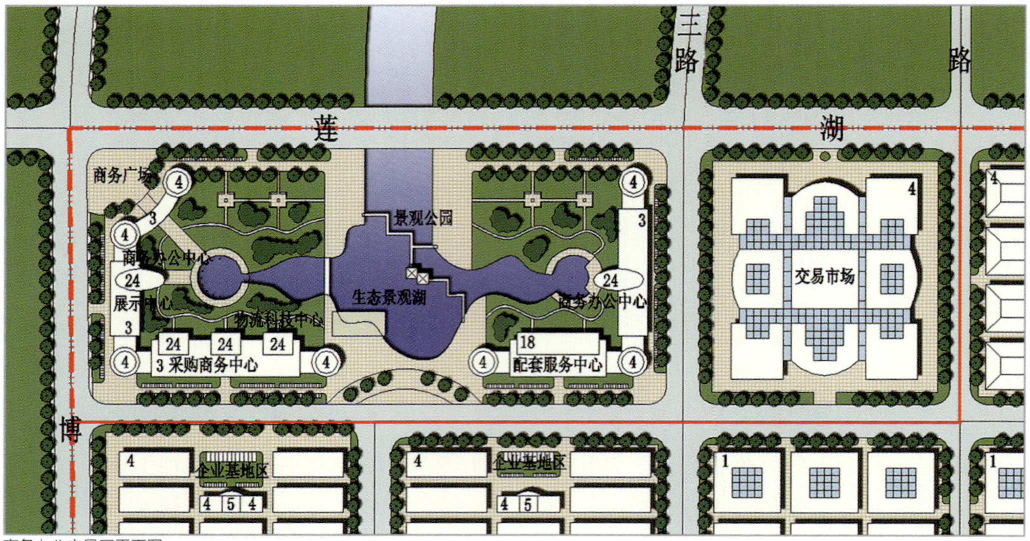

商务办公交易区平面图

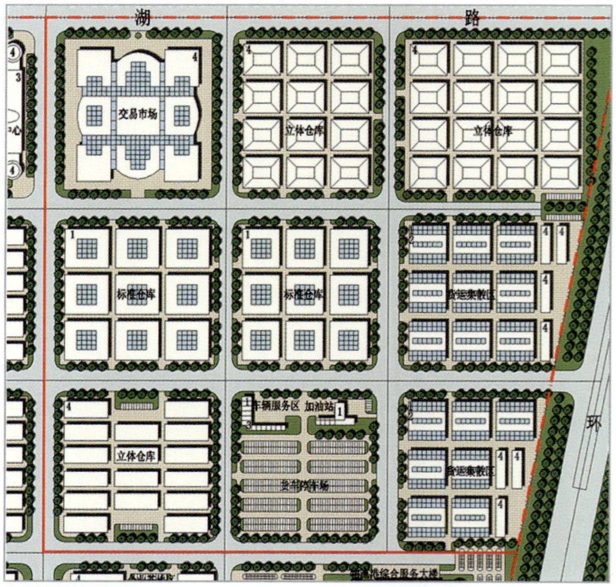

企业基地区平面图

物流功能区平面图

商务办公展示交易区效果图

综合服务区效果图

4.7 交通规划

通过物流港内部设置的环形道路，将京珠高速、东四环路和郑汴路的货流以及博学路和莲湖路上的商务办公人流方便快捷引入物流港各功能分区，有效分流物流和人流。

通过设置物流港专用进出通道实现其与京珠高速、东四环等集散道路的全互通，便捷衔接。同时，解决了原立交方案东四环与京珠高速互不衔接的问题。

转运区通过三条穿陇海铁路道路(均南接航海路)与铁路集装箱中心站进行联系，其中最右侧道路作为两者的内部联系通道使用。该三条道路全部通过地下隧道过郑汴路，减少南北向交通对郑汴路交通的影响。

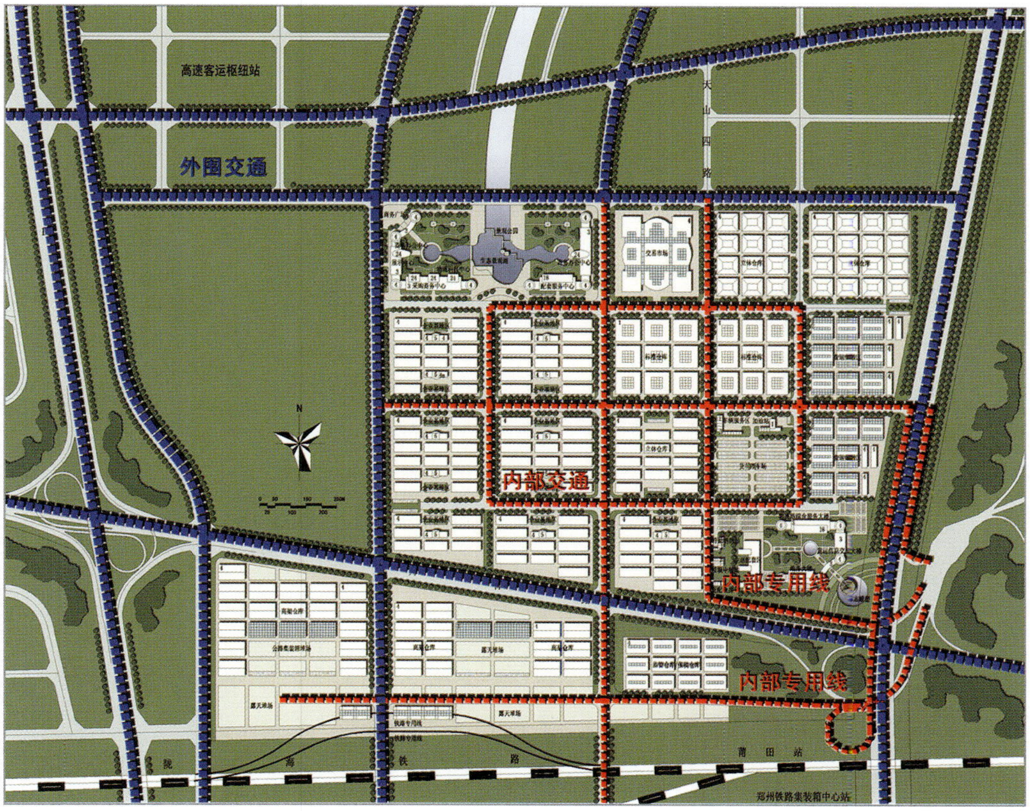

综合服务区平面图

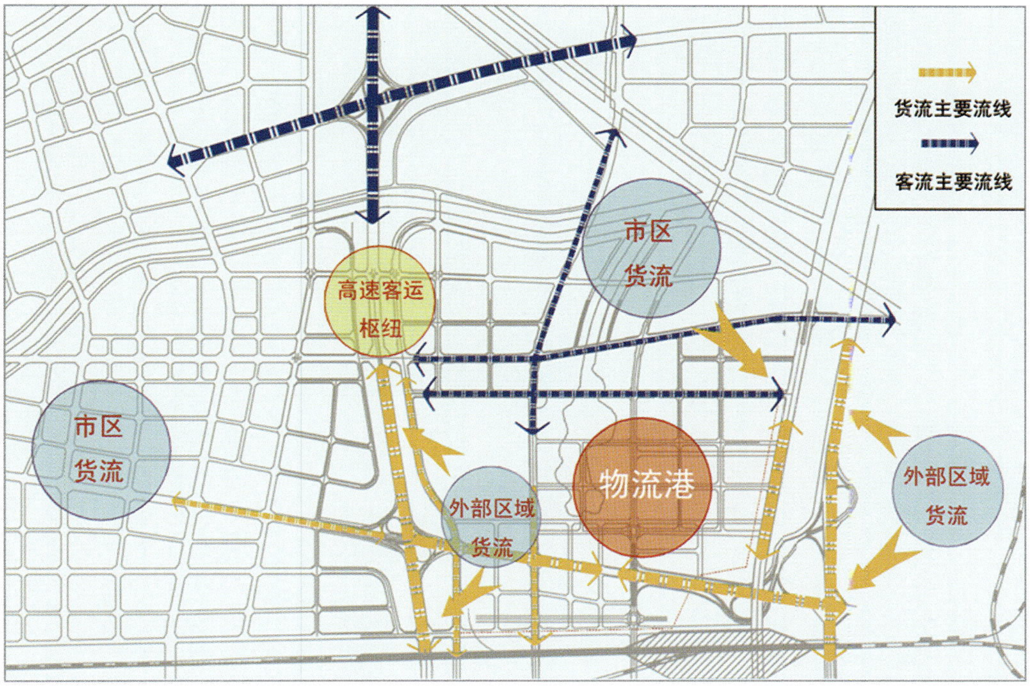

物流港对外交通联系图

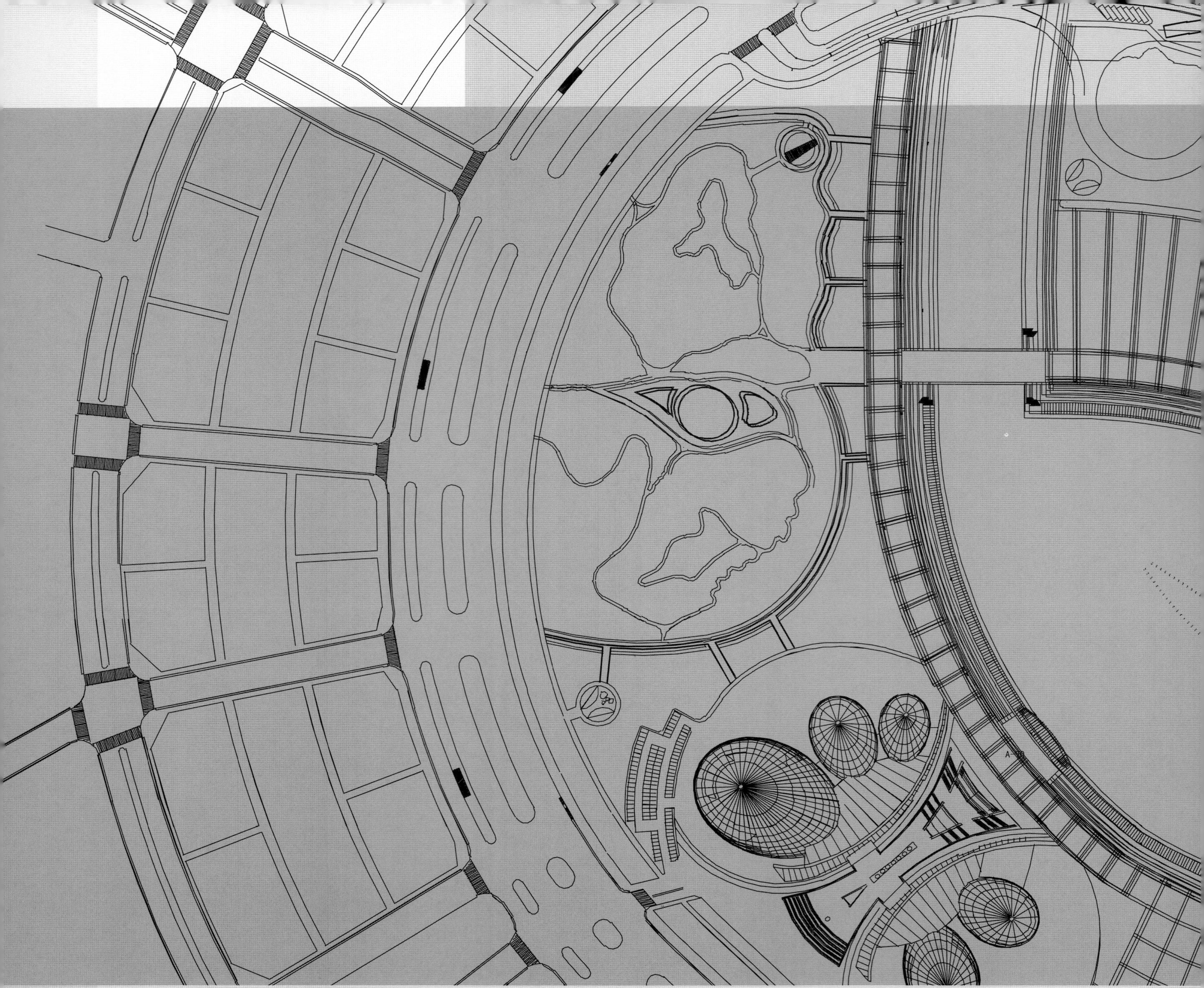

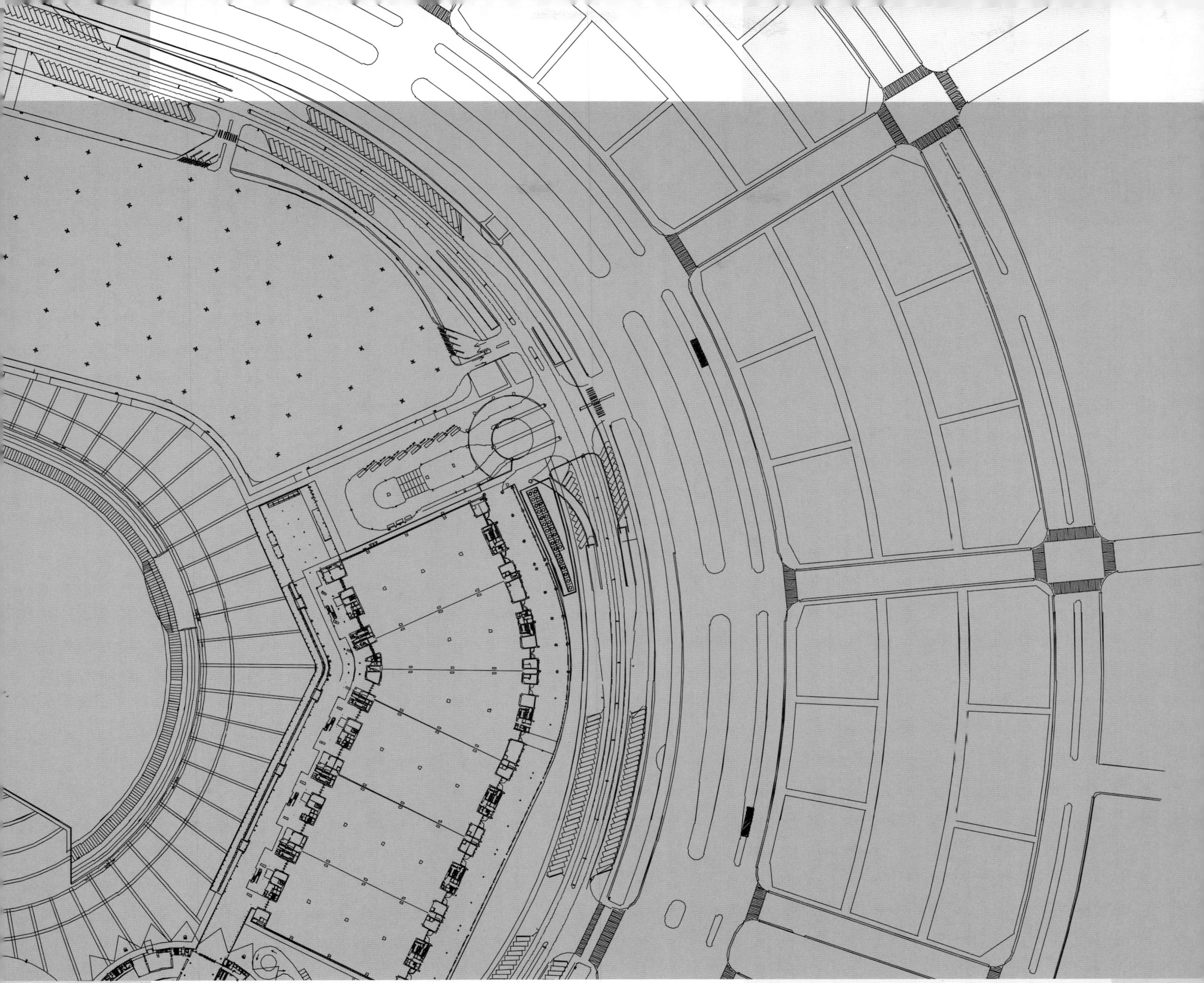

国家郑州经济技术开发区规划设计

Planning and Design for Zhengzhou National Economic and Technological Development Zone

第二部分
Part Ⅱ

国家郑州经济技术开发区规划设计
Planning and Design for Zhengzhou National Economic and Technological Development Zone

国家郑州经济技术开发区规划设计简介

郑州经济技术开发区（以下简称“经开区”）成立于1993年，于2000年2月经国务院批准为国家郑州经济技术开发区，是河南省内惟一的国家级经济技术开发区，郑州市对外开放的窗口，外资企业、工业企业和出口加工企业的聚集地，郑州东南部的绿色产业园。

2003年8月~2004年2月，郑州经济技术开发区管委会委托日本株式会社黑川纪章建筑·都市设计事务所编制了《郑州经济技术开发区总体发展概念规划》，规划在现状用地基础上向东、南发展，扩充规划建设用地范围至55km^2。本次规划对郑州经济技术开发区的总体发展方向进行了长远谋划。

2004年4月，经济技术开发区管理委员会规划环保局委托郑州市规划勘测设计研究院编制《郑州经济技术开发区概念性总体规划（2006-2020年）》。规划范围：北起陇海铁路，东临京珠高速公路，西临郑州至新郑机场高速公路，南至西南绕城高速公路，共55.63km^2。规划结合黑川纪章事务所编制的“概念规划”规划理念与空间布局的特点，结合郑州经济技术开发区最新实际情况，主要研究确定经开区性质、发展规模、发展目标、空间布局和土地利用等内容，并且补充、修改、完善经开区的专项规划与市政基础设施规划，对下一步城市规划控制和实施时序做出了安排。

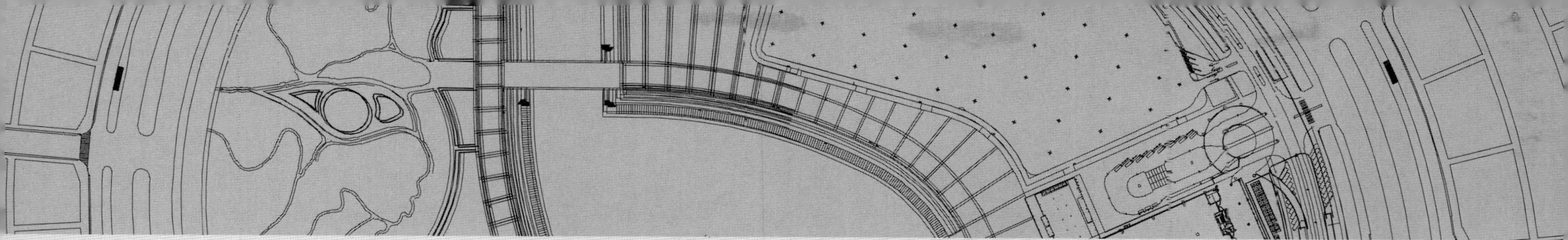

国家郑州经济技术开发区概念性总体规划

Conceptual Master Plan for Zhengzhou National Economic and Technological Development Zone

1

中国建筑东北研究院方案
Schemes from Northeast Urban Planning Design
& Survey Research Institvte

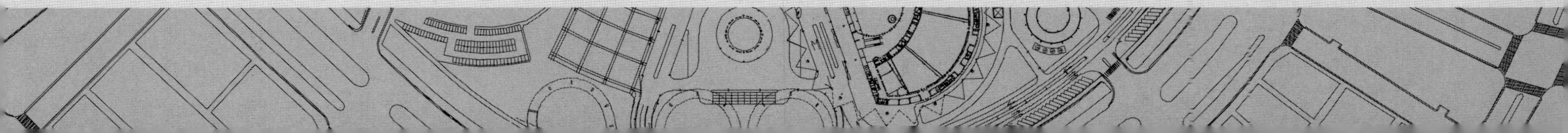

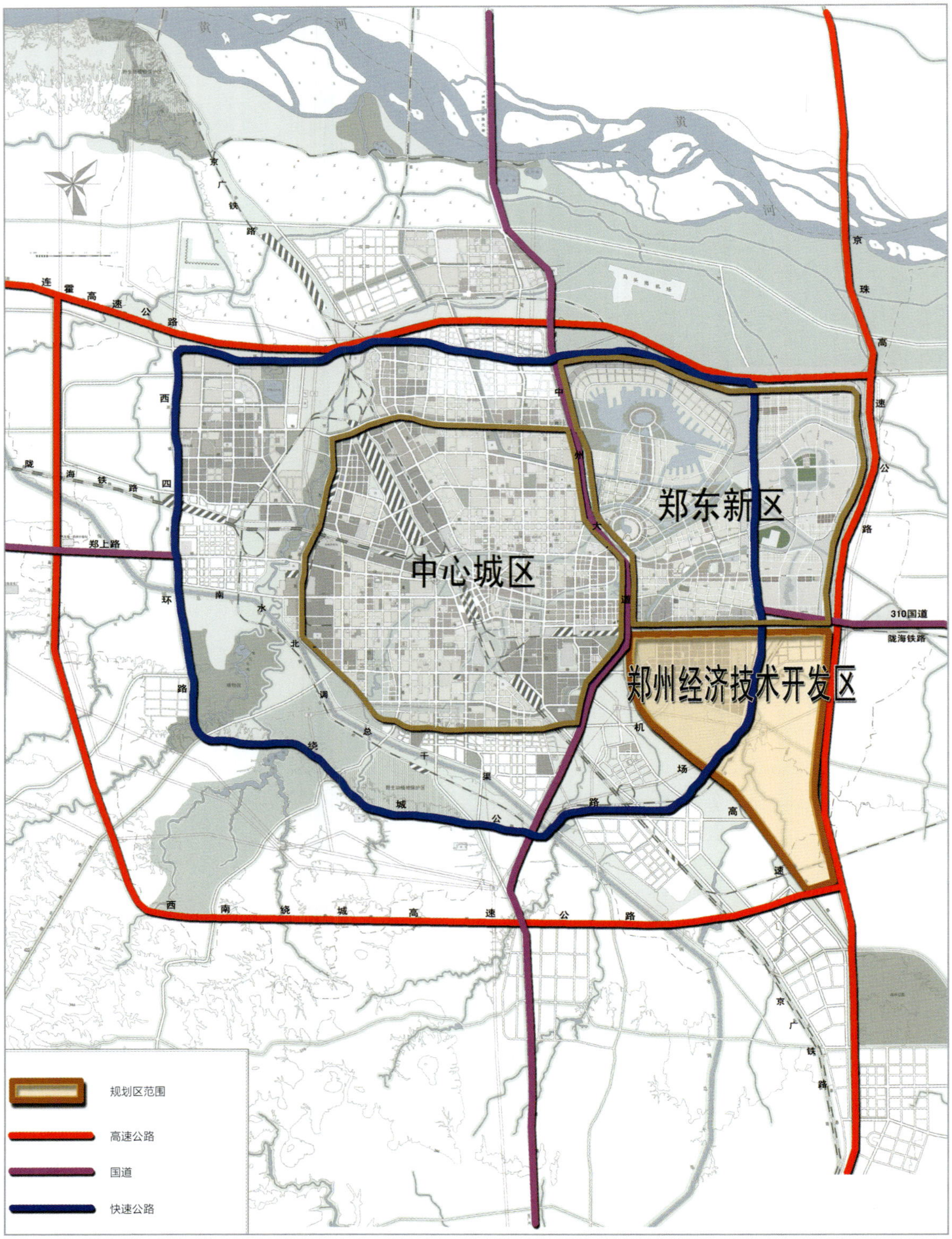

区位图

1 规划背景

郑州经济技术开发区（以下简称“经开区”）成立于1993年，于2000年2月经国务院批准为国家郑州经济技术开发区，是河南省内惟一的国家级经济技术开发区。近年来，经开区建设发展迅猛，上一版总体规划确定的12.49km^{2}规划建设用地，被经过审批的建设项目基本用完。经开区进一步发展，由于缺乏规划建设发展用地，受到了用地的严重制约。

郑州市人民政府2003年第4次常务会议，确定“郑州经济技术开发区总体规划调整范围为陇海铁路以南、京珠高速公路以西、机场高速公路以东约50km^{2}的三角地带。”2003年，经开区管委会对区内及周边的17个行政村实行了代管，管辖区域扩大为53km^2。

2003年8月~2004年2月，经开区管委会委托日本株式会社黑川纪章建筑·都市设计事务所编制了《郑州经济技术开发区总体发展概念规划》，规划在现状用地基础上向东、南发展，扩充规划建设用地范围至55km^2。

2 编制过程

2004年4月，经济技术开发区管理委员会规划环保局委托郑州市规划勘测设计研究院编制《郑州经济技术开发区概念性总体规划（2006-2020年）》。

规划要求结合黑川纪章事务所编制的“概念规划”规划理念与空间布局的优点，研究确定经开区性质、发展规模、发展目标、空间布局和土地利用等内容，并且补充、完善经开区的专项规划与市政基础设施规划。

规划范围北起陇海铁路，东临京珠高速公路，西临机场高速公路，南至西南绕城高速公路，用地面积为55.63km^2。

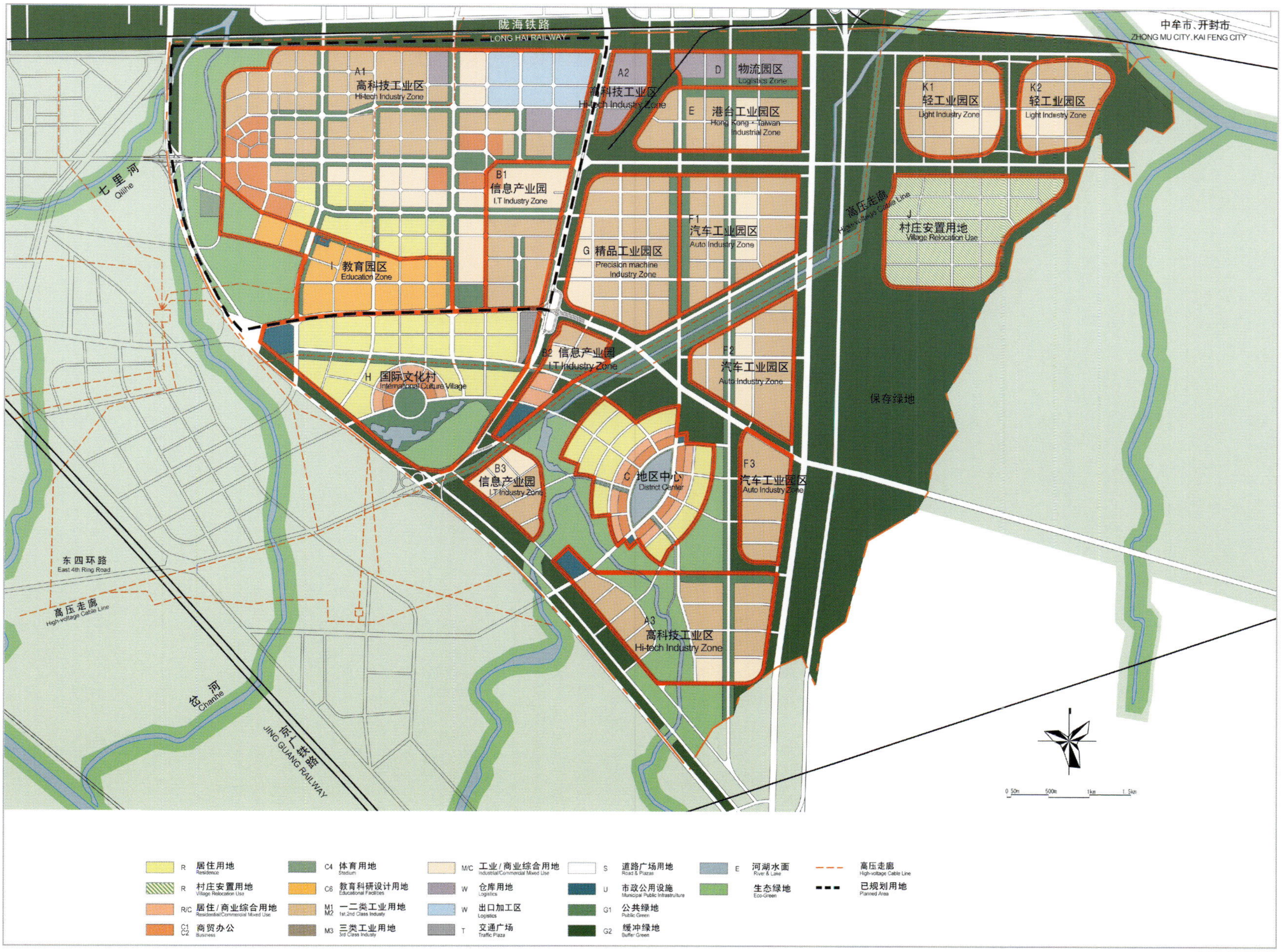

郑州经济技术开发区总体发展概念规划用地布局规划图

2.1编制历程

规划项目组自2004年4月起，对现场进行了认真的勘察，并对苏州工业园、昆山经济技术开发区、天津经济技术开发区等地进行实地考察。将考察学习的规划建设经验用于规划方案，经过规划方案多次汇报和意见征询，于2004年12月形成了中期方案。

规划编制过程中，由于郑—西、郑—武铁路客运专线等区域性基础设施选线集装箱中心站建设等因素，规划方案的编制进度受到影响。

2007年，经开区完成了第二次区划调整，新增托管面积30km^2（位于京珠高速公路以东）。规划方案结合经开区拓展需要及项目建设需要进行了调整，于2007年8月形成评审成果。

2007年9月7日，规划成果通过了由郑州市城市规划局副局长周平主持，由省内外知名专家和省直有关部门组成专家评审委员会。郑州市市人大副主任王旭彤、市政协副主席李西海及市直各局委和各市政公司领导出席了会议。

2.2《郑州经济技术开发区总体发展概念规划》特点

（1）延续了郑东新区总体规划的理念。保证了郑州市东部城区城市结构的一致性与整体性。

（2）空间概念清晰，空间结构艺术性强。结合现状金沙湖度假村、驼鸟园用地，规划两处公共服务中心，即国际文化村、地区行政中心。

（3）绿带城市。延展绿带城市理念，规划生态廊道，有助该区的生态工业园的创建。

（4）郑州市区“X形工业发展轴”，由概念到用地空间的落实。

（5）便于广域交通、物流产业的用地布局。

（6）提出按类型分别设置的主题产业园区。

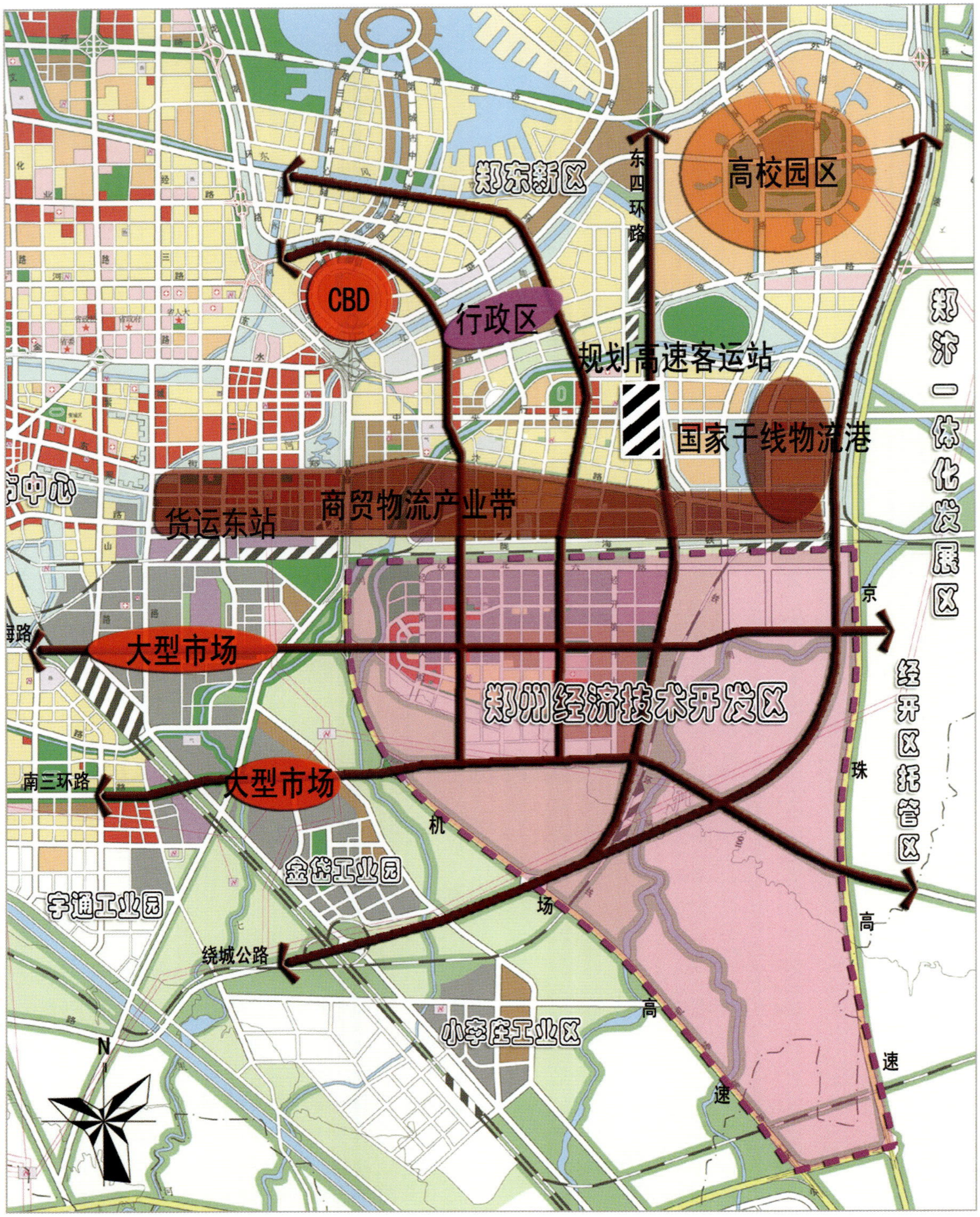

周边关系分析图

3 规划主要内容

3.1区位条件

规划区位于郑州市区西南部，是郑州市东南工业板块发展的核心。

经开区在铁路、公路、航空三方面均有很好的交通区位优势。

规划区北邻城市重点发展区郑东新区，是郑东新区产业支撑体；西接旧城区，东联郑汴产业带，在市区东南工业板块发展中起着引领作用。

3.2 现状概况

现状人口50184人，其中非农业人口4615人，农业人口28165人，暂住人口17404人。区内寄宿人口多、从业人口多、流动人口多，人口多在市区居住。

区内有潮河、七里河及金沙湖、鸵鸟园近郊旅游区，生态环境较好。规划区场地地貌单元属黄河冲洪积泛滥平原，地势西南高、东北低，坡降2‰~69‰。

至2006年底，经开区累计实现国内生产总值49.1亿元，同比增长30.4%；实现工业总产值70亿元，同比增长31.7%；税收7亿元，增长45.4% 。基本形成电力器材、印刷包装、食品加工、电子信息、机械及汽车零部件制造等支柱产业。

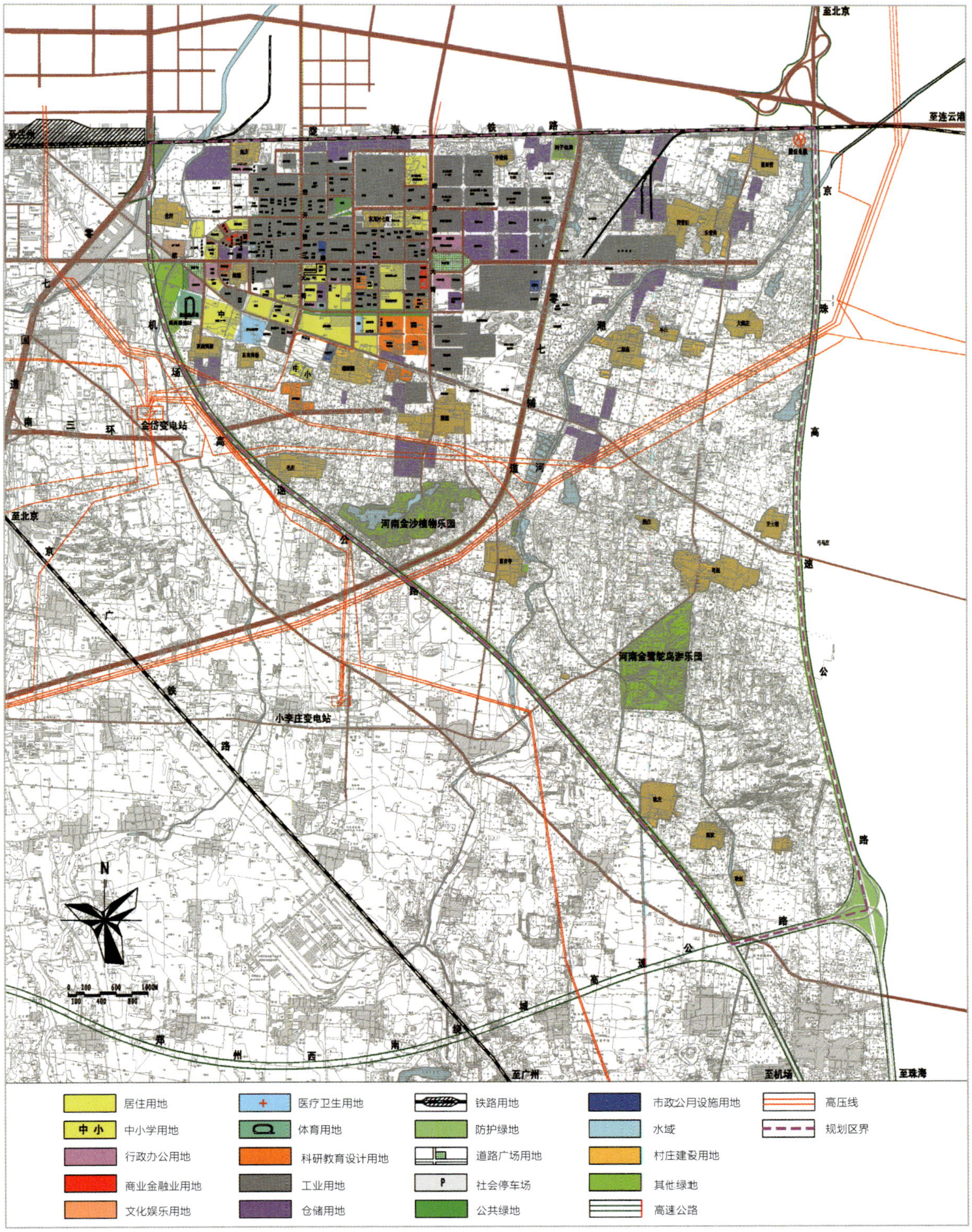

基地现状图

用地规划图

3.3 规划城市性质和职能

河南省的现代制造业基地和外向型经济基地，郑州市区东南部经济、文化中心和现代化新城区。以电子信息、汽车制造、物流服务业为主的高新技术产业集聚区；集科研、商务、办公、居住等于一体，是公共服务设施齐备，环境优美的现代化城区。

3.4 规划建设规模

至2020年，规划建设用地面积控制在48.5km^2，规划居住人口规模控制在25万人左右。

3.5 空间分区

以国道107辅道和绕城公路（四环路）为界，形成三大片区，即现状发展区、东部拓展区、南部拓展区。

3.6 规划布局结构

遵循混合型工业园区开发模式，围绕公建轴及服务中心形成各个产业园区，由周边绿化形成空间渗透，建立一区多园生态型工业新城区。

空间结构：规划形成两轴、三心、十一个组团的空间结构。

两轴：即两条发展轴，指沿航海路的北部发展主轴，沿经开第八大街、规划星光路的南部发展主轴。

三心：即3个综合服务中心。包括：行政服务中心，国际服务中心，东南产业区的综合服务中心。

十一个产业组团：包括：5个专业工业园（出口加工区、光电信息产业园、外商工业园、汽车工业园、小型工业园），3个综合工业园，1个创新研发培训园，2个仓储物流园。

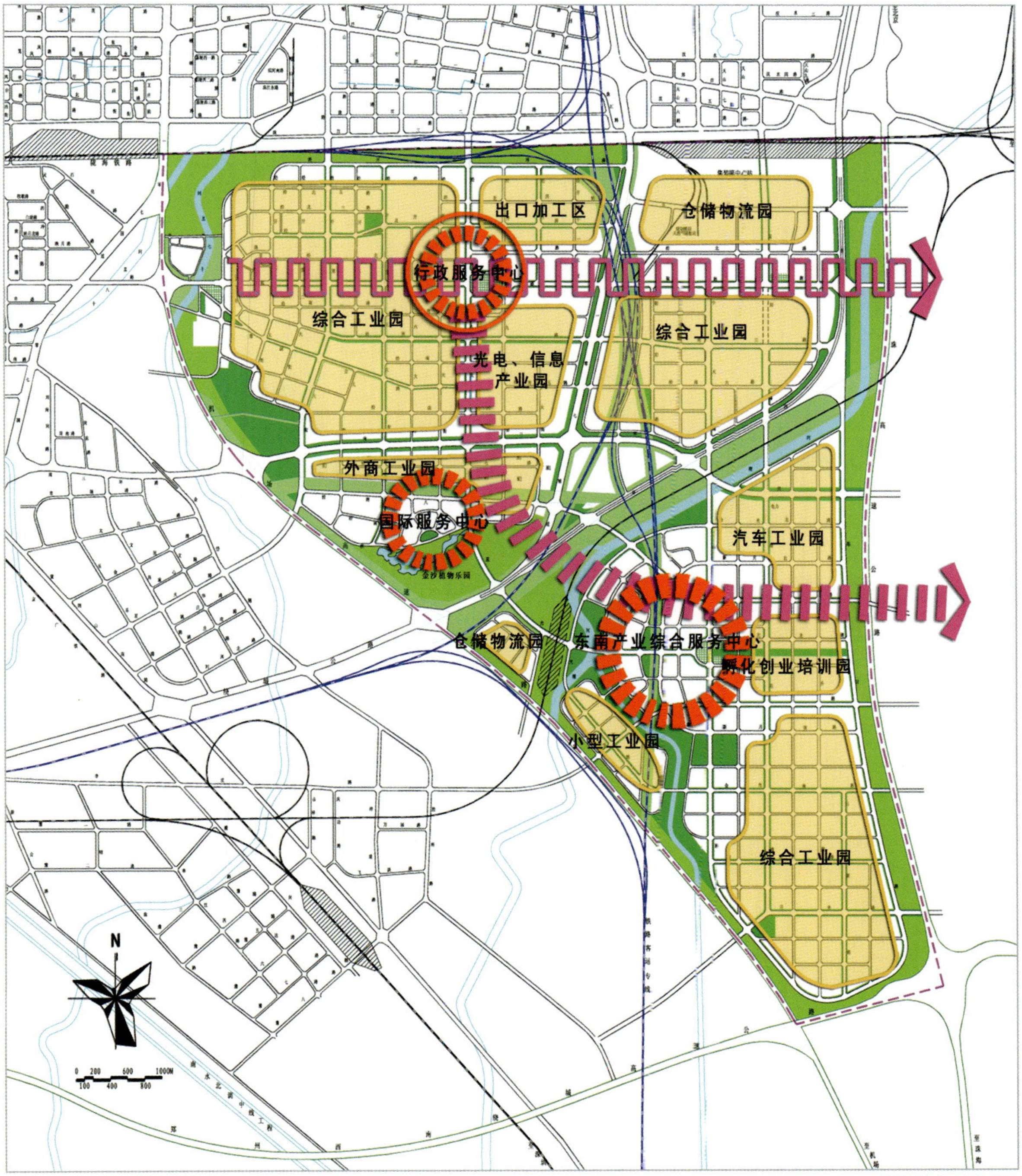

规划结构与功能分析图

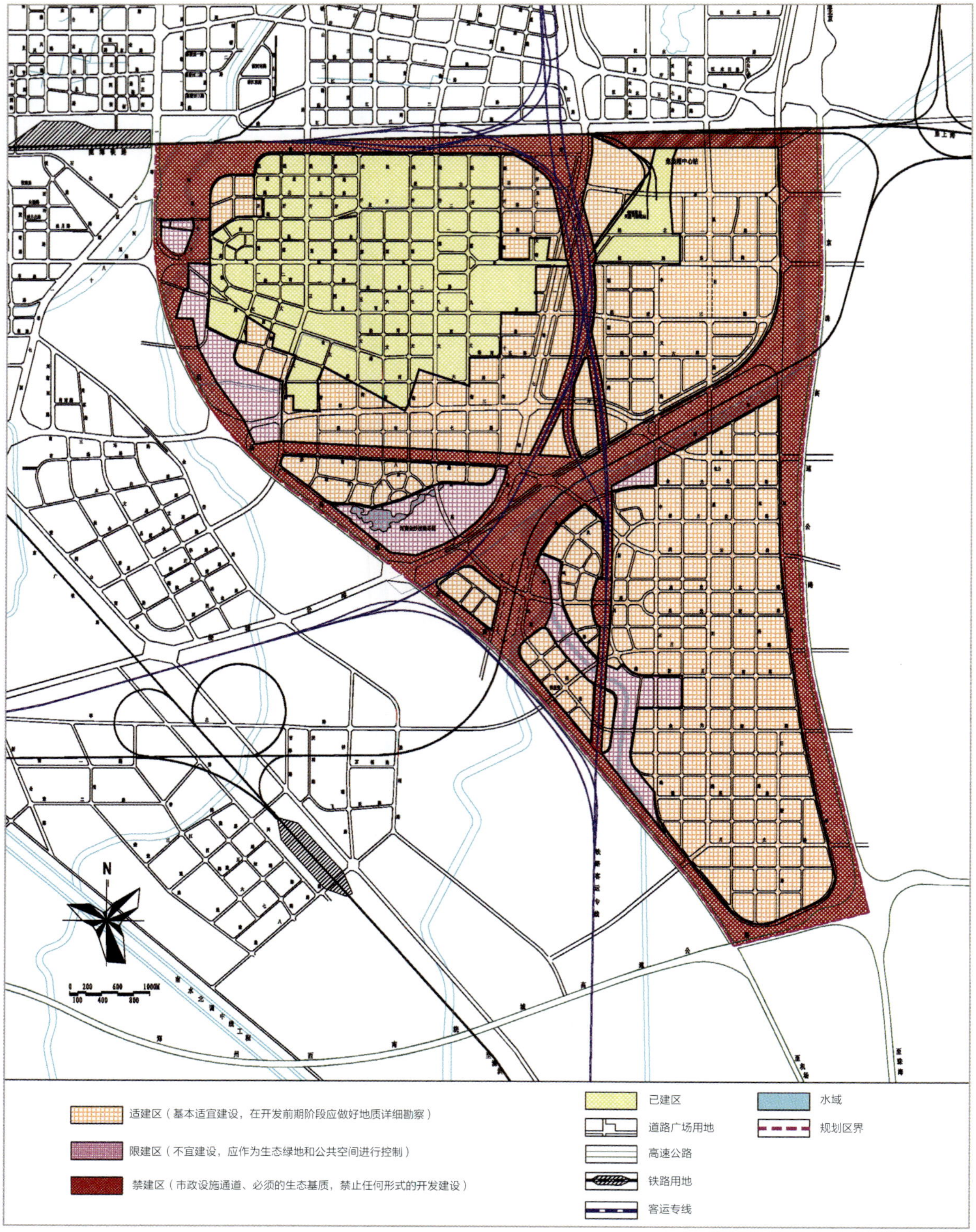

用地空间管制图

3.7 用地空间管制

根据用地发展的建设适宜性分析、土地资源条件特性、城市发展限定因素，将规划用地划分三类用地空间管制区。

适建区（含已建区）：按总体规划要求进行建设，其中已建区重点完善设施配套，改善居住环境。

限建区：限建区包括现有的河南金沙植物乐园和河南金鹭鸵鸟游乐园的核心区，规划尚岗杨生态公园区，限制其用地性质为公园或低密度的公共设施用地。

禁建区：将规划七里河、潮河河道以及沿线50~100m宽的范围，陇海铁路两侧约200m宽的范围，规划铁路客运专线两侧各50m宽的范围，高速公路两侧100~150m宽的范围，规划高压走廊等用地区划定为禁建区。该区应控制为防护绿地和生态绿地，作为各级城市组团间的绿色隔离带和市政设施廊道。

3.8 景观系统规划

依托经开区的人文环境及自然环境，构建城市景观体系，形成富有地域文化特色、绿化环境优美、城市功能完善的城市整体环境景观。

三个景观区：

自然特色风貌区、工业特色风貌区、生活居住风貌区。

四条景观廊道：

沿规划潮河和郑州至机场高速公路—金沙湖形成的两条自然、生态景观廊道；沿航海东路、经开第八大街形成两条现代、科技景观廊道。

景观节点：

3个中心区景观节点；3个主要出入口门户景观节点；7个由工业组团、居住区内的公园绿地、广场及公共建筑群构成的生活景观节点；城市公园、广场、区级公园、游憩绿地及附属绿地等绿地节点。

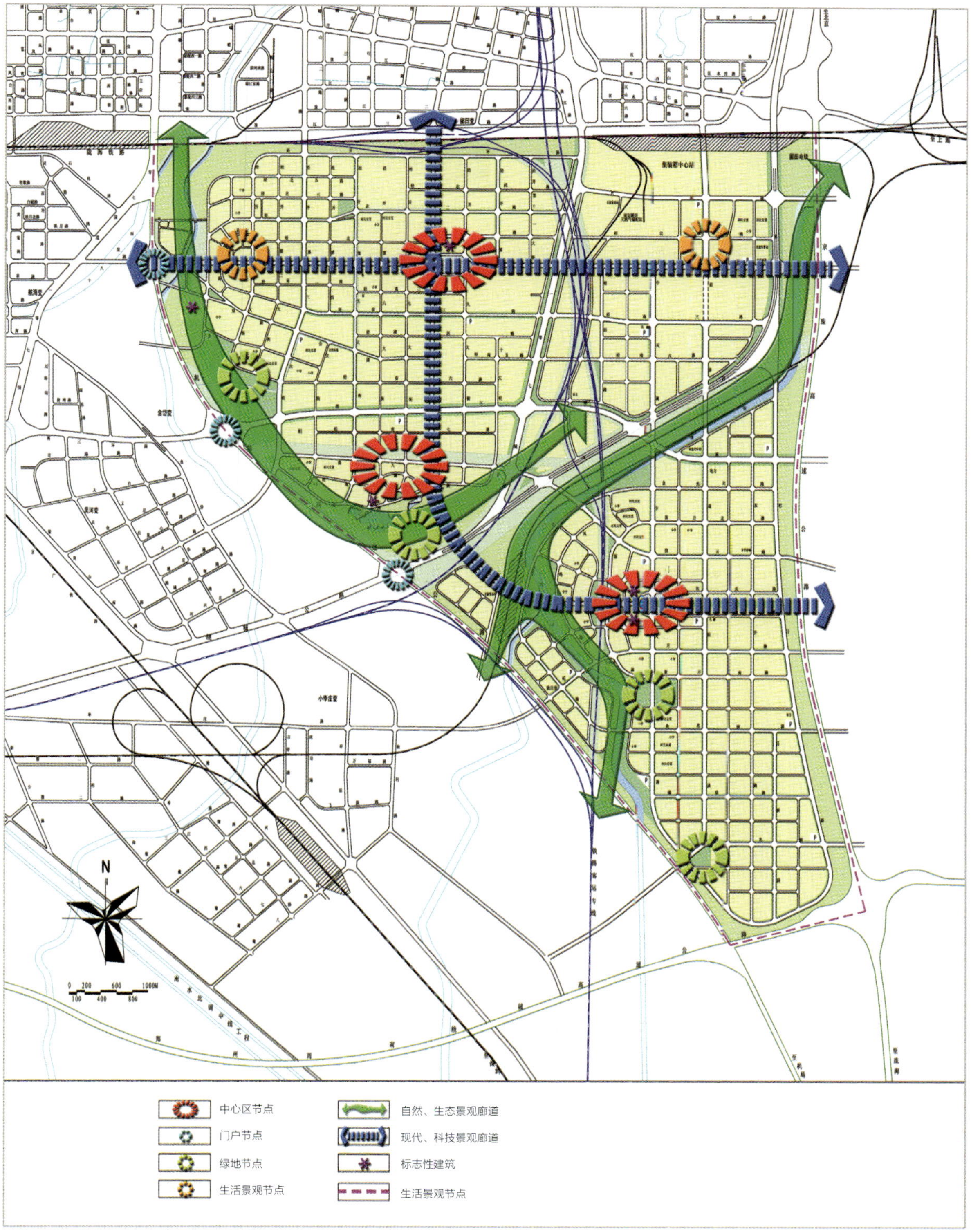

景观结构图

绿地系统规划图

3.9 绿地系统规划

遵照景观生态学原理，将外围生态绿地与城市绿地系统相衔接，建立与自然协调发展的人居环境。

由外围高速公路、陇海铁路绿化廊道及斜穿园区的潮河绿化廊道构筑起经开区的绿色生态构架。

规划绿地800.6hm^2，其中公共绿地463.8hm^2，人均公共绿地18.5m^2。

3.10 近期建设规划

近期规划建设用地面积控制在29.7km^2，人口控制在15万人。

近期建设以总体规划为指导，以提高土地综合利用价值为目的，以集约化利用土地为原则，合理控制和引导近期建设，适度超前安排道路及基础设施建设，紧凑布局重点项目，整合优化现状用地。

近期建设范围控制在陇海铁路以南、机场高速公路以东、京珠高速公路以西、四环路以北的地区集中发展。

近期发展沿航海东路、南三环路，经开第八大街、晨阳路自西向东、自北向南逐步推进。

东四环路以南用地，近期作为生态区控制，发展都市农业，防止村庄的无序蔓延。在该区实施潮河改道生态建设；近期保留河南金鹭鸵鸟游乐园，大力发展观光农业。

近期建设规划图

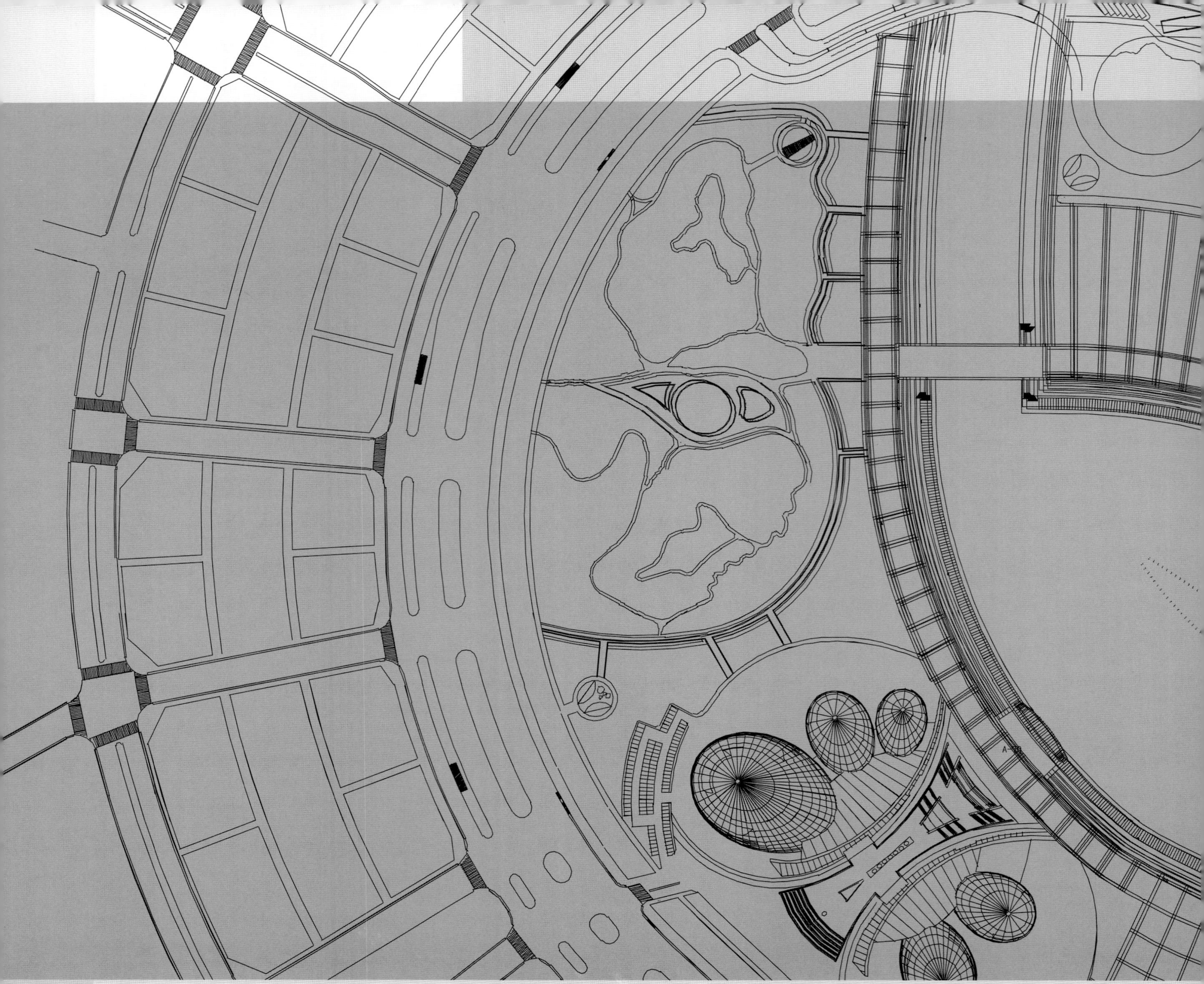

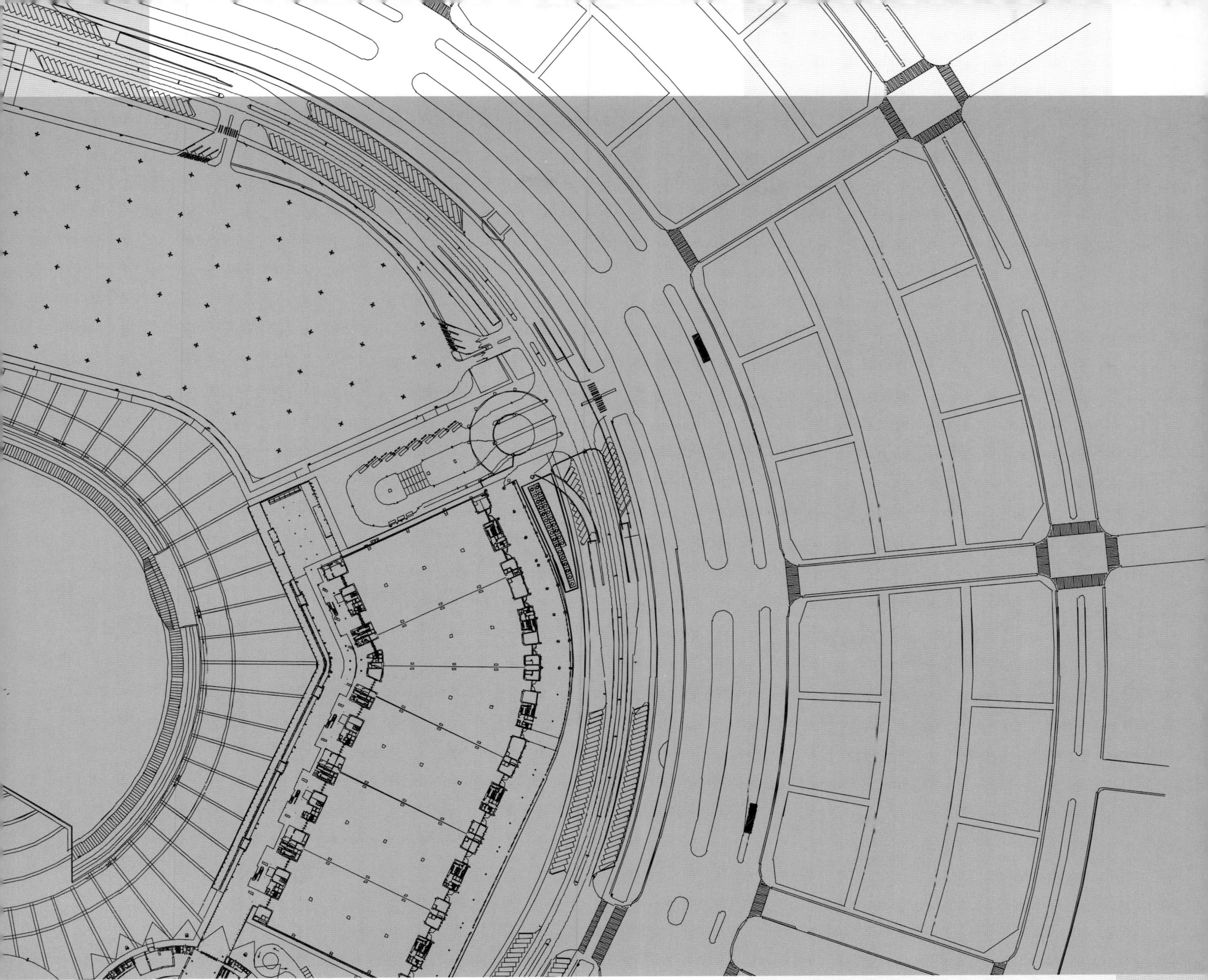

郑汴一体化产业带规划设计

第三部分
Part Ⅲ

Planning and Design for the Integration of Zhengzhou-Kaifeng Industrial Belt

第三部分
Part III

郑汴一体化产业带规划设计
Planning and Design For the Integration Zhengzhou-Kaifeng Industrial Belt

郑汴一体化产业带规划设计简介

2005年省委、省政府专题组织编制完成的《中原城市群总体发展规划纲要（2006—2020）》中明确提出："十一五"期间要优先推动郑汴一体化发展，通过体制创新，突破行政区划障碍，促进生产要素加快流动，实现功能互补、资源共享，使该地区成为带动河南经济社会发展的核心区。

2006年11月19日连接郑汴两市的郑开大道建成通车，作为郑汴一体化发展的标志性工程。立足区域宏观视野，为推动郑汴一体化协调发展，依托现有基础，统筹考虑未来城市发展需求，在郑州、开封之间区域统一规划建设，形成布局合理、协调发展的产业带。

郑汴一体化产业带规划设计包括郑汴一体化产业带战略研究、郑汴一体化产业带总体规划和郑汴一体化产业带控制性详细规划。郑汴一体化产业带战略研究由邹德慈领衔的中国城市规划协会、由李京文领衔的中国社会科学院和北京都市筑景设计院三家单位承担。规划范围西起京珠高速公路，东至开封金明大道，北起规划的豫兴大道，南至规划的中央大道，总面积约为167.12km^2，其中郑州市段面积约为100.76 km^2，开封市段面积约为66.36 km^2。构想至21世纪中叶，人口规模达到120万人，远景城市用地规模控制在130km^2,保持"带状组团式"的空间结构形态。

郑汴一体化产业带总体规划由北京清华城市规划设计研究院和郑州市规划勘测设计研究院共同承担，吸纳了郑汴一体化产业带战略研究三家设计方案的优点，对用地布局进行了优化和深化。郑汴一体化产业带控制性详细规划由郑州市规划勘测设计研究院编制，对各项用地性质、开发强度和配套设施进行了量化和定位，为下一步开发实施提供了法定依据。

规划内容层层深化，从宏观到微观，明确了优化产业布局，突出研发创新和服务功能；优化城市综合功能，构建"水成田林"一体的田园和谐新城；挖掘历史名城的文化内涵，形成融历史文化和现代文明为一体的城市风格和形象。

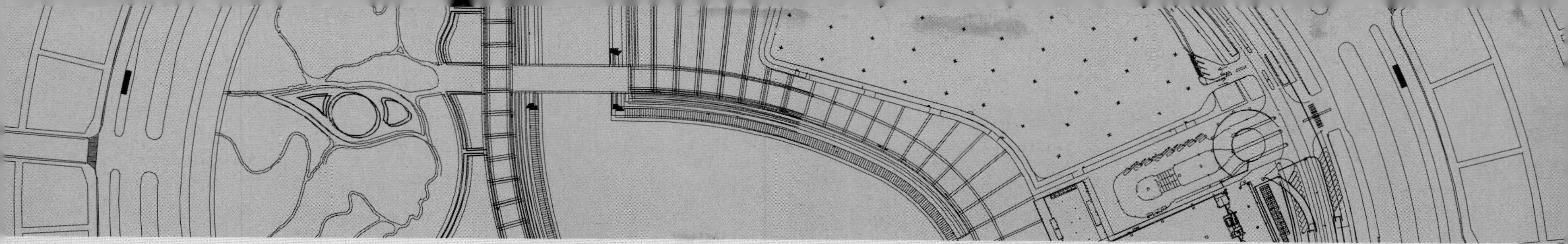

郑汴一体化产业带战略研究

Strategic Studies of the Integration of Zhengzhou-Kaifeng Industrial Belt

1

方案Ⅰ中国社会科学院与北京都市筑景设计研究院联合体案
Plan I Research Schemes from Chinese Academy of Social Sciences

方案Ⅱ中国城市规划协会规划研究方案
Plan II Research Schemes from China Urban Planning Association

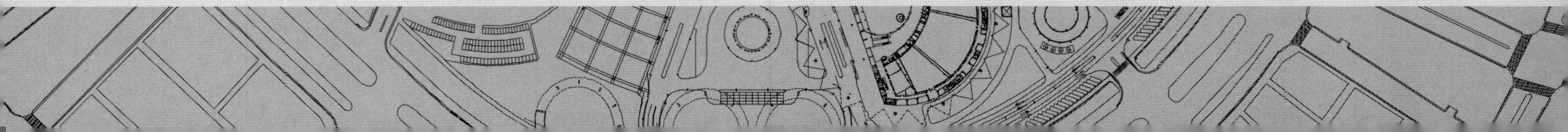

方案 I 中国社会科学院与北京都市筑景设计研究院联合体案
Plan I Research Schemes from Chinese Academy of Social Sciences

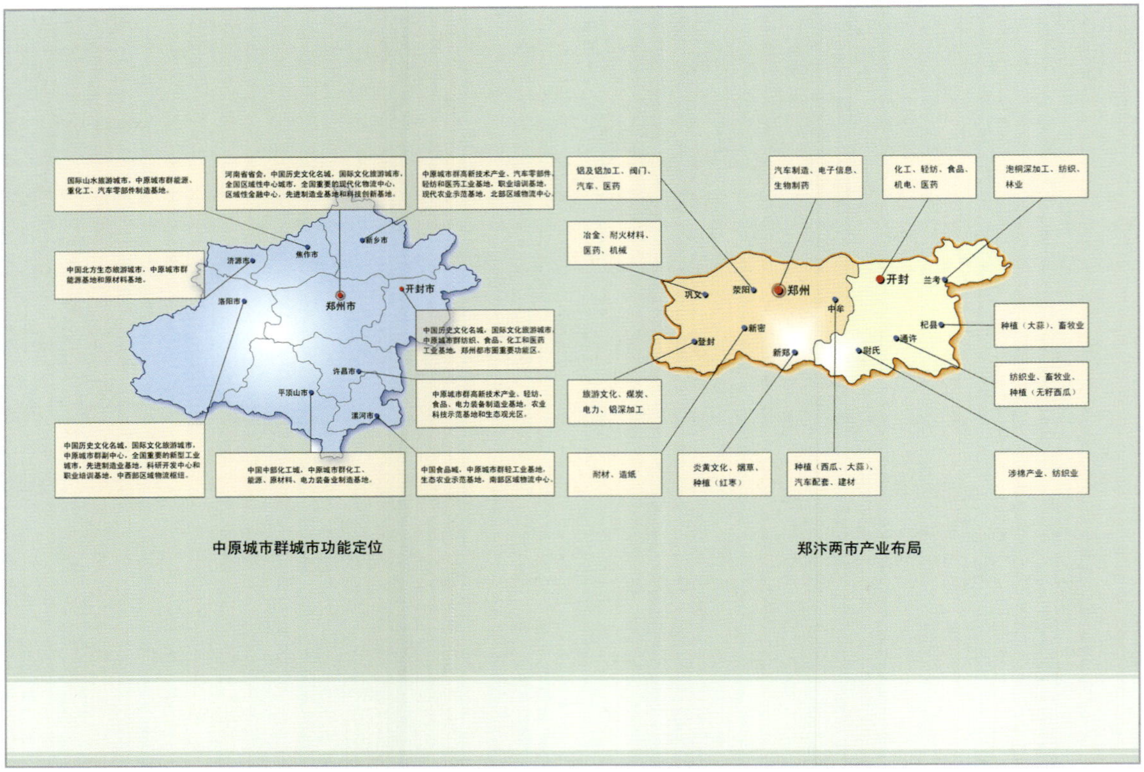

城市功能与产业布局分析图

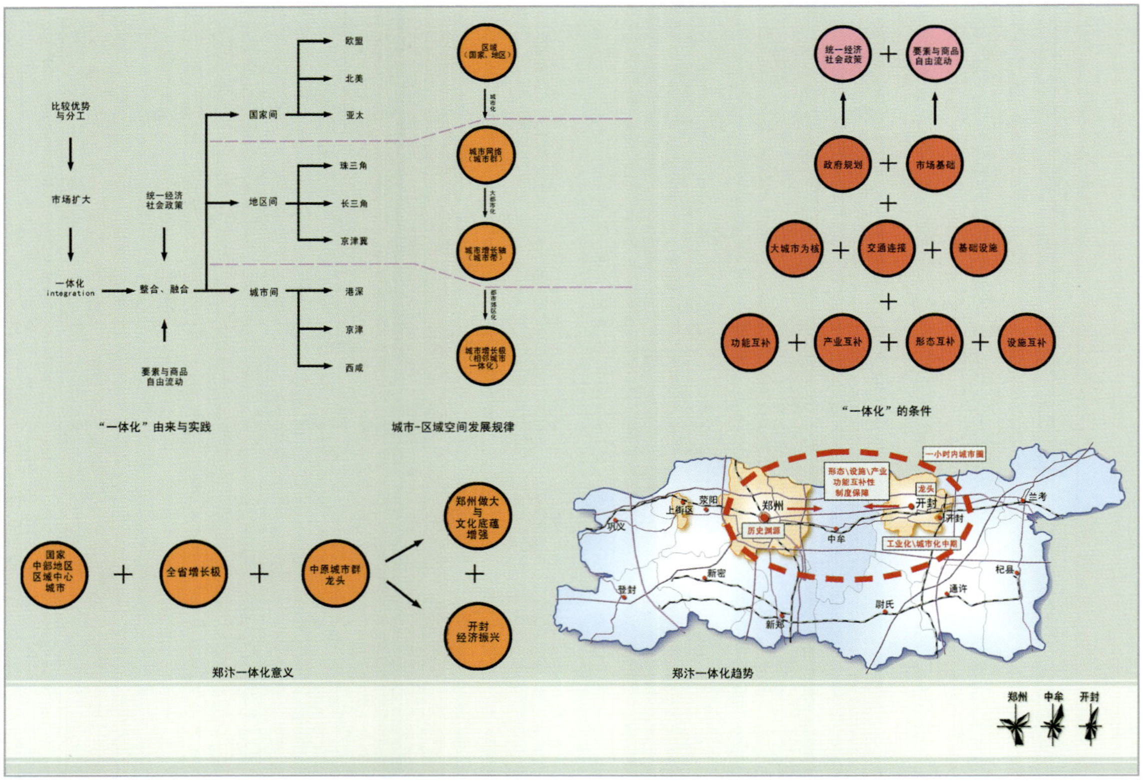

区域经济分析图

1.1 区域一体化的内涵与经验借鉴

"一体化"（Integration）是指客观主体之间相互"整合、融合"的过程与状态，主要源于经济一体化，并逐步扩展到社会发展各方面。

从空间角度来看，世界发展的总体趋势是城市化、区域集团化与区域一体化。欧盟、美国、长三角、珠三角、京津冀、西咸 郑汴一体化的意义郑汴一体化是双赢甚至是多赢的举措，其合理结构就是建设一个涵盖开封功能的大郑州都市经济圈，它不仅能够提升郑州中心城市的竞争力,增强省会的文化底蕴，而且它对开封经济的振兴也将是极大的促进。

郑汴一体化作为全省增长极，极大地带动中原城市群的发展,成为中原城市群的"龙头"。

1.2 郑汴一体化趋势分析

郑州的优势突出,但郑州作为省会城市,其首位度低,辐射能力不强,开封文化底蕴浓厚,但在郑州引力场中,资源要素受到郑州市的强烈吸引。

郑州向郑东新区发展,开封向汴西方向发展,中间有中牟相连,两者之间车程距离不足1小时,双方在许多方面存在较强的互补性,而且郑州做强做大与开封经济振兴目标一致。因此,郑州一体化时机已经成熟,一体化将实现两市"珠联璧合"式的发展,从而带动中原城市群,河南省乃至中部地区的发展与崛起。

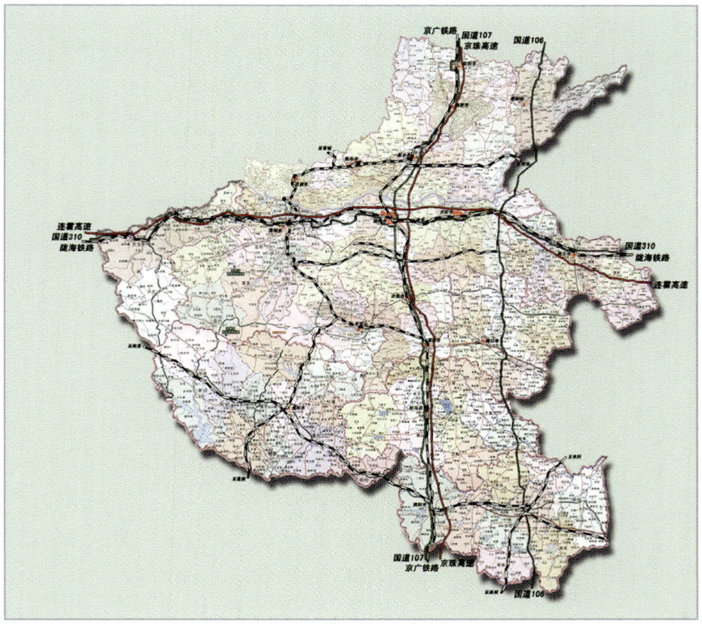

区位分析图

中原城市群以郑州为中心,包括洛阳、开封、等9个省辖(管)市,14个县级市、33个县、340个建制镇.城市群内的9个中心城市空间距离较近,城镇化水平较高,各地区之间公路交通联系基本实现3小时内通达,并且具有发达的铁路交通体系,是全国重要的交通枢纽。

从全国城市体系的公建布局和区域经济分析,在中西部地区,中原城市群是北京、武汉、济南、西安之间,半径500km区域内城市群规模最大、人口最密集、经济实力较强、 工业化进程较快、城镇化水平较高、交通区位优势突出的城市群.它与长三角、珠三角、京津冀三大城市群及其他城市群发展相呼应,并起着重要的支撑作用,是河南乃至中部地区承接发达国家及我国东部地区产业转移、西部资源输出的枢纽和核心区域之一。

<中原城市群总体发展规划纲要>

（1）郑汴一体化发展战略指导思想

在政府推动下，通过制度创新、打破行政壁垒、共建基础设施、优化城市布局，实现产业对接、资源共享、优势互补，建设一体化的城市共同体，打造中原城市群的“龙头”，使之成为中原城市群产业示范区，中国中部崛起开发试验区，带动河南省乃至中部地区在中国的崛起。

（2）郑汴一体化战略定位

——中部地区城乡健康协调发展的示范区

——强化中原城市群核心区发展的先导区

——郑汴一体化发展的空间承载区

（3）郑汴一体化的总体思路

按着“总体规划、分期建设、先易后难、逐步推进”的思路，以基础设施建设为先导、产业园区建设为主体，带动人口聚集与一体化区域经济社会发展。

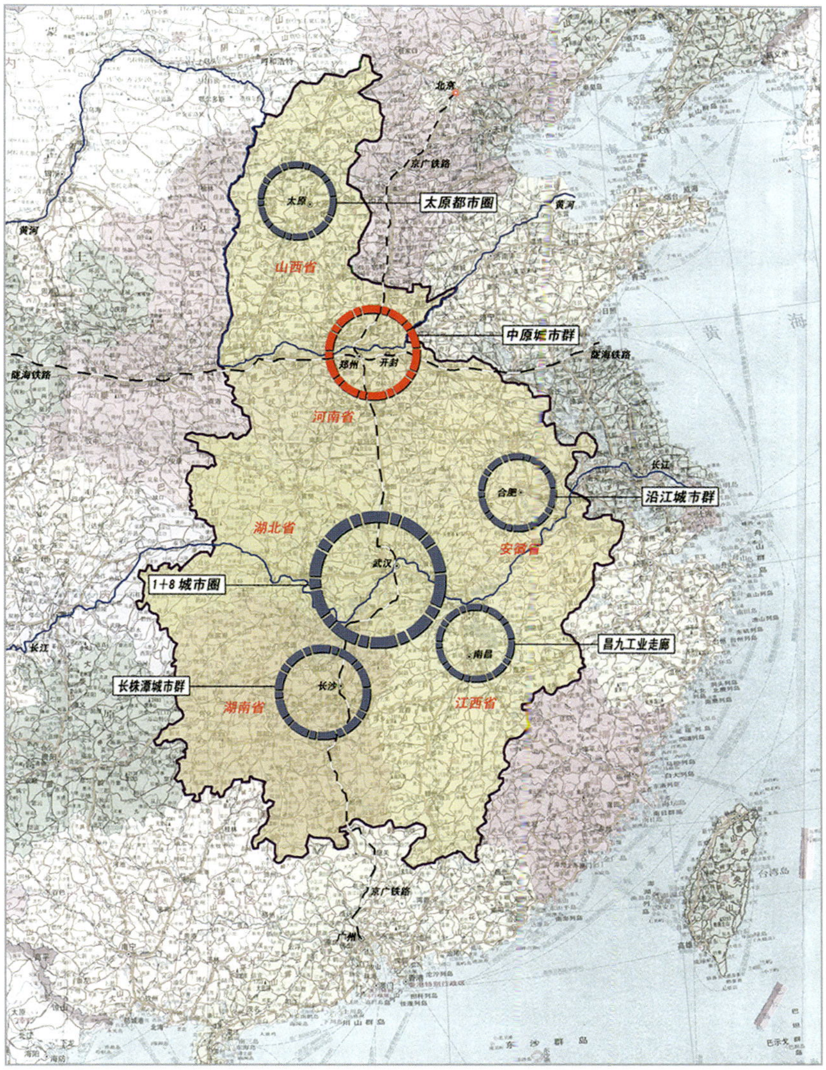

区位分析图

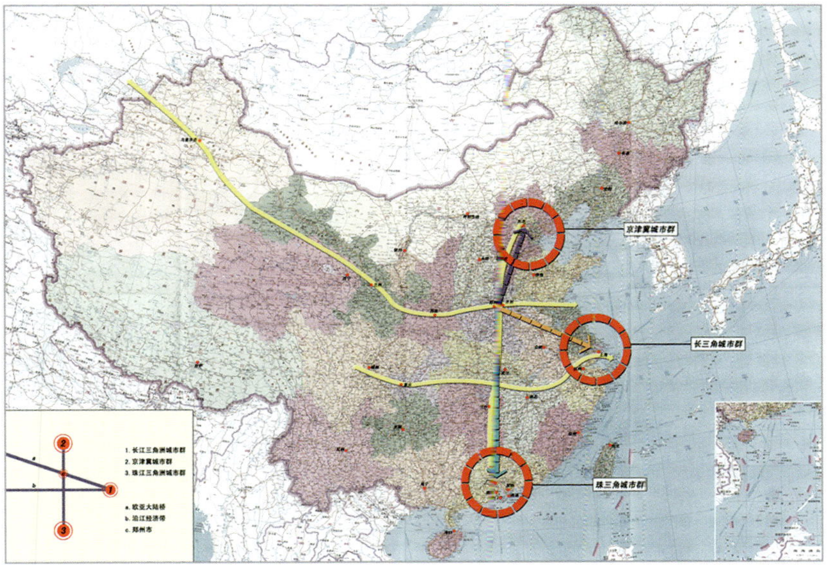

区位分析图

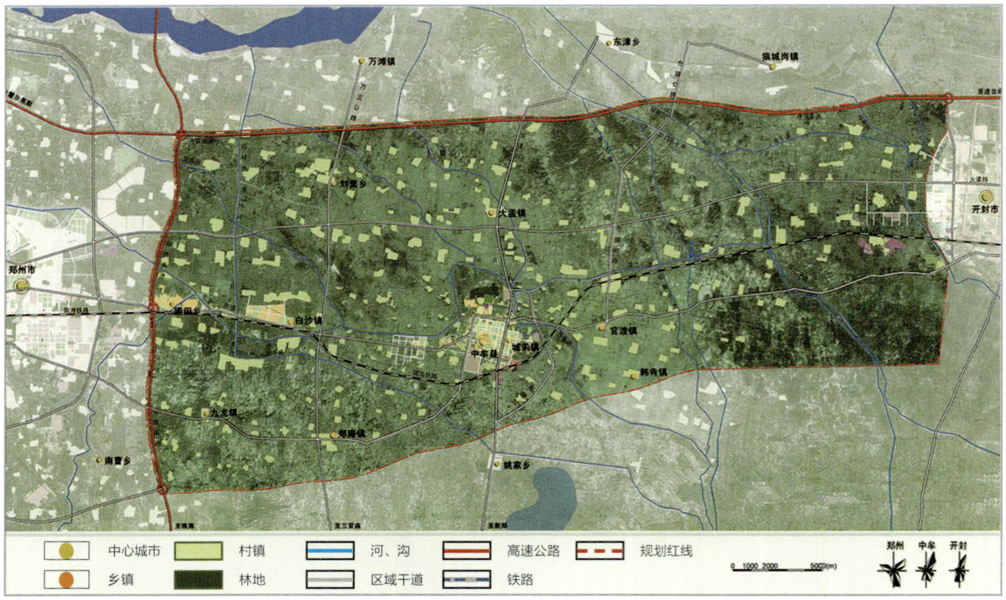

用地现状图

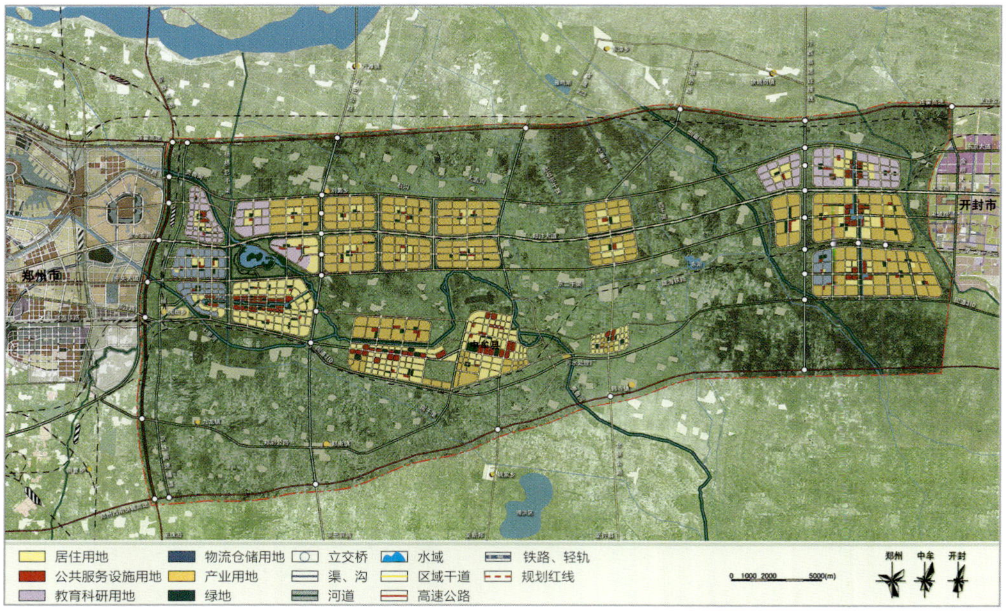

土地使用规划图

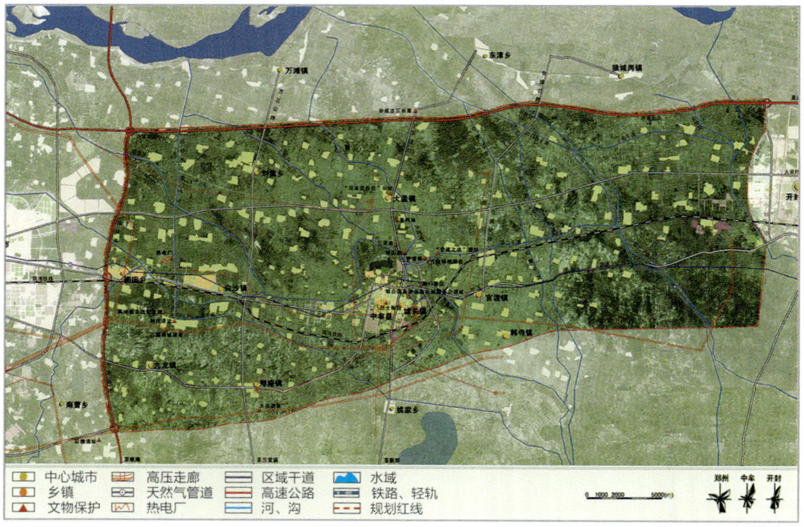

基础设施现状图

1.3 空间结构理念

郑汴大道为城市空间发展轴，组团式带状连接，形成不同功能性质的六个片区组团 ，沿郑汴连接线将规划范围划分为六个组团，从西向东分别为：白沙组团、中北组团、中牟组团、仓寨组团、官渡组团、汴西组团、组团界线的确定综合考虑地形地貌条件、基础设施、特别是南北向对外交通干线的布局，以及现有的建设和产业发展情况。组团之间以绿化隔离或者农田进行隔离，使城市建设用地形成多组团多中心的布局结构。 各组团的功能定位：

（1）白沙组团：依托郑州主要交通干线进行规划建设，是以商贸、办公、生活、居住以及SUV生产基地为核心的制造业基地、高新技术园服务中原城市群的物流业。

（2）中北组团：依托大孟镇和刘集乡进行规划建设，依赖自然景观条件发展科研创新产业。

（3）中牟组团：依托中牟县城进行规划建设的一个综合性产业园区，是这个郑州和开封两中心城市之间的支撑区，也是“郑汴一体化”区域的次级服务中心。

（4）仓寨组团：依托郑汴大道进行规划建设，发展水产养殖产业，振兴农村经济。

（5）官渡组团：依托官渡镇，以居住和生产为主进行规划建设，发展旅游业服务业。

（6）汴西组团：依托开封市进行规划建设，成为开封市城市空间向西拓展的主要承载区。

以组团为基本单元，多组团、多中心，具有用地适应性强、布局灵活的特点。 功能混合——结合站业布局居住，配置公共服务设施。有一定程度的功能混合，避免产业用地在用地性质上的相对单一。

布局多元——为居住和工作提供多元条件：居住与商业混合，居住与无污染工业混合，商业与无污染工业混合。就近工作：在各个组团中服务设施均匀分布，工作与居住地接近。缓解上下班瞬时交通高峰流量，减少出行耗时。

灵活发展——组团结构的城市可以满足多种用地的需求，适应性强，便于分期开发，短时间内形成单个组团的整体面貌。

灵活布局——组团内的混合功能可根据变化调整用地比例。

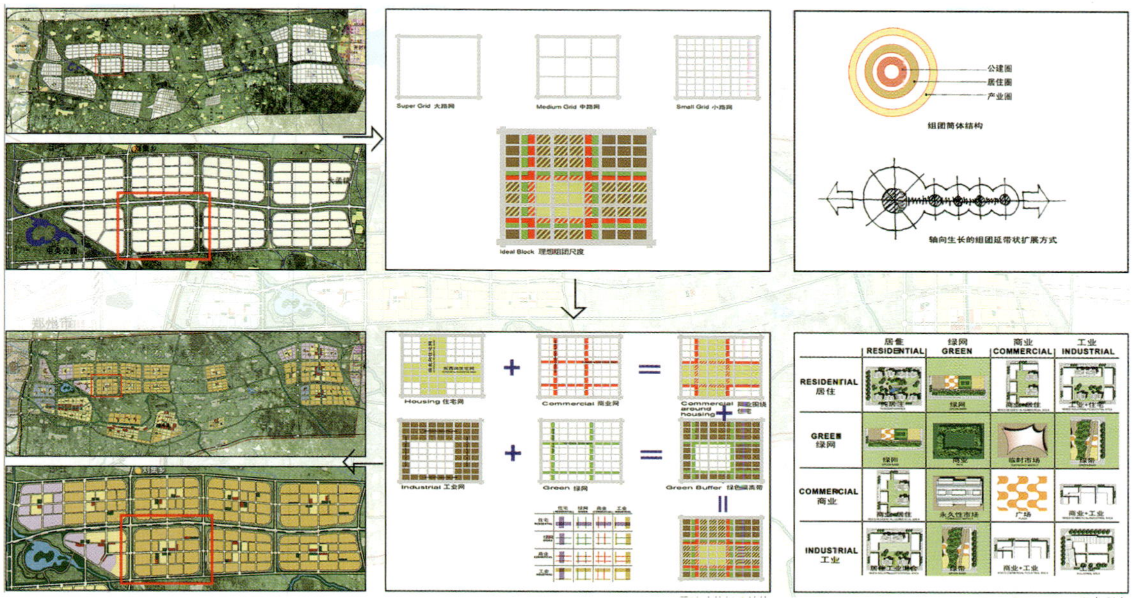

组团用地布局模式

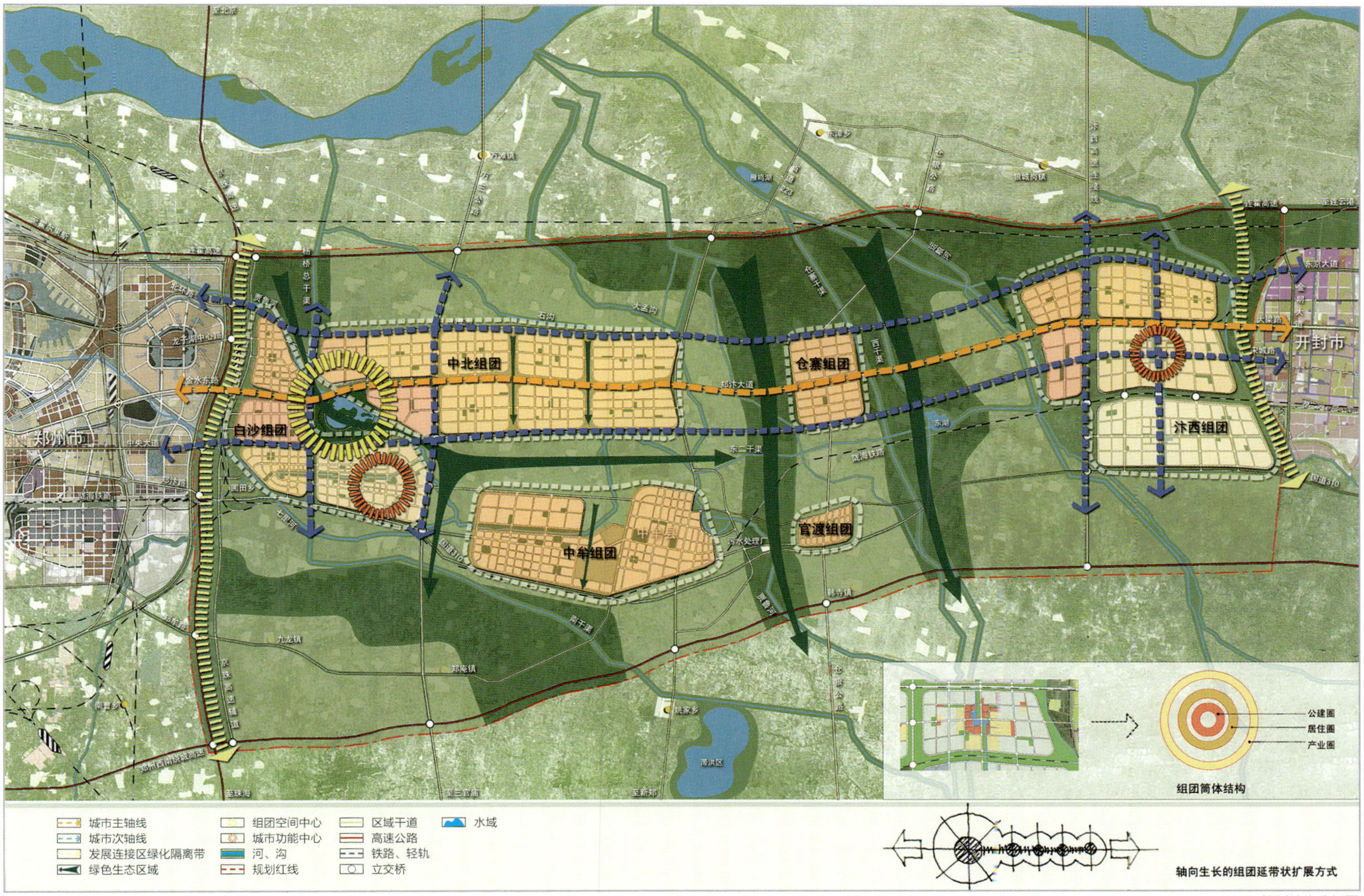

规划结构分析图

1.4 公共服务设施规划

规划范围内的公共服务设施共分为三级，分别是区域级、市级和组团级。 区域级服务中心的服务对象兼顾规划范围内外，档次高、规模大。结合郑汴一体化区域内的产业布局，区域级服务中心包括白沙组团。 市级服务中心的服务对象主要针对规划范围内的两个承担新城功能的组团——中牟组团和汴西组团。内容按城市分区标准配置。 组团级服务中心布置在个组团内部， 主要满足人们日常工作生活需要。内容根据不同用地性质按相应规划标准配置。

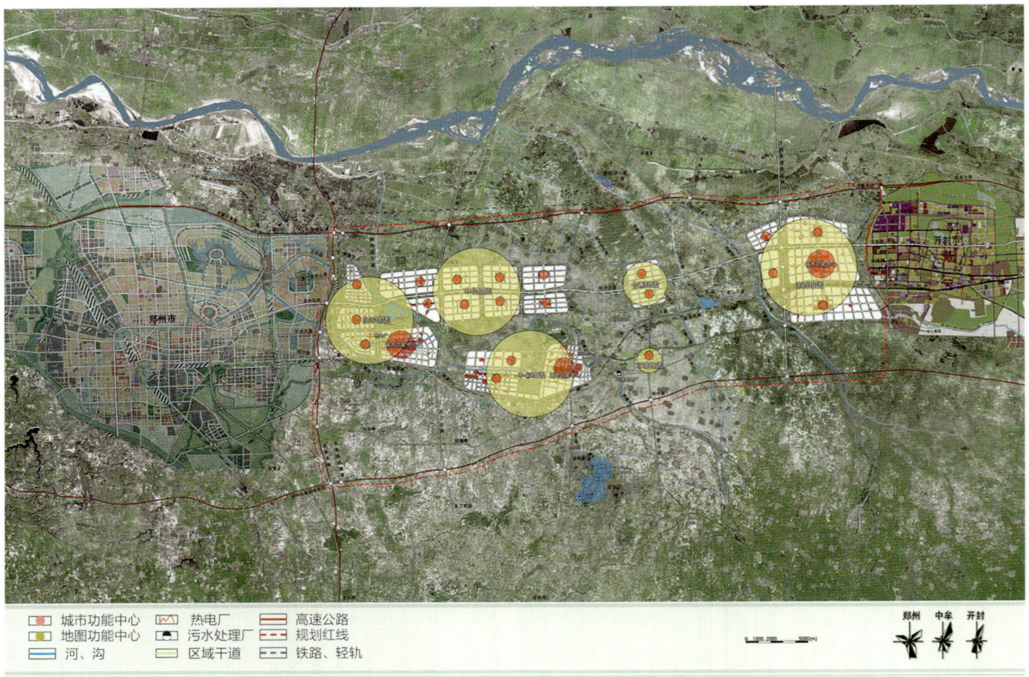

公共服务设施规划图

1.5 功能分区规划

根据功能发展定位，各组团的功能分区如下：(1)白沙组团包括四个功能园区：高新技术园区、物流仓储园、物流仓储产业园、商贸生活居住园、贾鲁河流经组团的河段，规划为中央公园，园内结合河道及绿地开发都市农业、水产养殖业。(2)中北组团包括三个功能园区：教育科研园、科技创新园、制造产业园。(3)中牟组团是一个综合性园，包括居住、服务区、产业区三大功能区。(4)仓寨组团依托自然条件建设水产养殖园，同时发展农居产业。(5)官渡组团规划为区域级旅游服务中心，包括旅游产业园和拆迁农民居住园。规划旅游产业园将区内的草料场、三官庙等主要景点串联起来，除利用人文景点外，可以再建花卉植物博物园等现代旅游观光设施。(6)汴西组团以高新技术产业为核心，包括五个功能组团：教育高新技术产业园、科技创新产业园、现代农业产业园、制造物流产业园、商贸物流产业园。

产业布局规划图

1.6 绿地与景观系统规划

遵循设计结合自然的理念，充分发挥现有自然景观条件，以建设适宜居住、创新的特色城市环境为目标。

以贾鲁河和众多的渠道为基础，结合组团式空间结构形式和产业布局，控制绿地和绿带，建构环境优美、生活质量上乘、生态效应优先的多层次、多功能、网络化的绿化体系与景观系统。

规划范围内的绿地由三部分组成。

第一部分：建设用地外围绿色屏障，主要由外围湿地生态保护区、农田用地、生态防护绿地组成。

第二部分：各组团之间的生态绿地、楔形绿地，主要有交通线防护绿地组成，形成整个区域建设用地内部的绿化骨架。

第三部分：组团内部的公共绿地系统，其主要绿地和第二部分绿地相互衔接，渗透到组团中心。三部分绿地相互融合、互为一体，形成点、线、面综合绿地系统。

规划范围内的绿地包括三类：公共绿地、生态防护绿地和农林业生产用地。其中公共绿地包括：滨河公园绿地、湿地公园、景观绿地和居住区公共绿地。

1.7 生物通道的类型

生物通道可以根据使用动物对象分类，也可以通道的尺度为依据进行分类，如适合大型动物的开放式单跨或连续跨桥梁、适合小型动物的管道式通道或涵箱式通道。郑汴大道两侧村庄农田较多，应考虑通过家畜的通道。

通道走边环境的营造：道路交通的噪音将影响生物通道的使用，依次减少通道噪音可提高使用效率，在临近通道的高速公路两侧竖立隔声板或密植树木均有利于减少噪音。并且，增加自然光也有利于生物通道的使用。

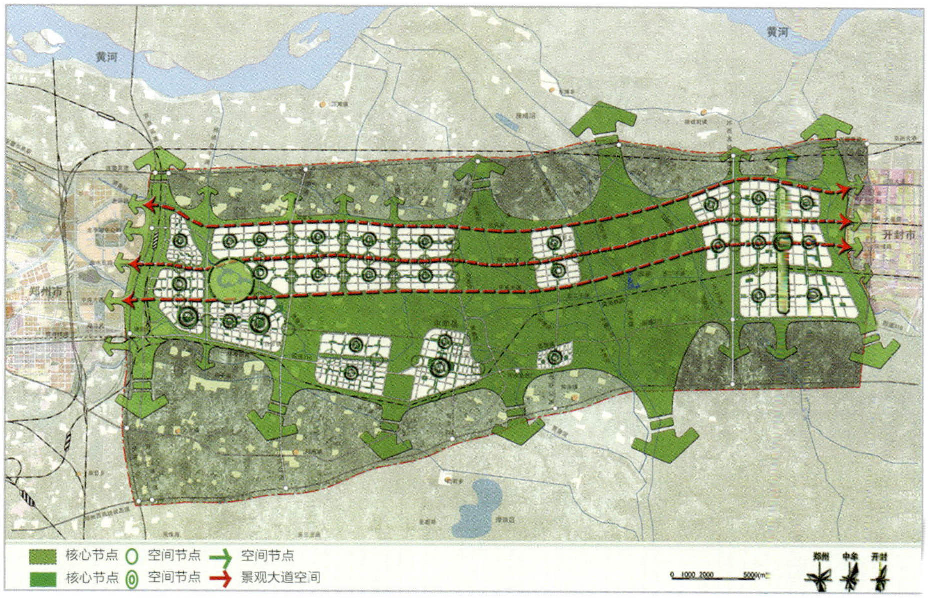

空间景观规划图

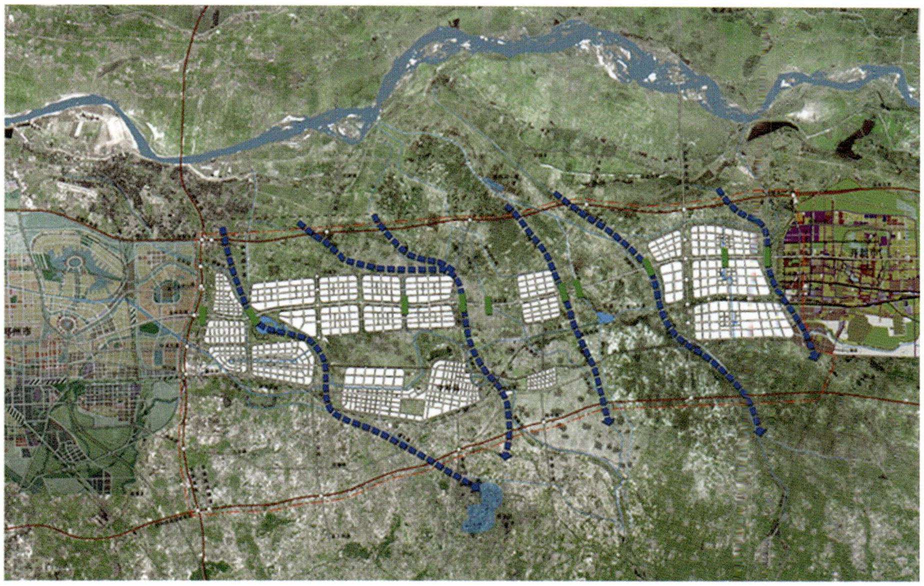
生物、河流通道规划图

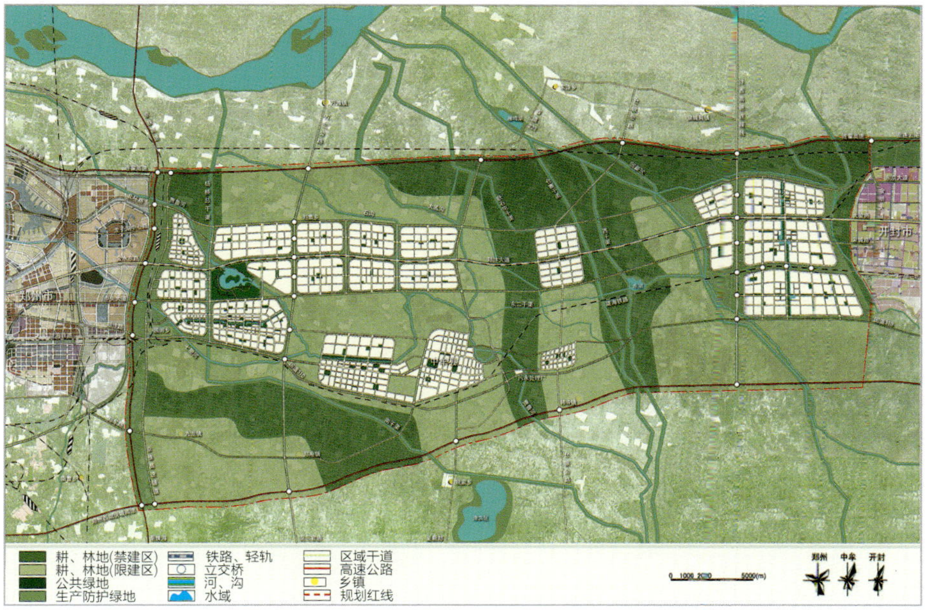

绿地水体系统规划图

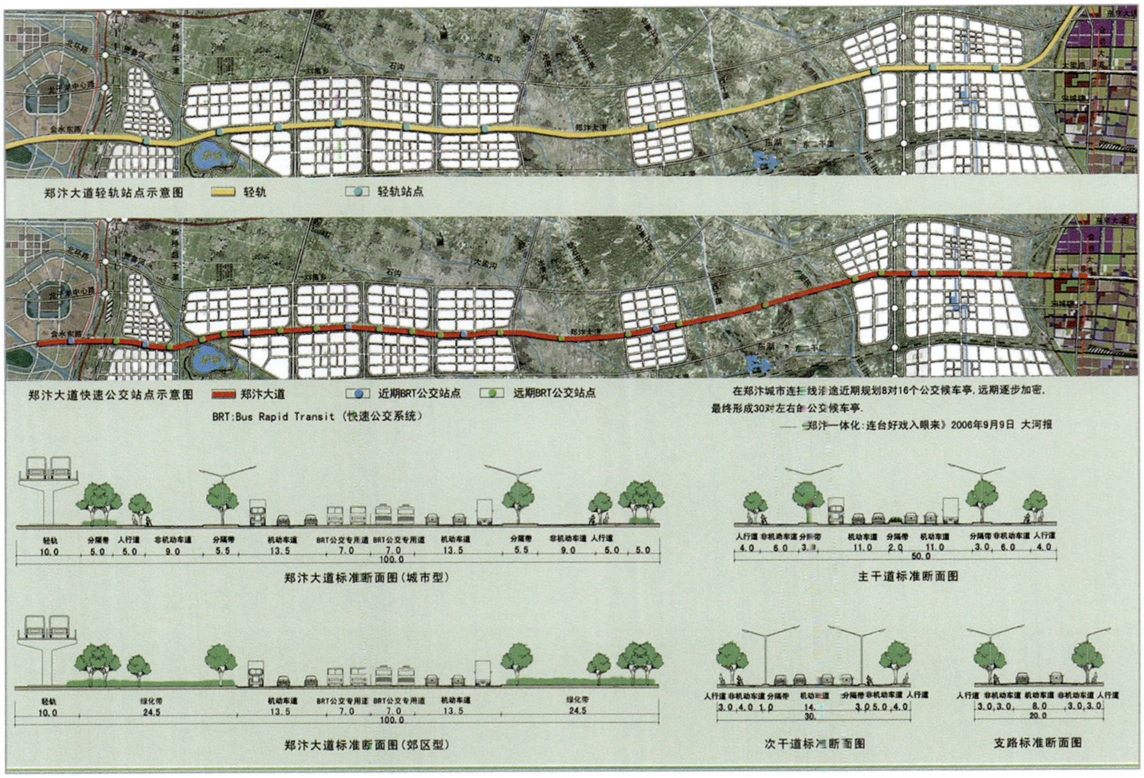

道路断面、轻轨、公交规划图

1.8 对外交通 规划范围内交通系统骨架为“九纵七横”

东西方向（九纵）：

（1）郑汴高速铁路（规划）

（2）连霍高速公路（现状）

（3）郑汴第三条快速通道（规划）

（4）郑汴大道（现状）

（5）郑汴第二条快速通道（规划）

（6）郑汴轻轨（规划）

（7）310国道（现状）：保持原状。

（8）陇海铁路（现状）

（9）郑开高速公路（规划）西起郑州。

南北方向（七横）

（1）京珠高速公路（现状）

（2）京珠高速辅路（规划）

（3）万三公路（规划新107国道）

（4）223省道（现状）

（5）仓狼公路

（6）开延路（规划）

（7）金明路（现状）

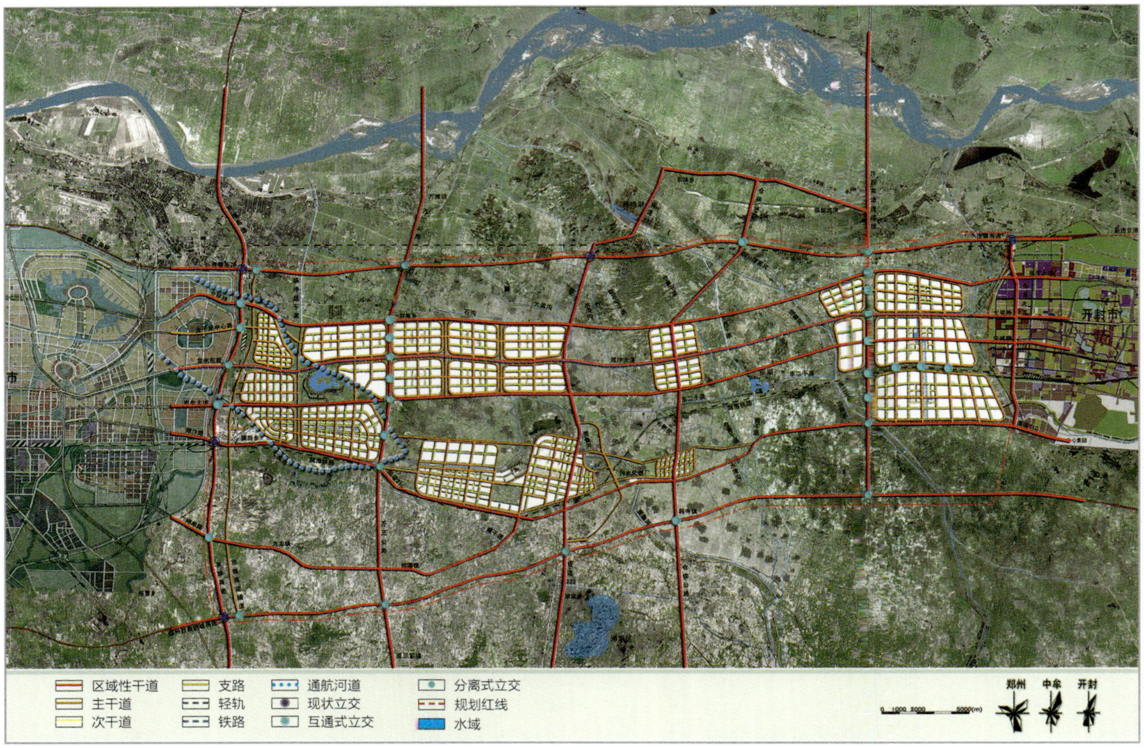

交通系统规划图

1.9 城市道路交通

各组团内部的道路系统与组团式空间结构相适应，采取环路加方格网的布局形式。道路等级包括四级：城市主干路、城市次干路、城市支路和步行道路。

（1）城市主干路红线控制40~60m，双向6车道，道路间距800~1200。

（2）城市次干道红线控制30~40m，双向4车道以上。

（3）城市支路红线控制20~30m。

（4）步行道路红线控制9~14m。

1.10 轻轨

规划郑汴轻轨沿郑汴连接线北侧铺设，共设10个站点。

方案Ⅱ中国城市规划协会规划研究方案

Plan Ⅱ Research Schemes from China Urban Planning Association

2.1 前言

随着国家"中部崛起"宏观战略的不断深化，中共中央、国务院下发了《关于促进中部崛起的若干意见》（中发[2006]10号）等政策性文件，指出"中部崛起"战略的实施将着重培育几个具有一定规模和地区影响力的城市群，使之成为带动整个中部地区发展的增长极。为了贯彻中部崛起战略决策，实施《中原城市群发展总体规划纲要（2006-2020）》，强化郑汴洛工业走廊的经济带动作用，河南省委、省政府从全省发展的大局出发，提出将郑汴一体化发展作为整个中原城市群健康协调发展的先导区和示范区。根据2006年4月19日李成玉省长主持召开的省长办公室会议精神，郑汴一体化规划工作由中原城市群建设领导小组办公室统筹协调，规划编制办公室设在郑州市城市规划局。

2006年4月20日郑州市城市规划局委托由邹德慈院士领衔的中国城市规划协会、由李京文院士领衔的中国社会科学院和北京都市筑景设计研究院等三家设计单位，承担《郑汴一体化发展战略研究及郑开大道产业布局规划》。

研究范围西起京珠高速公路，东至开封金明大道，南至规划的开封至民权高速（新郑机场至开封高速公路），北至连霍高速公路，总面积约为730km²。

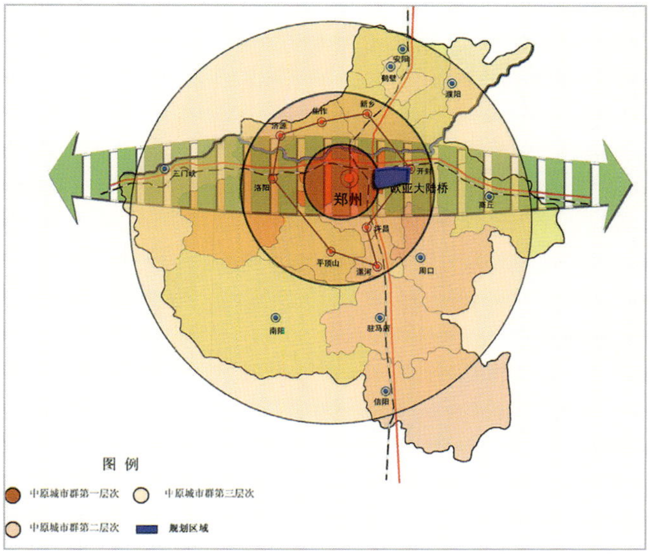

区位分析图

2.2 区位分析

从全国城市体系的空间布局和区域经济分析，在中西部地区、中原城市群是北京、济南、西安之间，半径500公里区域内城市群规模最大,人口最密集，经济实力较强。工业化进程较快，城镇化水平较高，交通区位优势突出的城市群。它与长三角、珠三角、京津冀三大城市群及其他城市群发展相互呼应，并起着重要的支撑作用，是河南乃至中部地区承接发达国家及我国东部地区产业转移，西部资源输出的枢纽和核心区域之一。

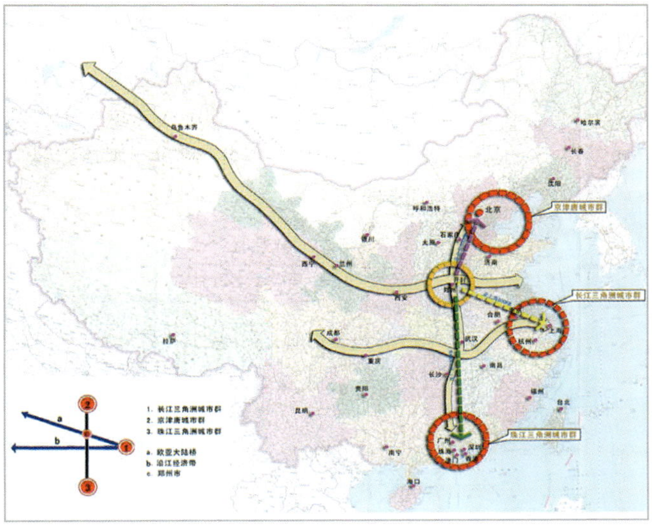
区位分析图

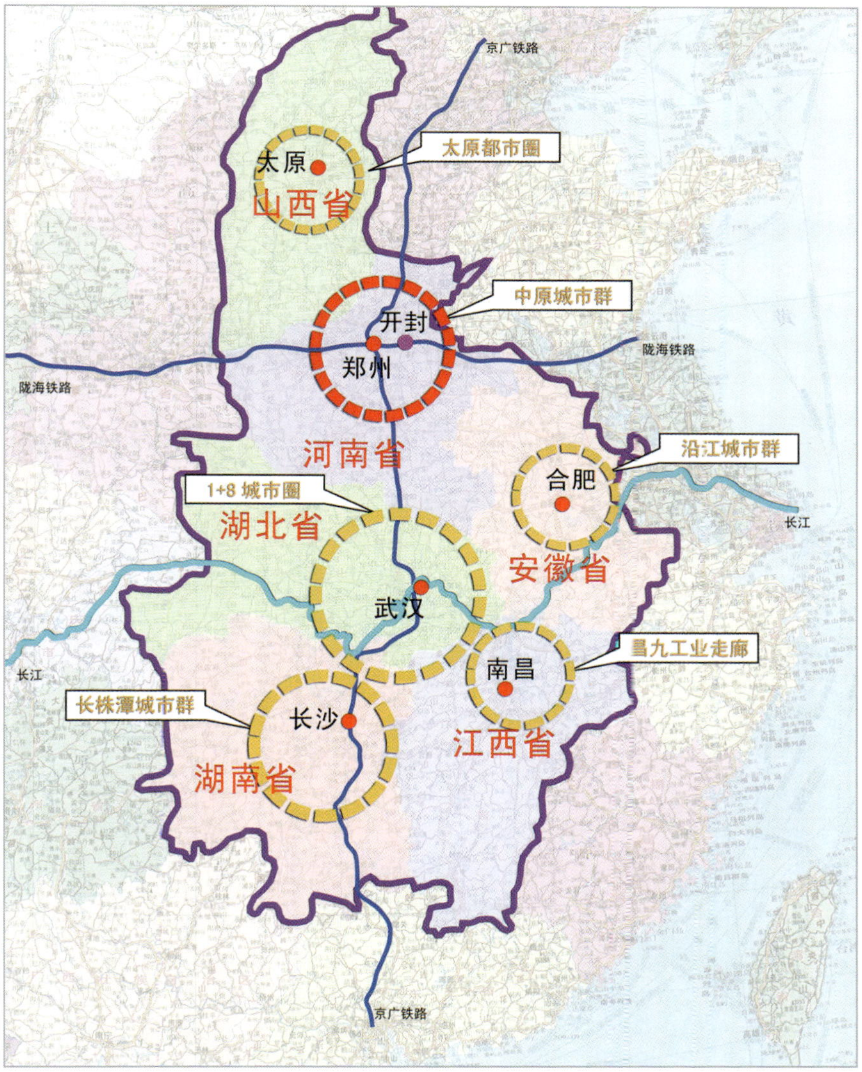

区位分析图

2.3 中原城市群构架

中原城市群，指郑州为中心，包括洛阳、开封、新乡、焦作许昌、平顶山、漯河、济源在内紧密相连的九个城市组成的城市密集区。中原城市群城市体系在大的构架上分为三个层次：第一层次是大郑州都市圈，郑州市是中原城市群的核心城市；第二层次以大郑州都市圈为中心，以其他八个中心城市为结点，构成中原城市群紧密联系圈；第三层次为外围带。从形状上看，中原城市群紧密联系圈，恰似镶嵌在中原大地上的一颗璀璨的钻石，可形象地称为"钻石"城市群，昭示着中原城市群美好的发展前景。

生态敏感性分级图

2.4 生态敏感性分区

根据规划区的自然地理现状将其分为自然生态区、半自然半人工生态区和人工生态区三个部分。通过对各生态区敏感性分析，依据生态功能的敏感程度不同，将研究区域分为极度敏感区、高度敏感区、中度敏感区和低度敏感区四个级别。

在对规划区生态敏感性分析结果的基础上，生态管制进行生态环境开发、利用和保护的政策区划，从而引导城市发展与城市建设合理有序地进行。本研究将规划区生态空间管制划分为三类，即生态保护区、生态限制区和生态利用区。

2.5 布局总体思路

在区域范围内，对城镇群体结构强调适度分散、区域性开敞；对以单个城镇或多个城镇为基础形成的功能组团强调适度集中、紧凑发展，从整体上达到空间集约利用的目标。即通过发展便捷的综合交通体系和充裕的基础设施体系，建设开敞分布的高质量城市中心和多样化的新型社区体系，以维护和完善连片贯通的开敞空间体系，最大限度地保护自然格局，使城市建设与自然环境协调，提高城市生活质量。其实质就是通过城镇实体空间集中与分散相结合的布局来制止城镇实体空间的面状无序蔓延，以疏密有致的城镇布局结构来提高土地的整体开发强度，杜绝低效用或浪费土地的行为，由于集中发展，快速交通联系，使该地区有可能成为中原城市群网络空间组成部分。

规划理念

（1）科学发展与生长界限

（2）区域整体与城乡协调

（3）紧凑开发与分期完整

（4）多元交通与区域郑整合

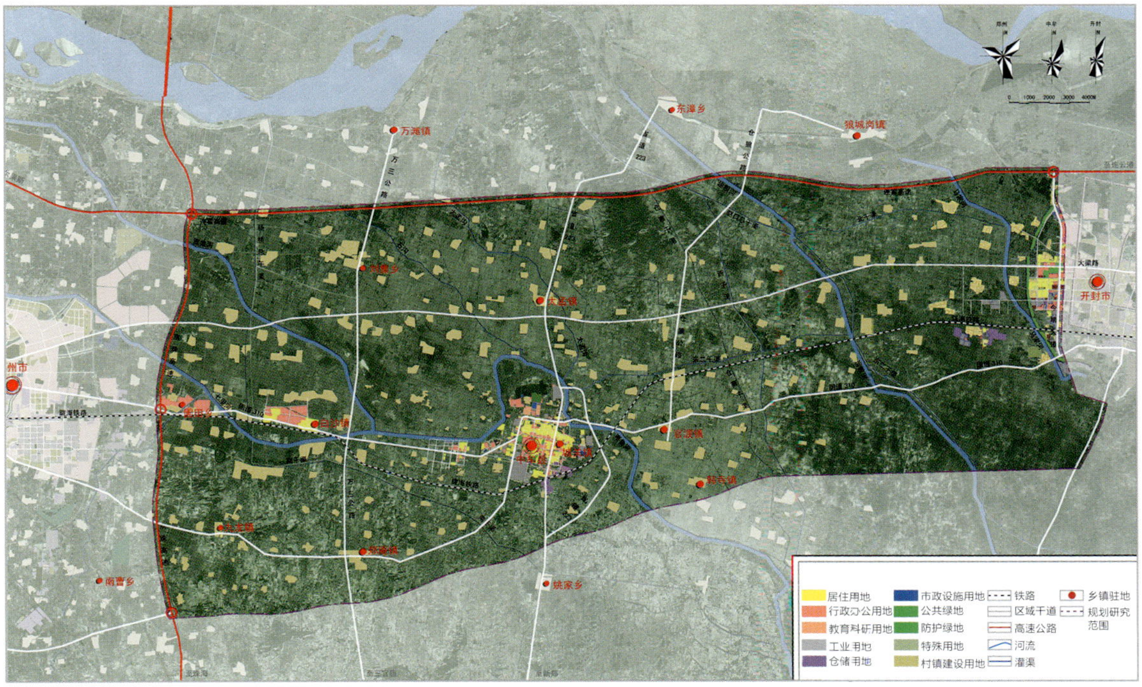

用地现状图

2.5.1 郑汴一体化地区在中原城市群的产业定位

郑汴地区的发展定位是全区的金融中心、物流中心、研发中心和教育中心，制造业方面主要依据自身的产业基础、比较优势以及发展战略定位，集中发展汽车产业、机械装备制造产业以及高新技术产业等。

建立区域性交通骨架与组团内部交通两套系统。规划形成“三横六纵”的区域交通主骨架。

城市道路网络按照功能等级的划分，实现不同功能层次道路的合理级配，基本采用方格网形式。路网由快速路、主干路、次干路和支路组成。

土地利用规划远景示意图

2.5.2 空间管制

空间管治的目标是通过明确区域空间开发管制范围，制定严格的生态环境资源保护措施，为各类开发建设行为规定了必须共同遵守的行动纲领和行为准则。郑汴城市连接线两侧用地是区域生态整体系统的有机组成部分，对道路两侧空间实施有效的管治是保证该区域城市功能系统有效运转和可持续发展的安全保障。

根据生态空间管制划分，综合考虑基础设施廊道、文化遗址分布将郑汴区域划分为禁建区、限建区、适建区、已建区四种管制类型。

各类空间区域之间力量或相互消长，功能相互补充或抵消，形成一个有机联系、相互制约、相互依存的整体，共同左右着郑汴城市连接线两侧用地的发展方向与发展前景。

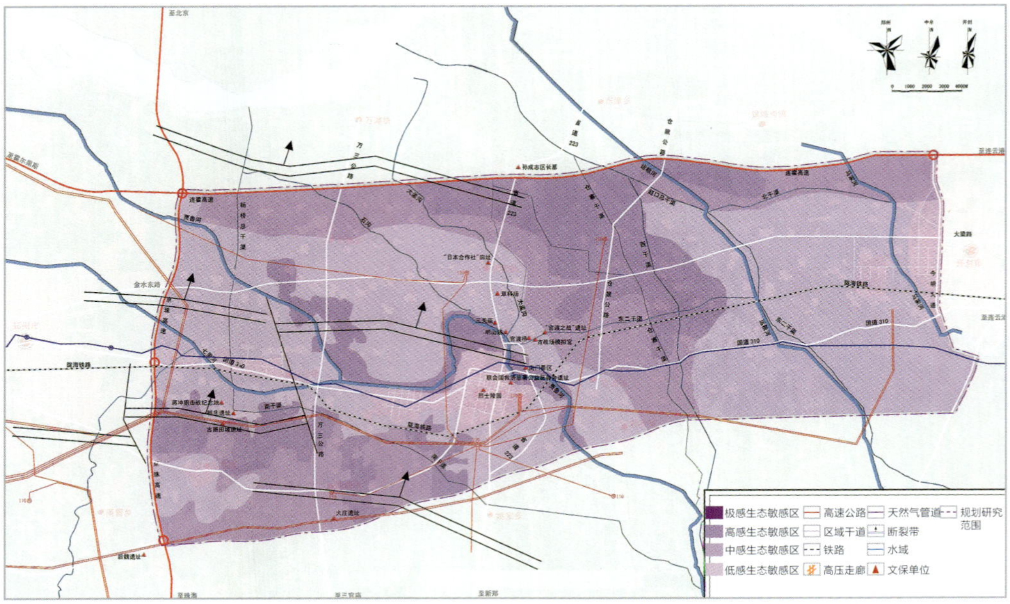

限制性条件分析图

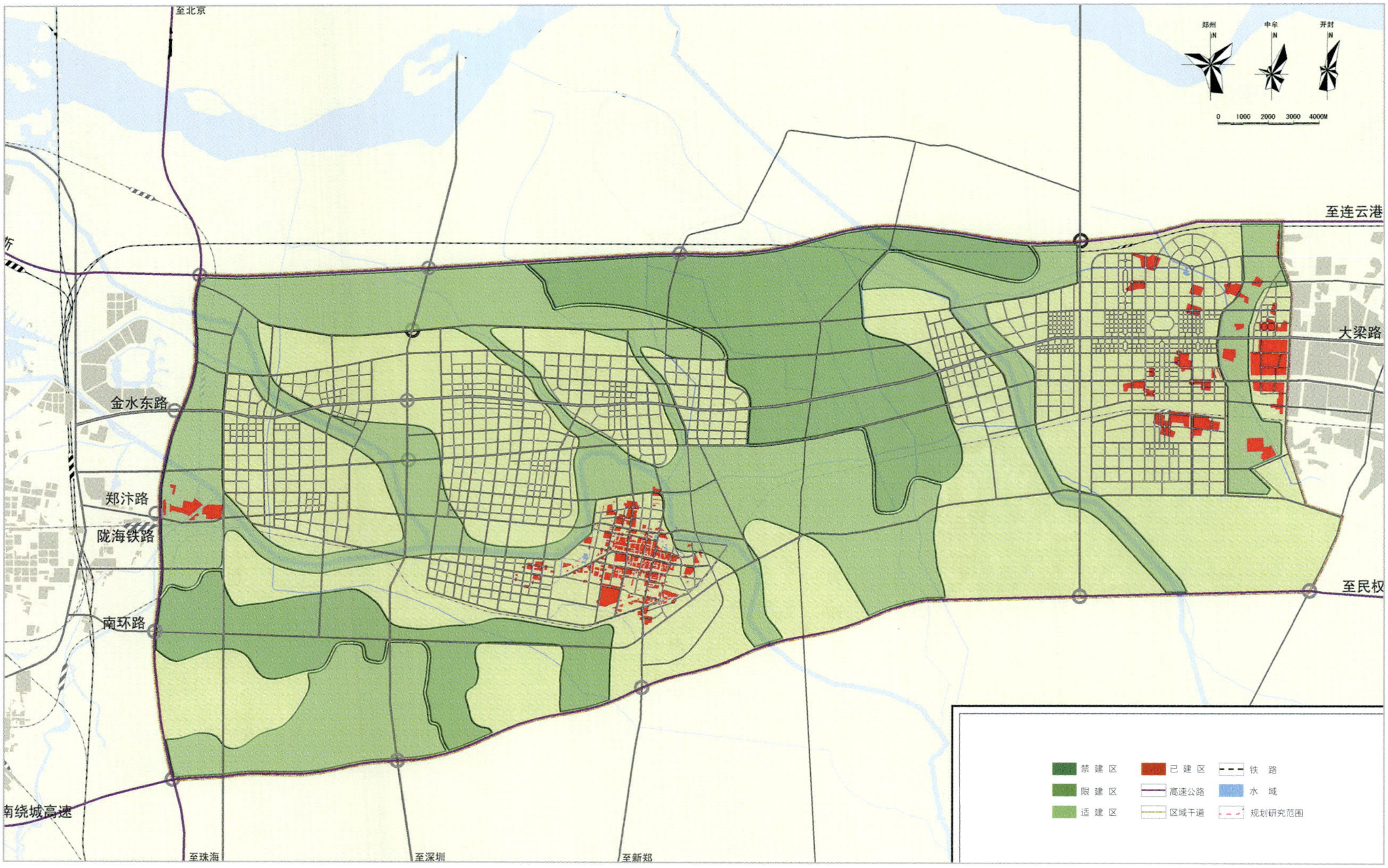

空间管制规划图

2.6 道路交通规划

2.6.1 规划的原则

道路交通系统规划,满足土地使用对交通运输的需求，发挥城市道路交通对土地开发强度的促进和制约作用。高效便捷，有序增长。路网布局考虑与已建成、已规划路网的衔接，总体采用方格网形式，局部考虑顺应河流走向，使得景观对景关系有变化、有趣味。

2.6.2 道路系统规划

在郑汴地区形成“八横七纵”区域骨架系统。由高速公路、国道、省道、县道等组成。

八横从北向南依次为：连霍高速公路、北四环—东京大道连接道路、郑汴北连接道路、郑汴城市连接线、中央大道—宋城路连接道路、老310国道、规划310国道、新开高速公路。

七纵从西向东依次为：京珠高速、四港联动快速路、规划107国道、省道223、仓狼公路、汴西大道、金明大道。

2.6.3 轨道交通

轻轨：按照《郑州市城市总体规划》确定的轨道交通线路，规划研究范围内的轻轨线，西起郑州4号线，经过郑州市高速铁路客运站，通向开封市中心和火车站。根据功能安排和土地利用情况安排了14个站点。

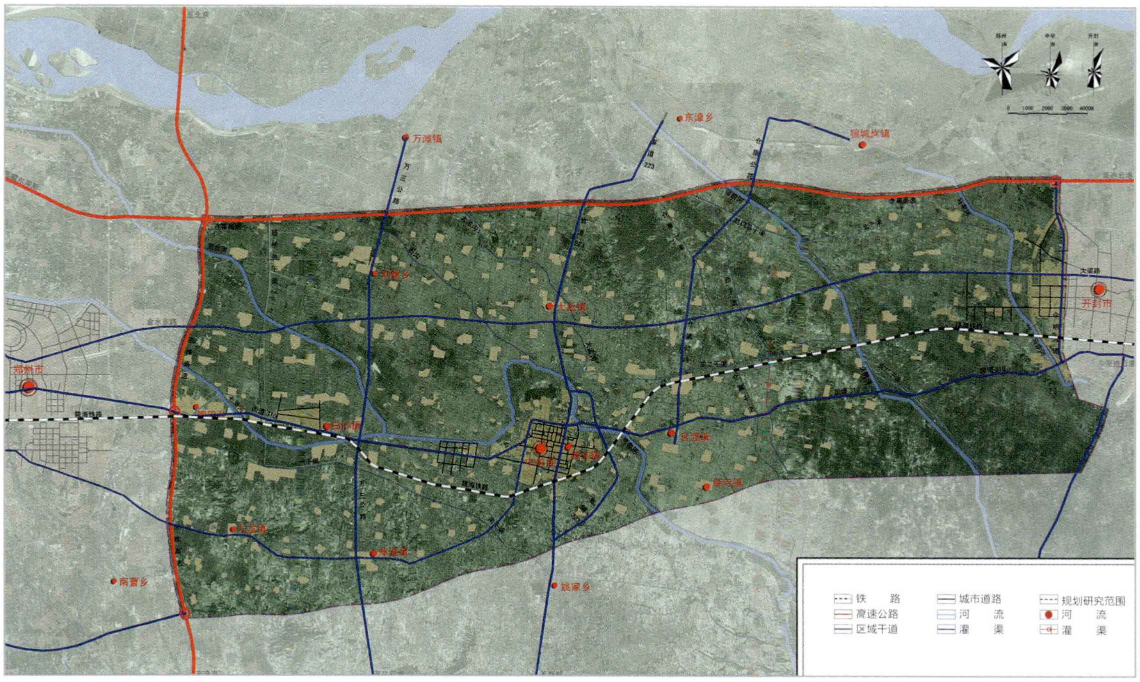

道路交通现状图

高速铁路客运专线：规划客运专线沿连霍高速以北向东，在汴西新区北侧规划开封市高速铁路客运站，开封站东侧选线应从开封市宋城外城遗址北侧通过。

铁路：保留规划研究范围内，郑州市城市总体规划中确定的铁路外环线；陇海铁路沿线及站设置按原铁路规划执行。

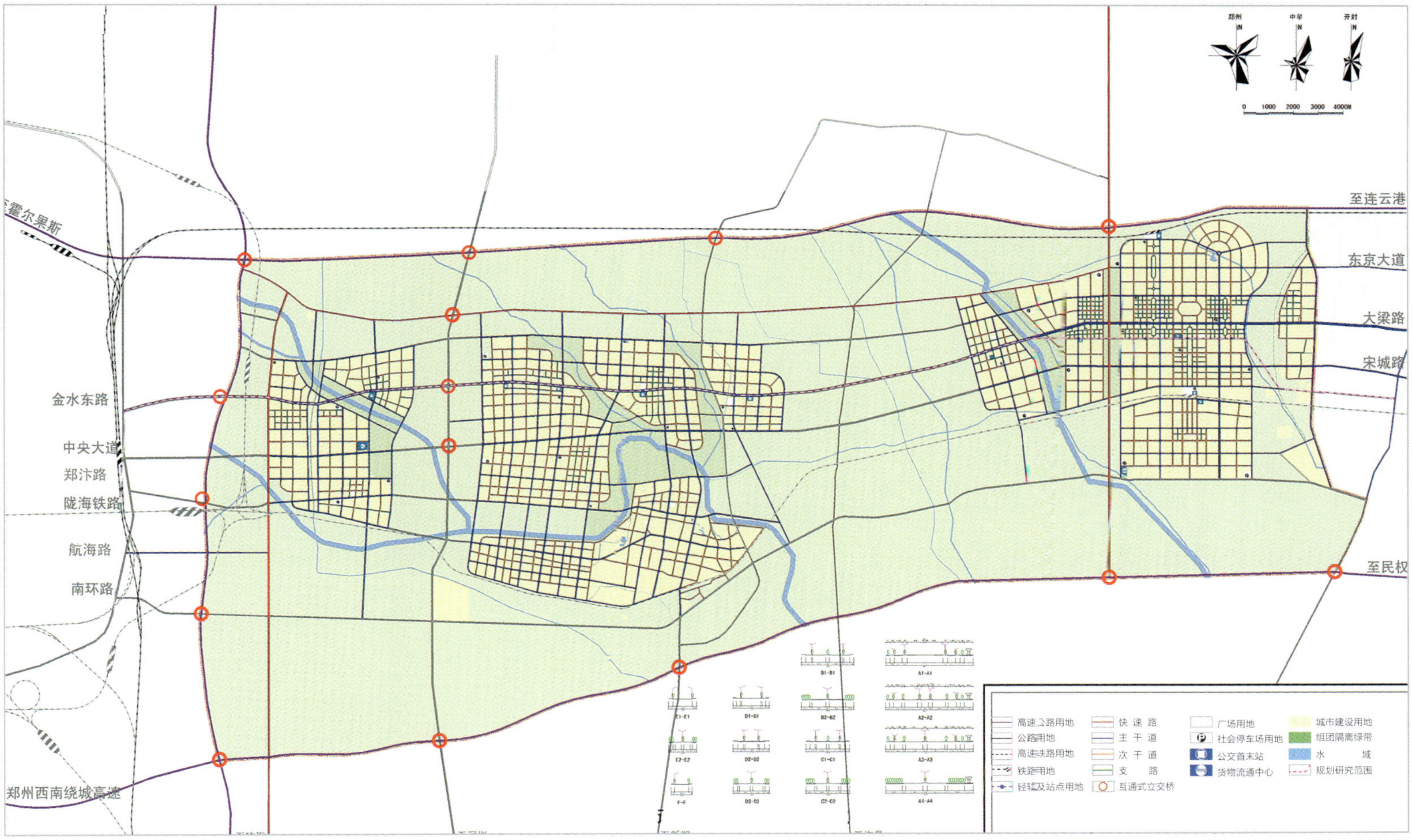

道路交通规划图

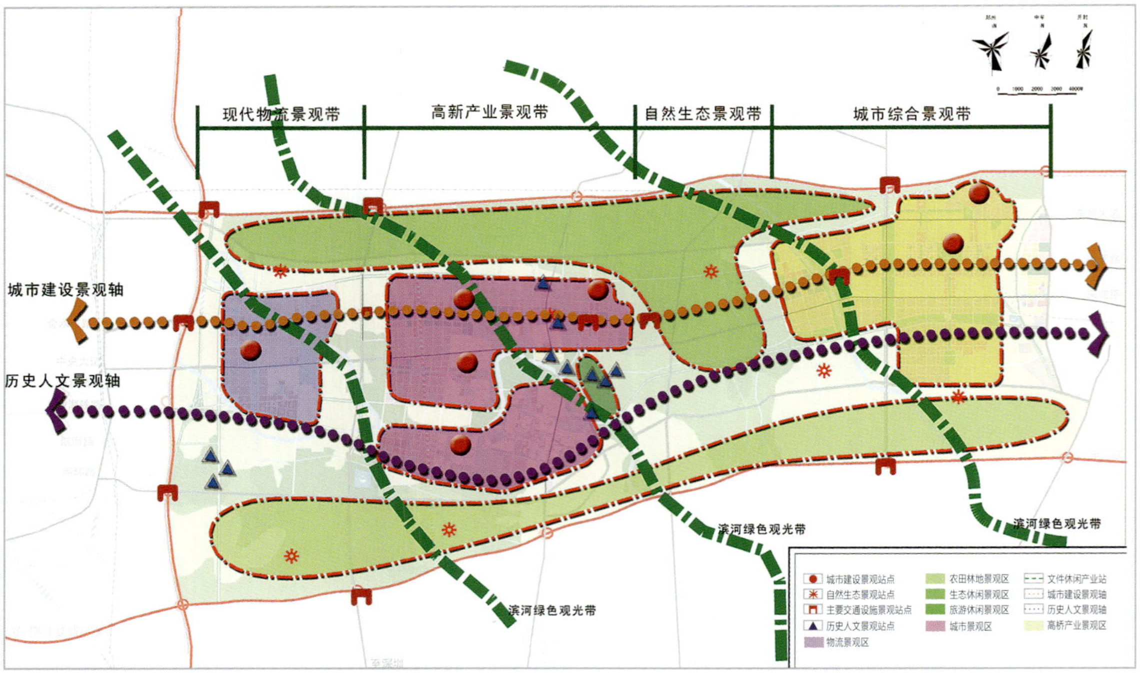

景观系统分析图

2.7 绿地景观规划

2.7.1绿地系统规划思路

整个规划区由城市外围生态保护区、绿化隔离带、楔形生态走廊、城市公园、街头绿地组成的生态系统和点 线面结合三层次的绿化游憩系统。 绿地系统结构:为“三片、五带、多散点”。

景观系统规划 依据规划研究范围中确定的景观设计框架，运用“以线串点”，“以线带面”的规划思想，形成连贯有机的区域景观体系。

绿地系统规划图

2.8 发展定位

2.8.1郑汴城市连接线两侧地区的区域定位

（1）中部地区城乡健康协调发展的示范区

（2）强化中原城市群核心区发展的先导区

（3）郑汴一体化发展的空间承载区

2.8.2 郑汴城市连接线两侧地区基于产业的发展定位为创造产业空间，一方面承接城市内部产业转移，实现城市内部土地功能置换和本区产业集约、集群式发展；另一方面基于本地在区域内发展战略目标定位吸引相关产业，实现区域内功能互补、错位发展和本区产业升级。

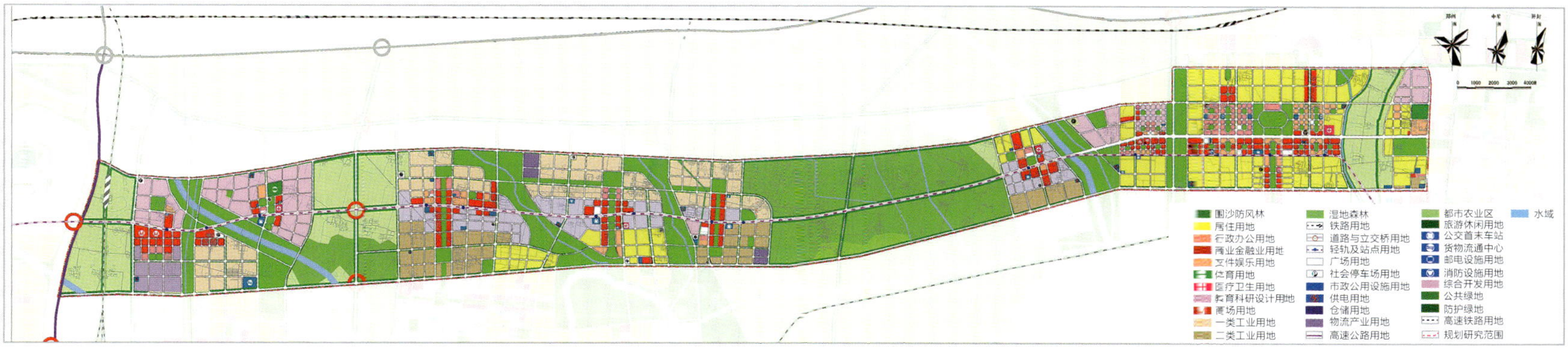

土地利用规划图

2.9 规划控制范围用地布局

2.9.1白沙组团　沿郑汴城市连接线南侧规划为商业金融业用地，主要为物流产业园区及其加工区提供商务、展示、金融、贸易等服务；并集中规划专业市场两处，为整个区域提供流通业服务；在白沙组团西南侧集中建设中原国际物流园区、郑州国家干线公路物流港、中南邮政物流集散中心等重大物流工程；在物流用地东侧规划做为物流园区的配套加工区；在白沙组团北部规划郑州市职业教育区，依托郑州市东大学城的建设，同汴西新区的职业教育用地一起，共同做为中原城市群重要的职业教育基地；在郑汴城市连接线南侧规划综合商贸用地（SHOPPI-NGMALL）一处，是集购物、休闲、娱乐、餐饮等职能为一体的综合用地；在物流加工区东侧规划城市货运交通用地1处，在SHOPPI NGMALL 南侧结合轨道交站点，规划1 处公共交通换乘站；保留原中牟热电厂；在白沙组团北侧、岗赵村西规划500kV变电站一处。

2.9.2中（牟）北组团在中（牟）北组团中部，结合石沟原有水系，规划为整个区域的中心公园。沿郑汴城市连接线两侧规划中（牟）北组团的商业服务业中心，与中央大道－宋城路连接道南侧的商业中心共同构成规划研究范围西端的结点。郑汴城市连接线北侧主要规划为一类工业用地，南侧主要为二类工业用地。

2.9.3汴西新区　沿大梁路两侧规划建设汴西新区的商务、办公中心区　同时也是规划研究范围东端的结点；金耀路北侧规划为居住区，注意保持高速铁路客运站的站前商业区和职业教育园区与南部公共设施用地的衔接；汴西新区组团西端沿大梁路规划为高新技术园区，南侧规划为外向型农业加工区和机械产业加工区；结合马家河北支、运粮河两侧原有的绿化条件，规划建设为休闲公园；组团东端、宋城路南侧集中布置精密机械加工和医药工业园区。

2.9.4综合开发用地　考虑到郑汴城市连接线两侧的土地开发的不确定性和复杂性，规划在它两侧规划了约6km^{2}综合开发用地。主要由商贸用地和商住用地构成。

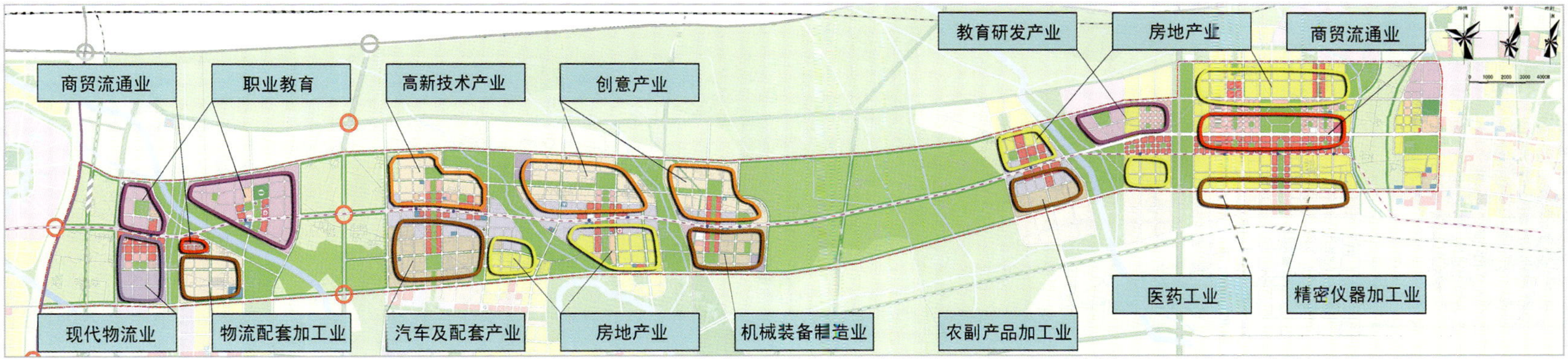

产业布局图

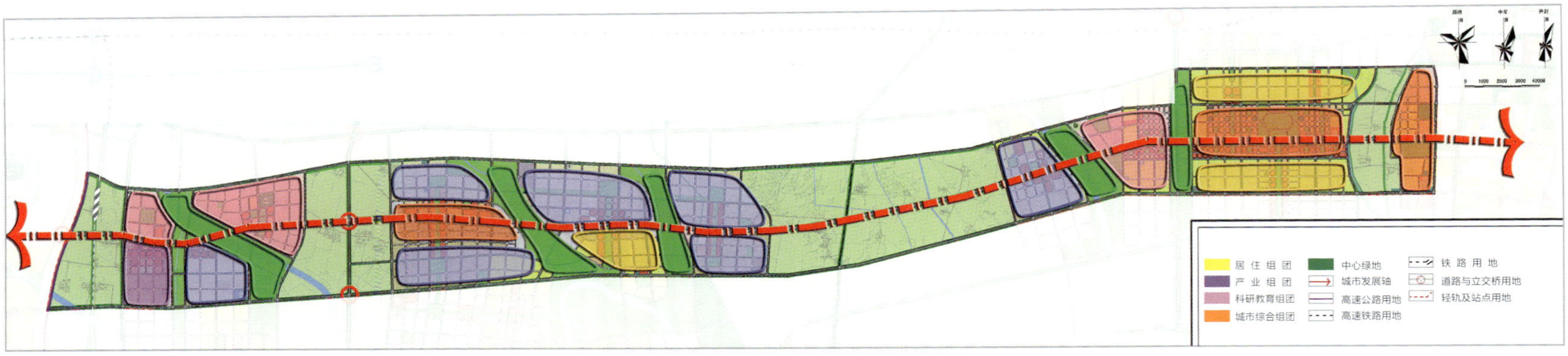

用地结构示意图

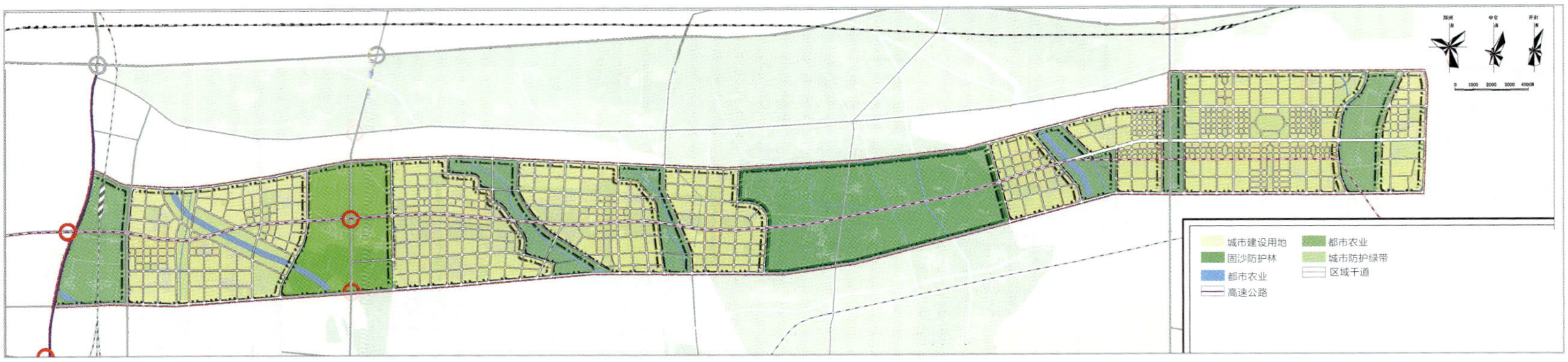

功能分区图

2.10 规划控制范围功能分区

为了更好进行用地分类控制，合空间管制，综合虑现状用地条件和开发条件，将规划控制范围分为四类功能进行控制。四类功能分别为：规划城市建设用地、固沙防风林地、都市防护绿地、都市农业。

规划控制范围内的用地结构，主要是规划研究范围内用地结构的深入和细化。以郑汴城市连接线为城市建设发展轴，串联了三个城市建设组团。白沙组团：包括物流、物流加工、职业教育和商贸的职能。中（牟）北组团：包括高新技术产业、创意产业、机械制造产业、商务等职能。汴西新区组团：包括高新技术研发、精密机械加工、电子产业、外向型农产品加工、商务、会展等职能。

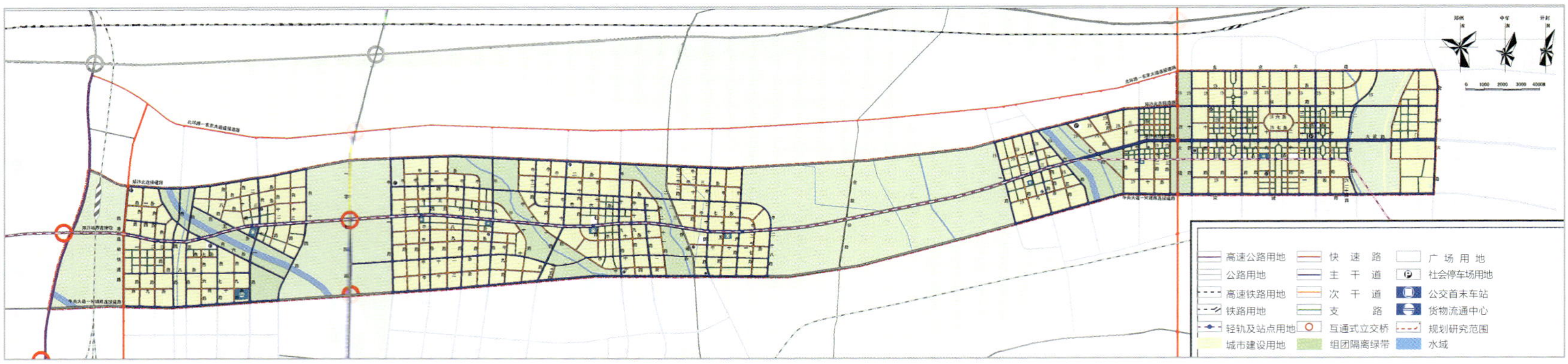

道路交通规划图

2.11 道路交通规划

作为区域道路交通体系的一部分，组团内南北向主要道路的建设过程中，要注意保持与规划研究范围内南部用地便捷的交通联系，东西向道路建设注意与郑州、开封现状路网的衔接。

规划道路结合地形与用地，成层次分明、功能明确、布局合理的城市道路网络系统，以满足城市交通需求的增长。

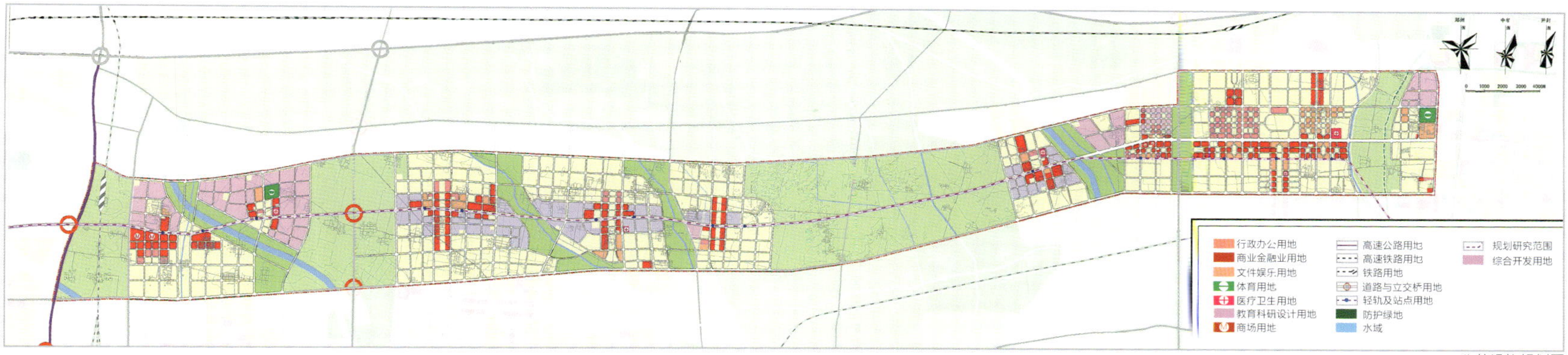

公共设施规划图

2.12 公共设施用地规划原则

（1）树立城市风貌,满足市民需求的原则.

（2）有利于车工那时结构完整性原则.

（3）综合效益原则.

（4）符合建设时序,并留有余地原则.

（5）与郑汴一体化地区相协调的原则.

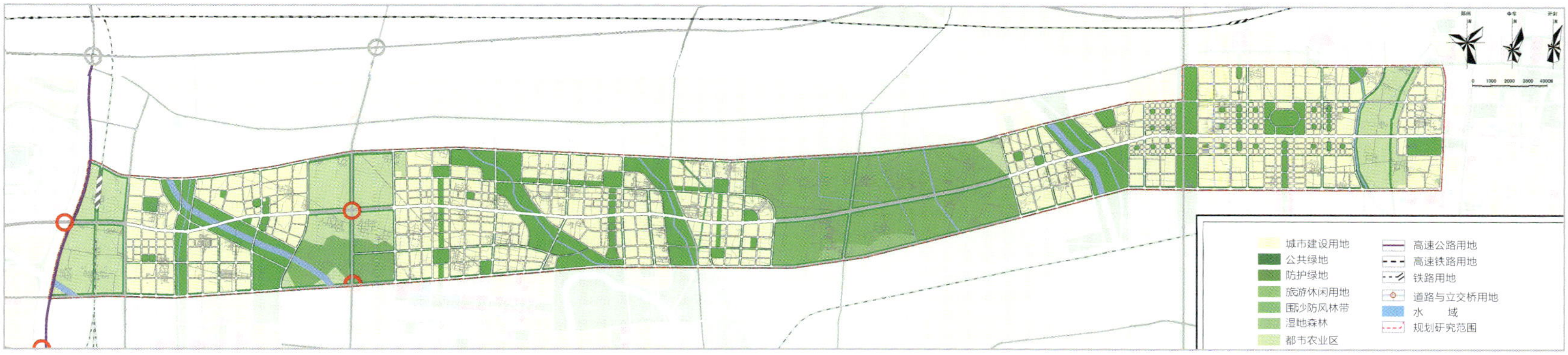

绿地系统规划图

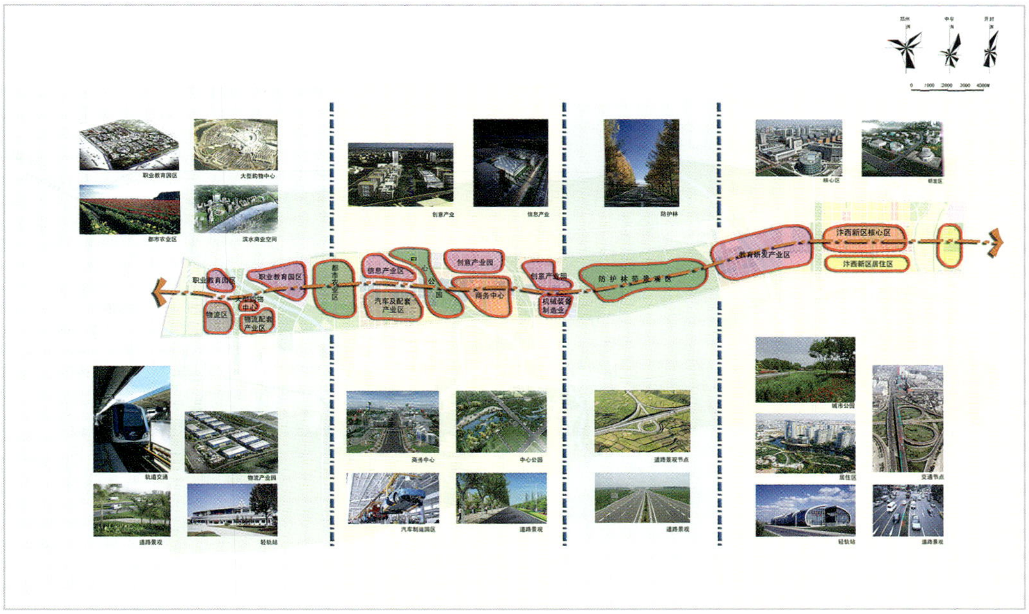

用地景观规划示意图

2.13 绿化景观详细规划

2.13.1绿地系统规划指导思想

（1）符合生态要求的系统性原则.

（2）兼顾生态 景观与功能使用的原则

（3）从实际出发,因地制宜的原则.

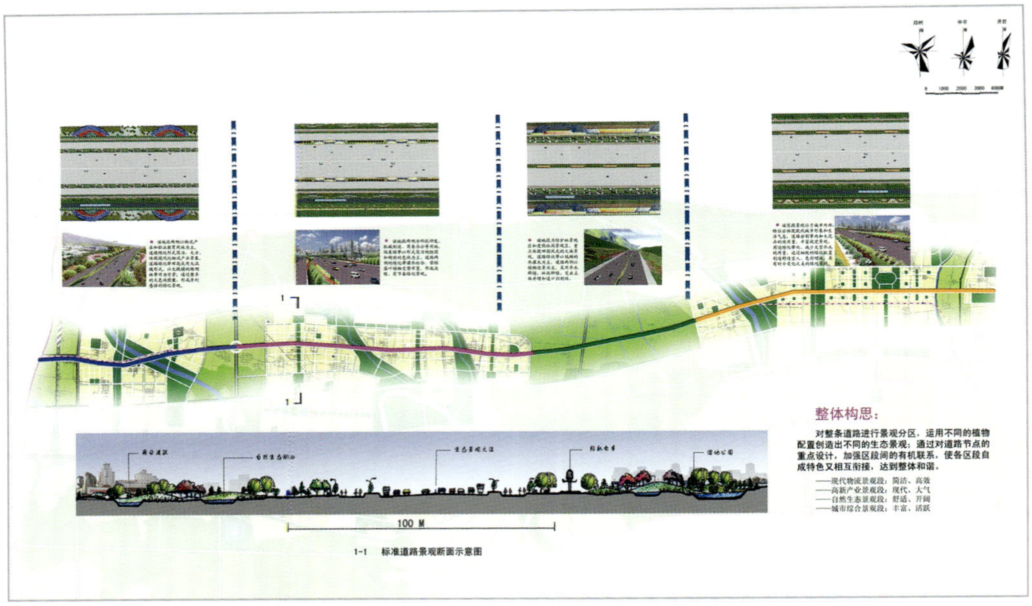

道路景观规划示意图

2.13.2 景观系统规划

依据规划研究范围中确定的景观设计框架，运用“以 线串点”、“以线带面”的规划思想，形成连贯有机的区域景观体系，着重对郑汴城市连接线及其两侧用地景观进一步细化

2.13.3 郑汴城市连接线道路景观设计

通过综合分析，对整条道路进行景观分区，运用不同的植物配置创造出不同的生态景观；通过对道路节点的重点设计加强区段间的有机联系，使各区段自成特色又相互衔接，达到整体和谐。

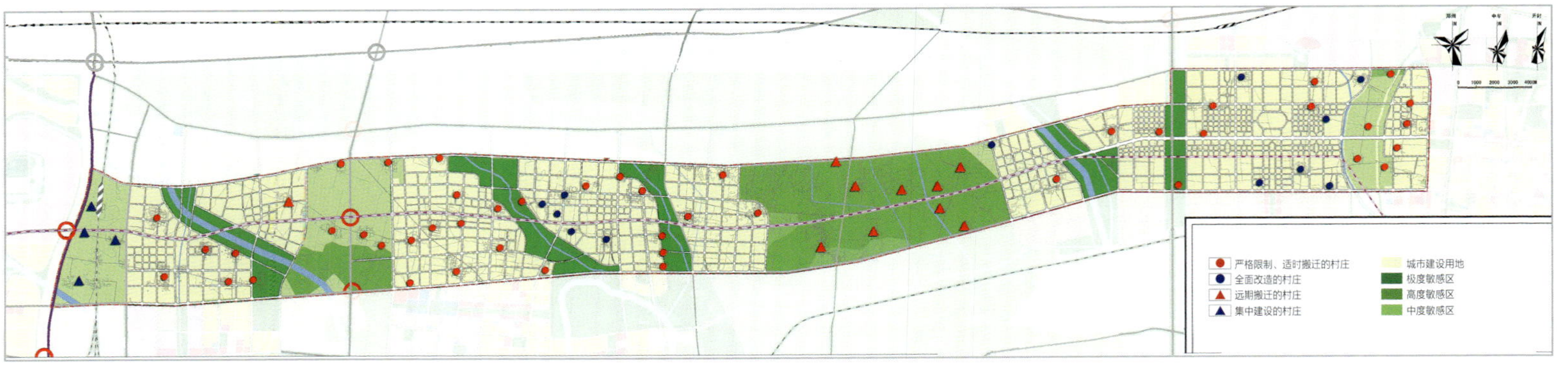

村庄乔迁规划图

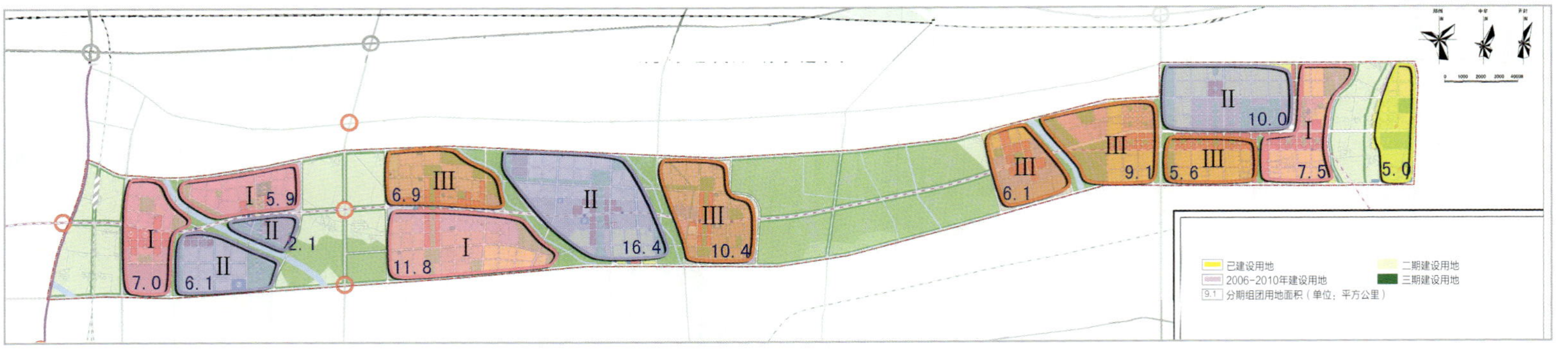

规划建设分期示意图

郑汴连接线道路两侧地区开发建设，要吸取我国20年来城市开发建设的经验和教训，应该遵循“产业拉动、园区建设、规划引导、分期实施”的原则。

2.14 分期建设：

第一期，2006~2010年，主要依托郑汴连接通道两侧发展，主要发展相对确定的产业。每个组团在近期均安排有启动条件的起步区。

第二期，在第一期发展基础上扩展，发展配套的办公、居住、商业等，形成生产生活相对方便，城市形态相对完整的城区。

第三期，根据国内外经济社会发展需要，适度调整功能，逐步完善扩展。

村庄现状评析

（1）村庄分布密度高

（2）村庄占地面积大

（3）基础设施配套差

（4）有一定的历史文化积淀

村庄并迁原则

（1）公平原则

（2）整体性原则

（3）遵循规划的原则

（4）就近的原则。

（5）保留历史遗迹的原则；

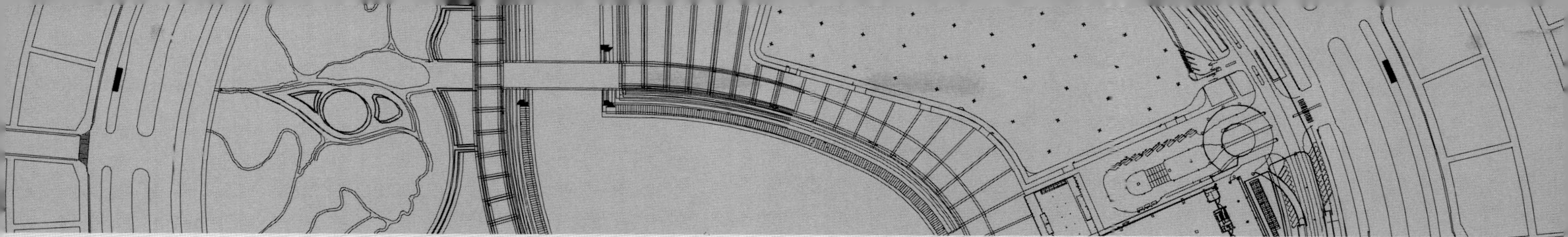

郑汴一体化产业带总体规划

Master Planning of the Integration of Zhengzhou-Kaifeng Industrial Belt

2

方案Ⅰ北京清华城市规划设计研究院
Plan Ⅰ Schemes from Beijing Tsinghua Urban Planning & Design Institute

方案Ⅱ郑州市规划勘测设计研究院
Plan Ⅱ Schemes from Zhengzhou Urban Planning & Design &Survey Research Institute

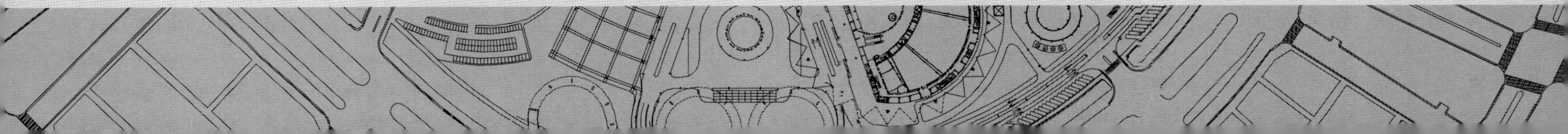

1.前言

统筹区域协调发展，是科学发展观的重要组成部分，也是当前和今后一个时期指导我国区域经济发展的基本原则之一。受传统行政区划、产业发展层次等因素制约，我省在区域协调发展方面，仍面临着许多突出矛盾和问题，特别是一些体制性、机制性障碍亟需通过改革创新，尽快加以突破，否则在日趋激烈的区域经济竞争中，将有可能进一步拉大与东部地区的差距。

作为省会城市和中原城市群中心城市的郑州市，与武汉等周边地区中心城市相比，现阶段首位度偏低、总体经济实力较弱，带动区域发展的核心作用不强；而开封作为一个具有较高国际知名度的著名古都城市，受交通区位、历史原因、体制机制等因素影响，多年来经济社会发展较慢，在全省的排序偏后。

省委、省政府对这一问题高度重视。在2005年编制完成的《中原城市群总体发展规划纲要（2006—2020）》中，明确提出："十一五"期间要优先推动郑汴一体化发展，通过体制创新，突破行政区划障碍，促进生产要素加快流动，实现功能互补、资源共享，使该地区成为带动河南经济社会发展的核心区。依托现有基础，统筹考虑未来发展需求，在郑州、开封之间区域统一规划建设，形成布局合理、协调发展的产业带。

2.规划内容

2.1 规划范围

在与郑汴两市"十一五"经济社会发展规划、城市总体规划进行充分衔接的基础上，确定郑汴产业带规划控制范围。规划范围分为两个层次：控制区域，西起京港澳（京珠）高速，东至开封金明大道，北起连霍高速，南至310国道，总面积约478km^2。规划区范围，西起京港澳（京珠）高速公路，东至开封金明大道，北起规划的豫兴大道（连接郑州北四环与开封东京大道），南至规划的中央大道（连接郑州中央大道与开封宋城路），总面积约为167.12km^2，其中郑州市段约为100.76km^2，开封段约为66.36km^2。

规划期限：依据城市规划编制办法，以及河南省城镇体系规划、中原城市群发展总体规划，并与国民经济与社会发展规划年限一致，确定规划目标年限为2020年，其中近期到2010年，远期到2020年，远景为2020年以后。

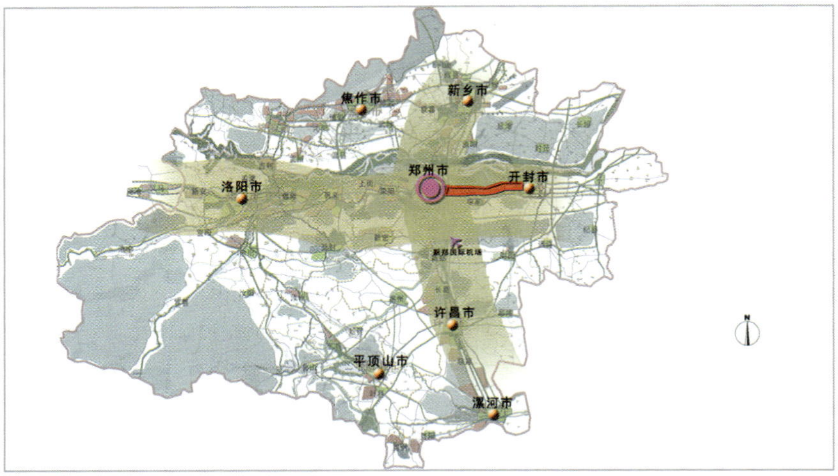

区位图

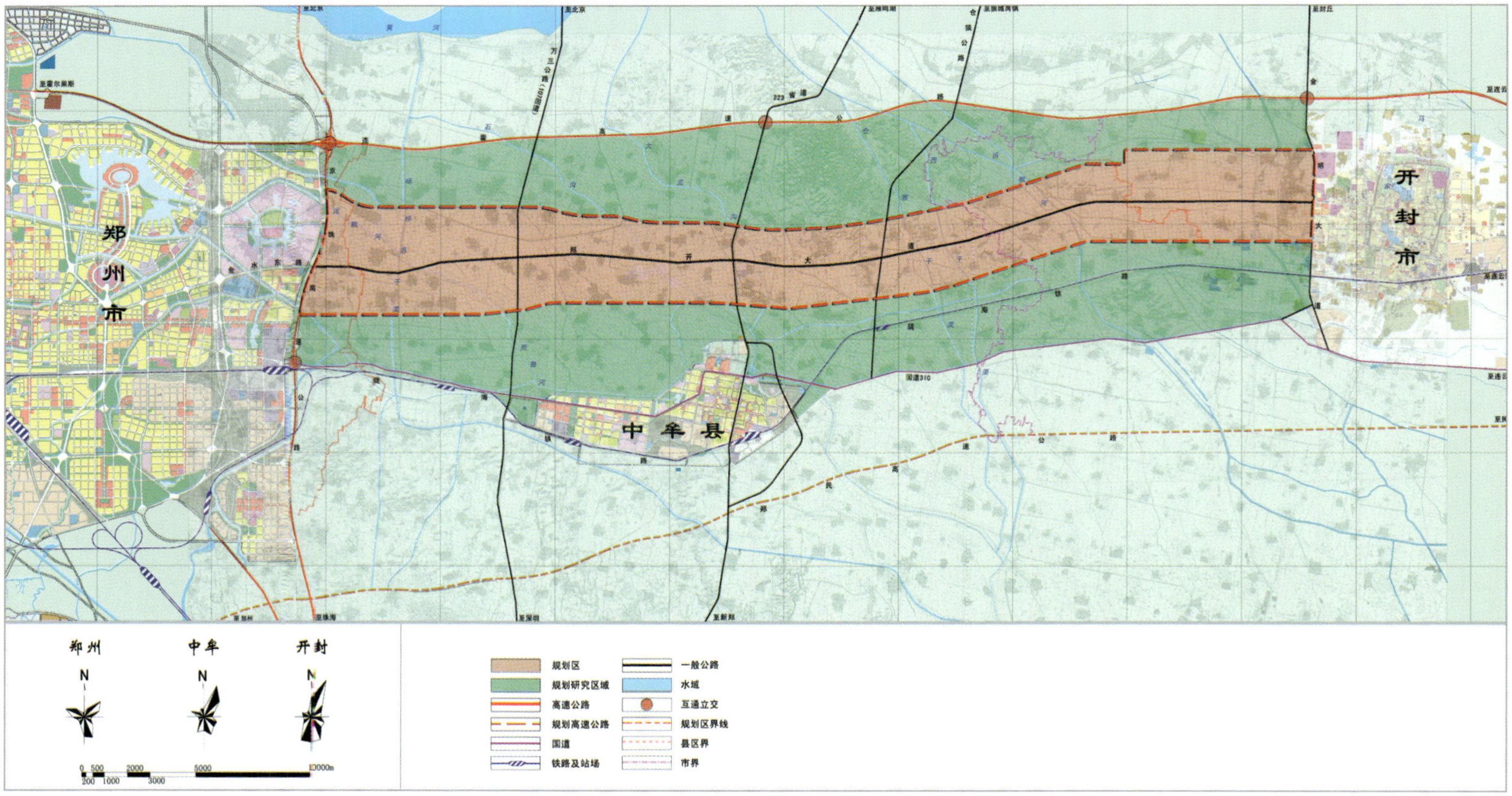

规划范围界定图

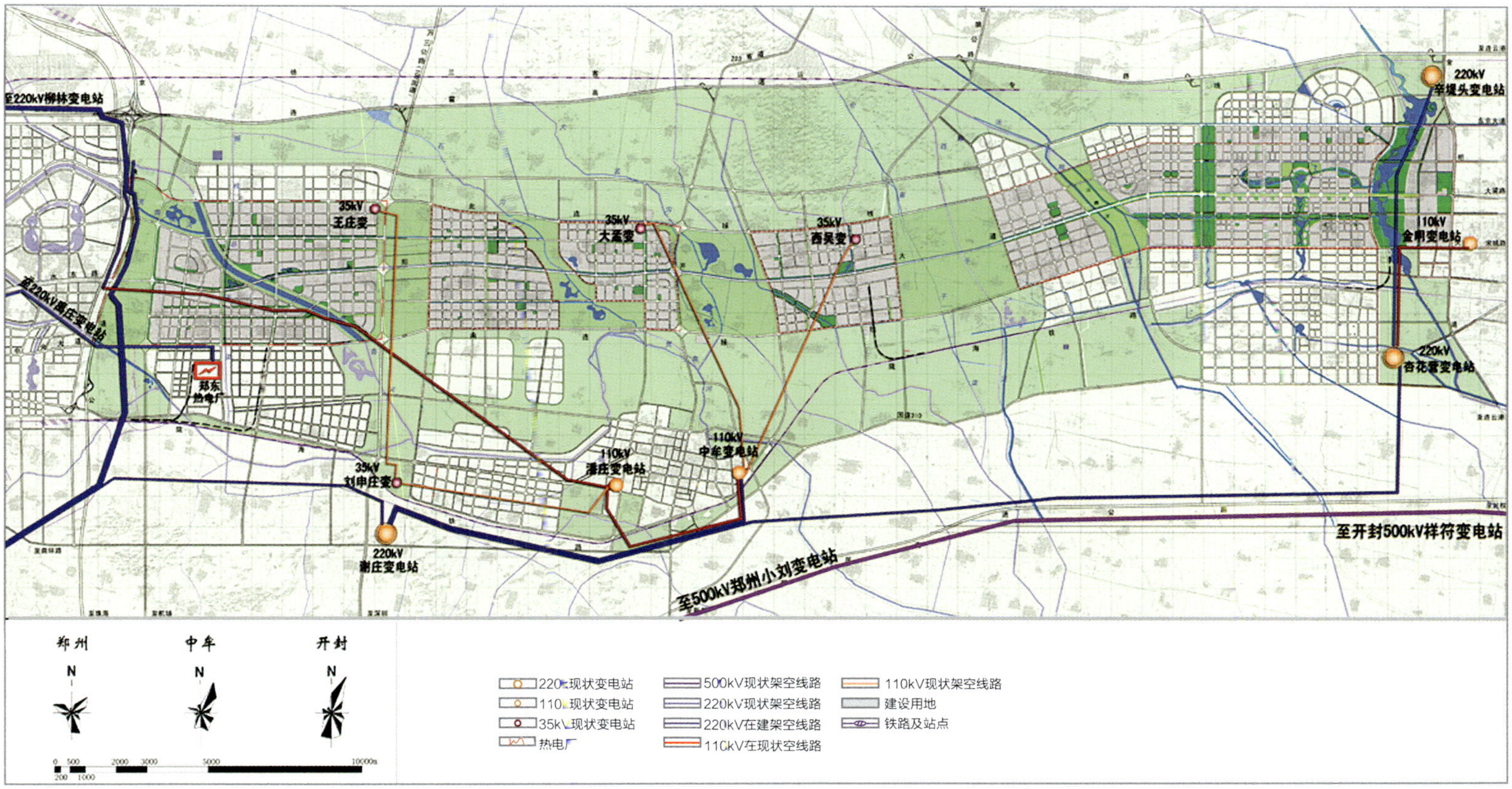

供电工程现状图

2.13.3 规划区以工业用地为主，用电负荷相对较高，预测平均负荷密度达到2.82万kW/km²，预计规划区总用电负荷将达310.13万kW。

新建高压线路全部采用同塔多回架设，并采用窄基杆塔等形式以节约用地。规划高压电缆可采用电缆隧道或排管，结合道路绿化带敷设。

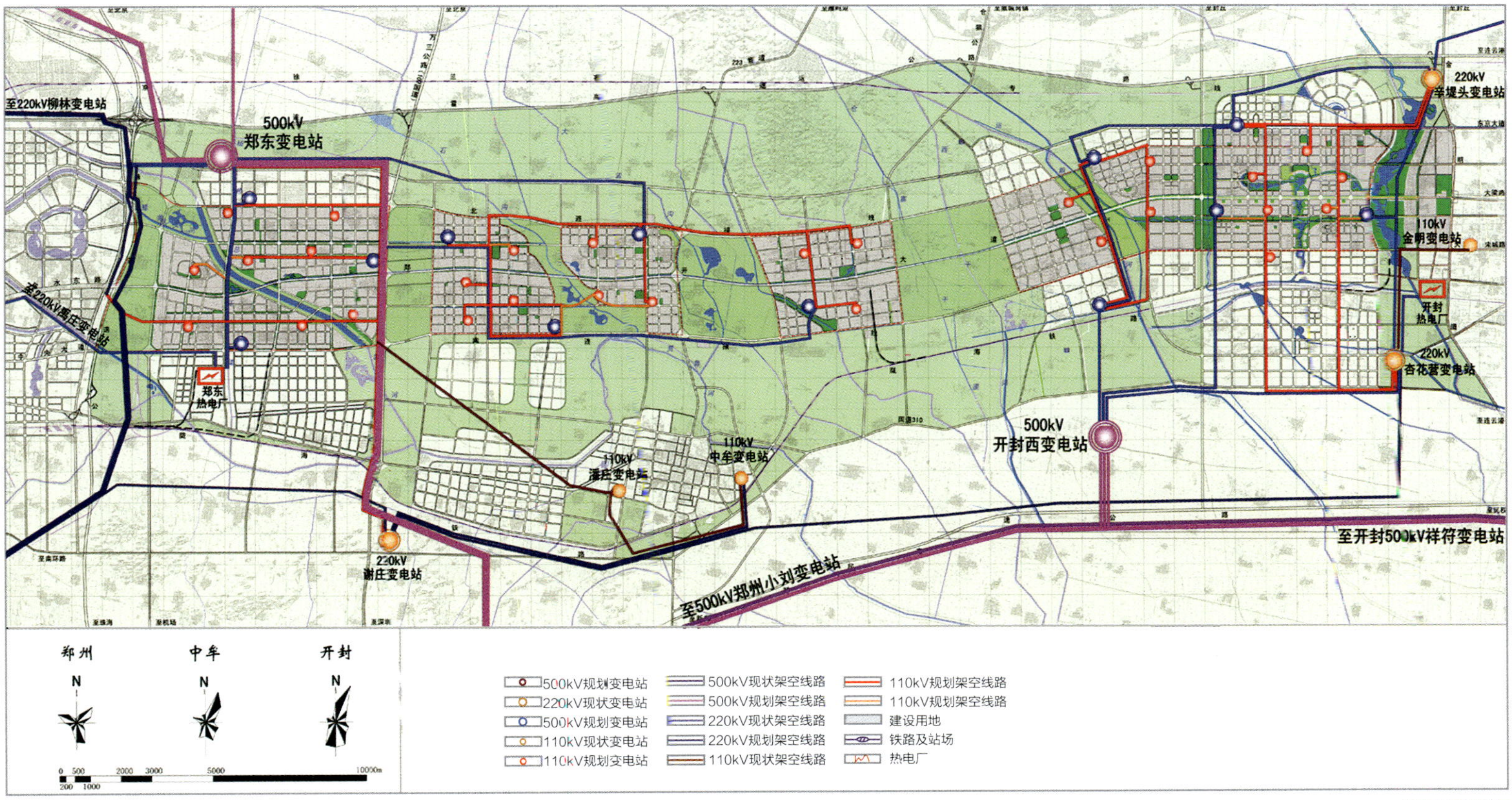

供电工程规划图

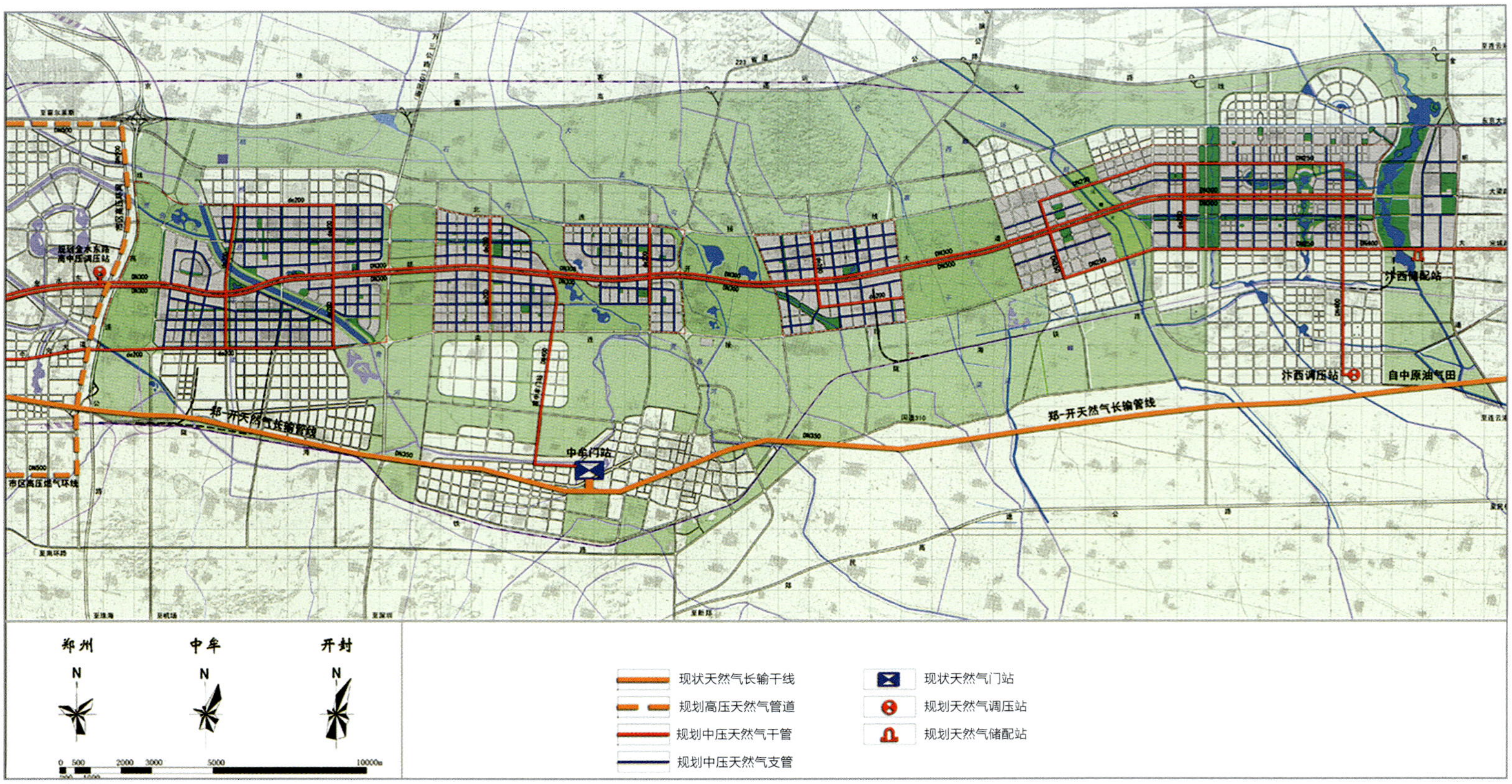

燃气工程规划图

2.13.4 供气原则：优先供应居民生活及公共服务设施用气，适当发展车用燃气和采暖空调用户。远期有条件可替代部分工业、采暖用煤，进一步改善城市能源消费结构。

2.13.5 通信局所按照“少局所、大容量、多模块”的原则规划布局。各种通信管线按照“统一规划、统一管理、联合建设、有偿使用”的原则，实现通信网络集约化。

要大力发展报纸、期刊、函件、包件、汇票、邮政储蓄等多项邮政业务，积极开发适应时代发展趋势的新业务，充分满足广大用户的需求。通过现代化的实物运输手段和高科技的信息交换技术，建设全方位、多功能、多层次的邮政综合网。

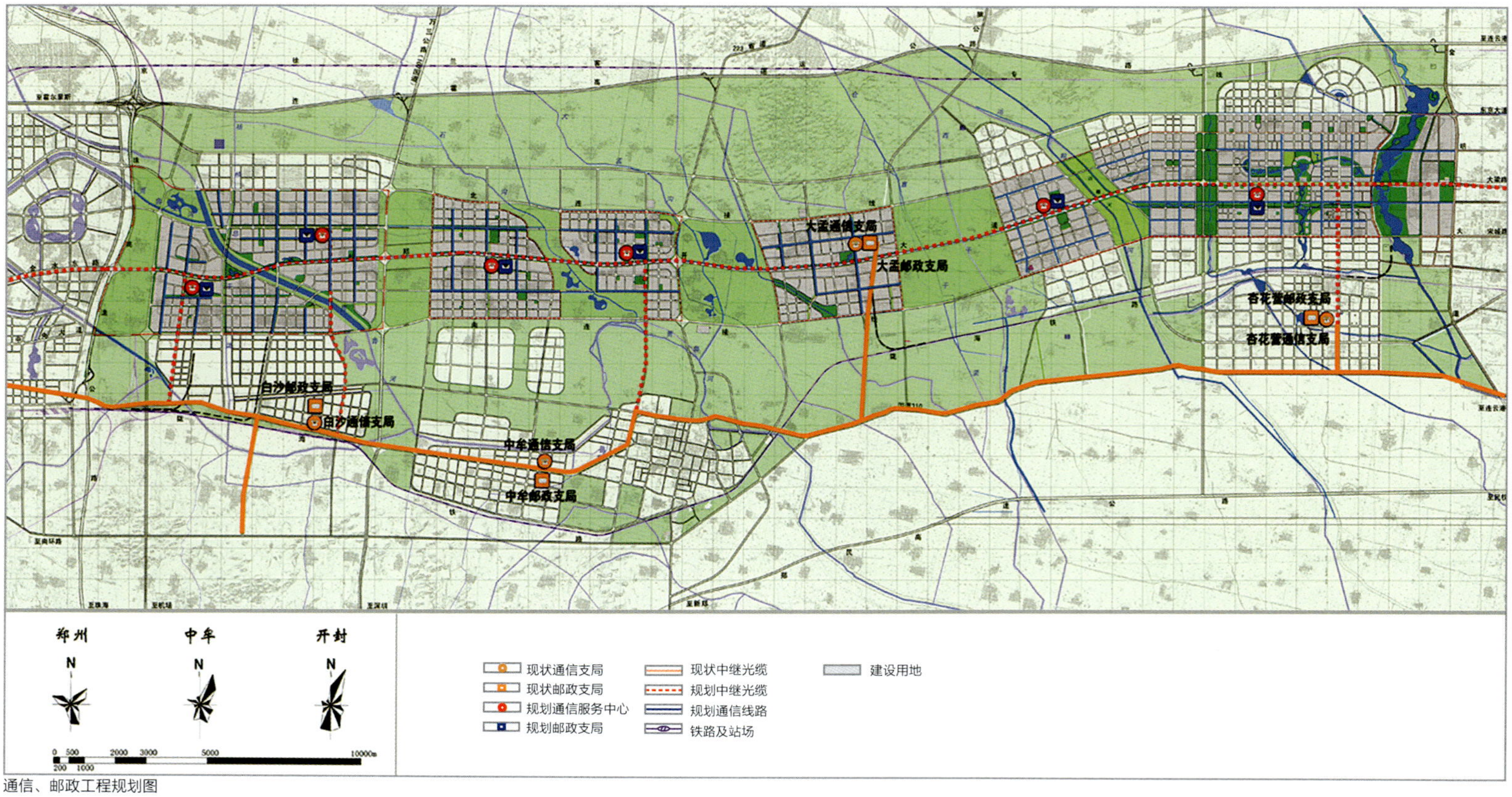

通信、邮政工程规划图

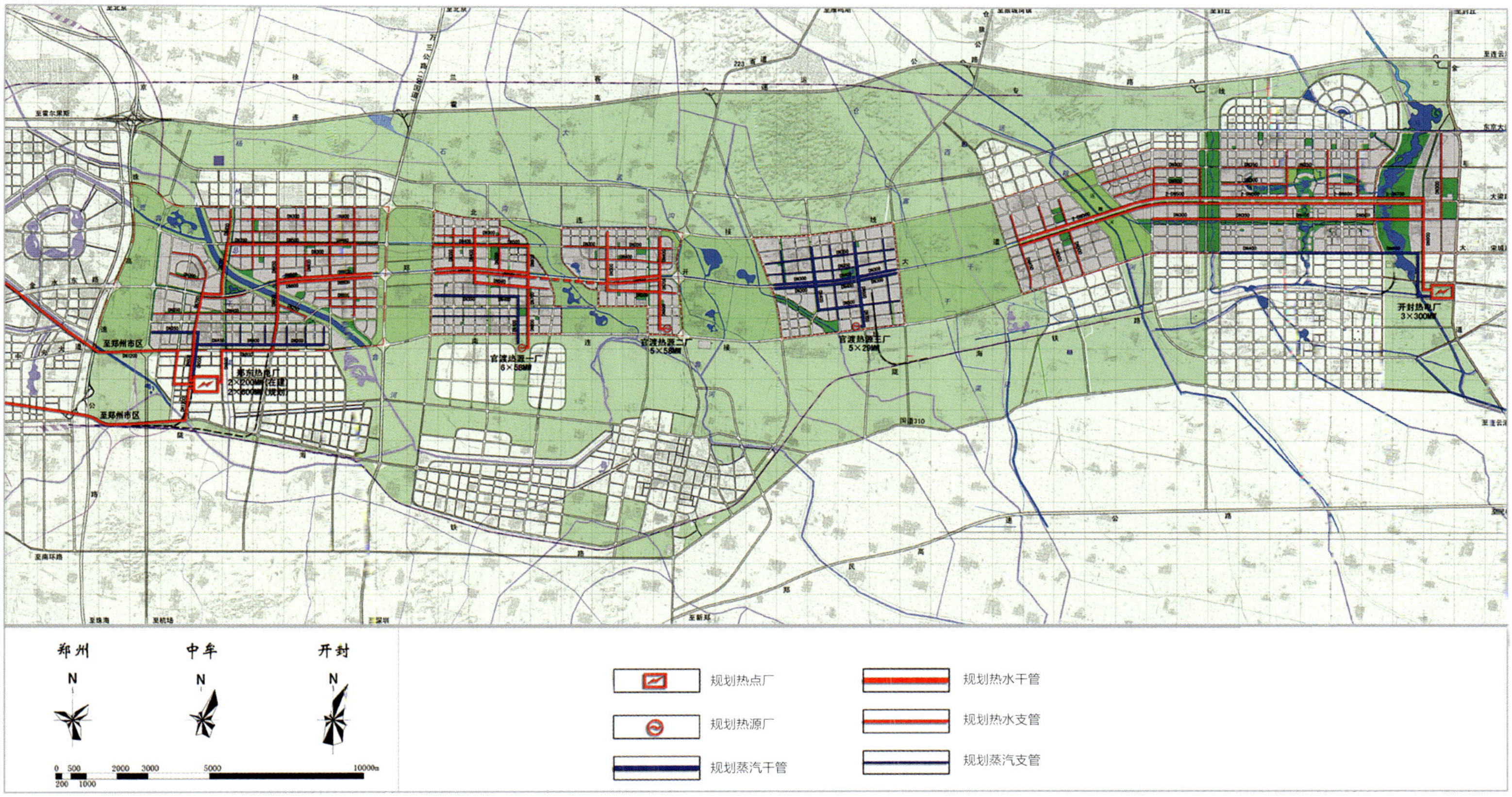

供热工程规划图

2.13.6集中供热以满足城市居民生活和生产用热需要，保护大气环境，节约能源为指导，依据总体规划，按照一次规划，分期实施的原则进行，合理选择集中供热的热源和热网参数。

充分发挥热电联产及大型区域热源厂的经济、环境和社会效益，禁止分散燃煤小型锅炉的建设和运行。企业自建供热设施应采用清洁能源为燃料。在发展集中供热同时，还可采用燃气、电及其他清洁能源发展小型供热系统，作为补充。

2.13.7 建立生活垃圾从源头到末端的全过程控制管理体系，特别是加强生活垃圾的源头减量化和分类收集管理，全面推广生活垃圾分类收集和袋装化，在公共场所和城市居民区必须设置不同标志的分类垃圾箱来收集，“十一五”期末分类收集达到50%，远期达100%。

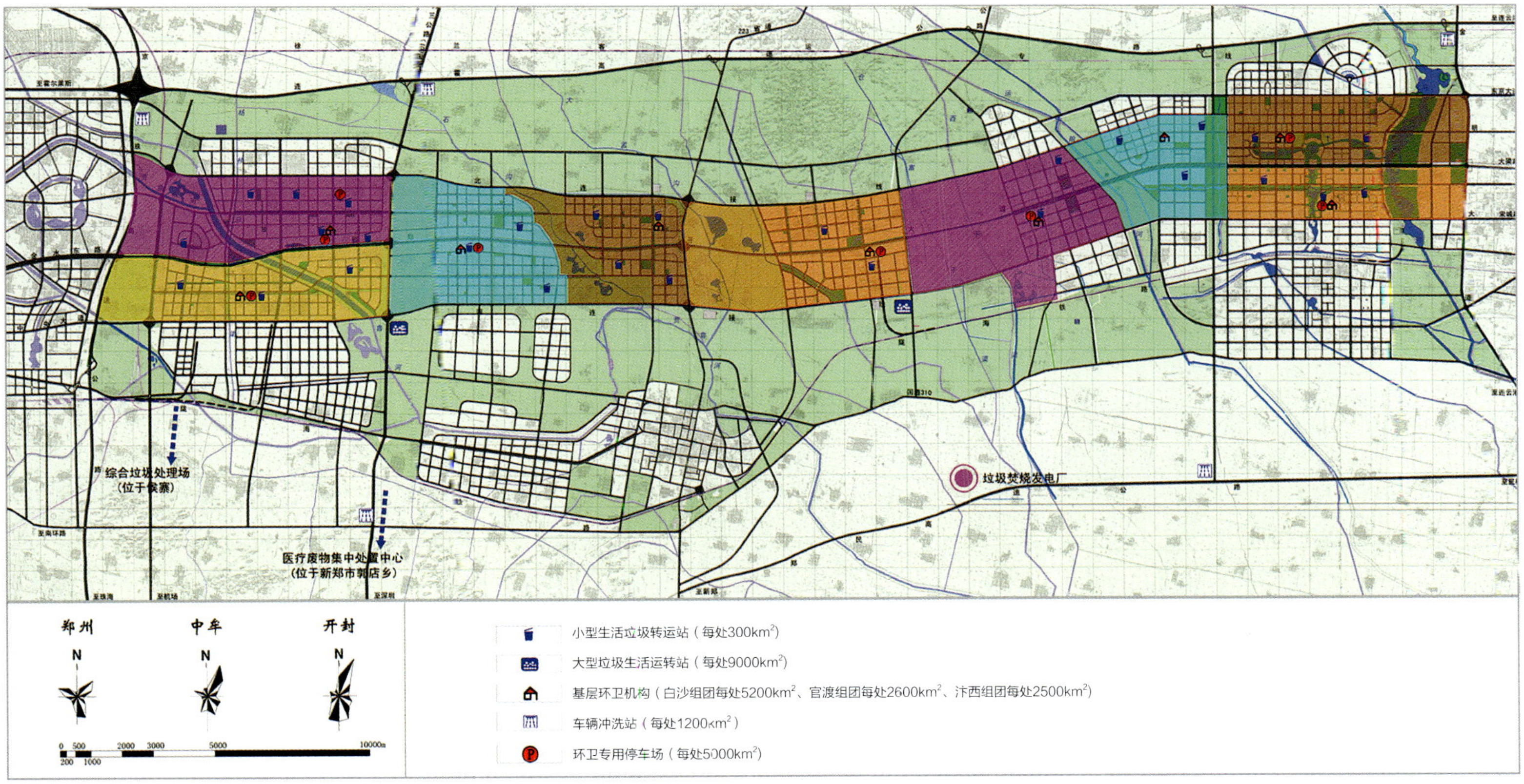

环境卫生设施规划图

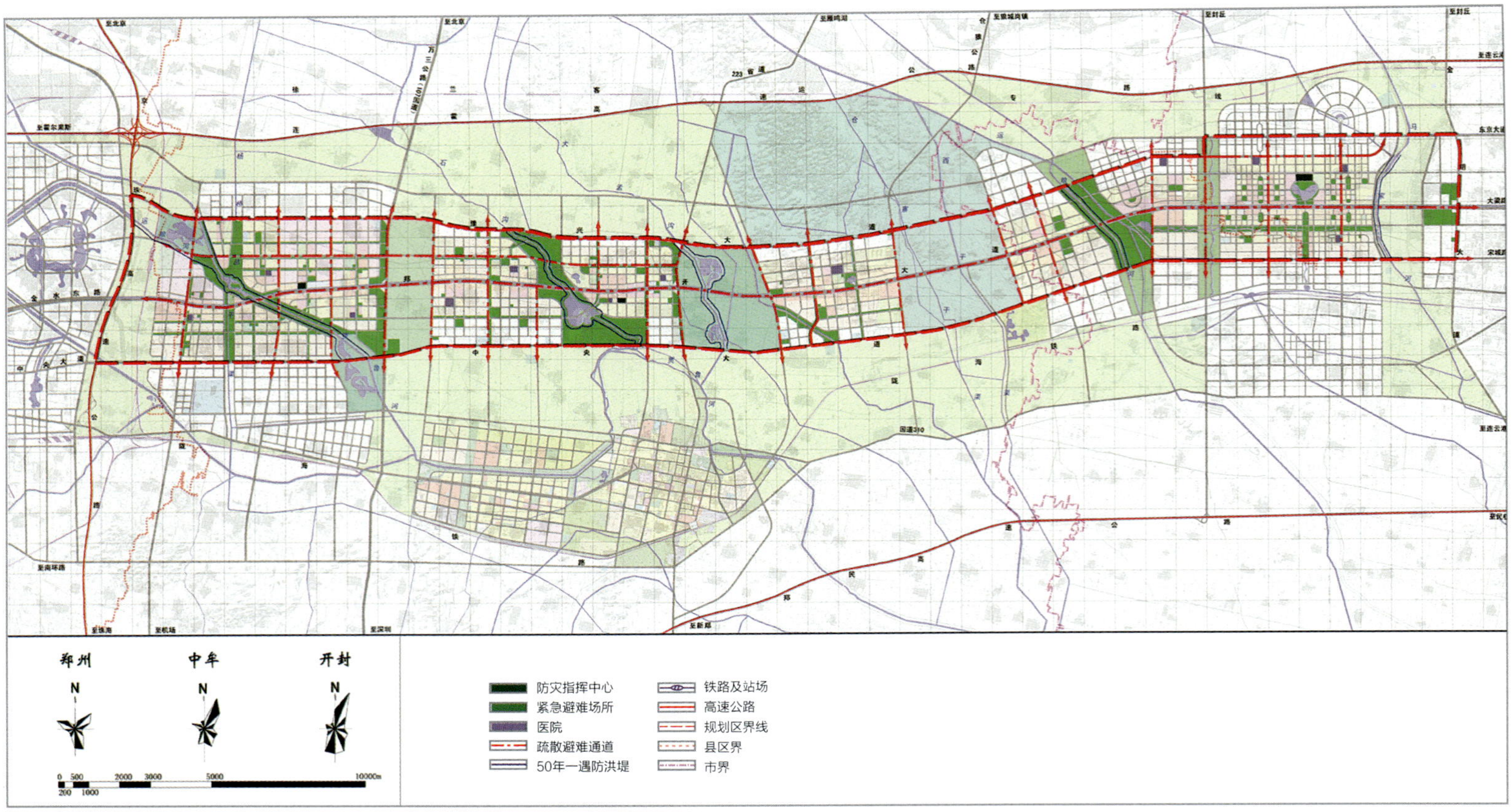

综合防灾规划

在加强和完善单一灾种的部门职能管理的基础上，确立对所有单一灾种的共性问题进行综合管理和协调的保障机制；形成协调统一的信息发布平台、指挥和救援等综合网络。

增强防灾减灾能力

强化应急体系建设

依据《消防改革与发展纲要》的要求，坚持“预防为主、防消结合”的方针，从实际出发，重点加强城市消防基础设施的规划建设。以总体规划为依据，建设城市路网，

各类建筑在规划设计中，应根据城市规划，合理确定其位置，防火安全间距，消防通道，消防给水水源等。高层建筑必须立足自救，设计、审核、施工必须符合国家防火技术规定和要求。

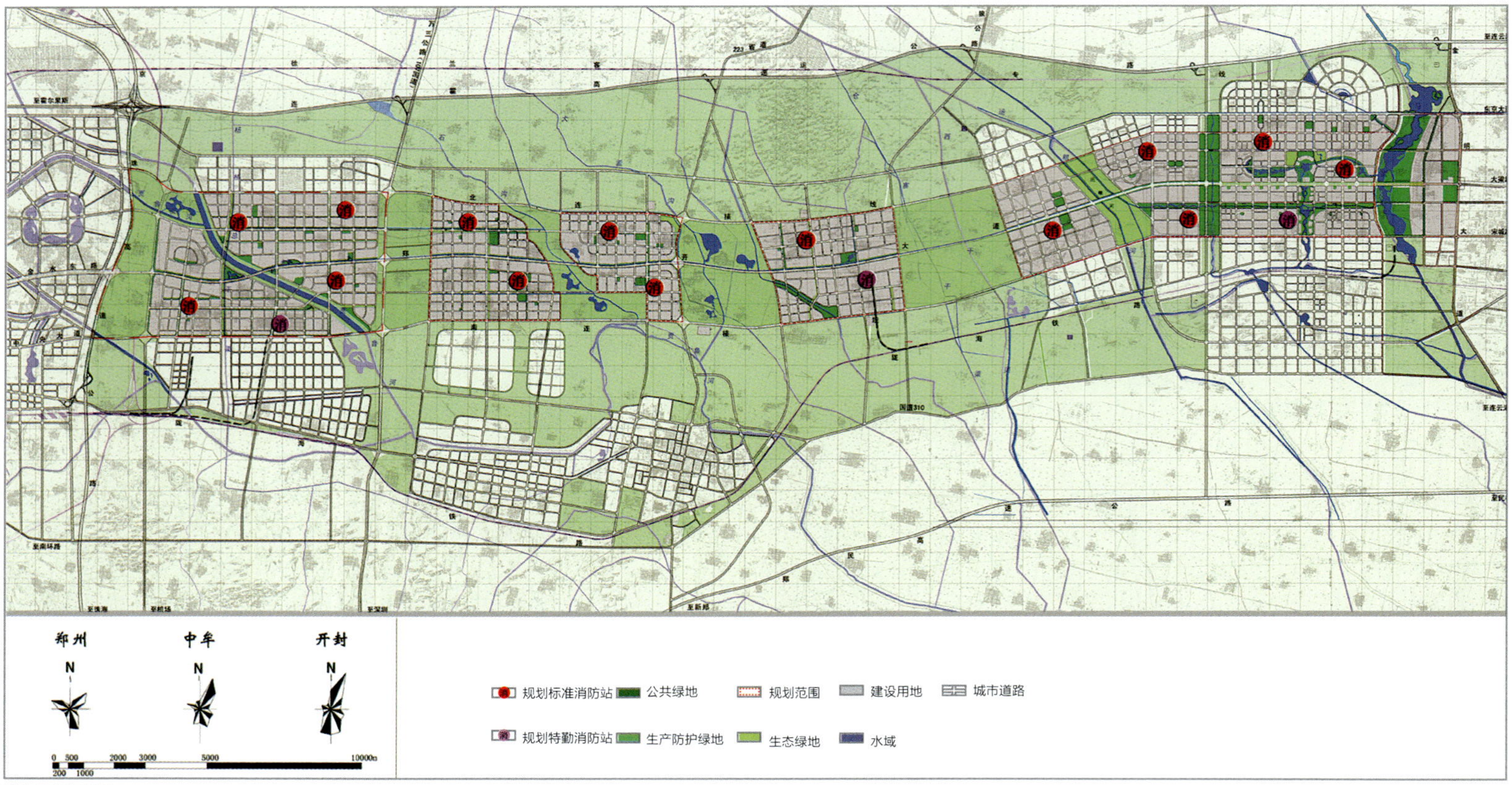

消防工程规划图

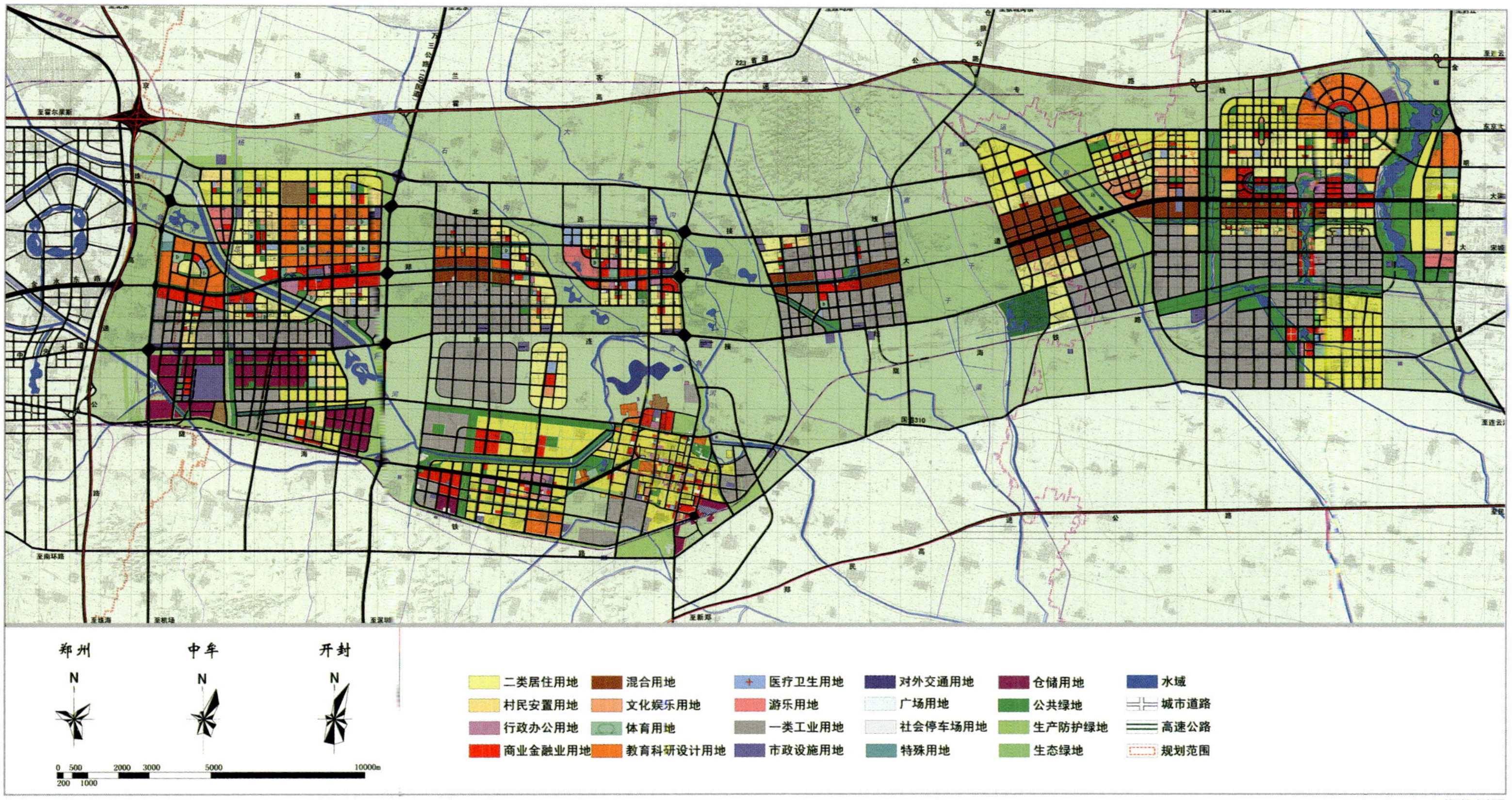

远期规划图

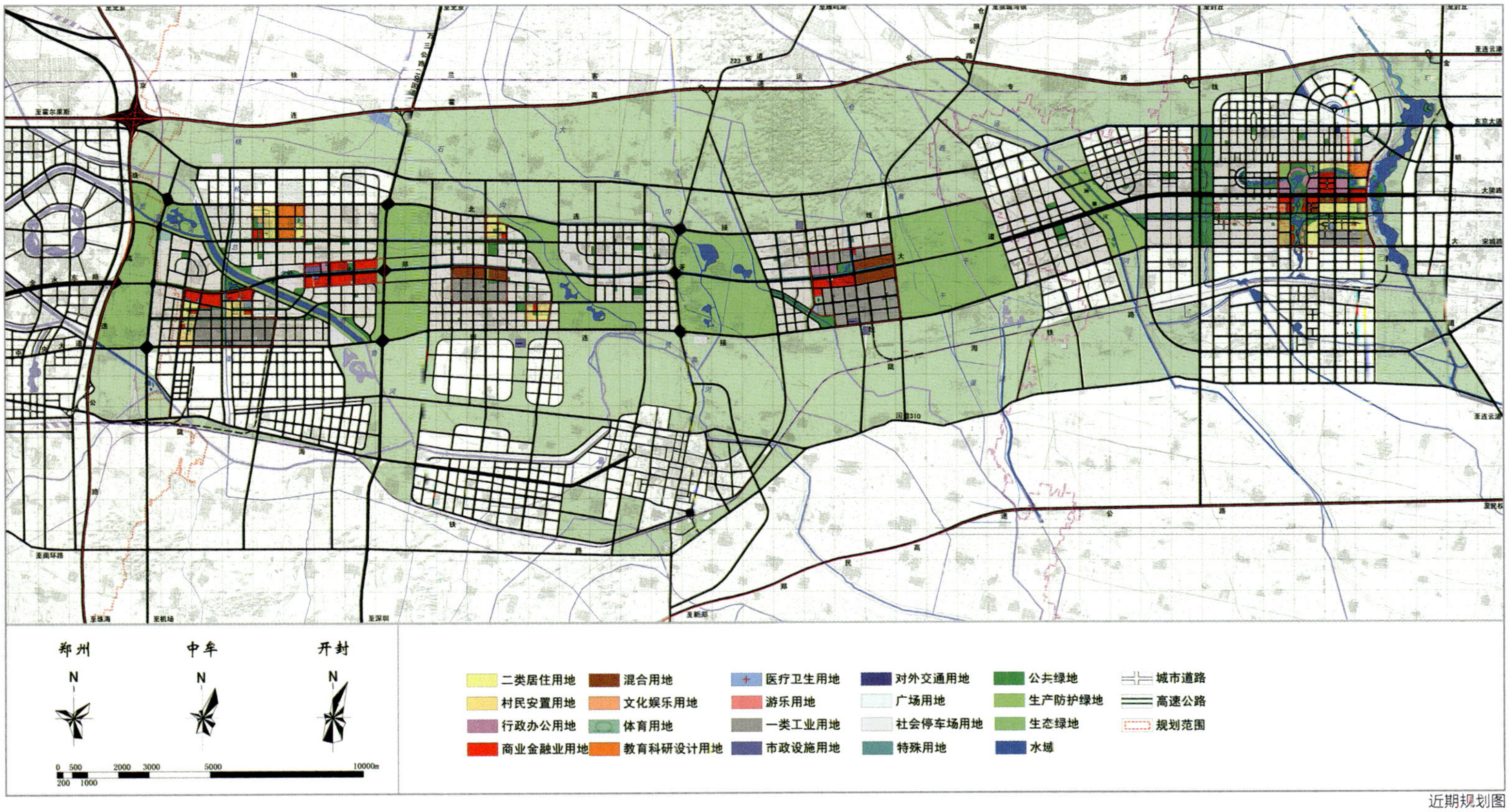

近期规划图

2.14 远景规划

构想至21世纪中叶，人口规模达到120万人，远景城市用地规模控制在130km^2。发展用地主要为规划区范围内预留发展备用地。远景仍保持“带状组团式”的空间结构形态。在规划研究范围内，白沙组团继续向南向北发展，南部结合白沙镇及其周边地区以区域大型物流为主，北部则以绿色人居社区为主。

处理好近期建设与长远发展、经济发展与资源环境条件的关系，注重生态环境与历史文化遗产的保护，实施可持续发展战略。与“十一五”规划相协调，符合资源、环境、财力的实际条件，并能适应市场经济发展的要求。坚持为人民服务，维护公共利益，完善城市综合服务功能，改善人居环境。严格依据城市总体规划，不得违背总体规划的强制性内容。从宏观视野构建近期建设，贯彻区域一体化要求。

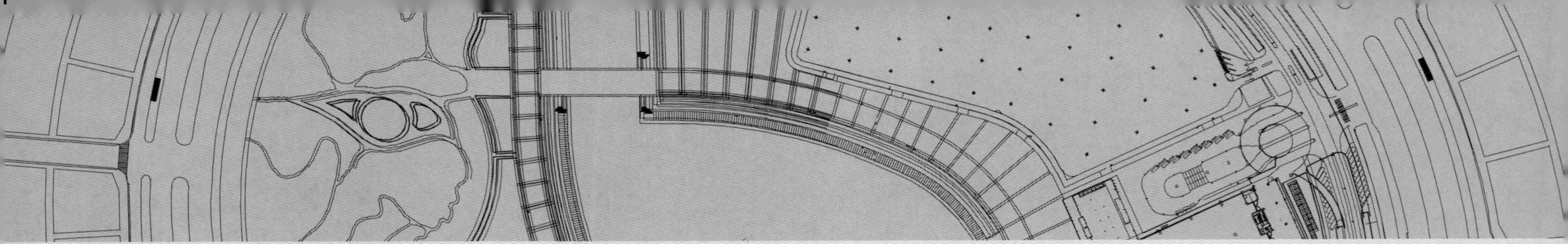

3 郑汴一体化产业带控制性详细规划

Regulatory Detailed Planning for the Integration of Zhengzhou-Kaifeng Industrial Belt

郑州市规划勘测设计研究院方案

Schemes from Zhengzhou Urban Planning Desing & Survey Research Institute

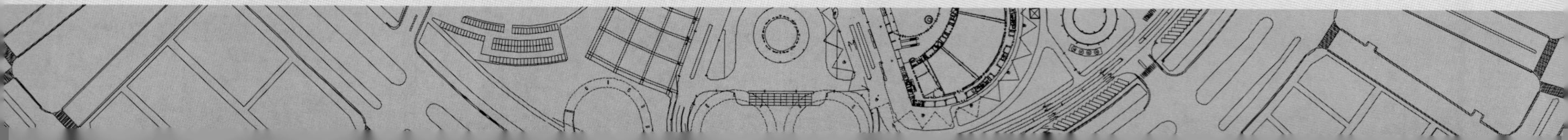

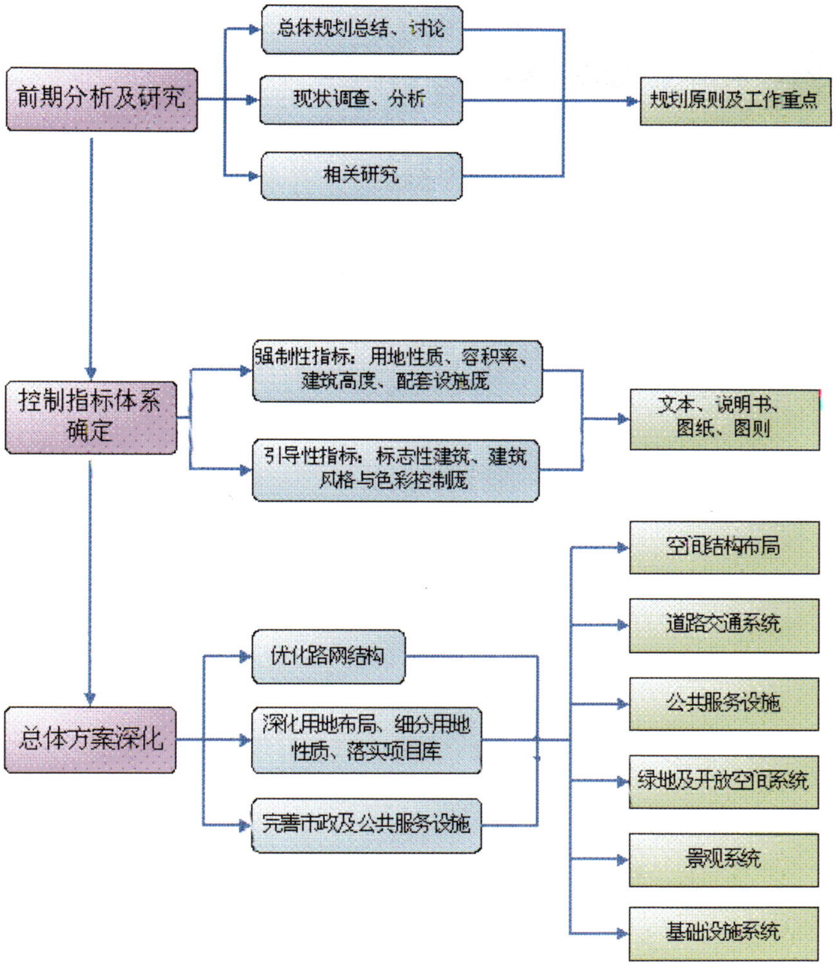

发展研究框架

1.研究背景

1.1研究范围

研究范围南起规划的中央大道（连接郑州中央大道与开封宋城路），北到规划的豫兴大道（连接郑州北四环与开封东京大道），白沙组团西起京珠高速公路，东至万三公路，总面积约为41.50km^2；官渡组团西起万三公路，东至规划的仓狼公路，总面积约为59.26km^2，两组团用地总面积为100.76km^2。

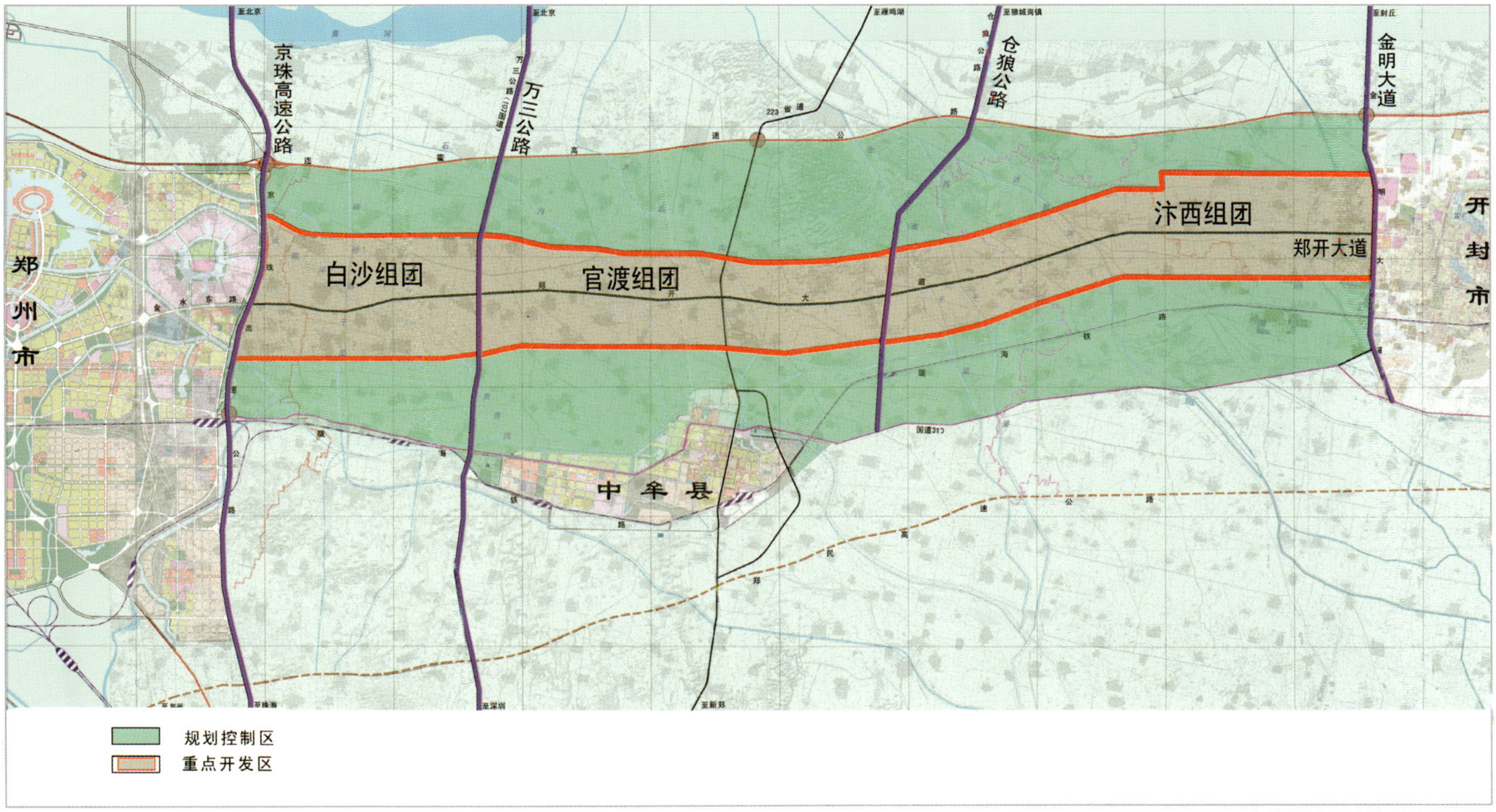

郑开大道沿线地区规划范围和组团划分图

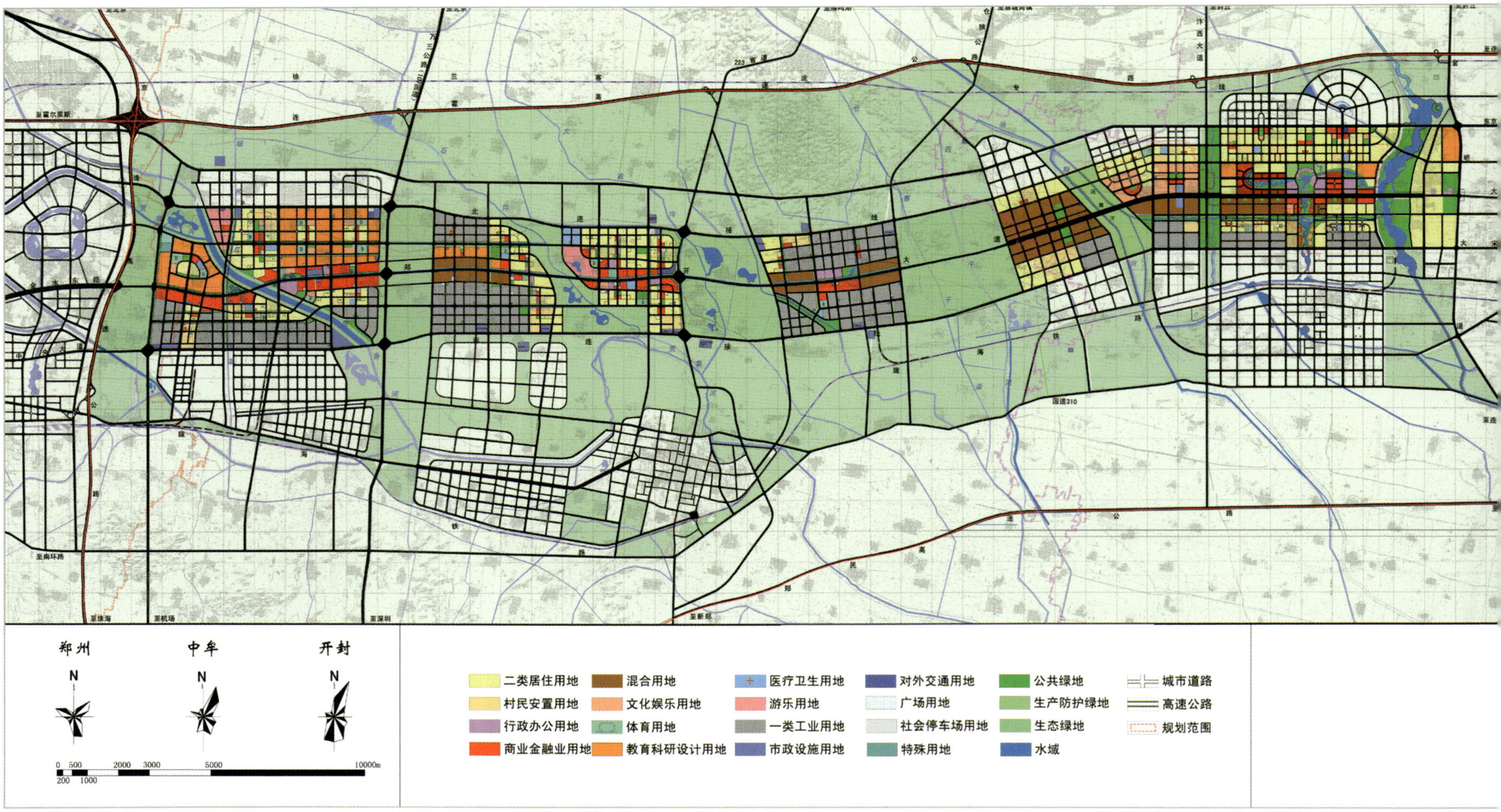

用地规划图

1.2 发展研究在郑汴产业带总体规划基础上的细化和深入

（1）进一步整合交通骨架与郑开大道以及河网沟渠的关系。

（2）依照国家及省市的现行规范，优化道路用地指标、道路宽度等方面。

（3）进一步明确和细化用地性质。

（4）完善与加强拟建设项目的统筹安排。

（5）进一步落实的几个问题：规划区易涝的问题，基础设施支撑的问题，村庄的改造与搬迁以及村民的安置问题等。

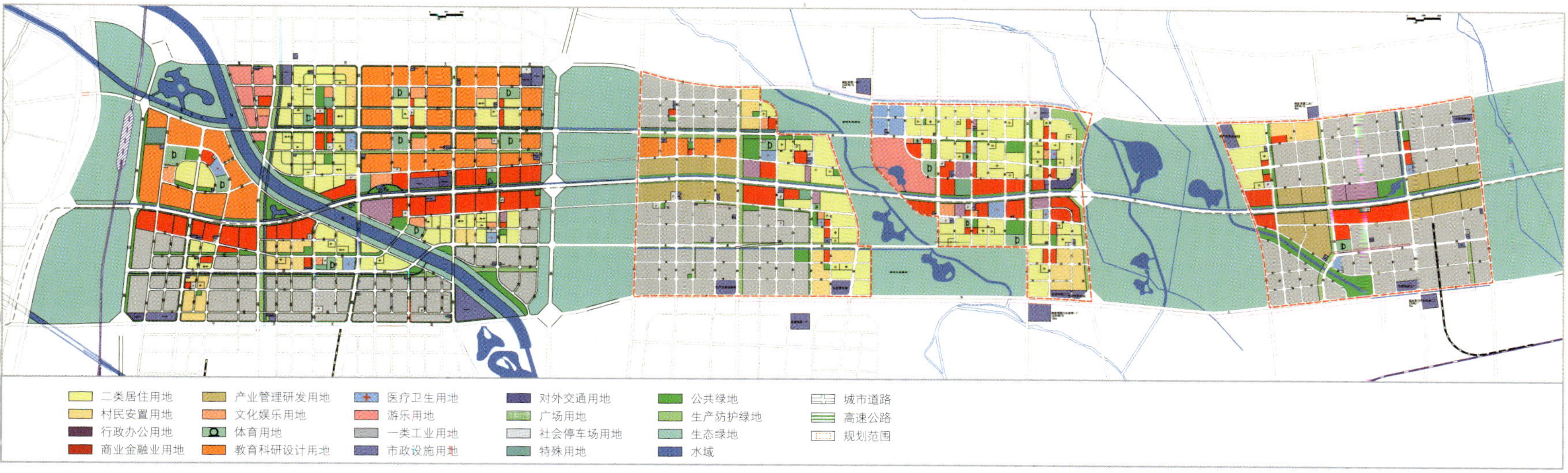

郑开大道沿线地区空间发展研究用地规划总图

1.3 郑开大道沿线地区空间发展研究主要内容

延续总体规划的功能结构框架，优化用地布局，落实各类用地，细分用地性质至中、小类。

结合拟定项目，确定混合用地的用地性质并适当调整部分用地性质。

核算居住用地指标，明晰人口分布与居住区结构，优化居住用地布局；根据村庄改造规划，落实村民安置用地选址。

强化控规阶段所要求的公共服务设施及市政服务设施的安排与配套，落实居住区级公共设施用地，明确合理的服务规模和服务半径，对部分服务设施进行规模与用地的调整合并。

完善绿地系统规划，调整和细化部分绿地控制。

根据市政设施系统规划、绿地系统规划等的深化，落实用地红线、绿地绿线、河流蓝线及重大基础设施黄线的控制。

本着节约、集约用地及舒适的原则，合理控制开发强度。

2. 区域规划

2.1白沙组团

2.1.1组团职能

白沙组团充分利用其紧邻郑东新区CBD及龙子湖大学城的区位优势，以职业教育、现代服务业、高技术产业为主。

2.1.2 功能划分

现代服务区：沿郑开大道沿线，布置行政、商业用地

职教区：郑开大道北侧，布置教育科研用地片区

高技术产业区：郑开大道南侧，布置高技术产业用地片区

组团核心区：郑开大道南侧，贾鲁河东。

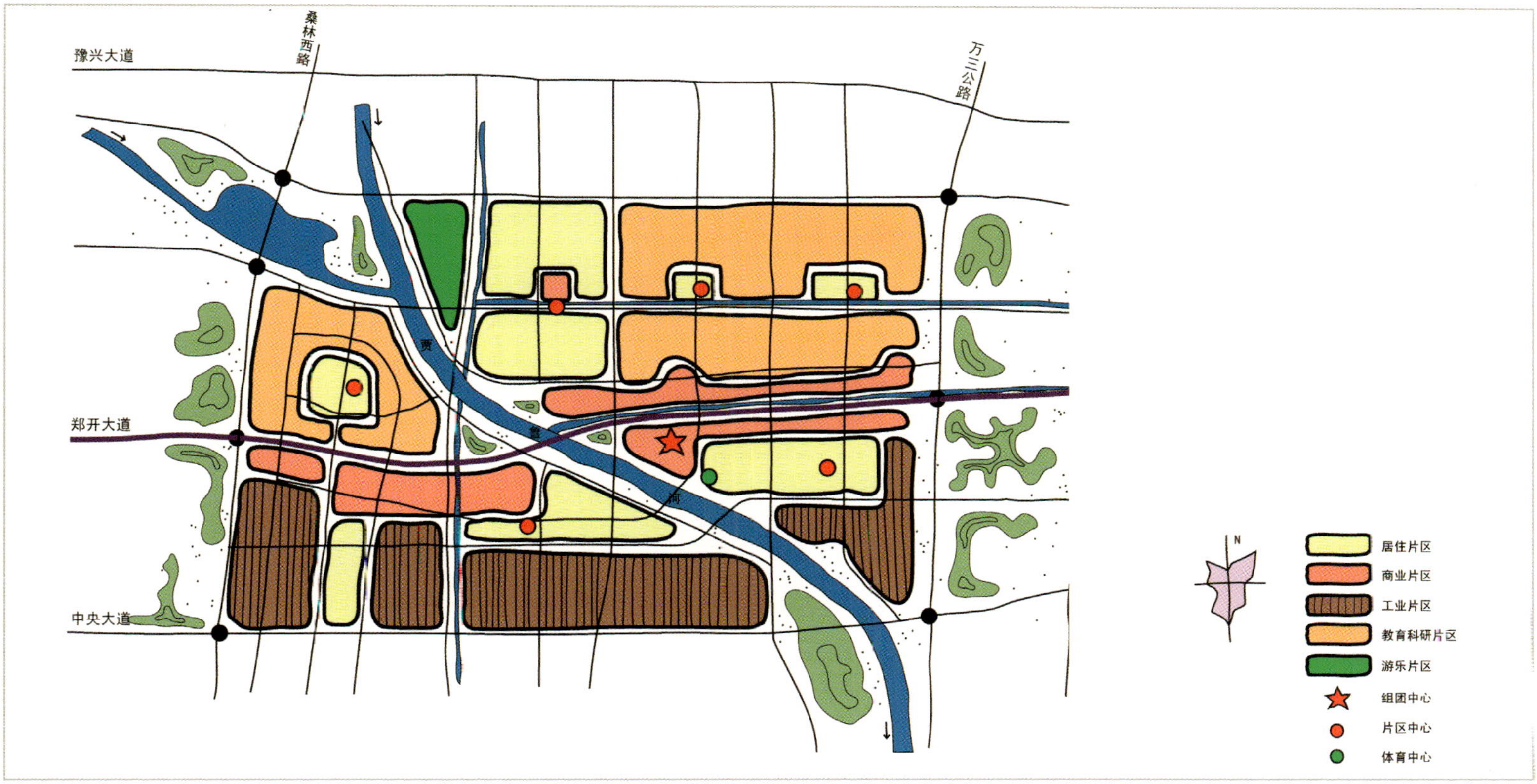

白沙组团结构图

官渡组团规划结构图

2.2 官渡组团

2.2.1 组团职能

官渡组团结合中牟县城，以现代商贸业、科技研发、创新产业、旅游服务业、现代制造、农副产品加工业以及现代农业示范产业为主。

2.2.2 功能划分

由绿带自然分割成东、中、西三大片区。

西片区：郑开大道两侧，重点布局行政、商务、商业、金融等。北部为科技研发区，重点布局光纤光缆、计算机部件、整机组装等高新技术产业和软件开发等科技研发产业。南部为现代制造产业区，重点布局汽车及零部件加工等相关的前后关联产业，以及其他现代制造产业。

中片区：沿郑开大道两侧为现代商贸区，重点布局超市、百货、娱乐、餐饮等商贸服务业；北部为创新产业区，重点布局设计、出版、动漫等创意产业。南部为绿色人居社区。

东片区：北部为加工业产业区，重点布局服装加工、玩具制造等加工制造产业；南部为农副产品加工区，重点布局农产品精深加工和生物化工产业。

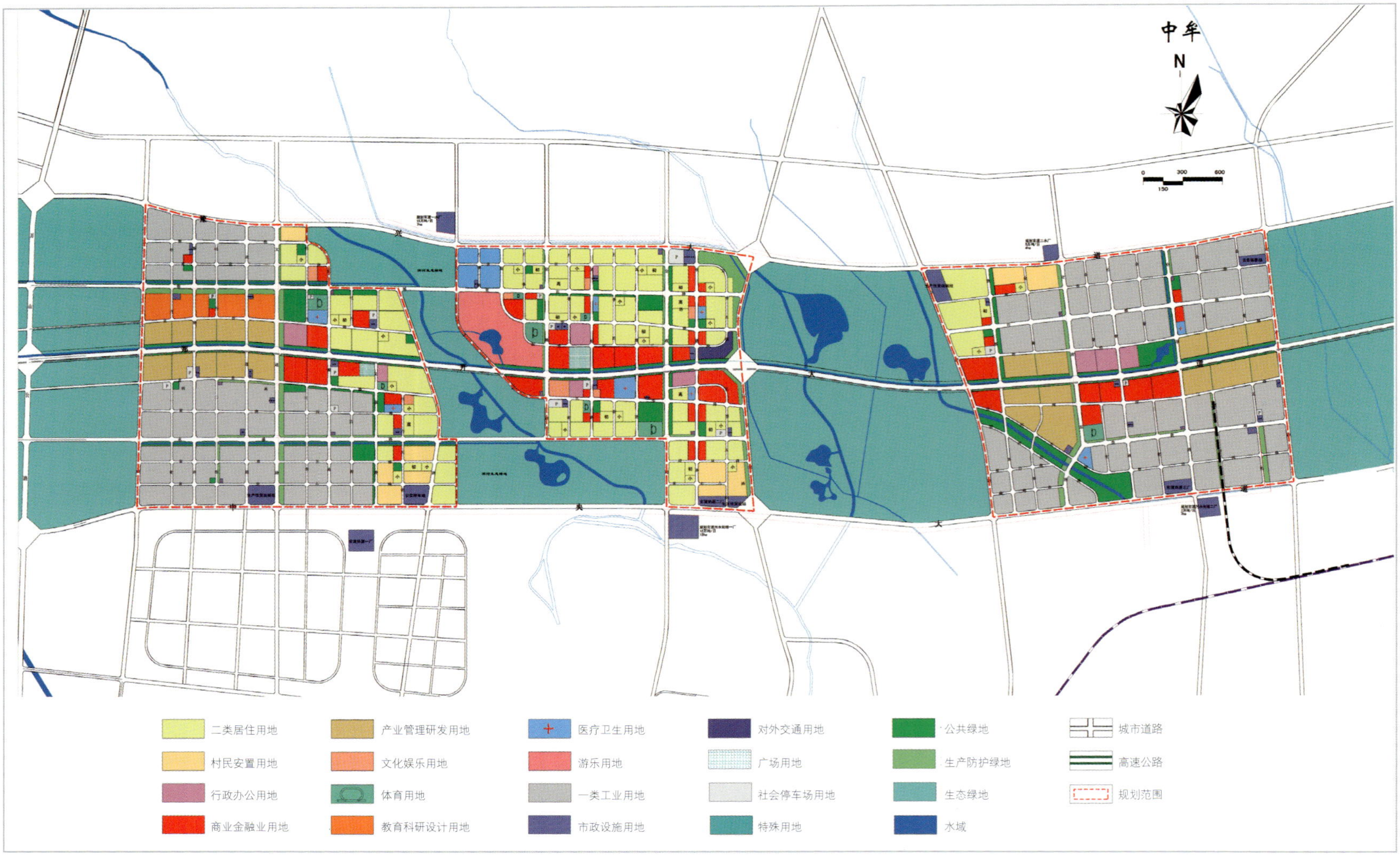

官渡组团用地规划总图

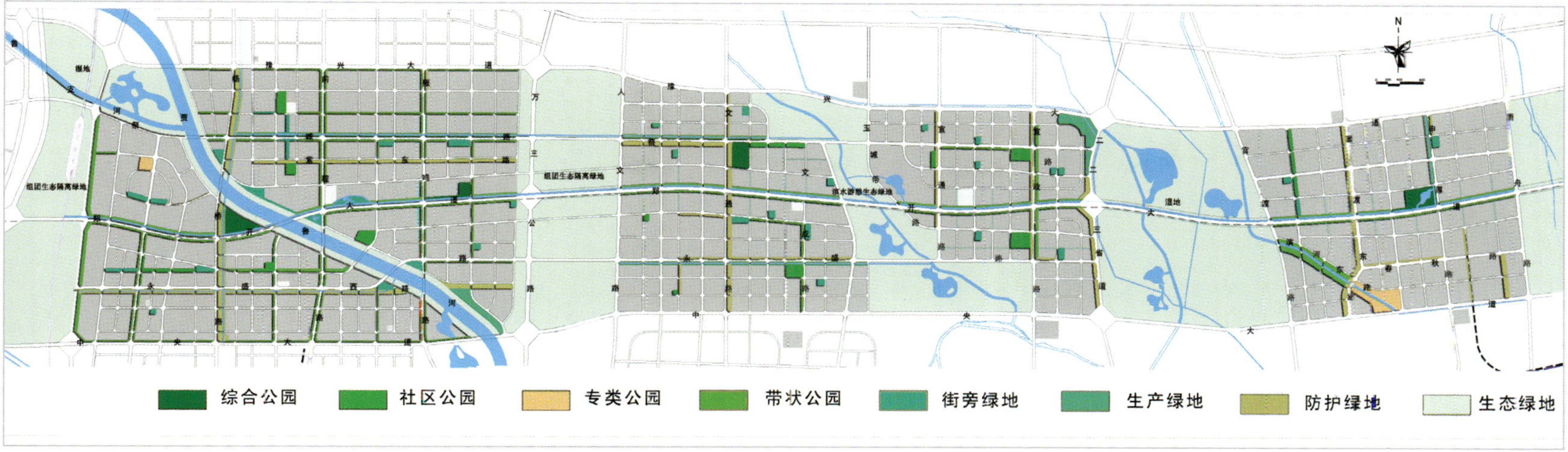

绿地系统图

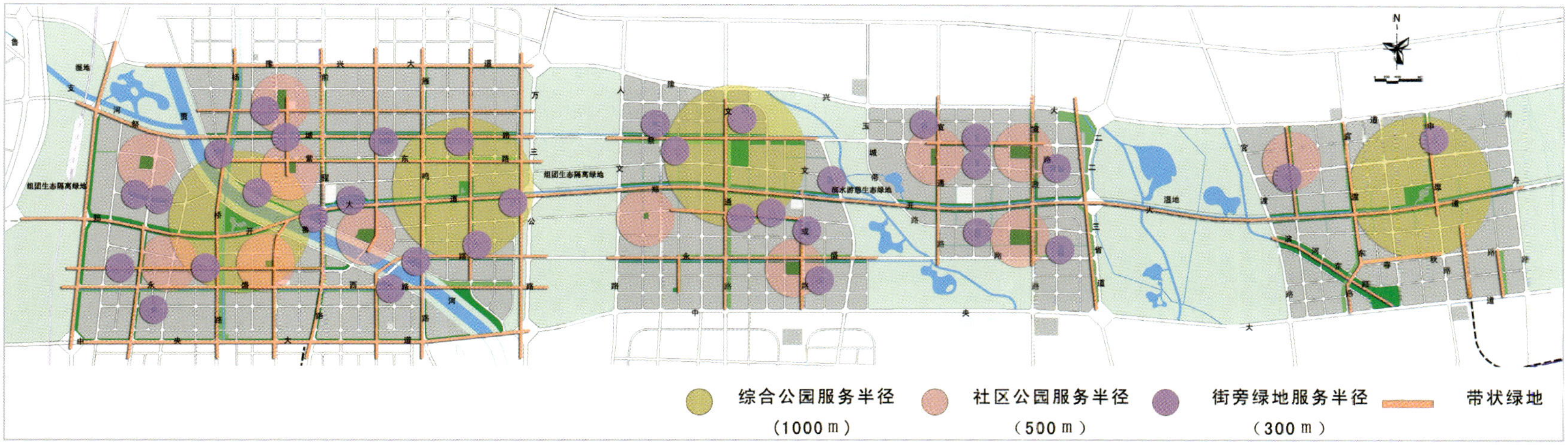

绿地系统图

2.3 绿地系统规划结构

在《郑开大道沿线地区总体规划》原则的指导下，将规划区环、带、点相结合的绿地系统，概括为“一环、八带、多点”。

一环即外围的生态环，由组团外围的生态绿地围合而成，与其他绿地起协调作用，供给居民清新的空气和高质量的生活环境。

八带以滨水游憩生态绿地、组团生态隔离绿地和湿地为主，以沿主要水系贾鲁河、杨桥总干渠、石沟、运粮河、赵口总干渠、马家河等滨河绿化带为辅，滨河绿带呈带状形状，并且与公园绿地相互渗透，形成连续、辐射力强的绿化网络格局。

多点以分布在组团内部的众多块状的社区公园、街旁绿地等绿地景观节点为主。

2.4 村庄拆迁安置

白沙规划期内共拆迁村庄17个，用地面积735.7公顷，建筑面积约176万平方米，涉及人口22837人。

规划村庄居住安置用地面积为76.1公顷，是原村庄占地的10.3%，规划村庄安置总人口为24982人，分4个组团就近搬迁安置。

近期建设范围内各村庄依据就近搬迁安置的原则，迁往附近安置用地。远期城市建设用地范围内的村庄按照上述原则就近安置。

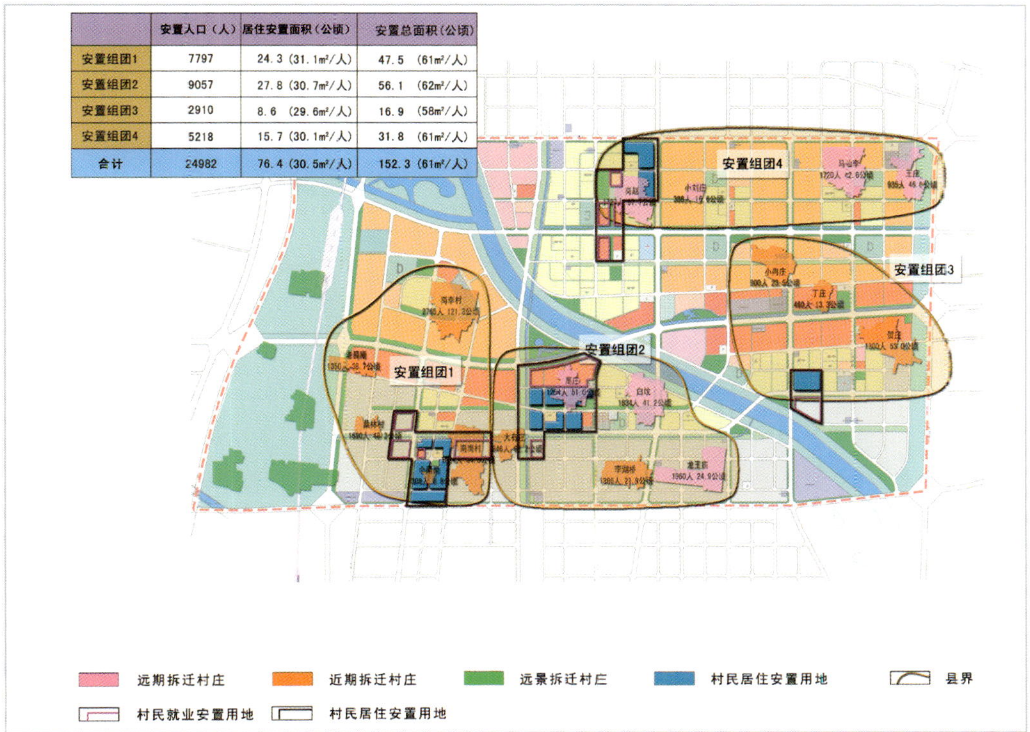

	安置人口（人）	居住安置面积（公顷）	安置总面积（公顷）
安置组团1	7797	24.3（31.1m²/人）	47.5 （61m²/人）
安置组团2	9057	27.8（30.7m²/人）	56.1 （62m²/人）
安置组团3	2910	8.6 （29.6m²/人）	16.9 （58m²/人）
安置组团4	5218	15.7（30.1m²/人）	31.8 （61m²/人）
合计	24982	76.4（30.5m²/人）	152.3（61m²/人）

白沙组团村庄安置规划图

组团	现状村民总人口(人)	现状户数(户)	现状建设用地(hm^2)	现状建筑面积(m^2)	规划建设用地(hm^2)	规划可容纳人口(人)
1	7935	1926	169.8	112352	23.6	7867
2	11677	2059	371.9	621600	31.67	10567
3	7490	1563	59.3	700938	22.8	7600
4	4427	1047	68.1	303630	17.3	5767
5	8228	2067	415.8	838880	42.2	14067
6	6337	1273	129.8	349324	28	8000
合计	45094	10735	1200.5	2926524	165.67	53858

官渡组团现状村庄占地总面积为1200.5hm^2，规划村庄安置用地总面积为323.15hm^2，安置总用地占原村庄占地的26.92%。现状村庄总人口为45094人，规划村庄安置总人口为53858人，则每人规划安置用地为60m^2，满足总体规划中关于30m^2用于建设居住小区（按照国家规范要求建设公共配套设施）的要求。

共分6个组团就近搬迁安置。近期规划范围内各村庄依据就近搬迁安置的原则，迁往附近安置用地。

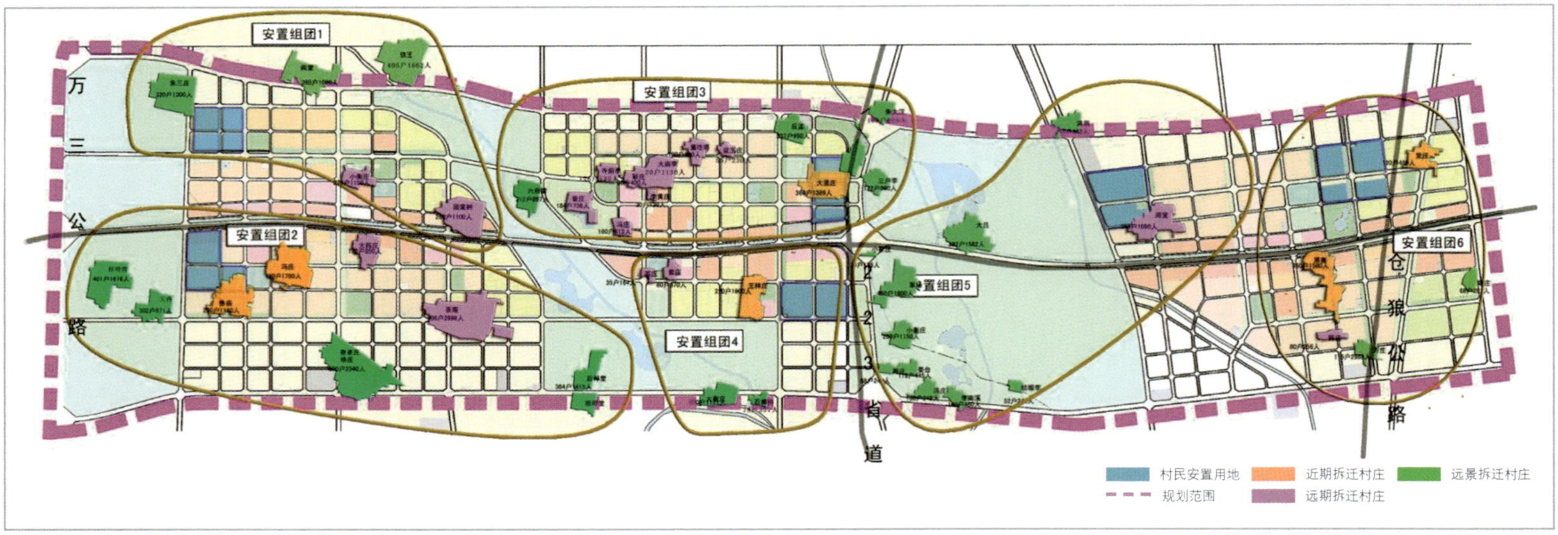

官渡组团村庄安置规划图

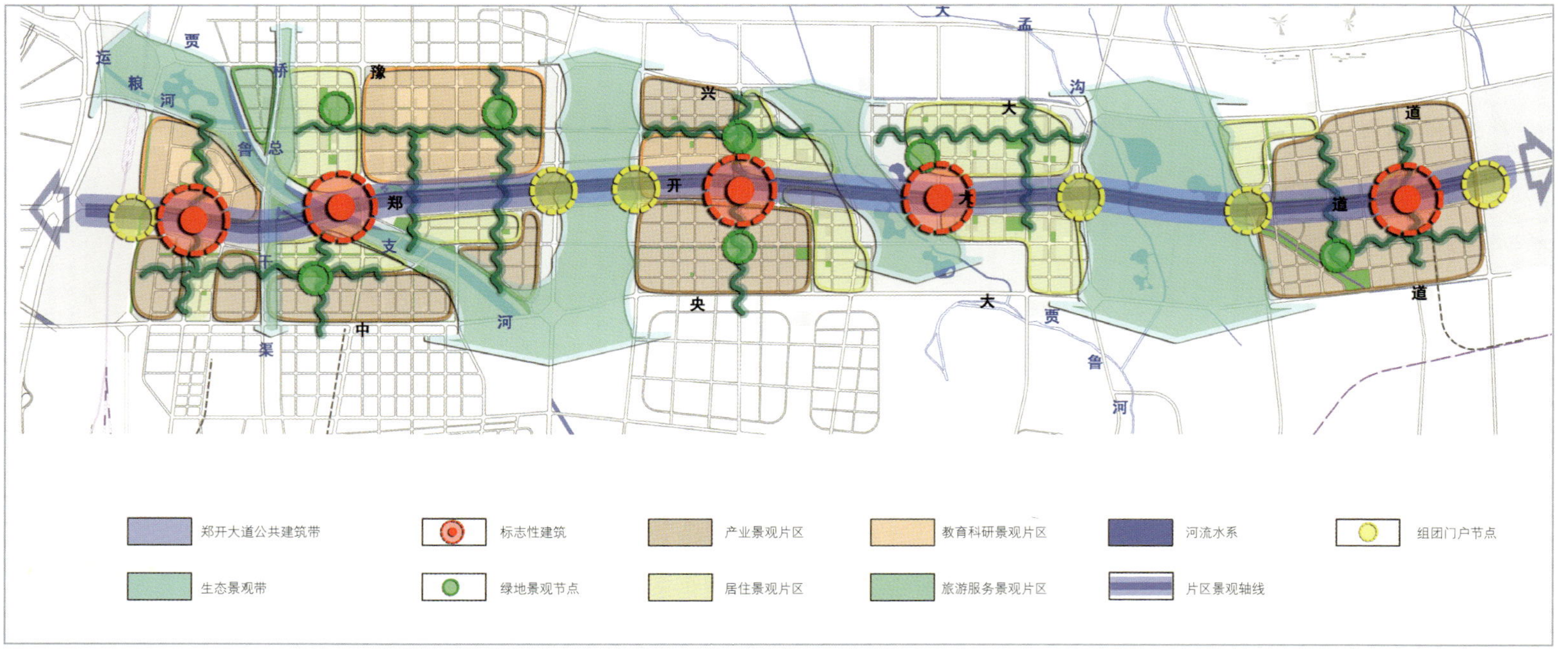

郑开大道沿线地区景观结构图

3. 城市设计的主要内容

3.1城市设计总体要求

城市设计结构

一轴——郑开大道（串连起商贸、办公、展览及科研等多种形态各异的城市节点）

四片区——以规划绿地自然分割的四个片区（被生态绿地自然划分 ）

五廊道——各片区之间的绿地及贾鲁河沿线

五核心——景观结构的其中五处组团核心

六门户节点——四个片区与绿地结合的入口景观点

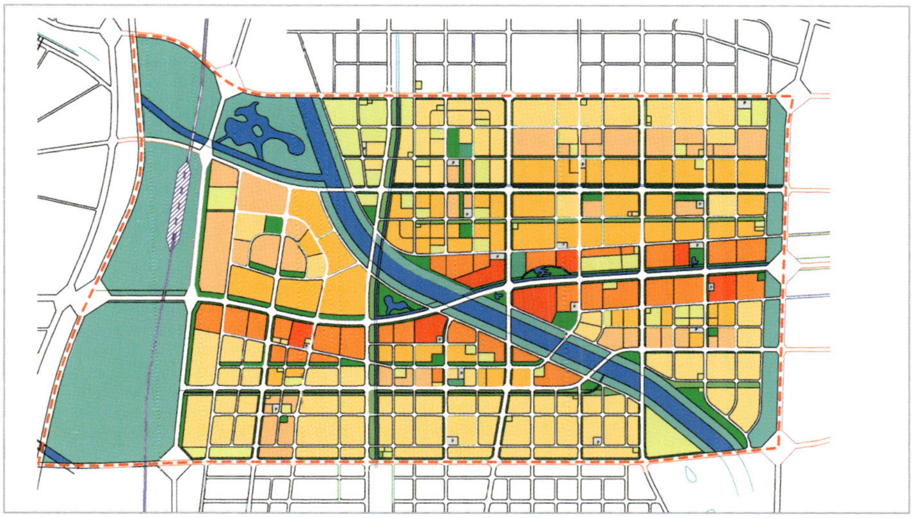

白沙组团高度分析图

3.2 高度分区

依据城市规划用地布局、结合建筑消防规范和城市形态的视觉美感提出以下高度分级系统：18m、24m、40m、60m、100m，形成有秩序、又有层次变化的城市空间。各地块建筑高度不得超过高度分区所划定的高度，局部标志性建筑可突破100m，但需特别论证审批。

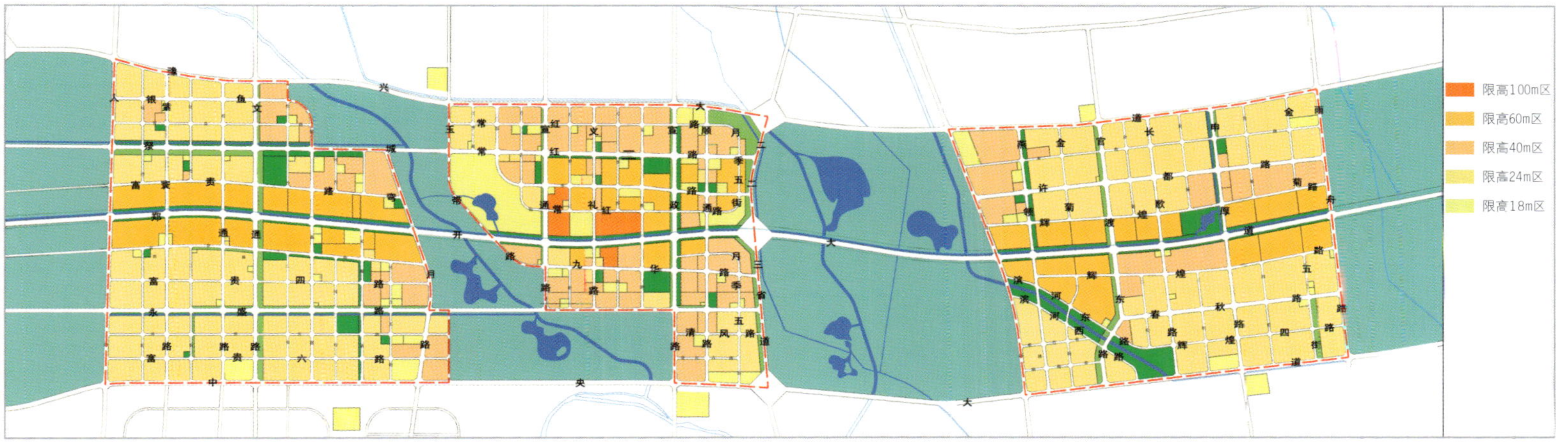

官渡组团高度分区图

3.3 总体形象示意

建筑风格

建筑以简洁大方的现代风格为主，不提倡简单模仿或是照搬欧美风格。

在局部街区商业、旅游、文化等重点建筑的设计，以及城市街道家具设计中应更多地采用地方传统元素，体现历史文化风韵。

运用生态建筑的设计理念，塑造绿色建筑。

建筑色彩

以具有大地情调的橙黄、棕、赭石、暖灰等高明度、中等饱和度的较为明快的辅助色调作为点缀和衬托，以丰富的城市色彩，但应该注意控制点缀色的面积。

白沙组团总平面规划图

白沙组团鸟瞰图

官渡组团西中片区总平面规划图

官渡组团西中片区鸟瞰图

官渡组团东片区总平面规划图

官渡组团东片区鸟瞰图

3.4 办公区形象示意

（1）行政建筑应体现文化特色和现代感，大方规整，体现现代化政府形象，不得采用西洋欧式风格。

（2）行政建筑应通透、亲切，具有开放性。

（3）公共空间应识别性强，空间环境开敞，简洁、稳重、规整。

3.5 文化体育区形象示意

（1）体现文化体育建筑形象，鼓励创新设计，体现城市文化和形象。

（2）建筑界面丰富自由，注意界面的层次性，高低错落，鼓励半开放空间的形成。

（3）应注重与周边公共绿地、河流等开放空间的联系。

（4）应适当体现当地文化。

3.6 工业区形象示意

（1）注意工业建筑区的景观绿化，打造生态绿化的工业区。

（2）注重工业建筑的防尘防污隔离。

（3）建筑形象上简洁大方，体现科技感。

（4）营造开放、通透的工业区形象，避免封闭。

3.7 商业金融区形象设计

（1）强调其活跃多变的商业气氛，鼓励创新设计，强调商业娱乐功能。保持界面的连续性，为连贯步行提供条件。

（2）街角部件设计较活跃的元素。

（3）商业建筑形式可灵活，时尚现代感要强，体现城市地位与特色。

（4）商务办公建筑应强化界面的韵律感和节奏感，突出简洁、高雅、明快的环境气氛。

白沙组团核心区总平面规划图

白沙组团核心区鸟瞰图

4.郑开大道沿线城市设计导则

4.1 白沙组团核心区引导性详细设计

设计构思

详细设计遵循了郑开大道两侧空间布局研究及城市设计导则，注重了以下几个方面：

（1）加强了轨道交通站点与周边地区的步行联系。规划设计了一条景观布道，从站点延伸到贾鲁河畔，有效连接站点与商业、文化馆、体育中心、贾鲁河绿地的连接，东西方向也确立了便捷的步行系统。

（2）一体化设计，使各功能体有效连接

规划把贾鲁河公园、体育用地、公园绿地、文化娱乐用地以及靠近轨道交通站点的商业金融用地一体化设计，使得几个部分有机的联系起来，体育用地西侧作为体育公园，东侧作为体育场馆，与其北侧用地衔接，使得游憩系统、空间有序。

（3）创造优美的滨水空间

设计注重了滨水开放空间的营造，滨水建筑不得为高层建筑，高度控制在24m以下，远离河岸建造高层建筑，使滨水城市天际线富有层次。体育场馆、旅馆以及滨水住宅建筑以曲线为主，丰富了城市空间。

（4）沿郑开大道界面连续、有序

沿郑开大道建筑界面作为城市空间重要的组成部分，设计遵循了郑开大道沿线城市设计导则，建筑底层后退统一有序，停车场在内院布置，高层建筑适当退让，使郑开大道具有良好的尺度感和连续性。

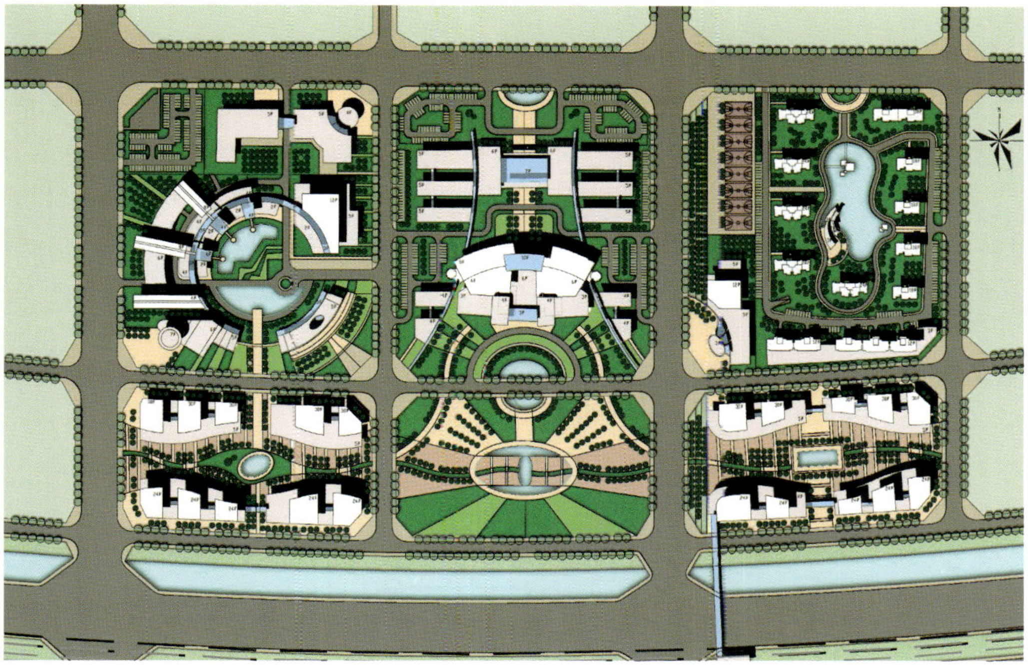

官渡组团核心区总平面规划图

4.2 官渡组团核心区引导性详细设计

设计构思

主体结构为一轴一带，即办公用地结合其南部广场形成行政办公轴、南部商业用地结合广场形成商业休闲活动带，两者相交于广场中心。同时，以广场为中心，形成发散式布局结构，周边商业和办公一体化设计。

同时，结合轨道交通站点，沿规划义礼路东侧及郑开大道景观河形成休闲步行景观带。

官渡组团核心区鸟瞰图

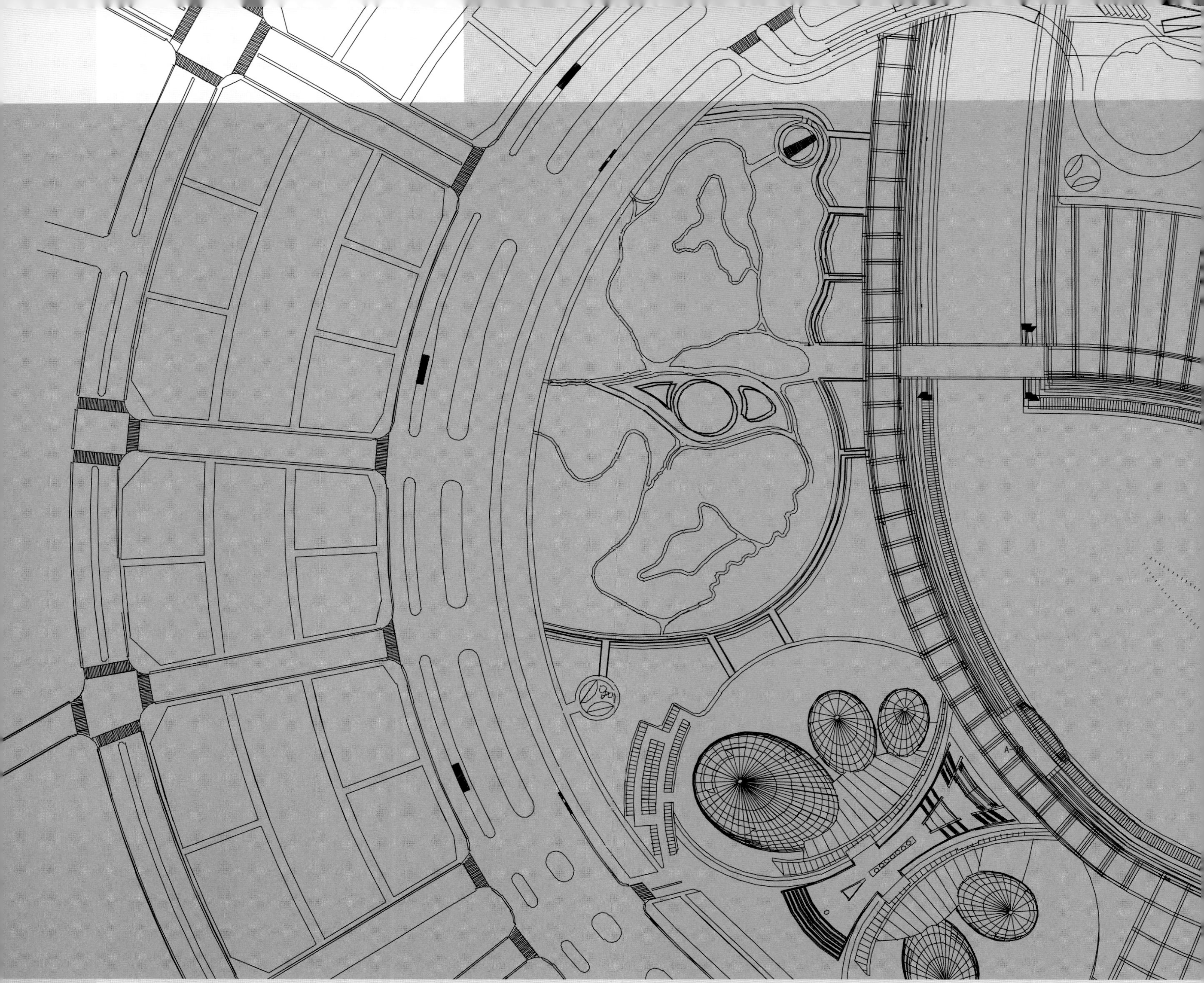

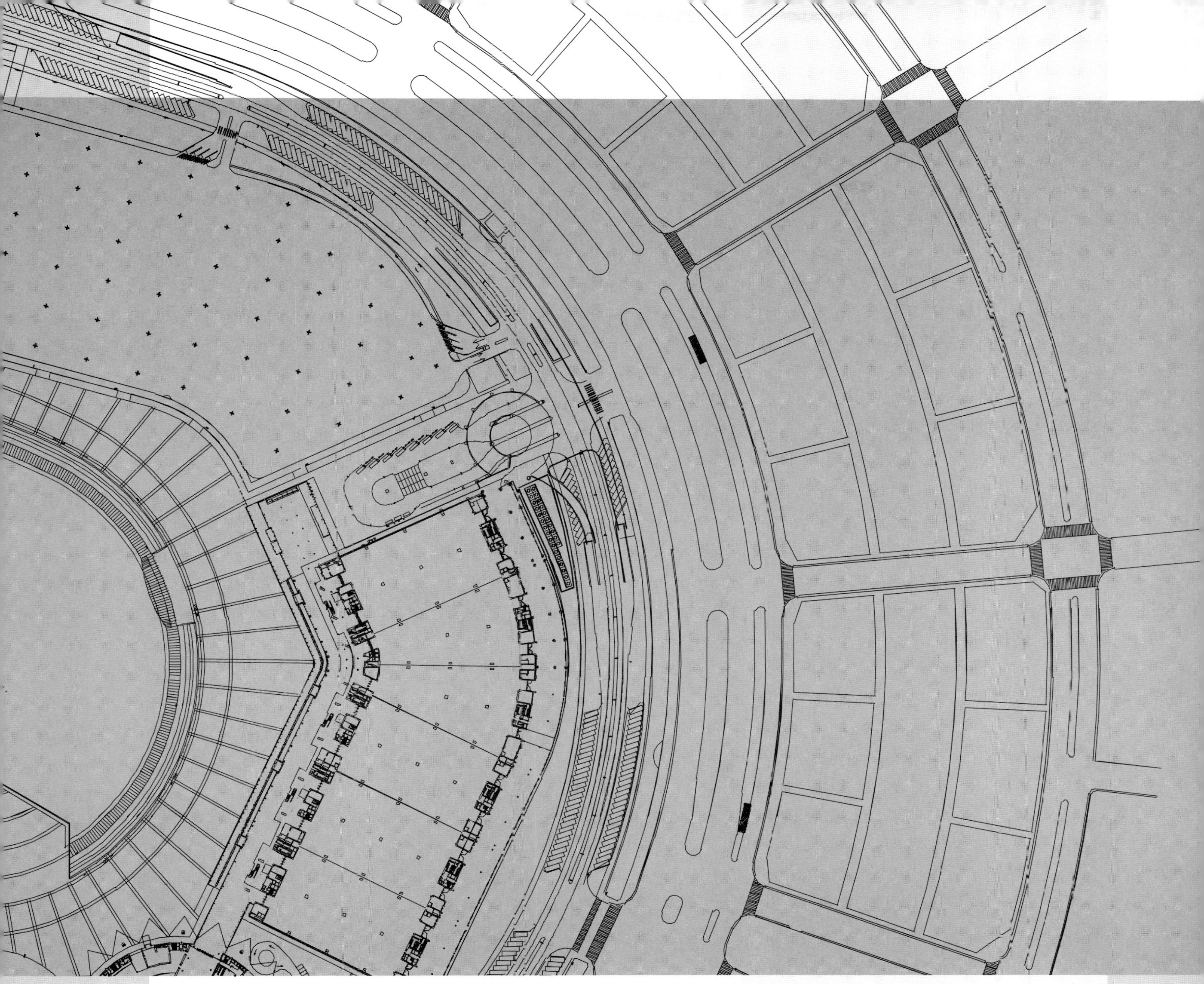

郑州航空港总体规划

第四部分
Part Ⅳ

Master Plan for Zhengzhou Airport

郑州航空港规划设计简介

郑州交通发达，是全国重要的铁路、公路、航空、信息兼具的综合性交通通讯枢纽。随着全球一体化进程的加快，航空物流已经成为地区外向经济的支撑点。

河南省委、省政府对航空港的发展给予了高度重视，根据中央把中部地区建设成为“三基地一枢纽”的中部崛起的战略构想，把郑州航空港建设成为覆盖全国、连接海外的空运物流服务基地，全面提升郑州航空港客运及物流功能，发展城市临空经济，拉动城市经济快速发展。

2006年6月，全方位收集国内外知名规划设计机构信息，遴选出中国城市规划设计研究院、英国阿特金斯（Atkins）、香港规划设计（国际）公司三家设计单位参与郑州航空港地区概念性总体规划国际咨询。在12月份举行了终期方案评审会，确定中国城市规划设计研究院方案为中选方案。

中国城市规划设计研究院方案从宏观、全球化的视角解读郑州航空港地区的发展，突破传统思维，以可持续发展为目标，着眼航空客运与货运产业链，较好地把地区经济发展与航空港发展联系起来，功能定位明确，空间布局合理，并提出以空港为核心的“一核、两片、一环”的港区空间结构；综合交通体系规划和机场布局全面、科学，整体具有较好的可操作性。

英国阿特金斯（Atkins）方案逻辑思路清晰，战略定位明确。通过“机场吞吐量估算、实施路径判断、标杆对比分析”三个步骤的逻辑推理，得出郑州航空港的战略定位及主导产业方向；对国外案例的借鉴内容贴切，整体空间形态设计引入“螺旋桨叶”布局，富有想象力和创造力。

香港规划设计（国际）公司在机场的功能定位、产业研发等方面的研究深入，并采用差异化的发展策略，提出了一个较好的地区开发计划和机场总体规划；确立的三种特色功能（国际商企进驻中部的战略要地、中原高新产业孵化基地、中原文化和旅游服务枢纽）符合郑州实际情况，比较有新意；把香港机场作为标杆企业分析到位；“一心、二辅、十个片区”的空间结构和规划布局合理。

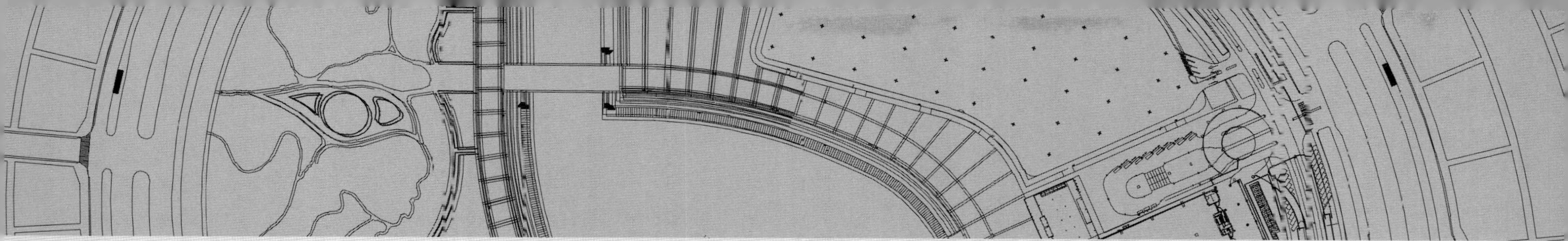

郑州航空港总体规划国际方案征集

International Planning Solicitation for the Master Plan of Zhengzhou Airport

1

方案Ⅰ英国阿特金斯顾问有限公司方案
Plan Ⅰ Schemes from ATKINS Consultants Ltd, British

方案Ⅱ中国城市规划设计研究院方案
Plan Ⅱ Schemes from China Academy of Urban Planning and Design Shenzhen Branch

方案Ⅲ香港规划（国际）设计公司方案
Plan Ⅲ Schemes from Hong Kong Planning Institute

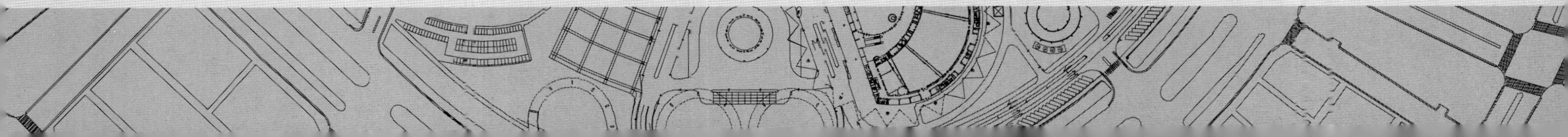

方案 I 英国阿特金斯顾问有限公司方案
Plan I Schemes from ATKINS Consultants Ltd, British

1.1 中原城市群发展战略

郑州为中心，包括洛阳、开封、新乡、焦作、许昌、平顶山、漯河、济源等9市的城市密集区。城市群土地面积占全省的35%，人口的41%，但生产总值接近全省的60%，是河南省经济发展的核心区域，可以预见这一地区将成为一个支点，形成“九城兴中原”的态势。

发展目标：全力提升郑州的“首位度”。

1.2 中原城市群交通系统

中原城市群的发展基础。一是地理位置优越，承东启西，连南贯北；二是便捷的交通。中心城市郑州北距北京、南距武汉、西距西安、东距济南均在400km以上。铁路、高速公路均呈网络状。

1.3 京广线、陇海线呈“十字形”

亚洲最大的铁路编组站，全国最大零担货物中转站、集装箱站。

区域内高速公路已形成放射状高速公路网络。京珠、连霍高速公路穿境而过，且有十多条高速公路在建或待建。

拥有河南公路港、郑州铁路东站、郑州航空港等口岸；拥有郑州、洛阳两个民用机场。

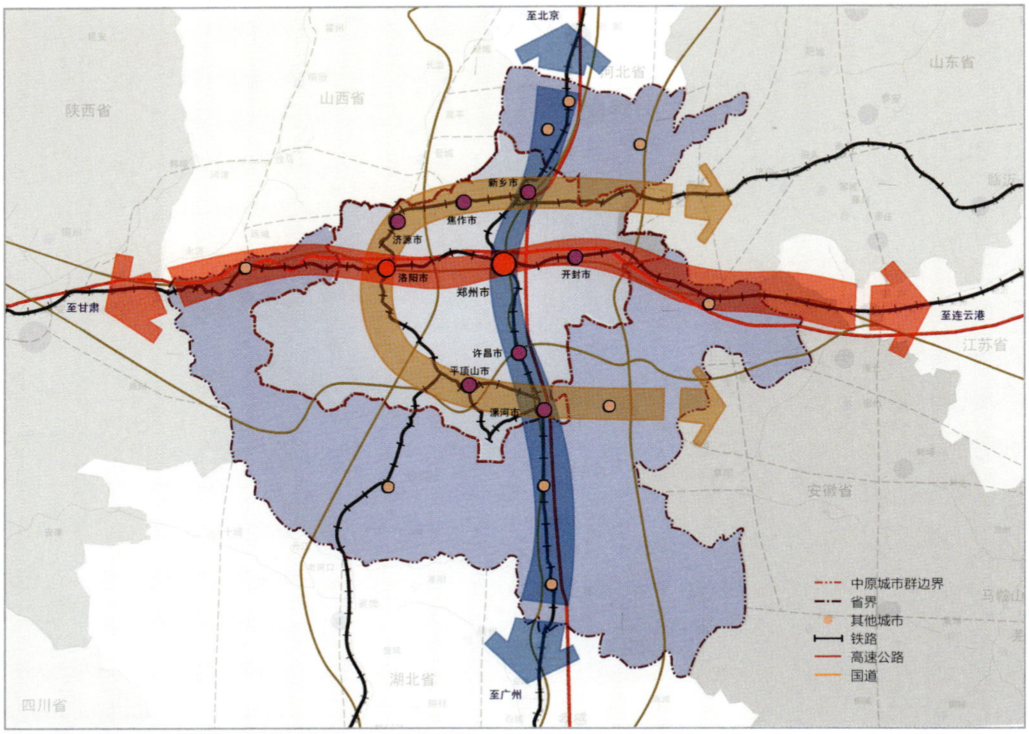

中原城市群发展格局图

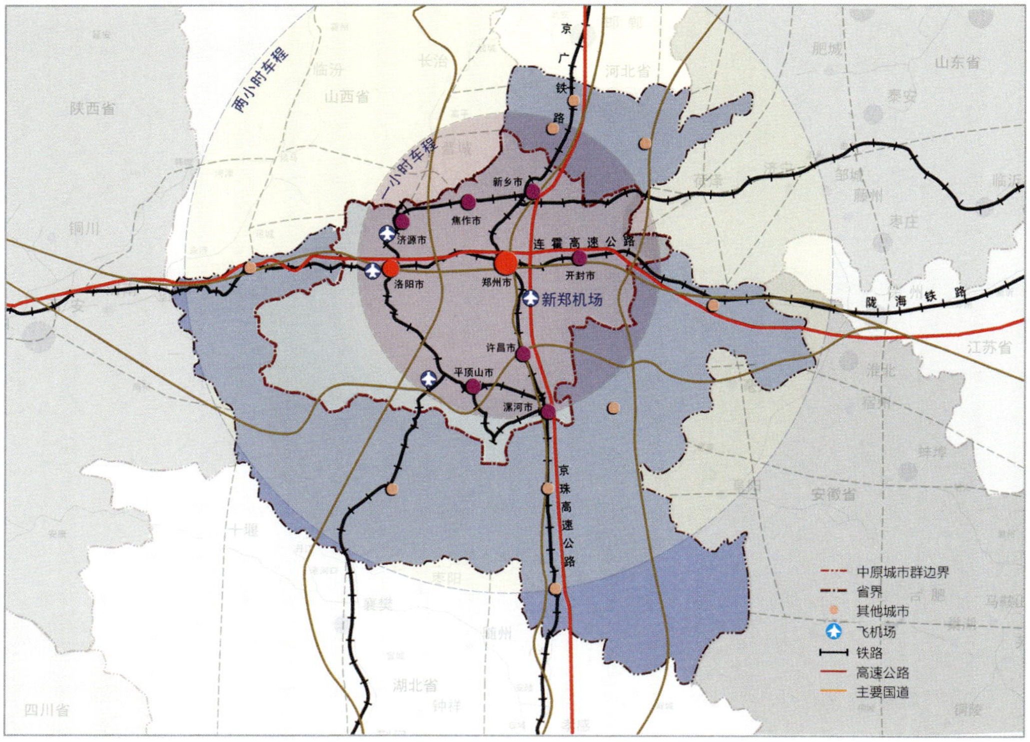

中原城市群综合交通图

1.4 城市层面发展策略

空港组团位于核心区、城镇发展带和工业发展轴的三点交会处，对城市未来发展作用和意义极为重要。

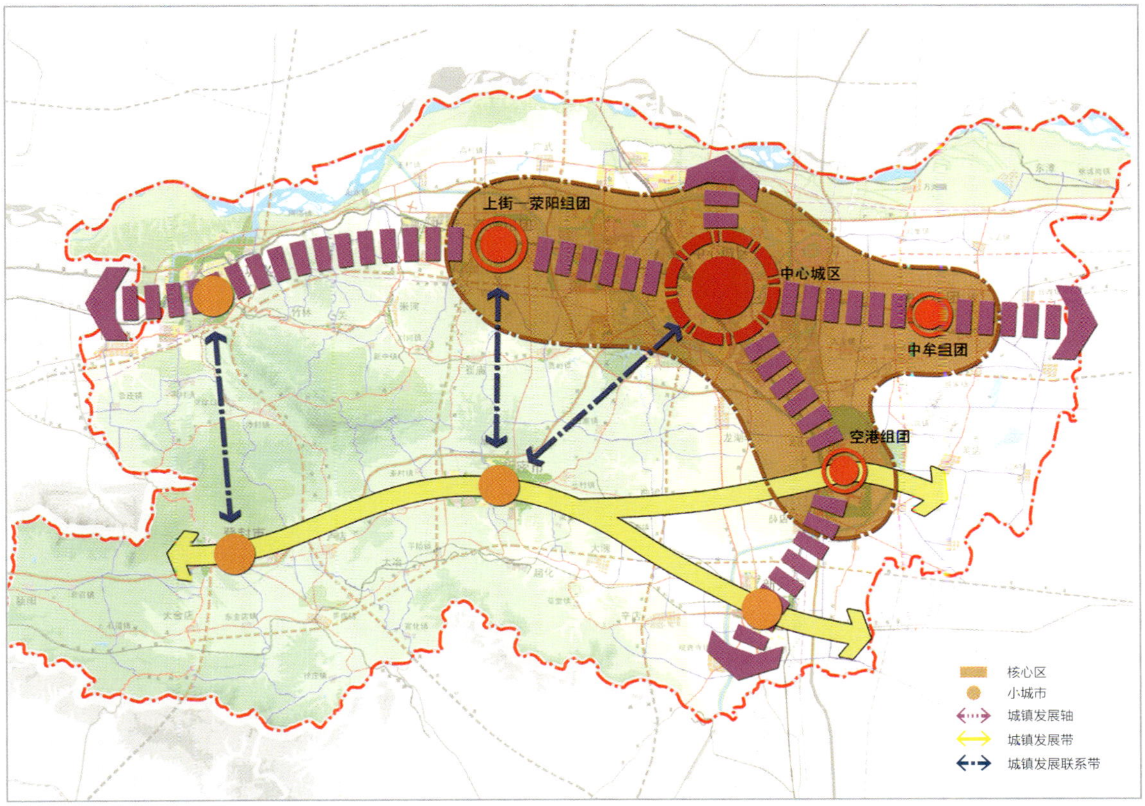

郑州市域城镇空间结构图

1.5 项目地点

项目用地地处郑州市东南方向，位于新郑市和中牟县行政区域内，距郑州城市中心区约29km，西南侧为新郑市，直线距离约16.5km。

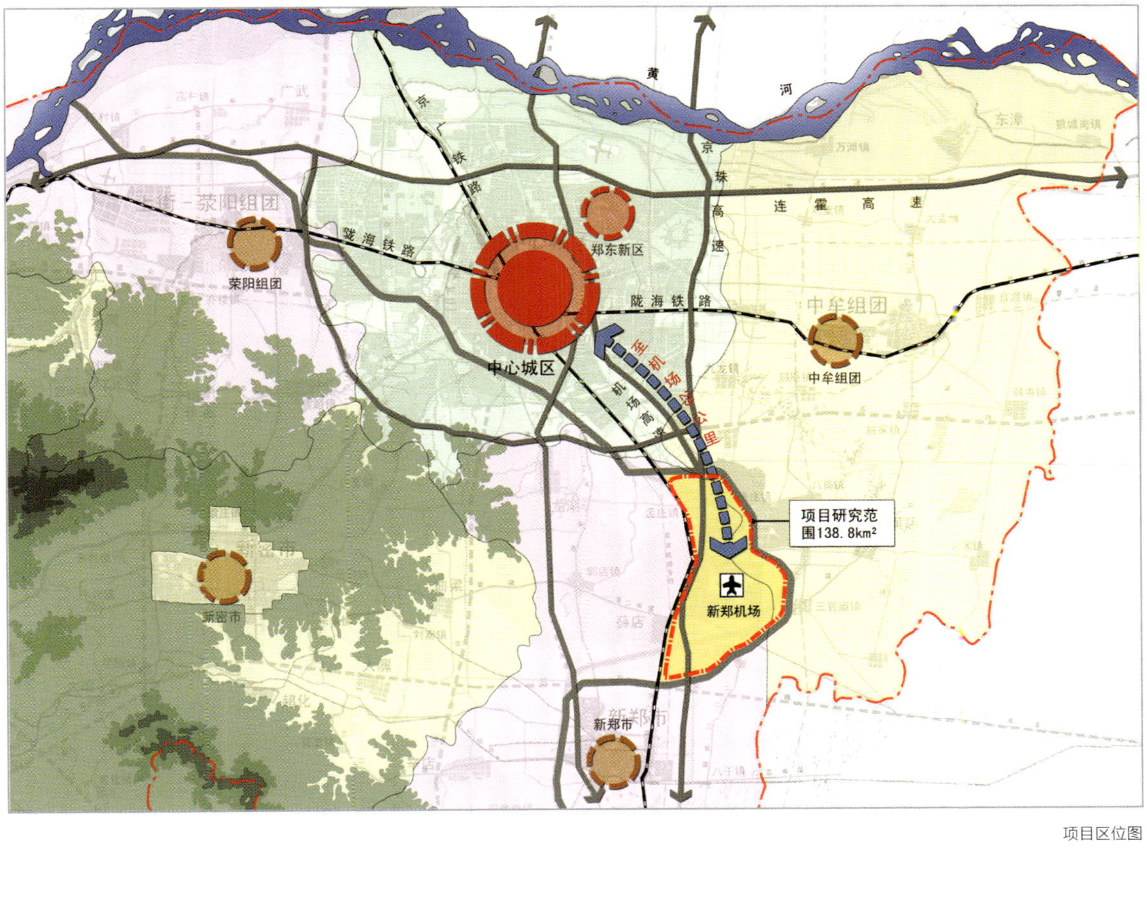

项目区位图

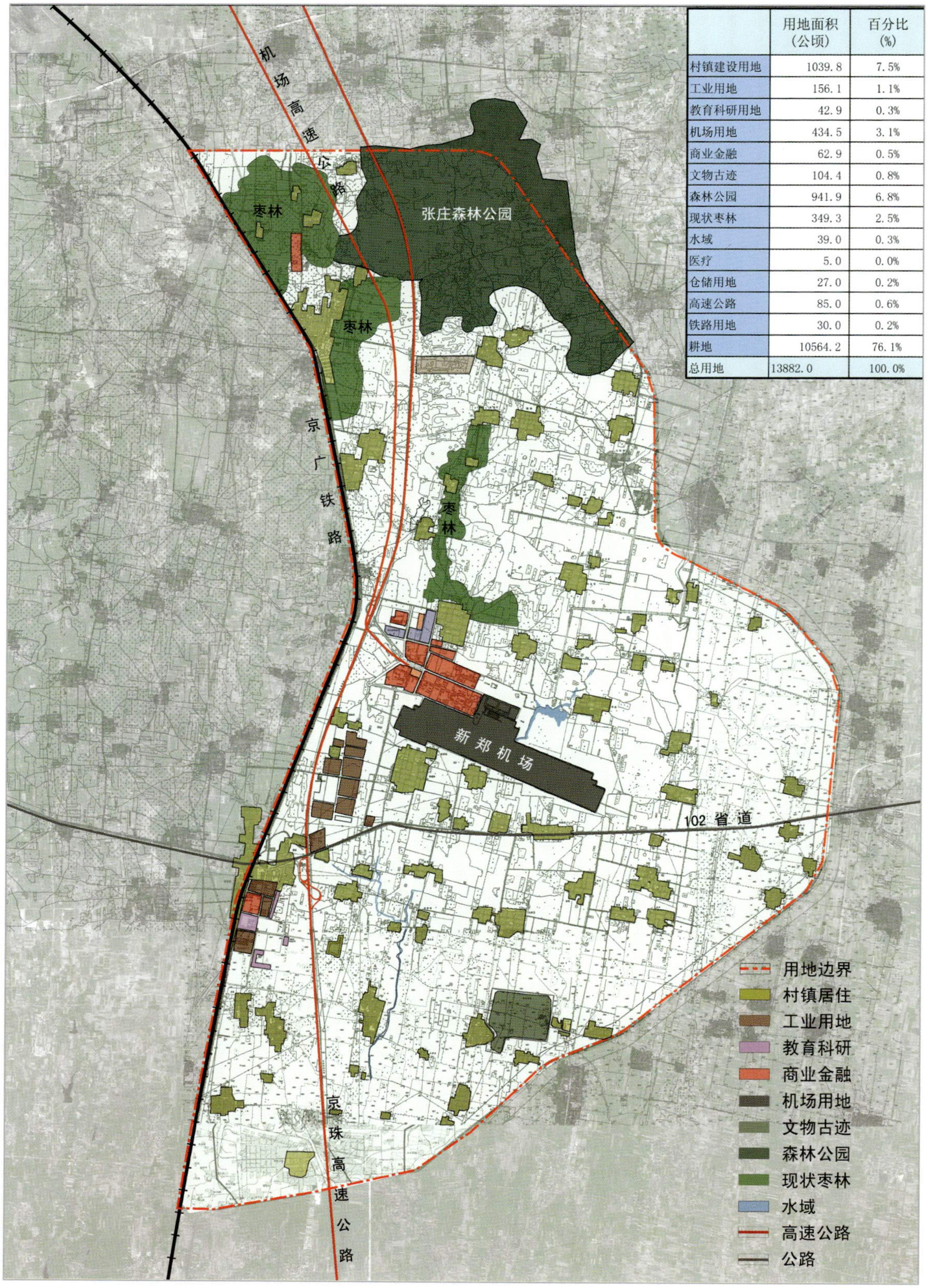

	用地面积（公顷）	百分比（%）
村镇建设用地	1039.8	7.5%
工业用地	156.1	1.1%
教育科研用地	42.9	0.3%
机场用地	434.5	3.1%
商业金融	62.9	0.5%
文物古迹	104.4	0.8%
森林公园	941.9	6.8%
现状枣林	349.3	2.5%
水域	39.0	0.3%
医疗	5.0	0.0%
仓储用地	27.0	0.2%
高速公路	85.0	0.6%
铁路用地	30.0	0.2%
耕地	10564.2	76.1%
总用地	13882.0	100.0%

项目土地利用现状图

1.6 新郑机场现状分析

郑州新郑国际机场位于市东南，距离郑州市中心29km。目前由郑州至机场可由机场高速公路、京珠高速公路进入，机场入口位于机场西侧。

4E级新郑国际机场占地5.9km^2，是全国5大航空门站之一。拥有一条长3400m、宽60m跑道。机场自1997年建成通航至今，已成为国家重要干线机场。

该机场作为郑州市目前重要的民用机场，同时也是中国南方航空公司旗下郑州分公司的基地机场。现有19家航空公司开通郑州航线61条，通达城市近37个，日均起落航班140个。2005年客流量281万人次，货运量约6万t，成为郑州沟通全国联系世界的重要交通枢纽。

1.7 项目交通区位图

京珠高速、机场高速、西南绕城高速、连霍高速、郑汴快速102省道、223省道、107国道，市中心至机场仅需20分钟车程。

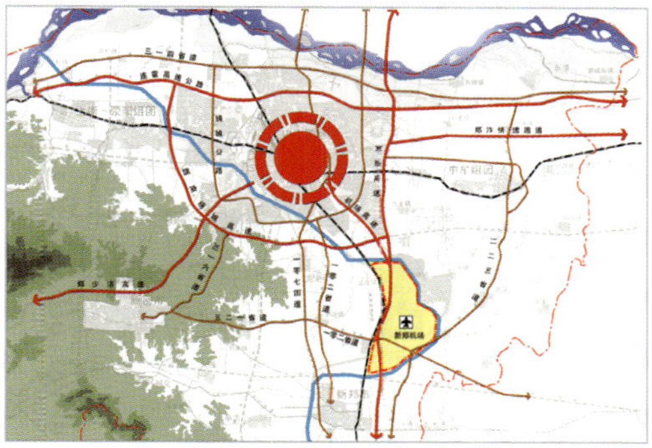

项目交通区位图

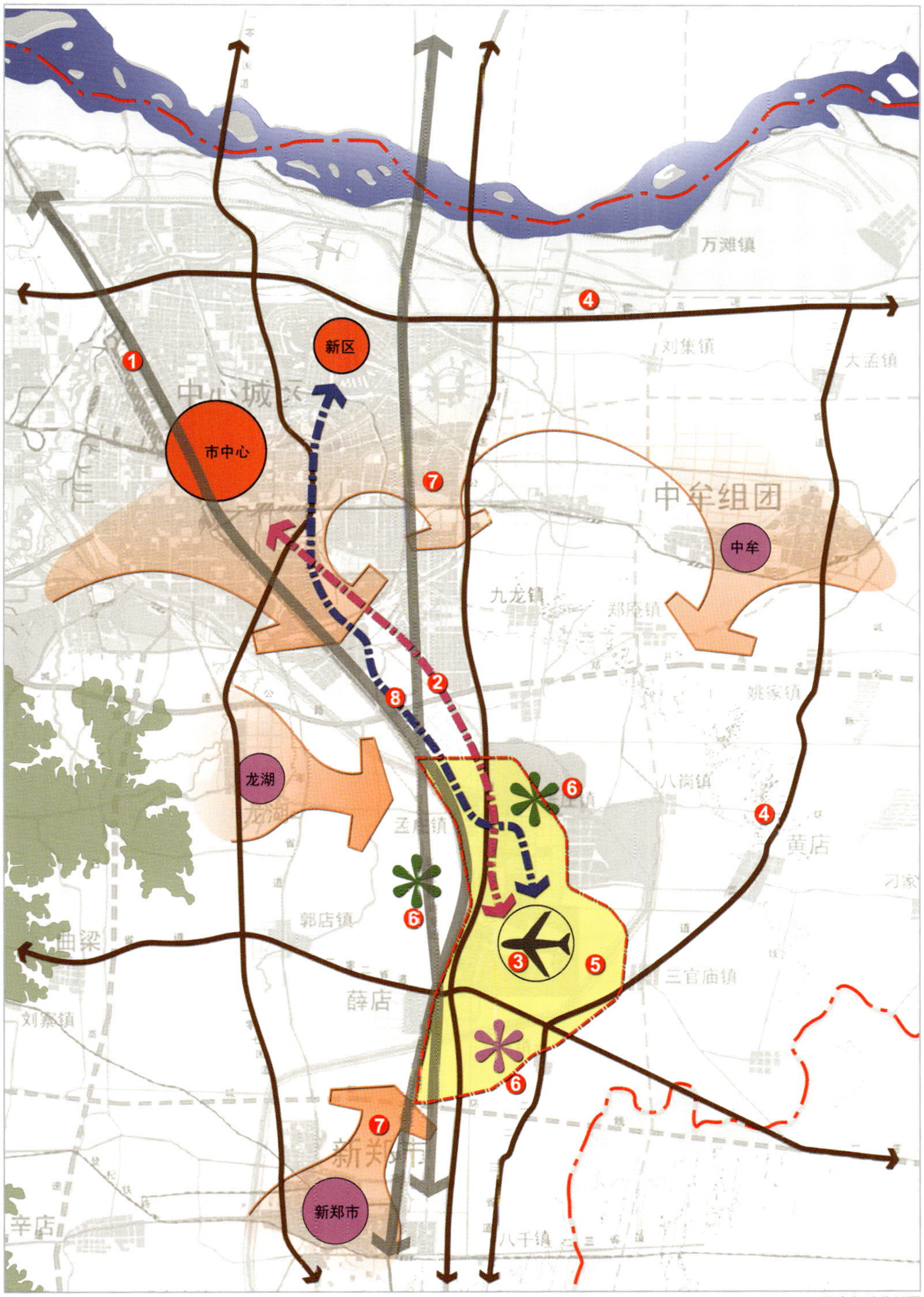

机会条件分析图

交通优势，京广铁路及未来京广客运专线的建设将会大大推动项目发展；机场高速直达地块；

新郑机场作为航空I类口岸

机场周边道路系统发达；

区域用地地势平坦，适宜建设；

枣林广泛分布，北侧有张庄森林公园，南有苑陵古城，具有不可多得的自然、人文资源；

基地南侧紧邻新郑市和龙湖组团，能够接收到更多的城市功能辐射；

规划轻轨六号线联通郑东新区与项目区域。

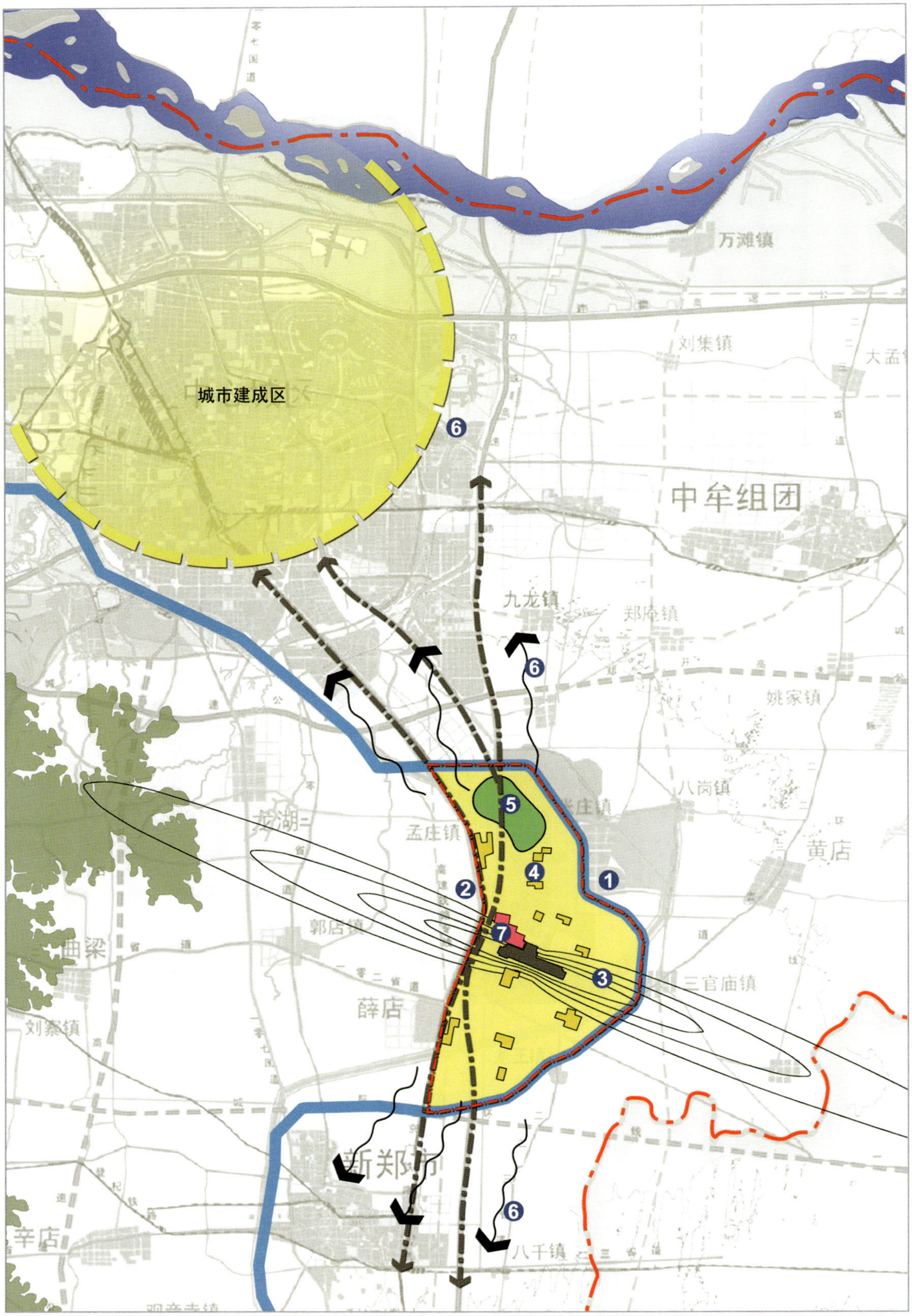

限制条件分析图

1.8 劣势

南水北调中线对临空港产业的东向拓展构成阻碍；

地块发展很难穿越京广铁路、京珠高速以及机场高速；

机场净空要求、噪声影响，将限制周边用地类型以及开发强度；

现状村落分布密度较高，有拆迁量；

枣林作为“郑新枣乡”的特色，在用地范围内广泛分布，需要加以保护从而对用地布局规划造成了一定限制；

由于远离城市建成区，大规模的产业建设将对基础设施提出更高的要求；

现状机场规模较小，对周边的城市建设带动力不大。

1.9 契机

以郑州为中心，产业集聚、城镇密集的“大十字”型基本构架，确立了区域经济一体化发展的空间轮廓。郑州未来的发展目标之一就是成为全国的交通运输枢纽。郑州南部的新郑机场将是地区经济发展的最重要动力之一，是未来区域发展的一个关键战略点。同时国家级发展轴线京广线也穿过此区域，用地条件平坦、开阔，向南拓展将是郑州市未来远景发展的必然选择。

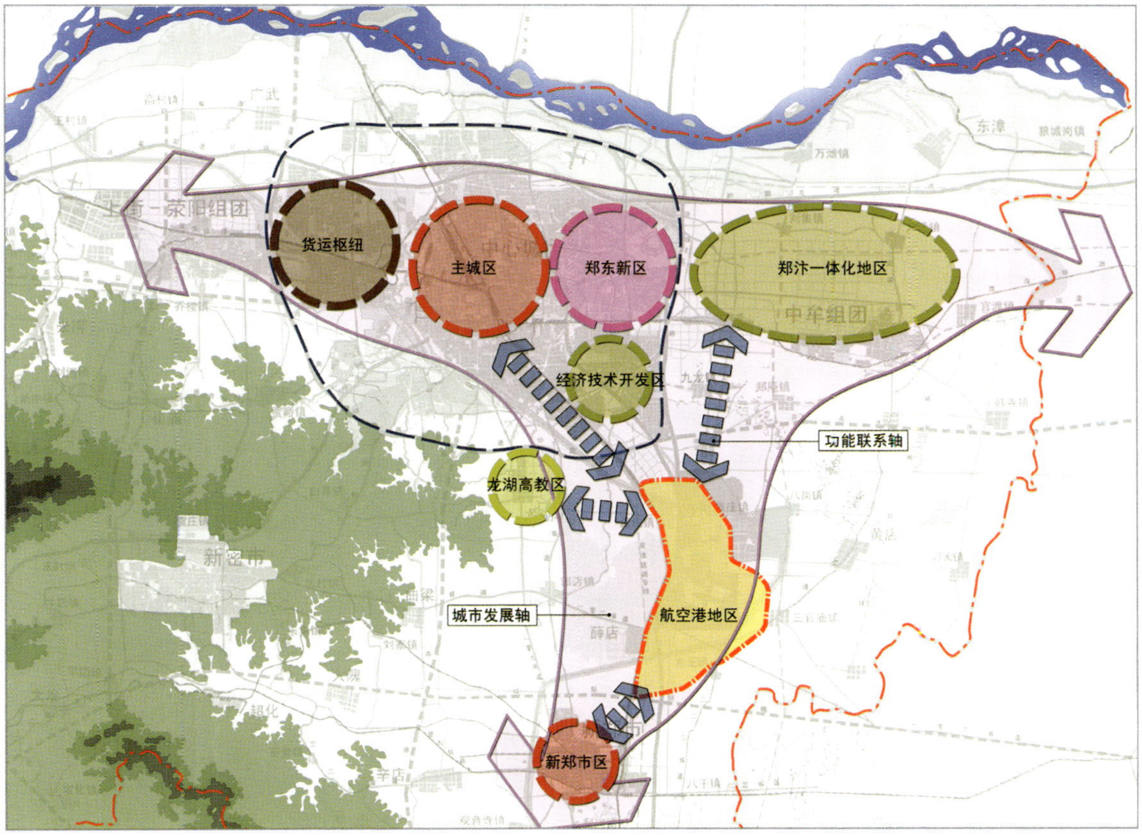

航空城与城市功能分区关系图

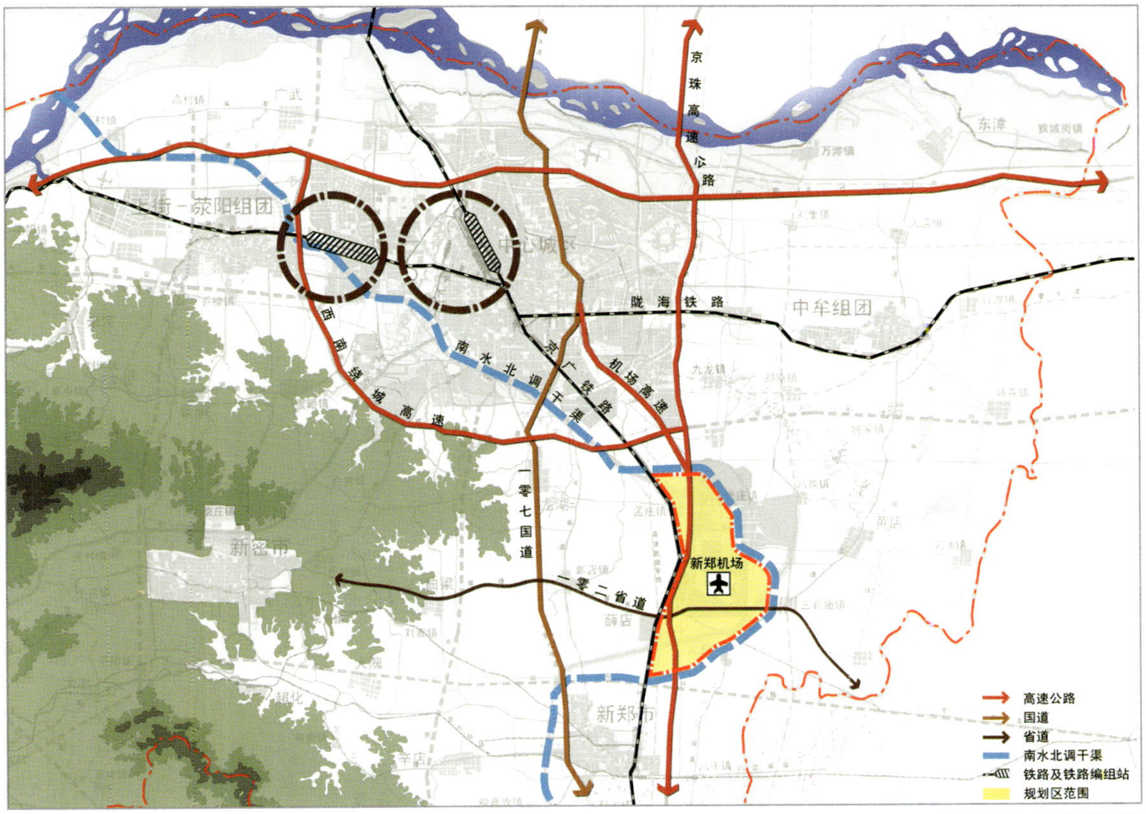

航空城与城市交通体系分析图

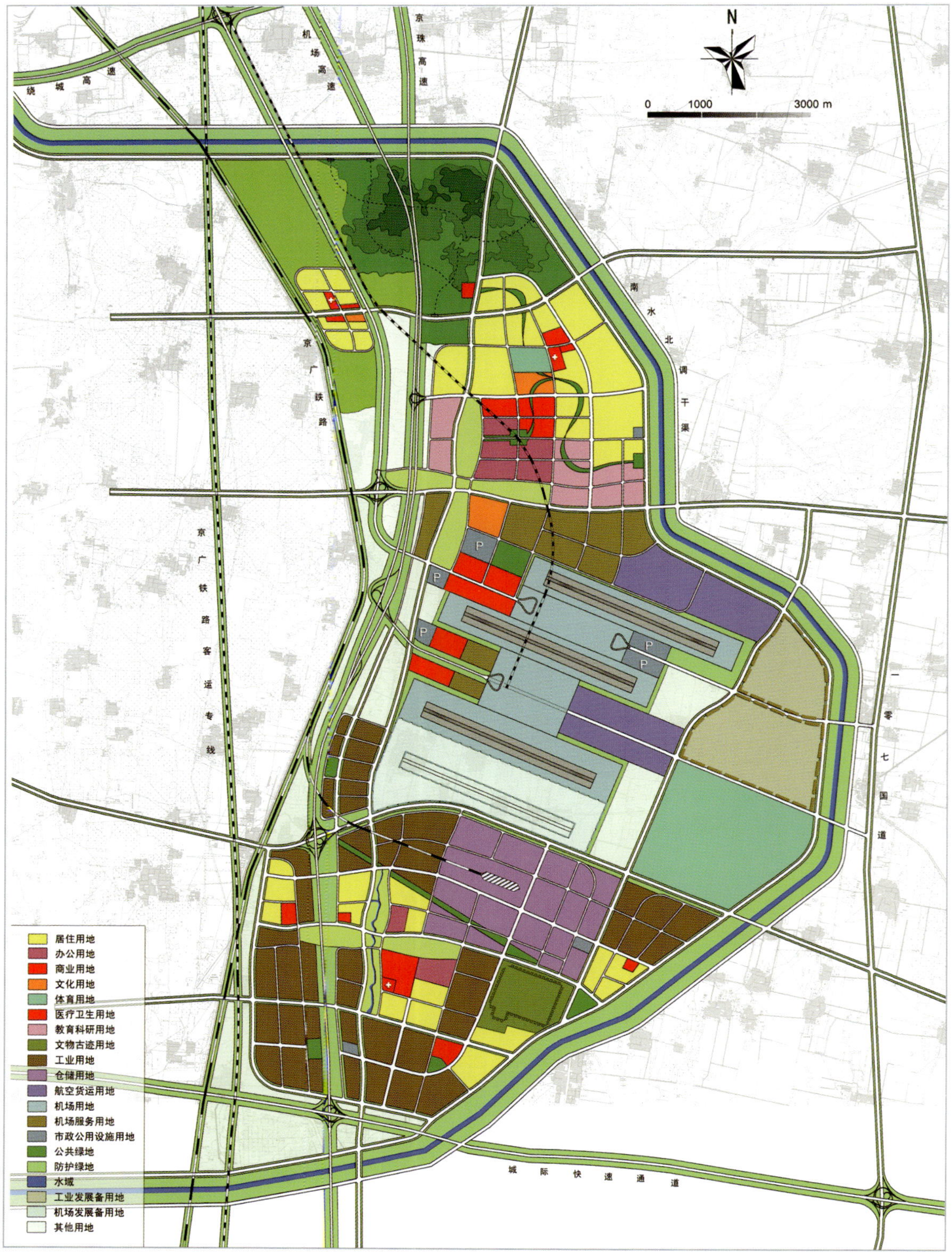

土地利用规划图

1.10 空间形态设想

a—绿弓飞箭 结合南水北调中线干渠线路，设立大型绿地围绕用地和机场，如同一张拉紧的绿色弯弓，而不时从跑道上起飞降落的客机，就像射出的飞箭。

b—绿色螺旋 将卡通飞机形态与用地布局结合，利用虚实、阴阳关系展示飞机重要部件——推进器螺旋桨；同时寓意航空城发展进程永远充满能量和动力。

c—凌空双翼 "神鹰凌空"寓意着勇猛、顽强和胜利。航空城的发展就如同自由飞翔的"神鹰"，勇往直前。

"绿色"螺旋桨展示"能量和动力"，突出城市形象，带动城市发展。 北部:商业娱乐与商务办公用地；未来成为城市级副中心。南侧布置研发、会展用地；北侧有公园，居住区位于公园南侧。 中部机场区规划有四条跑道，南部跑道预留。规划的第二、第三航站楼并行布置于现有航站楼的北侧。东侧留出交通廊道，西侧为高尔夫球场和产业备用地。 南部:"螺旋桨叶"中央绿色空间，北侧为物流园，南、西侧为工业园区，东南为苑陵古城。

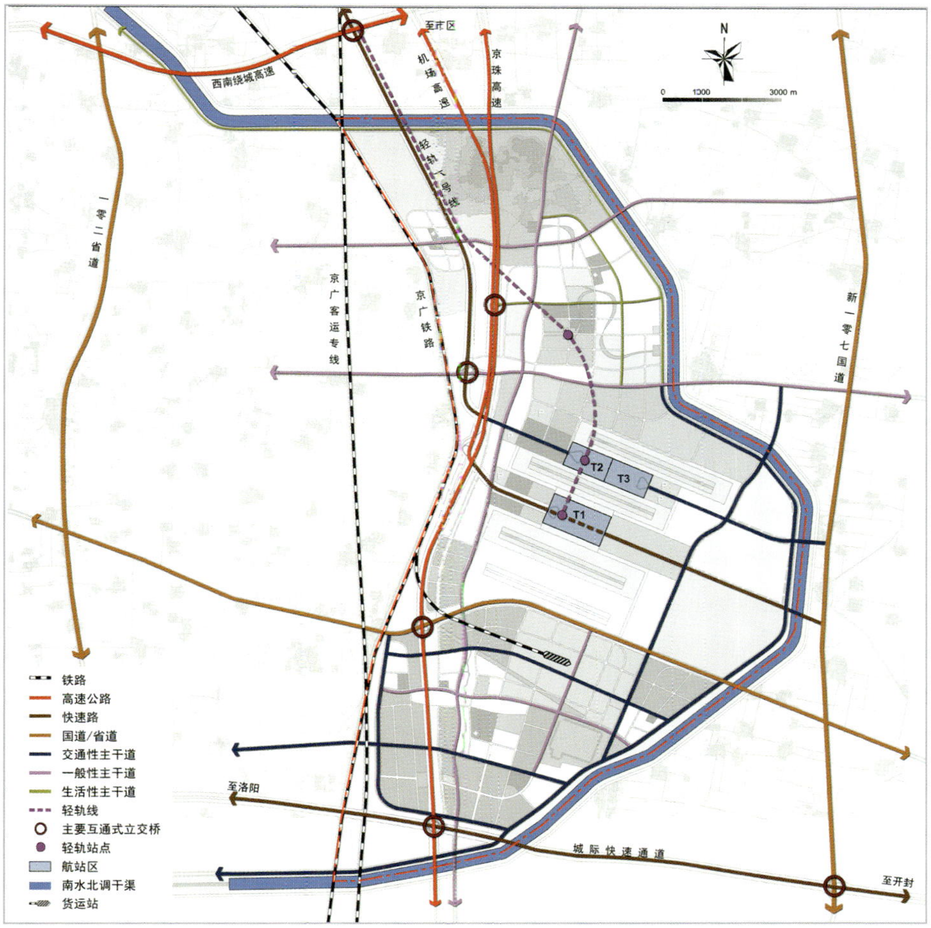

综合交通体系规划图

1.11 综合交通规划

京珠高速、机场高速公路与规划区南部的城际快速通道构成主要对外公路交通。京广铁路、京广客运专线在西部经过，从京广铁路货运线引入货运支线进入规划物流园区。轻轨6号线从郑东新区始发，在规划区中的商业商务核心区、在现有航站楼及规划第二航站楼设有站点。

道路系统由城市高速/快速路、城市主干路、城市次干路组成。

1.12 绿化结构

规划区绿化系统包括了主次绿化节点、滨水绿化、绿化轴线、森林公园、道路绿化带等，通过不同等级、类别的绿地构成丰富多样的城市绿地系统。

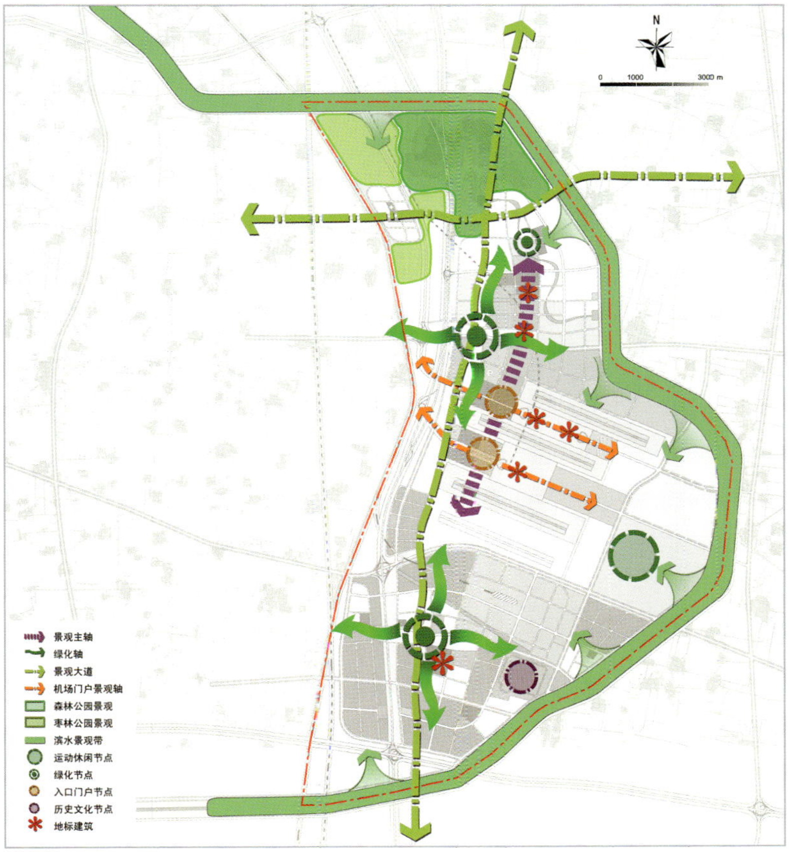

景观系统规划图

道路系统规划图

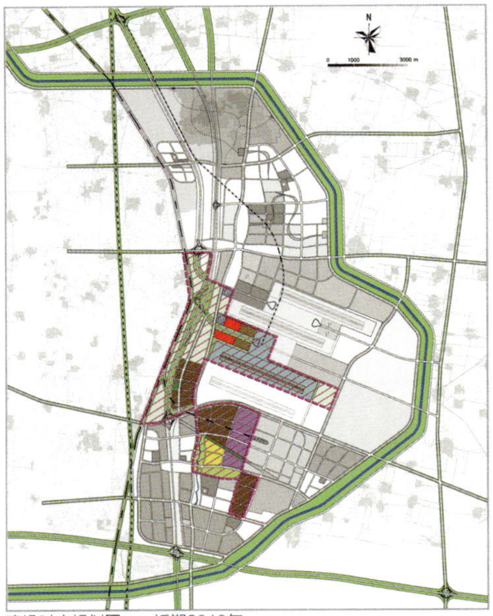

建设时序规划图——近期2010年

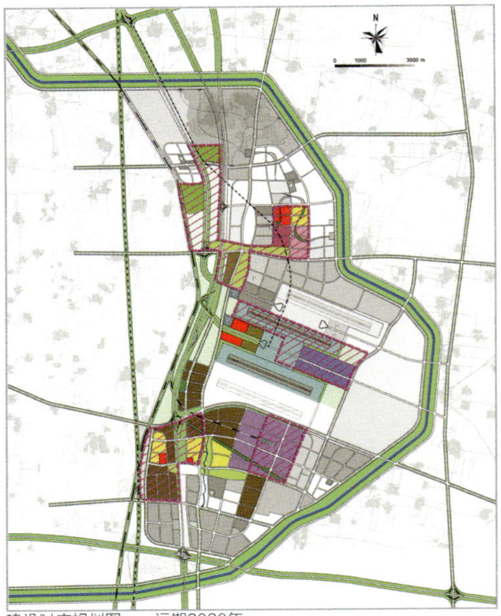

建设时序规划图——近期2020年

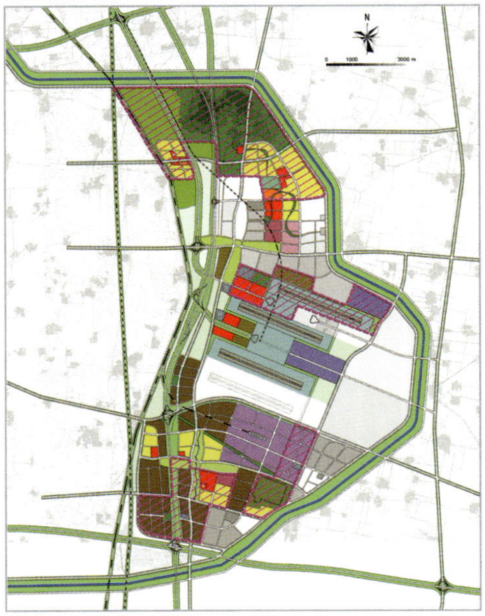

建设时序规划图——远景1：2035年

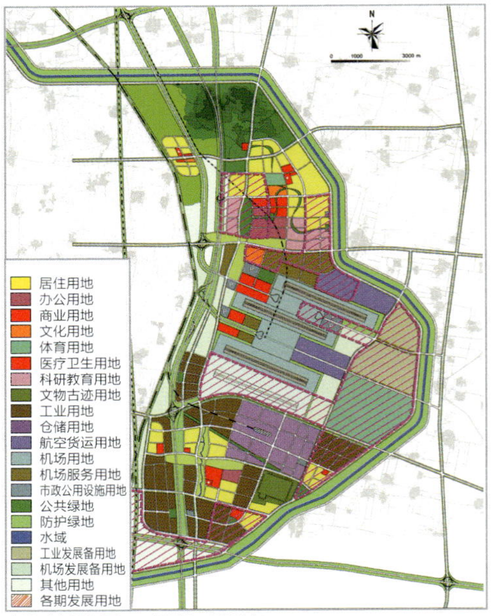

建设时序规划图——远景2：2050年

1.13 建设时序

近期2006−2010年建设的重点主要围绕航空港展开，通过新航站楼的建设与投入使用，有效地扩大新郑机场的客运吞吐量。在完善现有台商投资工业园的基础上，在机场南部地区重点发展轻型产业加工业、航空物流等功能，建立货运中心，以发展快递业务为主。启动郑州出口加工区新区的建设，带动机场南部临空产业区的全面开发与建设。用地面积约25km^2（含现状用地、机场和绿地），建设面积19km^2。

远期2010~2020年建设的重点主要是第二机场跑道，通过对第一航站楼地区的景观和交通整治完善，使综合交通枢纽核心区域初步形成。产业以发展保税物流加工区和一般产业制造区为主，并带动周边商业、商务、研发产业、娱乐、旅游等多种功能的兴起，使航空港地区成为城市经济中一个重要综合产业片区。用地面积约27km^2，建设面积21km^2。近、远期合计用地范围达到52km^2。扣除绿地廊道，总建设面积约40km^2。

远景一（2020~2035）继续完善航空港的建设，建设第三条跑道及第二航站楼，积极发展航空货运及航空公司基地的建设。为了更好地突出郑州市城市形象，整个航空城的中心转移到以第二航站楼周边地区为主，同时可以便捷地联系北部的综合片区，作为建设未来城市副中心的有利支撑。同时对南北区域居住、商业、办公、研发、产业园区等功能加以完善，开发建设呈南北向梯度推进发展态势。一个具有复合功能的现代航空城初步形成。用地面积约42km^2，建设面积37km^2。

远景二（2035~2050)规划建设则集中在打造城市副中心、科技研发带、建设第三航站楼和提高产业用地效益上。强化区域绿化环境的营造及城市风貌的打造，继续挖掘已有用地的开发潜力，建立科技研发带，发展会展业，建立自由贸易区，打造总部经济。到此阶段一个以航空枢纽为核心，与城市功能结构紧密融合，商务商业等高端服务业集聚，临空指向性强的研发、制造产业集群完备的城市型综合功能航空城全部建成。用地面积约44km^2，建设面积39km^2。

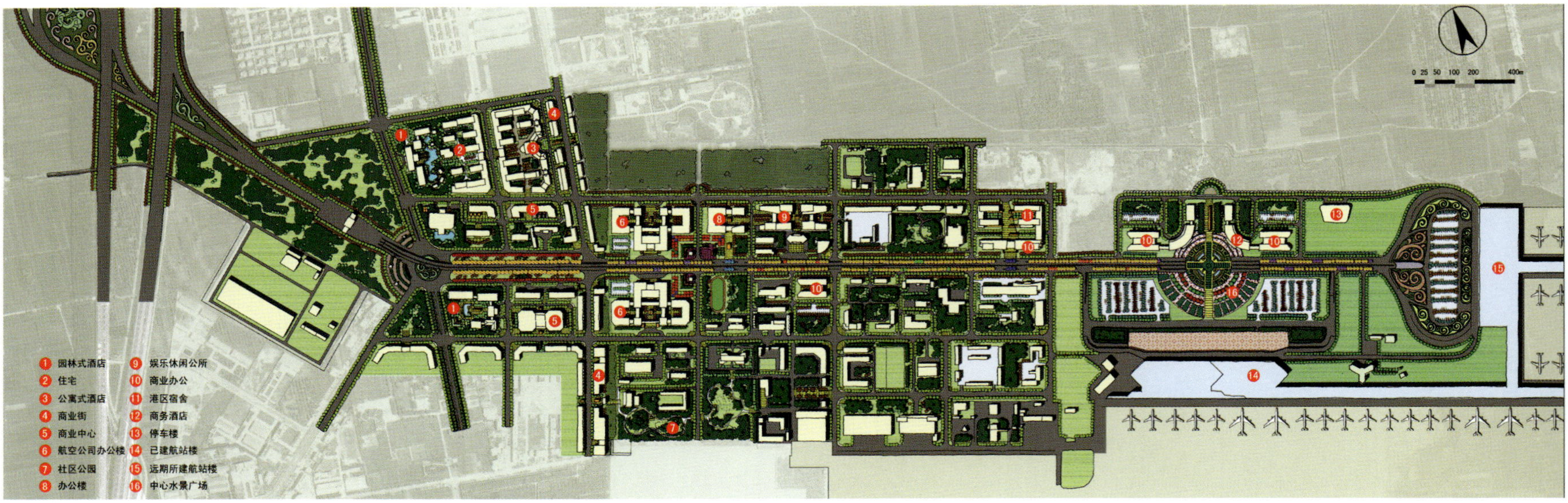

景观整治总平面图

方案Ⅱ中国城市规划设计研究院方案

Plan II Schemes from China Academy of Urban Planning and Design Shenzhen Branch

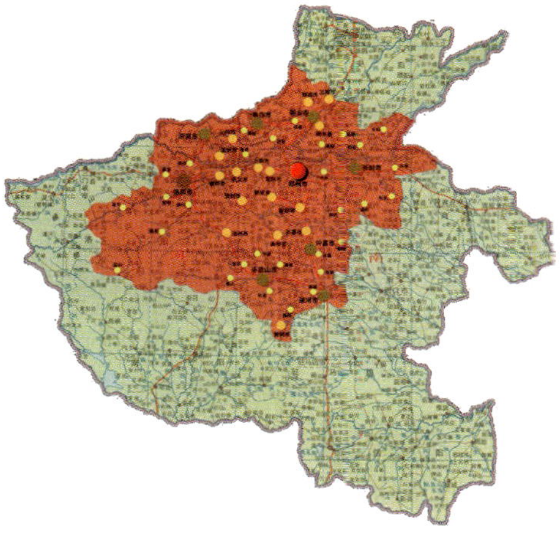

河南省中原城市群

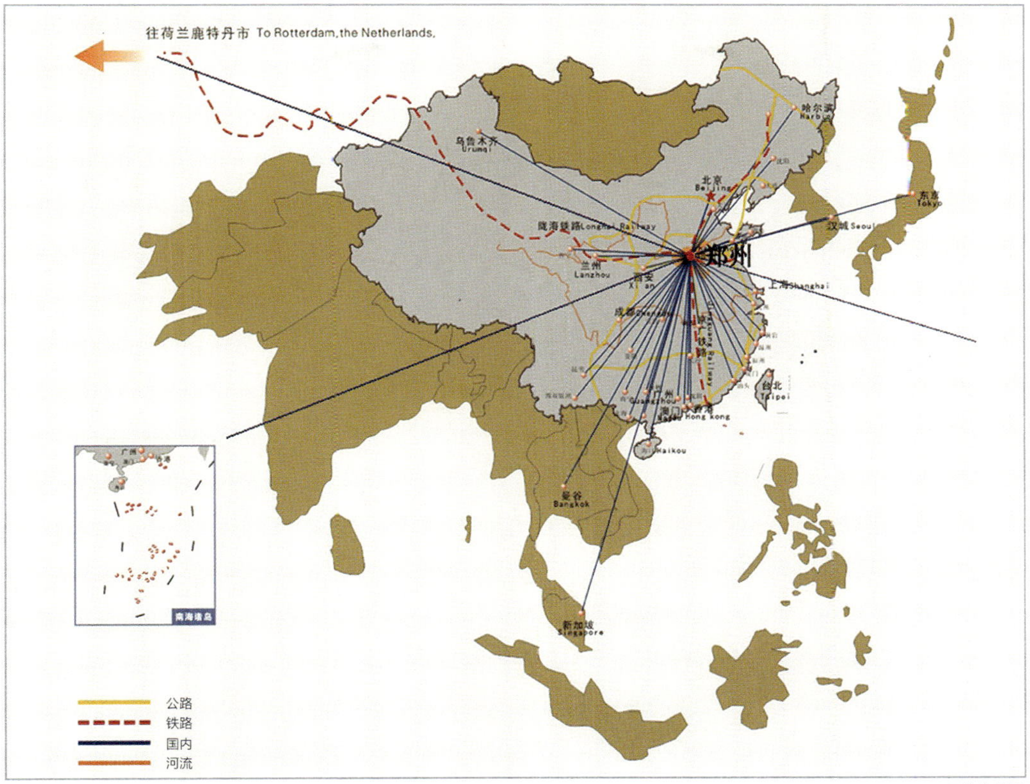

区位分析图

2.1 区位

郑州航空港地区是郑州市走向跨越式发展、走向国际化、参与国际大循环的重要途径；郑州航空港地区远景发展将对郑州整体空间结构产生重要影响。河南崛起，发展外向型经济是关键。作为河南对外开放门户，郑州机场地区是发展外向型经济的重要阵地。

2.2 战略

机场定位：中国中部地区货运枢纽机场；

空港定位：中国中部地区通往世界的门户；

交通：强化道路交通系统的空港指向性，构建都市区与空港联系的轨道交通系统

空间：梳理组团式城市格局的生态绿景网络，构建具备弹性的空间发展框架；

战略：在都市区东西两翼发展的框架上，增加南拓的发展战略，形成“T”字形的都市空间结构；

竞争：以航空港为支点，撬动郑州全面对外开放、走向国际舞台，重新整合郑州市的空间要素，跨越现有的发展门槛，以航空港为依托，构建城市参与全球竞争的战略空间。

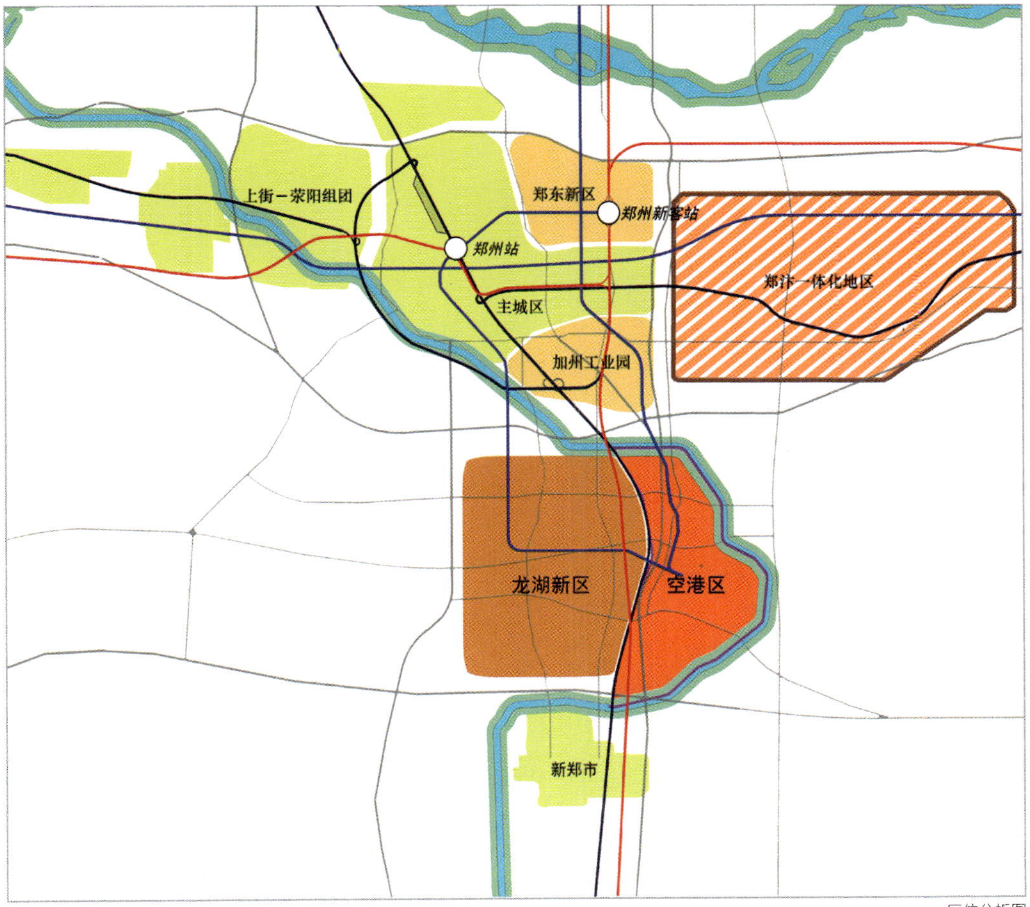

区位分析图

空间结构图

2.3 景观

利用南水北调工程形成指状绿色渗透空间，围绕机场高速、京珠高速公路密植景观树林，营造由主城区进入机场门户地区的绿色走廊。

航站区双轴线：围绕四条跑道框架 ，以进场大道为交通轴线形成景观骨架。规划沿中央航站楼、地面交通中心、站前商务区以及会展中心形成景观轴线。

十字形景观框架——北部物流商贸组团：规划南北向绿带，保留东西向水系，并留设滨水绿带，形成十字形的公共空间框架。

南部临空产业组团：规划整理区内水系，设置滨水绿带形成十字形的生态景观体系。

2.4 空间结构

以空港为核心的“一核两片一环”的港区空间结构。一核：是一机场飞行区为核心的空港枢纽组团，规划有四条飞行跑道、一个中心航站区、三个货运区。两片：是指南北两个相对独立的片区，北部物流商贸组团、南部临空产业组团。 一环：围绕三个功能单元构建开放的生态环廊。由三个组团部分构成：北段为张庄森林公园；东段和南端由南水北调干渠和缓冲绿地构成的生态走廊；西段为高速公路与铁路之间的绿化廊道。利用南水北调工程形成指状绿色渗透空间，围绕机场高速、京珠高速公路密植景观树林，营造由主城区进入机场门户地区的绿色走廊。

生态景观结构示意

2.5 概念

空港都市：以航空港运输为核心，优化延伸航空客运、航空货运服务链条，与都市区建立起互动发展系统。规划区中部建设为空港交通枢纽，北部发展成为空港综合服务区，南部依托空港核心区，培育空港临空产业区。远景通过带动龙湖地区建设，以航空港都市为支点，撬动郑州全面对外开放、走向国际舞台，重新整合郑州市的空间要素，跨越现有的发展门槛，构建城市参与全球竞争的战略空间。

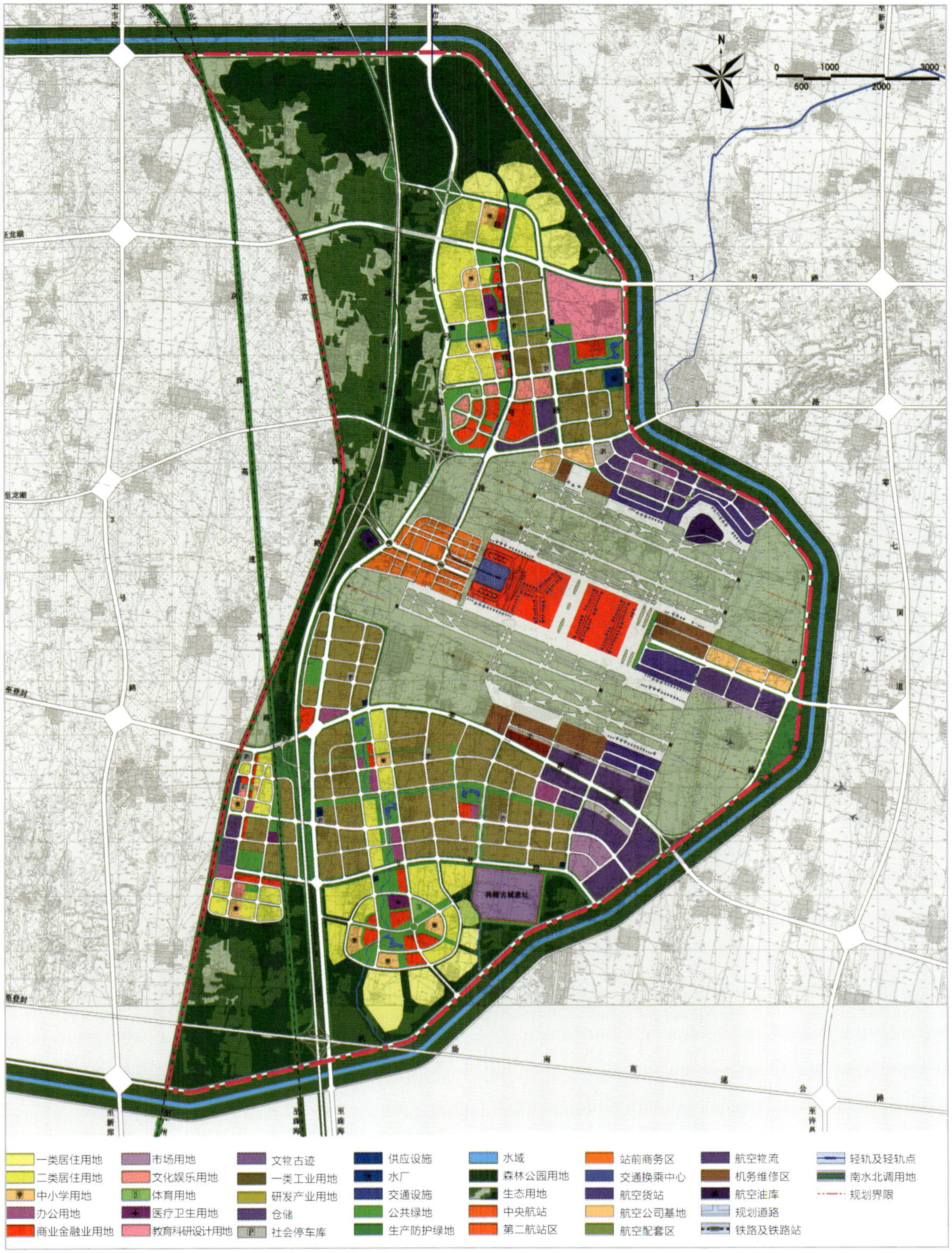

用地规划布局图

空港核心区鸟瞰图

2.6 产业链组合

突破传统思维，以可持续发展为目标，着眼航空港客运与货运产业链，延伸到金融、商贸、会展和物流等相关产业价值的产业体系。

创造郑州发展的生产性服务和技术创新功能的增长极，快速提高郑州机场的航空运输规模，实现郑州与机场一体化发展，开拓一个具有全新概念的航空港发展格局。

2.7 产业

八大产业：

航空运输及配套服务。

发展空港保税物流。

培育国际商务、宾馆会展、临空制造、生态居住和旅游休闲。

郑州航空港的重要功能设施：国家空运综合物流中心、国家专项物资配送储运中心、国家空邮枢纽、国家/国际快递中心、国际航空物流业人才培训基地。

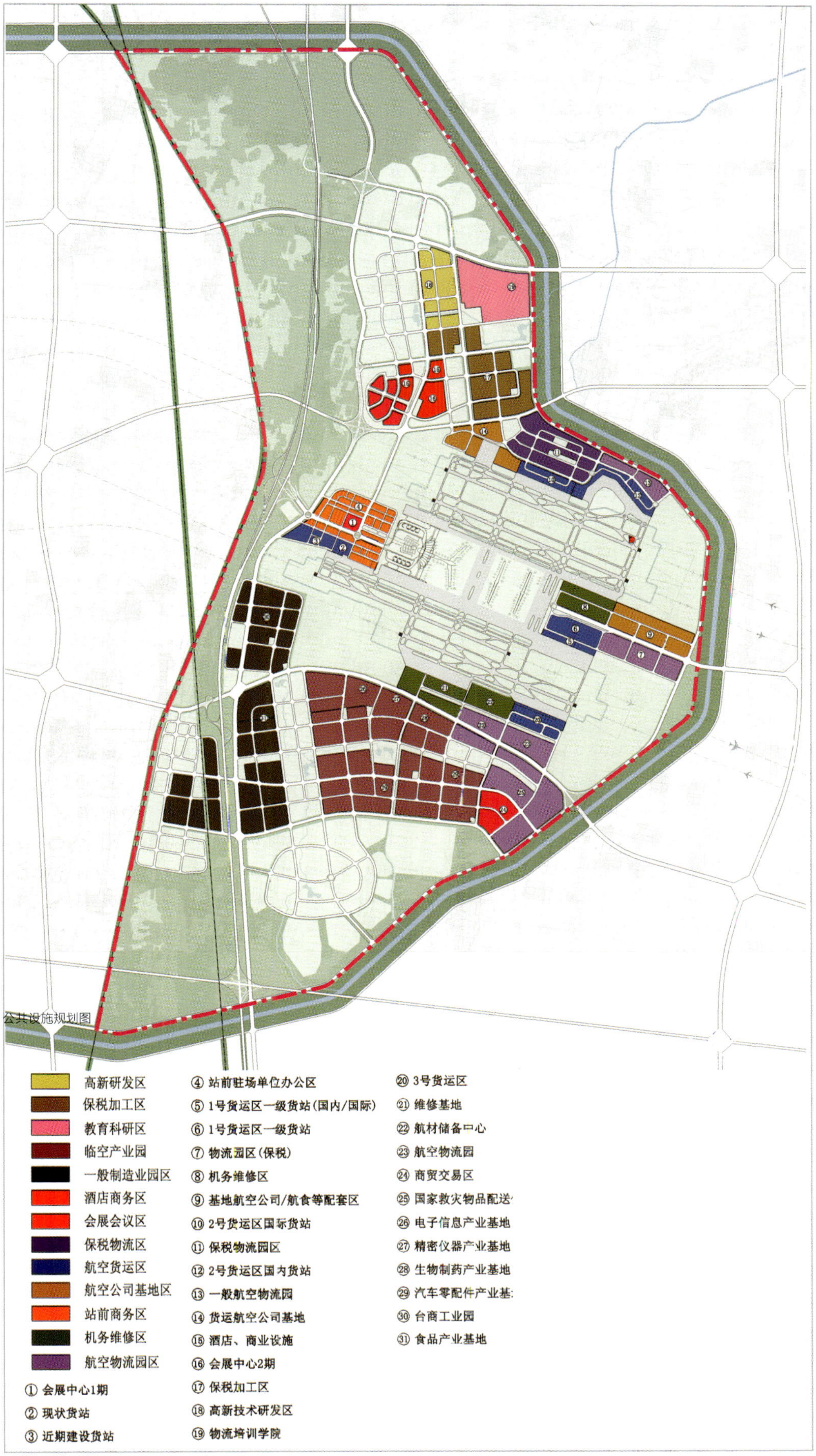

空港产业布局图

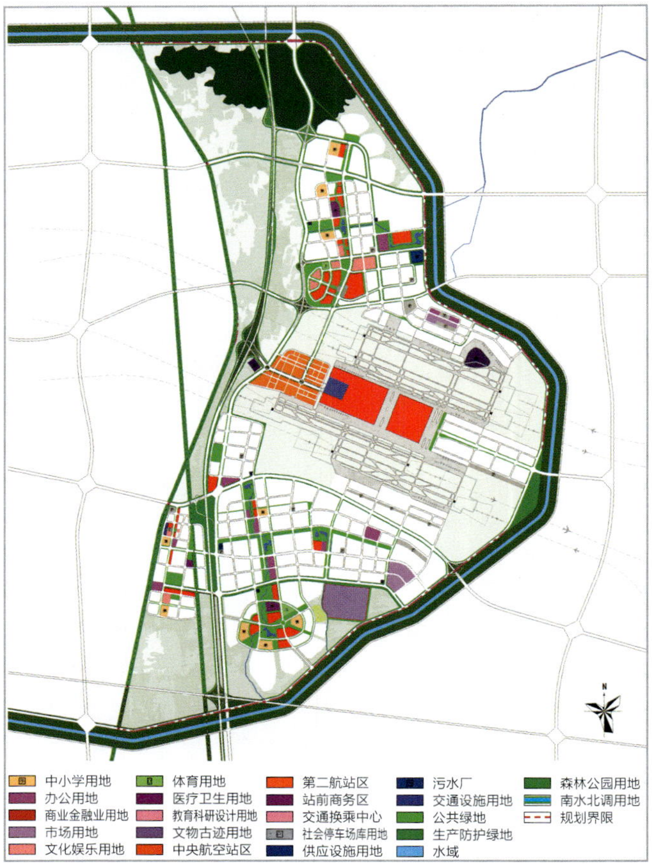

公共设施规划图

2.8 公共设施系统

航空港地区的公共设施系统包括为都市区提供服务的城市级公共设施和为本地区提供服务的地区级公共服务设施。公共设施布局均结合城市公共开放空间系统布局，并保证为地区级公共设施提供舒适安全的步行系统连接至各个居住组团。

2.9 交通

规划以高速公路、城市快速路为骨干，其余公路和城市道路为补充，形成等级合理、层次分明、指向性明确、客货分离的一体化综合交通运输体系。

道路：主要依靠机场高速、京珠高速和机场南高速，重要干线公路包括107国道、102省道、规划多条快速道路组织航空港地区的对外交通，实现郑州都市区的一体化发展，另规划建设8条主要干道与外界联系。

公交：规划5～8条到郑州市区的公交线路，1条到新郑市的线路，区内安排5～8条公交线路。

轨道：规划建设轻轨6号线，连接市区和新郑机场；延长都市区轻轨2号线至新郑机场站前区；

空港地区近期建设计划示意图

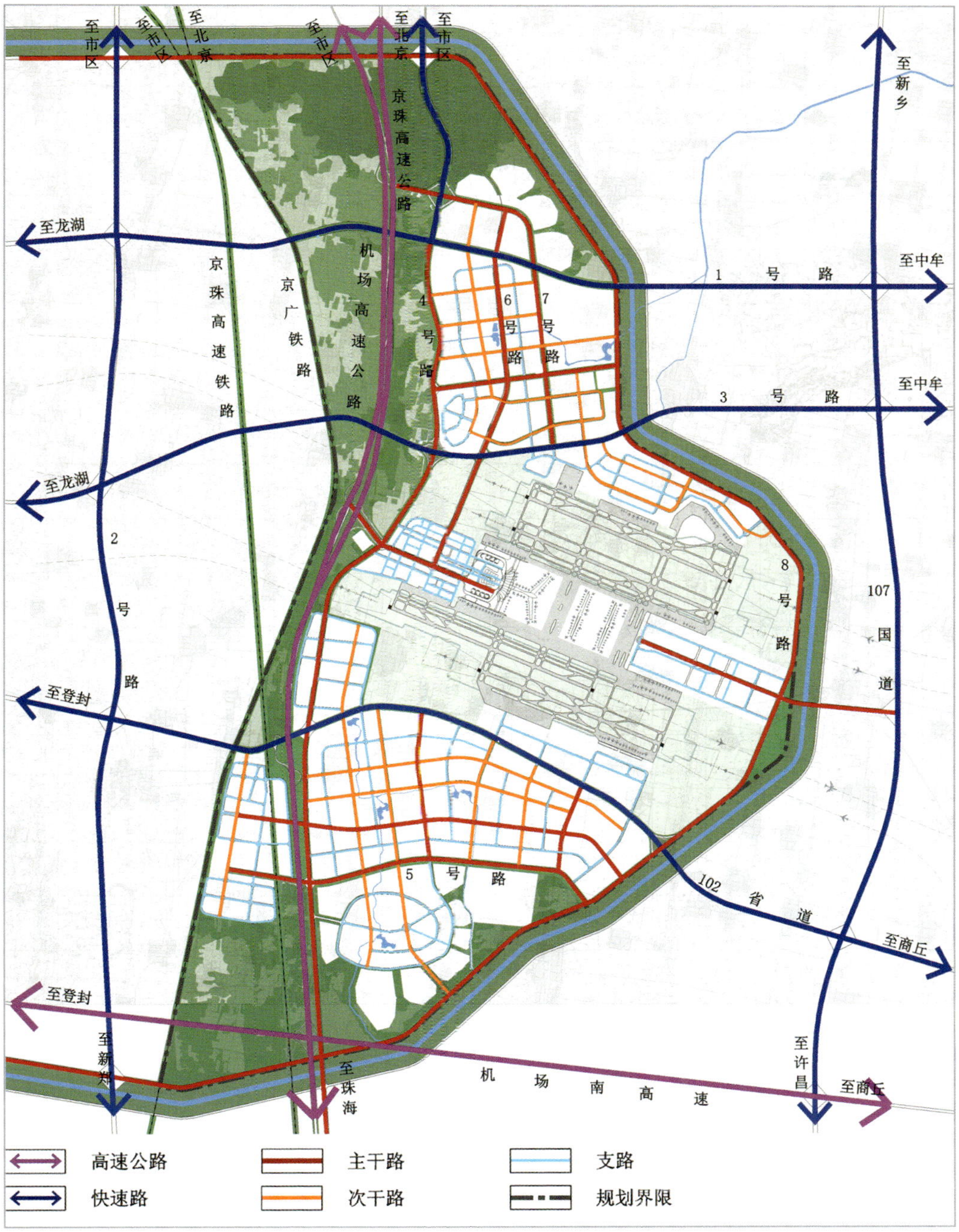

道路交通体系规划图

2.10 城市道路建设计划

（1）修建4号路，由机场进场大道连接至加州工业园，为机场提供全天候的快速进入通道。

（2）进场大道拓宽至双向6车道。

（3）建设107国道改建路段，修建一条联系107国道的东西向道路（包括跨越南水北调水渠的桥梁）。

（4）向南调整102省道线位并进行改建。

（5）开通进入机场的公交线路。

（6）根据工业区、物流园区的实际发展情况和需要修建相关道路，并与机场服务道路良好衔接。

方案Ⅲ香港规划（国际）设计公司方案

Plan Ⅲ Schemes from Hong Kong Planning Institute

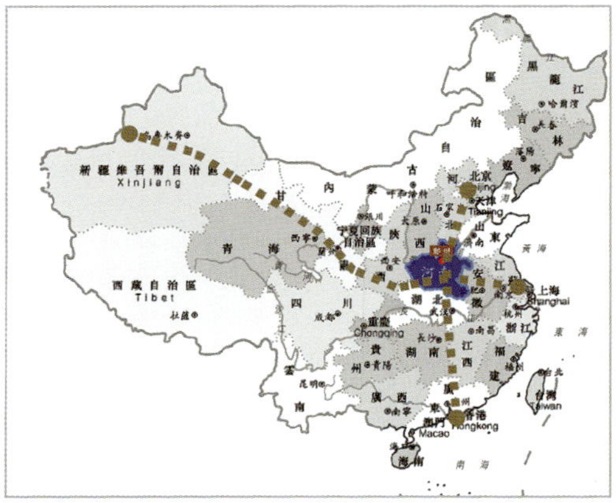

区位图

3.1区位

郑州位于中国中原地区，自古被形容为“九州腹地，十省通衢”的郑州市是一座历史悠久，文化灿烂，交通商贸发达，人口达700万人的省会城市。它是全国重要的交通枢纽，京广、陇海铁路、连霍、京珠高速公路等全国铁路和公路大动脉交会于此。 随着中国加入WTO，全国包括中部地区的发展将会面对经济全球化的挑战和机遇，城市与区域之间的竞争愈趋激烈，与国际的货运、商贸、旅游亦将日趋繁忙。

航空港地区的规划发展正是为了适应全球化为中国带来的航空客货需求和相关产业的经济增长，亦期望郑州地处中枢、贯通全国的固有优势能够与航空交通发展互相接通，建立中部地区来往世界的窗口，继续发挥郑州的全国综合枢纽功能，并且在实现城市经济产业迅速发展的同时，致力于经济，社会和环境协调的可持续发展。

3.2 规划目标

按照《河南省委关于制定河南“十一五”规划的建议》精神及国际航空港标准，完成新郑国际机场航站楼扩建，把郑州航空口岸办成覆盖全国、连接海外的空运物流服务基地，全面提升郑州航空港客运及物流功能，营造其周边和谐环境，在对该地区产业功能科学定位的基础上进行合理布局。 郑州市市委、市政府决定组织此次郑州航空港地区概念性总体规划，旨在深入研究该地区在城市总体框架中所承担的功能，做好郑州航空港地区产业布置、用地发展规划、综合交通规划研究。通过科学规划，使该地区的功能结构与社会经济发展需要吻合，从而优化城市总体布局，完善综合功能。

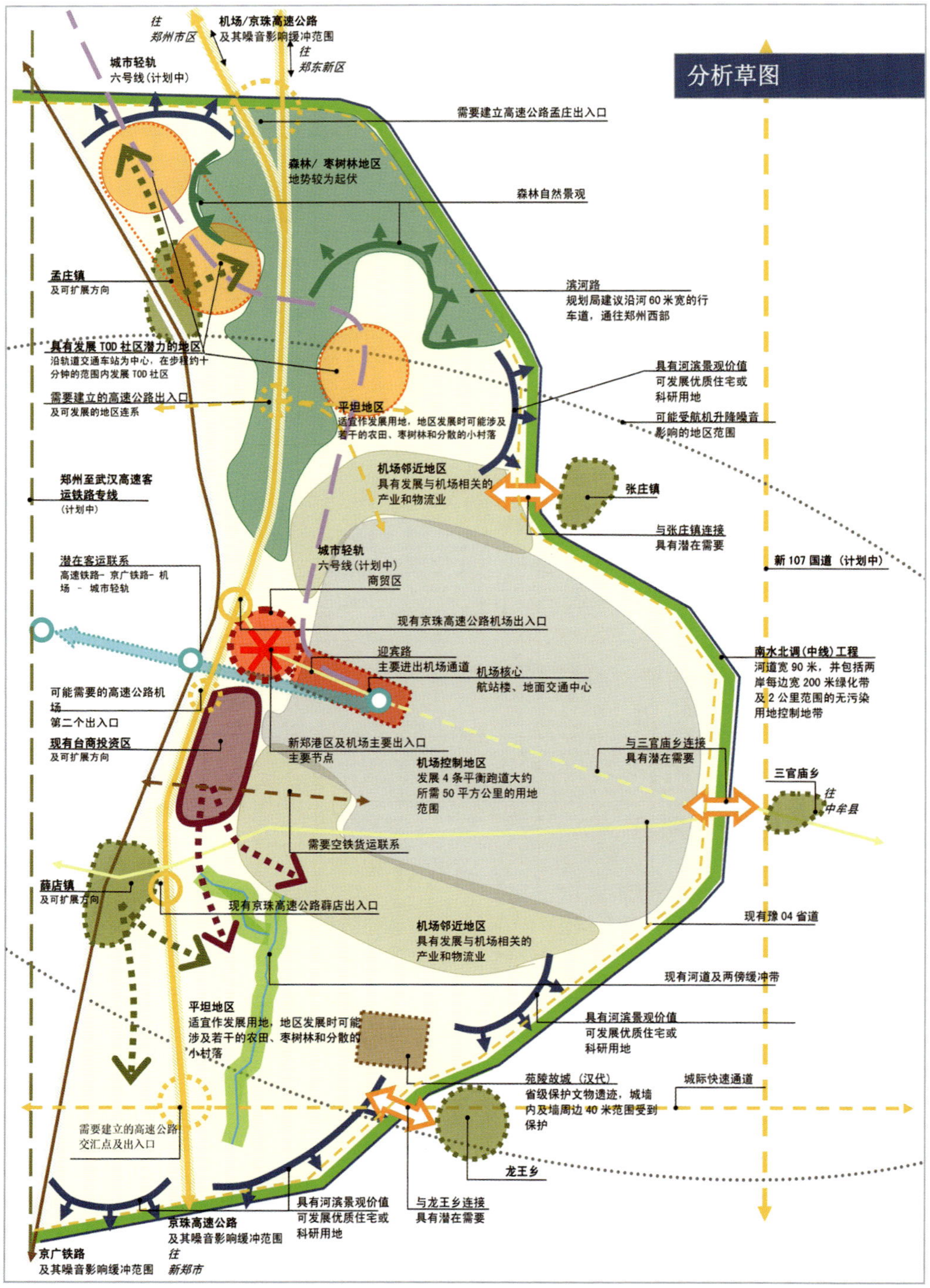

分析草图

3.3 规划目的

郑州市是河南省的省会、中部地区的重要城市、全国重要的交通枢纽。在过去二十多年来的改革开放中实现了较快的发展。然而相对于沿海城市，甚至部份中西部的省会城市，经济方面还未够充分发展。

航空港地区是郑州以至中部地区通向国际的主要门户。面对中原城市群的发展、国家中部崛起的战略机遇和全球经济一体化，以至东欧、中亚、南亚各国逐渐增加的经济联系所带来新的发展契机。

为了协助郑州市在转变的区域经济中发挥积极作用，本规划目标订为：重新对郑州市在更大地域范围下进行功能定位，协调产业发展和布局结构，整合综交通体系，更深入的论证空间形象，提出概念性的建议。

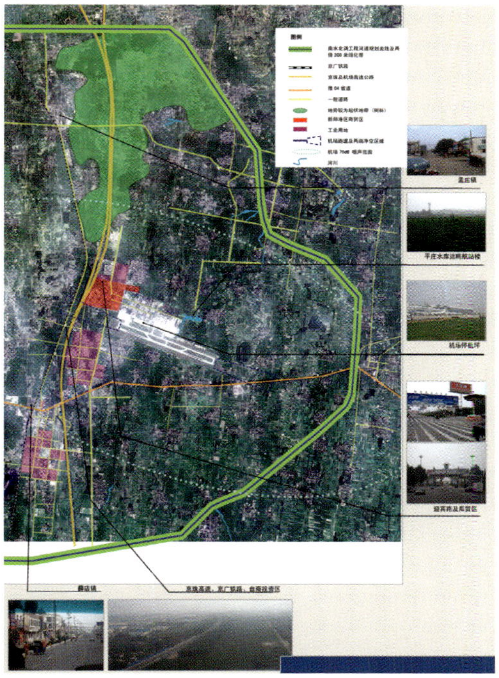

现状图

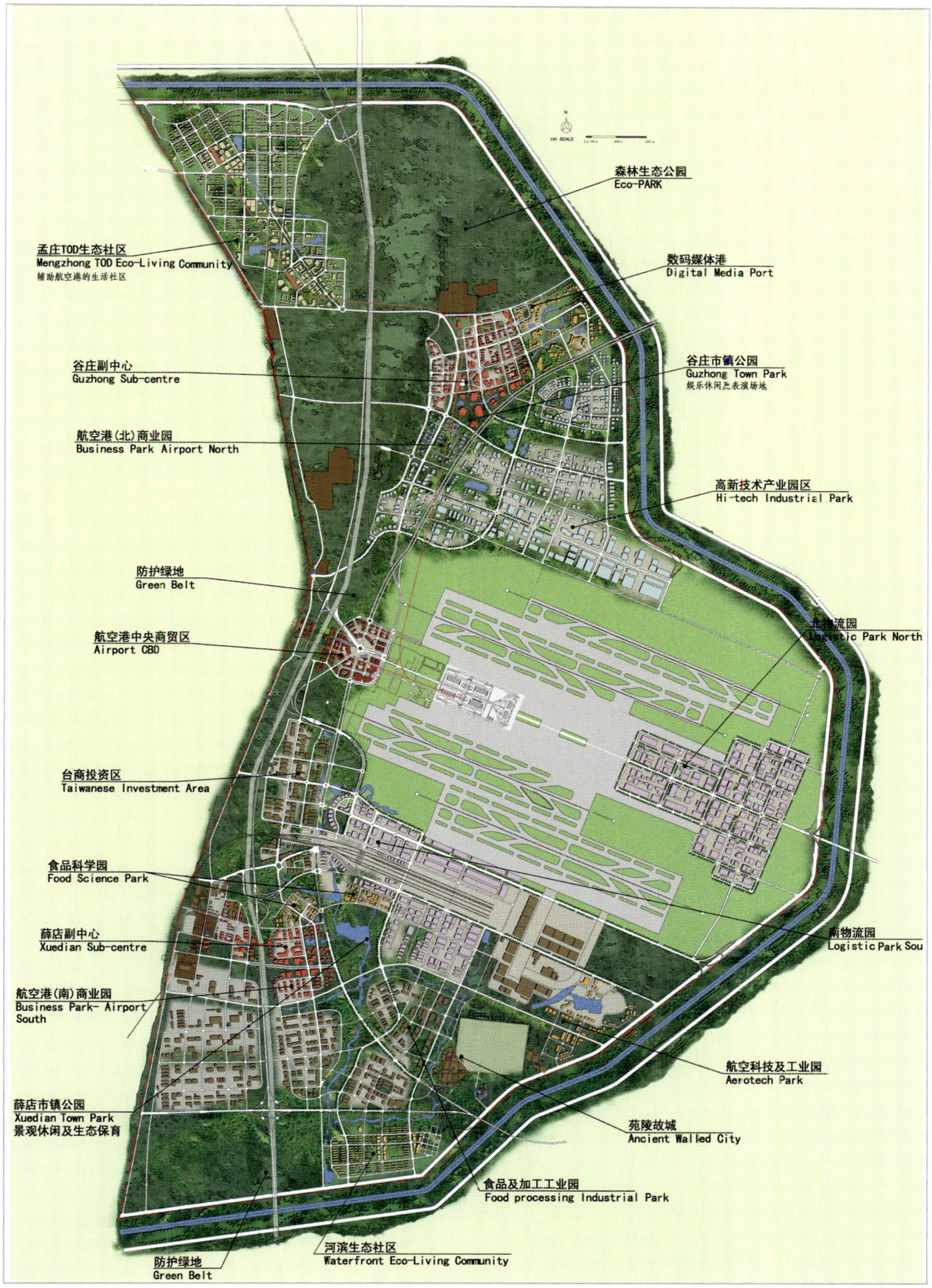

规划建设用地图

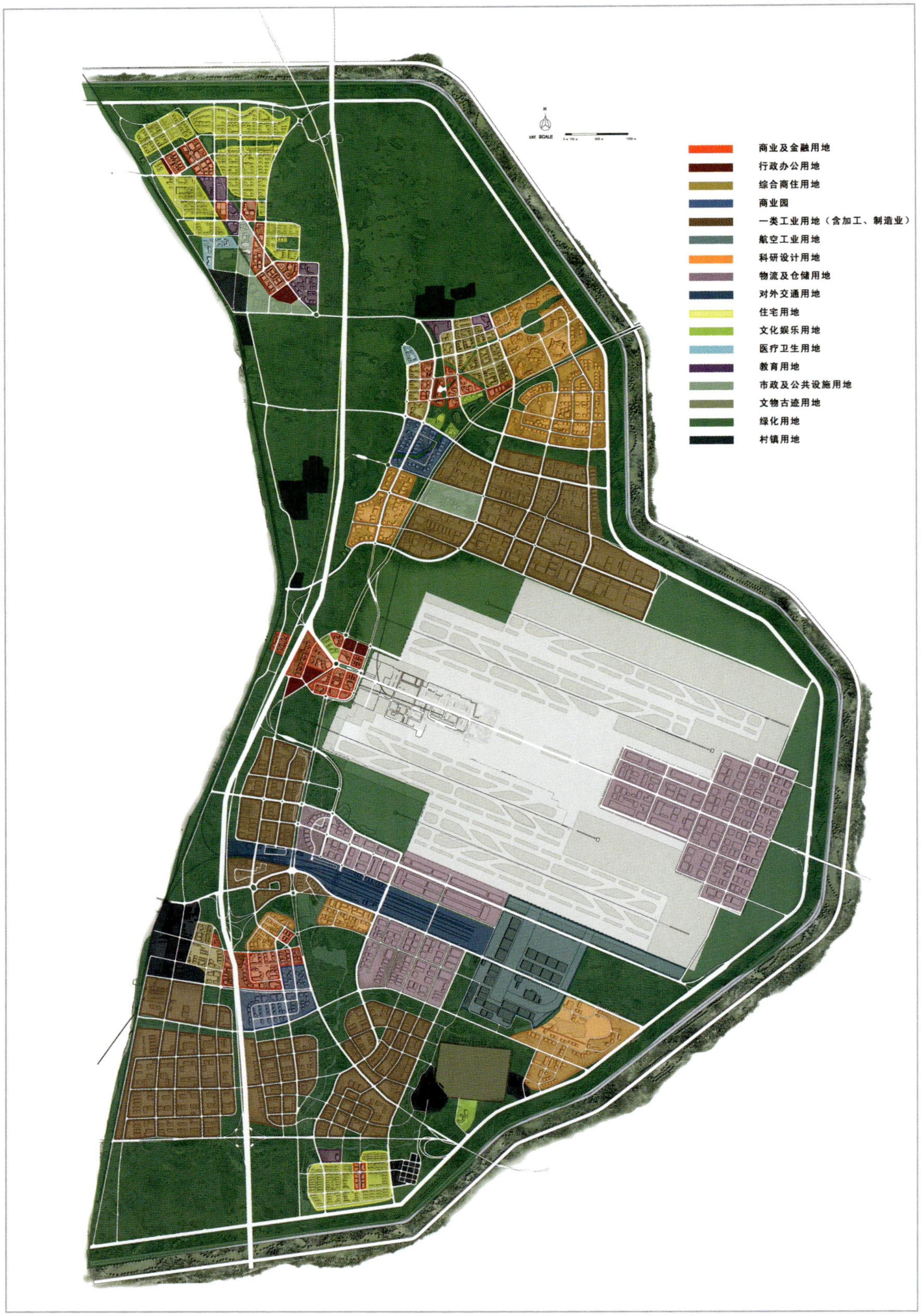

土地利用图

3.4 规划设计原则

可持续发展原则

坚持可持续发展，遵循生态与社会、经济协调发展的原则。发展策略应充分处理好近期建设与长远发展的关系、经济发展与资源环境条件的关系，注重生态环境与历史文化遗产保护，力争达到经济发展、社会融洽及环境优良的三重效果。

节能、环保、安全原则

航空港地区的规划必须加入节能概念，减低因布局设计、土地单一功能化、道路交通规划所带来的高耗能生活。此外，发展应重视生态平衡对人类生活的影响，尽量减低生活及经济活动对环境资源的消耗，确保地理水系、地区气侯、生物种类、自然风景及人文景观受到保护。 同时，设计必须保障公众的生命财产安全，特别是符合民航的有关专业技术要求和安全规定。

3.5 服从性原则

航空港地区的发展应与郑州市“十一五”规划及郑州市城市发展总体规划协调，努力推动郑州成为全国区域性中心城市、全国重要的现代物流商贸城市及全国重要的交通通讯枢纽城市。

功能协调与互补性原则

综合协调近期与远期、新建与已建、航空港地区与机场、主体与配套的关系。加强航空港地区与郑州市及市内其他开发区之间的功能互补，把规划的视野从单独的航空港地区扩展到郑州市以至整个区域，带动周边地区的整体协调发展。

出机场带动原则

依托机场多层次、多方位地开发临空产业，集中吸引以航空运输为主导，对时效性、外向度要求高的产业，并积极发挥其邻近机场、铁路及公路的综合交通枢纽优势。

3.6 土地利用弹性原则

用地规划必须具有弹性。 既要节约用地，又要预留足够土地配合未来航空港及区域经济的发展，实现资源有效利用的建设策略。

3.7 产业发展目标

基于航空港地区的发展条件、国内外的临空地区发展经验和规划说明书第二章的功能定位，航空港地区在规划上的产业发展将会包括以下的目标：

(1)全面参与经济区域化、全球化的竞争。在区域经济的发展方向下，产业发展将把握欧亚经济合作的机遇，发挥产业在中部地区以至全国独有的影响力。

(2)发挥空港地区的地理及区位优势，通过产业与机场的对接互动，强化经济外向度，注入新经济力量和创新能力，推动产业结构提升，成为机场提高客货运量、规模和网结覆盖范围的动力之一，并按机场客货增长的情况，调整产业的性质与规模。

(3)促成于中原城市群、郑汴一体化和周边重点发展的协调发展，并促进郑、汴、洛三者的融城效应，强化区域竞争力和承接产业梯度转移的能力。

(4)可持续发展，为产业的聚集提供平台和条件，结合科研力量，促进产业链的互动协调和土地资源的效益，并对地区内的人力资源和就业结构进行优化。

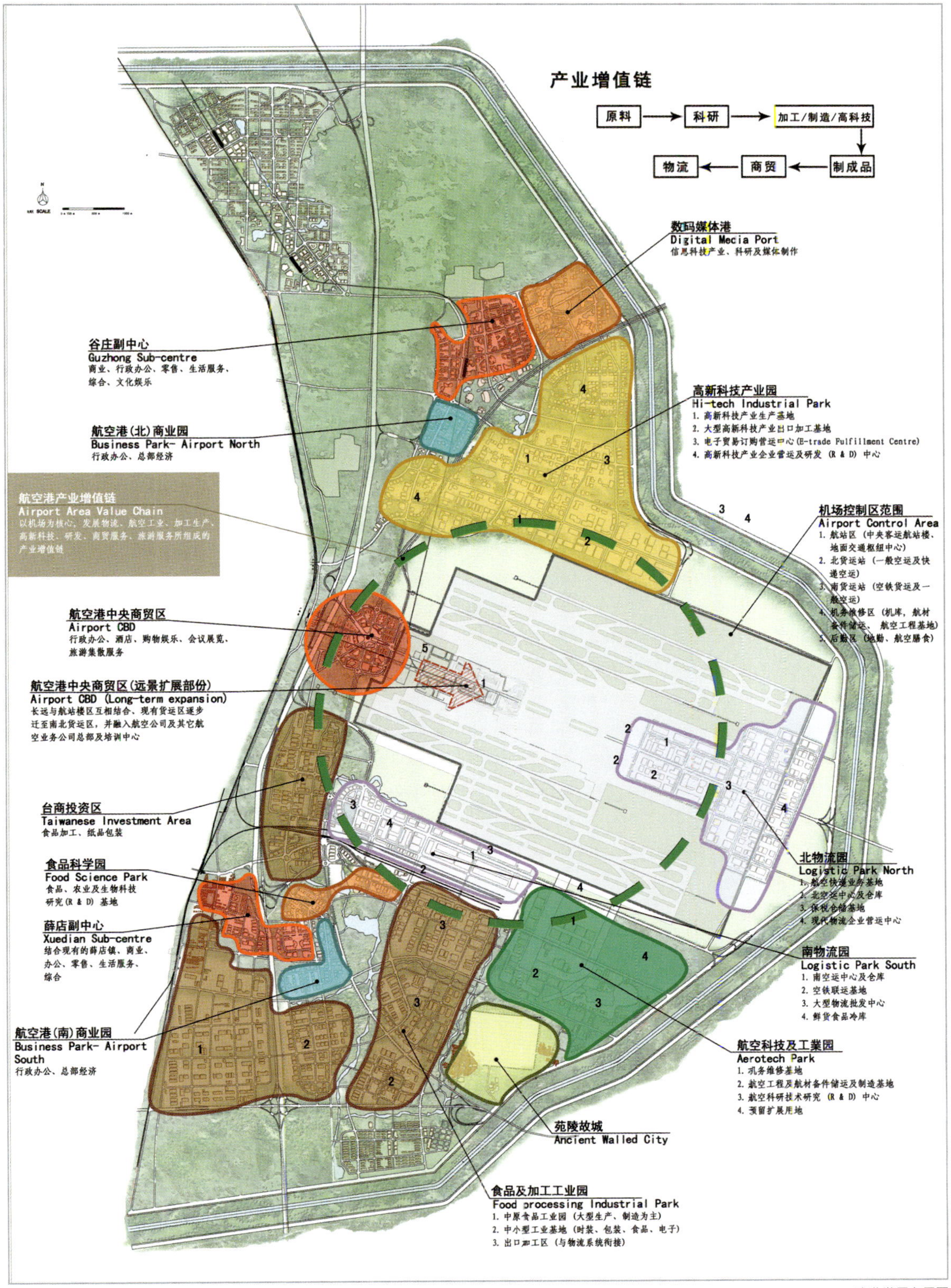

产业发展布局图

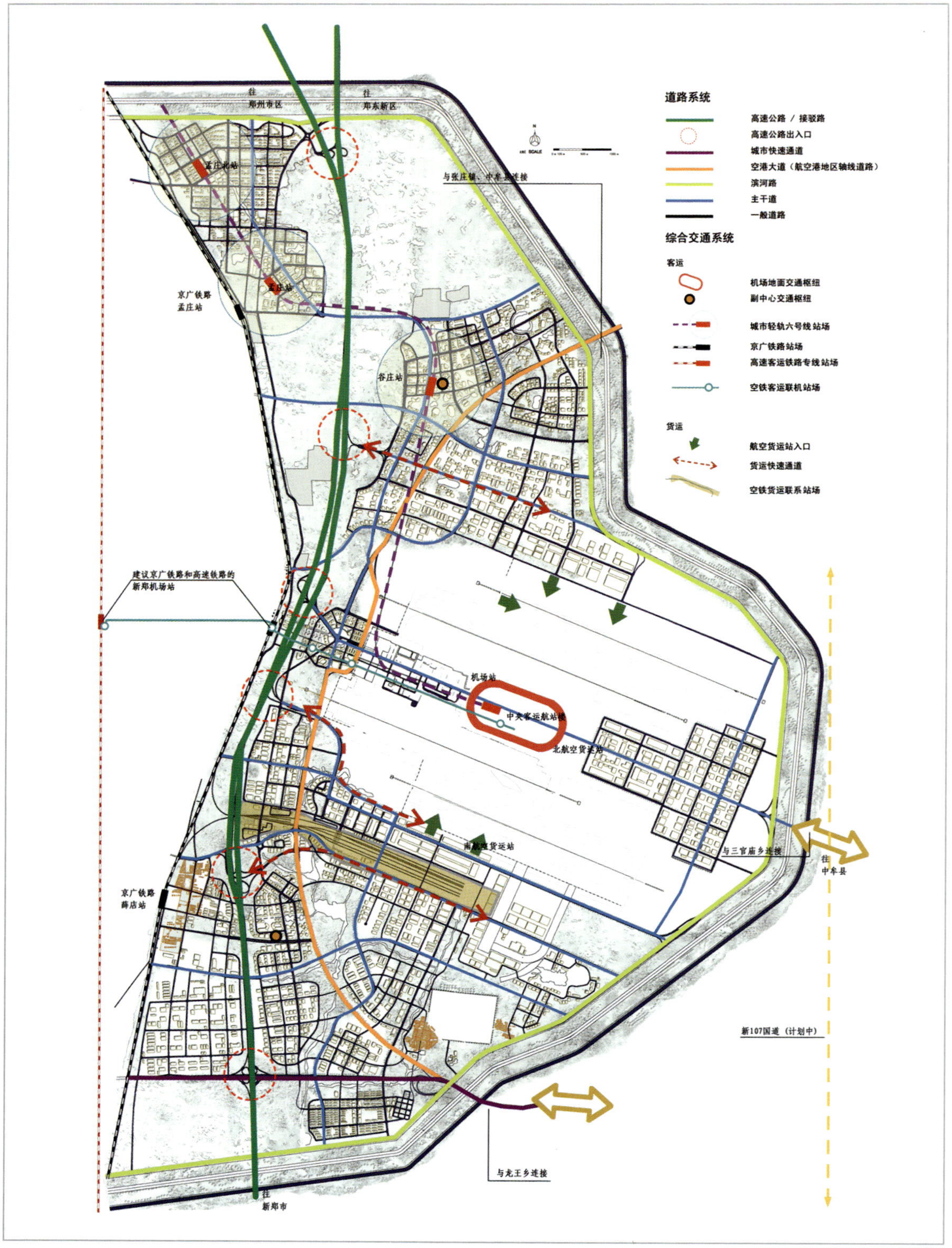

综合交通规划图

3.8 交通规划目标

航空港地区的交通组织的规划目标大致可归纳为以下几点

（1）强化交通枢纽集疏运（Hub and Spoke）功能，建立多模式物流枢纽的定位

（2）强化航空港地区与外部区域道路网的联系和协调发展，特别是市域的纵横交通干线和东部郑汴一体化产业带的连接

（3）构建高效的交通道路系统，配合机场的长远发展

（4）加强各组团之间的交通连系，满足产业发展的交通需求，促进不同产业的资源共享

（5）提高客运和货运的可靠性和效率

（6）发挥郑州固有的铁路优势，拓展交通辐射范围

（7）提供更高效、节能和可持续发展交通模式

3.9 绿化景观系统结构

规划充分结合航空港地区独特的自然环境、地势、机场净空规定和新郑著名的枣树林天然资产，积极探索与生态绿化环境相协调的布局模式，尽量保留地块内的小山丘、河流和枣树林，形成多条通向河滨、导入城区、接通森林的生态绿化带，缔造一个充满田园绿水的环境。 整体绿化景观系统结构可以分为:

（1）森林生态公园为源

（2）河滨绿化带为环

（3）市镇中央公园为双绿化核心

（4）城市绿化走廊为网 ， 空港景观大道为链，社区公园及城市主题广场为点

绿化景观系统规划图

3.10 环境保护规划的目标

环境保护规划是在城市发展过程中，协调城市经济发展与环境保护的重要手段。面对建设生态城市的要求，郑州航空港地区的环境保护规划必须致力提高城市环境的质量及降低城市对自然生态环境的影响，其目标为：

（1）提高城市环境的质量

（2）降低城市对自然生态环境的影响

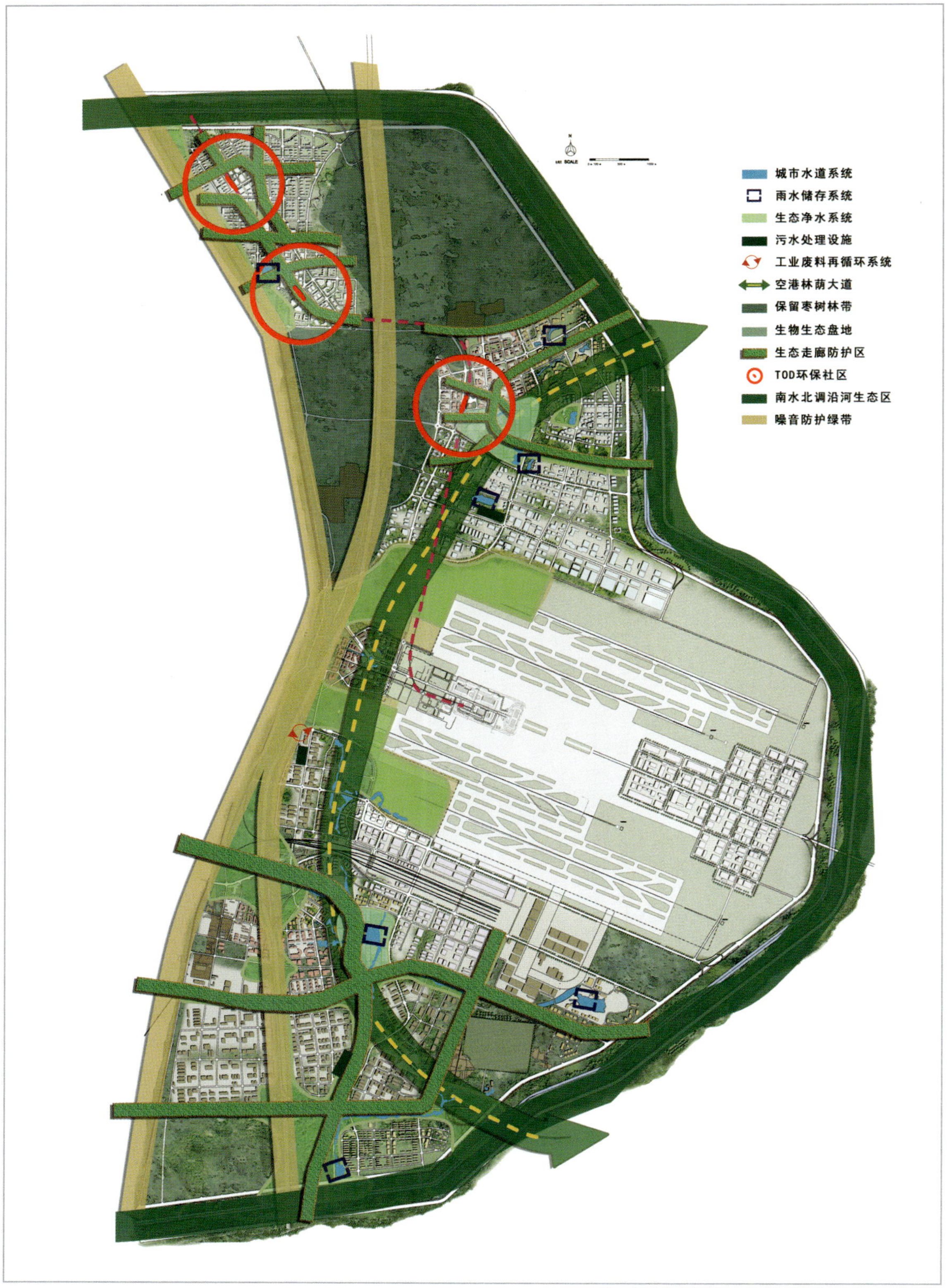

环境保护规划图

后记
Postscript

规划设计不是一成不变的东西，而是需要随着各种影响因素的变化，不断地修改和完善。

在郑东新区总体发展概念规划实施过程中，其面临的内外部环境不断发生变化，如国家京广、徐兰客运专线的规划建设，在郑东新区范围内形成了“十”字交会。为抓住区域发展中出现的新机遇、适应发展过程中出现的新因素和新要求，政府部门先后多次委托设计单位对郑东新区总体发展概念规划进行局部调整，使其更好地指导郑州新区的建设和发展。

自2002年批准实施以来，郑东新区总体发展概念规划的调整主要包括：在原总体发展概念规划的基础上，修改、深化了郑州综合交通枢纽地区规划设计；对郑州经济技术开发区、郑汴产业带、航空港地区等新的发展区进行了规划设计。

《郑东新区规划调整与发展篇》作为《郑州市郑东新区城市规划与建筑设计》系列丛书的重要组成部分全面详细介绍了上述调整的规划设计内容。希望读者对这些区域规划设计调整的背景、必要性、合理性等有一个较全面、深刻的认识。更希望广大读者从中体会到，规划设计不是脱离实际的构思和想象，优秀的规划设计需要洞察城市发展环境的演变，不断吸收和消化城市发展过程中出现的新因素，适时地做出相应的调整和优化。